深海土木工程概论

周献祥 肖 兰 蒋济同 邢 岩 编著

国防工业出版社

·北京·

内容简介

本书是为筹备开设"深海土木工程概论"课程而撰写的。根据深海土木工程的特点，从深海土木工程的材料、勘察、设计、施工全过程角度，以文献综述方式梳理并论述了深海土木工程勘察、海洋环境与深海土木工程作用、深海土木工程材料与防腐、典型深海土木工程结构、深海土木工程施工技术前瞻等方面的主要特点以及目前常用的技术；阐述了建设深海土木工程的主要技术挑战以及深海土木工程的应用前景；介绍了悬置深海中部构筑物的水动力模型试验以及可用于深海土木工程的 BFRP 筋区域约束混凝土梁抗弯和抗剪试验的主要结果。

图书在版编目（CIP）数据

深海土木工程概论 / 周献祥等编著. ‐‐北京：国防工业出版社，2024.12. ‐‐ ISBN 978‐7‐118‐13509‐1

Ⅰ. P75

中国国家版本馆 CIP 数据核字第 20242815G3 号

※

国防工业出版社出版发行
（北京市海淀区紫竹院南路 23 号　邮政编码 100048）
北京凌奇印刷有限责任公司印刷
新华书店经售

*

开本 710×1000　1/16　插页 17　印张 27¼　字数 464 千字
2024 年 12 月第 1 版第 1 次印刷　印数 1—1300 册　定价 218.00 元

（本书如有印装错误，我社负责调换）

国防书店：（010）88540777　　书店传真：（010）88540776
发行业务：（010）88540717　　发行传真：（010）88540762

前　言

上九天揽月，下五洋捉鳖。人类从未停止探索未知世界的步伐，但凡人类能探索到的都是梦开启的地方。海洋约占地球表面总面积的71%，平均深度约3800m，但人类在深海潜水所涉及的深度不过是海域底部的5%，海底剩余的地方，人类还未潜入。海洋被誉为"地球留给人类探索奥妙的处女地"，在它湛蓝、幽静的面纱下，隐藏着千奇百怪的瑰丽景致。海洋之大无奇不有，那深邃静谧的峡谷、千姿百态的珊瑚礁、神秘幽蓝的海底蓝洞，还有生活着众多动植物的奇妙岛屿，无不是地球留给人类的谜题，等待人们去破解海洋的秘密，开发未知领域。千百年来，人类努力了解海洋，开发海洋，试图在海洋中挖掘更多资源，但至今还有许许多多的海洋资源等待着人类去勘探和挖掘。然而，探索海洋、开发海洋的重要条件是人类必须学会在海洋的一定深度和范围内建造适当的工程。

工程是人类赖以生存的依托，也是人们工作和生活的庇护所。《易·系辞下》云："上古穴居而野处，后世圣人易之以宫室，上栋下宇，以待风雨。"宫室和"上栋下宇"的建设极大地促进了人类的文明进程。自人类告别"穴居野处"以来，土木工程的建设技术逐渐得到发展，尤其是以秦砖汉瓦为代表的简单实用构件的发明和相应施工技术的推广应用，标志着人类在陆地上建造实用工程的技术已经成熟。到了近代，随着钢筋混凝土结构、钢结构技术以及结构计算技术的快速发展，土木工程的建设突飞猛进。近年来，我国正进行着人类历史上规模空前的工程建设，城乡建设、大型水利枢纽工程、高速公路、高速铁路等一大批工程飞速发展，工程建设成就日新月异，人们盼望已久的"广厦千万间""高峡出平湖""天堑变通途"等梦想已经在我们这一时代完美实现了。然而，深海中仍有数不尽的秘密，千姿百态的深海生物、令人惊奇的深海山脉，神秘的深海如同深邃的太空，似乎没有止境。随着科技的发展进步，人类对深海的认识也在不断地加深，深海的神秘面纱也在不断被人揭开，一个神奇的深海世界正逐渐展现在世人的眼前。伴随太空探索技术的快速发展，人类在月球及其他星球上建设人工工程，为人类提供星球上的居住场所，已不再有太多的技术障碍，只是成本和效益问题。相比之下，建造"深海空间站"等可供人类居住的深海土木工程，目前的技术障碍还比较多，还没有被完全攻克。从文献资料看，国内外深海土木工程相关的研究较多，但还没有见到有关"深海空间站"等可供人类居住的实际工程已建成的报道。这表明，"深海空间站"等深海工程是一个高度复杂的工程系统，相关技术研究尚处于探索阶段，但海洋工程实践表明，世界上的海洋强国都高度重视深海构筑物或深海设备的研究，并超前应用于国家权益的维护。为进一步增强我国海洋实力，在陆地建造技术快速发展的今天，也需要开展深海土木工程建设技术的研究，为在海洋水面以下的工程建设提供依据。

2020年我开始招收研究生，鉴于目前国内高校研究生专业课程对于探索类工程涉及较少，结合人类正积极探索建设深海土木工程的状况，我计划为研究生开设"深海土木工程概论"课程，课程设计也得到有关部门的认可，并给予支持。我们撰写本书，主要是为了开设"深海土木工程概论"这门课程，供研究生学习参考。由于我们前期在深海土木工程建设方面的研究较少，且国内外已建成的实际工程也不多，本书从深海土木工程勘察、海洋环境与深海土木工程作用、深海土木工程材料与防腐、典型深海土木工程结构、深海土木工程施工技术前瞻等方面展开论述，主要以文献综述为主，其中第5章和第6章的部分内容是课题组的研究成果。

本书第1章由周献祥、邢岩、肖兰撰写；第2章由李啸、周献祥、邢岩撰写；第3章由林凡通、周献祥、李啸、邢岩撰写；第4章由林凡通、周献祥、刘子业撰写；第5章由林凡通、蒋济同、周献祥、李啸撰写；第6章由蒋济同、林凡通、刘子业、周献祥撰写；第7章由林凡通、肖兰、李啸、刘子业撰写；全书由周献祥、肖兰统稿。在本书的写作过程中，从诸多国内外学者的著作中汲取了营养，本书直接或间接地引用了他们的部分成果，在此一并表示衷心感谢！限于笔者水平，书中不妥之处，敬请读者指正。

周献祥

2022年10月23日

目 录

第1章 绪论 ·· 1
1.1 关于深海土木工程的若干概念 ·· 2
  1.1.1 建设深海土木工程的主要技术挑战 ··· 4
  1.1.2 "深海空间站"的概念 ··· 5
  1.1.3 深海土木工程的应用前景初探 ··· 9
1.2 海洋工程环境的研究内容和方法 ··· 19
  1.2.1 深海土木工程的海洋环境因素 ·· 19
  1.2.2 深海土木工程海洋环境的研究方法 ·· 21
1.3 深海土木工程建筑内部的环境特点 ·· 22
1.4 深海土木工程地下空间内部的防灾要求 ··· 24
1.5 海洋的光学特性 ·· 25
  1.5.1 海洋光学中的常用辐射量 ·· 25
  1.5.2 表征海水光学性质的物理量 ··· 27
  1.5.3 海水体积衰减系数 ··· 27
  1.5.4 海色、水色和透明度 ·· 29
  1.5.5 水色的分布和变化 ··· 30
  1.5.6 透明度的分布和变化 ·· 31
  1.5.7 光辐射在海水中的传输 ··· 33
  1.5.8 海面的向上光辐射 ··· 33
  1.5.9 海洋光学的主要应用 ·· 36
1.6 海洋的声学特性和水声传播规律 ··· 38
  1.6.1 海洋的声学特性 ·· 39
  1.6.2 水声传播规律 ··· 43
参考文献 ··· 43

第2章 深海土木工程勘察 ··· 45
2.1 深海土木工程勘察目的与任务 ·· 45
  2.1.1 深海土木工程勘察的程序 ·· 46

v

        2.1.2　深海土木工程勘察的目的……………………………………46
        2.1.3　深海土木工程勘察的方法……………………………………47
        2.1.4　深海土木工程勘察的任务……………………………………48
        2.1.5　深海土木工程勘察的现状及发展趋势………………………50
   2.2　海洋工程测绘……………………………………………………………51
        2.2.1　海洋工程测绘的内容与手段…………………………………52
        2.2.2　海洋工程测绘的特点…………………………………………57
        2.2.3　海洋控制测量与基准面确定…………………………………58
        2.2.4　海洋定位………………………………………………………59
   2.3　海洋工程物探……………………………………………………………63
        2.3.1　海洋物探的方法与设备………………………………………64
        2.3.2　海洋物探的发展趋势…………………………………………70
        2.3.3　海底障碍物探测………………………………………………72
   2.4　海洋工程钻探……………………………………………………………72
        2.4.1　海洋钻探的特点………………………………………………73
        2.4.2　海洋钻探设备…………………………………………………75
        2.4.3　海洋取土技术…………………………………………………76
        2.4.4　国际大洋钻探…………………………………………………80
   2.5　海底地貌形态……………………………………………………………81
        2.5.1　海岸带…………………………………………………………82
        2.5.2　大陆边缘………………………………………………………85
        2.5.3　大洋底…………………………………………………………87
   2.6　海洋灾害地质调查………………………………………………………90
        2.6.1　海洋灾害地质分类……………………………………………91
        2.6.2　典型海洋灾害地质与调查……………………………………93
        2.6.3　深海土木工程灾害性地质因素………………………………99
   2.7　海洋工程地质评价………………………………………………………99
   参考文献……………………………………………………………………………102
第3章　深海岩土工程……………………………………………………………103
   3.1　深海浅基础………………………………………………………………103
        3.1.1　传统深海重力式基础…………………………………………103
        3.1.2　深海独立基础…………………………………………………106
        3.1.3　深海条形基础…………………………………………………106

3.1.4　深海筏形基础 ···································· 108
　　　3.1.5　深海箱形基础 ···································· 108
　　　3.1.6　深海组合基础 ···································· 110
　3.2　深海桩基础 ··· 111
　　　3.2.1　深海桩基设计分析方法 ···························· 111
　　　3.2.2　深海桩基安装与施工 ······························ 114
　　　3.2.3　深海桩基础评价 ·································· 115
　3.3　深海桶形基础 ··· 116
　　　3.3.1　深海桶形基础安装 ································ 117
　　　3.3.2　桶形基础破坏模式 ································ 117
　3.4　系泊基础 ··· 118
　　　3.4.1　浮式结构物 ······································ 118
　　　3.4.2　锚泊系统 ·· 120
　　　3.4.3　锚的类型 ·· 123
　3.5　沉垫基础 ··· 129
　3.6　海底岩土体下挖式构筑物 ································· 129
　　　3.6.1　海底岩土体下挖式构筑物的抗震特性 ················ 129
　　　3.6.2　海底岩土体下挖式构筑物的抗爆特性 ················ 130
　　　3.6.3　海床开挖水下构筑物通道 ·························· 130
参考文献 ·· 130

第4章　海洋环境与深海土木工程作用 ···························· 132
　4.1　纯水的特性及海水的盐度和密度 ··························· 132
　　　4.1.1　纯水的特性 ······································ 132
　　　4.1.2　海水的盐度 ······································ 133
　　　4.1.3　海水的密度和海水状态方程 ························ 133
　4.2　海水的主要热学性质和力学性质 ··························· 134
　　　4.2.1　海水的主要热学性质 ······························ 134
　　　4.2.2　海水的主要力学性质 ······························ 138
　4.3　海水受力分析 ··· 138
　　　4.3.1　重力、重力场和重力势 ···························· 139
　　　4.3.2　压强梯度力 ······································ 140
　　　4.3.3　柯氏力 ·· 144
　　　4.3.4　分子黏性力和湍应力 ······························ 144

- 4.4 世界大洋温度、盐度、密度的分布和水团 ············ 146
  - 4.4.1 海洋温度、盐度和密度的分布与变化 ············ 146
  - 4.4.2 海洋水团 ············ 151
- 4.5 海洋环流 ············ 153
  - 4.5.1 大洋环流 ············ 153
  - 4.5.2 近海环流 ············ 162
  - 4.5.3 海洋环流的数值模拟 ············ 164
- 4.6 海洋跃层 ············ 166
  - 4.6.1 跃层形成的原因 ············ 166
  - 4.6.2 海水混合 ············ 167
  - 4.6.3 跃层的示性特征 ············ 171
  - 4.6.4 跃层的分类 ············ 172
- 4.7 海洋锋 ············ 174
  - 4.7.1 海洋锋的概念及其研究意义 ············ 174
  - 4.7.2 海洋锋的类型和强度 ············ 175
  - 4.7.3 海洋锋的分布 ············ 176
- 4.8 中尺度涡 ············ 177
  - 4.8.1 中尺度涡的类型 ············ 177
  - 4.8.2 中尺度涡的观测与研究 ············ 178
- 4.9 海洋内波 ············ 180
  - 4.9.1 海洋内波的波速和频率 ············ 181
  - 4.9.2 海洋内波的传播 ············ 182
  - 4.9.3 海洋内波的观测 ············ 183
- 4.10 结构、海浪与海床共同作用分析 ············ 184
  - 4.10.1 海洋土木结构与海洋环境相互作用特点 ············ 184
  - 4.10.2 海水—海床相互作用分析 ············ 186
  - 4.10.3 波浪对海洋工程结构物作用分析 ············ 187
  - 4.10.4 波浪对结构物作用的频域分析方法 ············ 187
- 参考文献 ············ 190

第 5 章 深海土木工程材料与防腐 ············ 194
- 5.1 概述 ············ 194
  - 5.1.1 深海土木工程材料分类 ············ 194
  - 5.1.2 海洋环境作用等级 ············ 194

5.1.3 海洋土木工程材料现场破坏特点 ················ 195
5.2 深海土木工程混凝土结构钢筋的锈蚀 ················ 198
　　5.2.1 钢筋锈蚀机理 ································ 199
　　5.2.2 引起钢筋锈蚀的氯离子临界浓度 ················ 202
　　5.2.3 氯离子在材料中的迁移方式 ···················· 204
　　5.2.4 混凝土中离子迁移的主要影响因素 ·············· 206
5.3 深海土木工程结构腐蚀问题 ························ 208
　　5.3.1 管道腐蚀类别及腐蚀机理 ······················ 209
　　5.3.2 已有防腐技术 ································ 209
　　5.3.3 深海环境下金属结构腐蚀问题的研究新进展 ······ 211
5.4 纤维增强复合材料深海及水下结构的简化水-力耦合模型 ···· 213
5.5 深海土木工程FRP筋混凝土材料性能抗弯性能研究 ········ 213
　　5.5.1 试验方案设计与构件制作 ······················ 214
　　5.5.2 试验过程及试验现象 ·························· 217
　　5.5.3 试验结果 ···································· 221
　　5.5.4 数值模拟分析 ································ 237
　　5.5.5 BFRP筋区域约束混凝土梁抗弯性能总结和分析 ···· 246
5.6 BFRP筋区域约束混凝土梁抗剪性能试验 ·············· 250
　　5.6.1 试验方案设计及构件制作 ······················ 250
　　5.6.2 试验过程及试验现象 ·························· 254
　　5.6.3 试验结果分析 ································ 260
　　5.6.4 应用前景分析 ································ 281

参考文献 ·· 281

第6章 典型深海土木工程结构 ························ 284
6.1 深海球形压力壳 ·································· 284
　　6.1.1 几何和材料 ·································· 284
　　6.1.2 几何理想壳体的屈曲 ·························· 285
　　6.1.3 几何缺陷壳体的屈曲 ·························· 287
6.2 深海工程浮式网架结构单元 ························ 289
　　6.2.1 模型结构 ···································· 289
　　6.2.2 荷载状况 ···································· 290
　　6.2.3 约束及边界条件 ······························ 292
　　6.2.4 结果及其分析 ································ 292

- 6.3 船型桁架结构深海养殖渔场研究现状 296
- 6.4 深海网箱结构 298
  - 6.4.1 深海网箱结构设计案例 299
  - 6.4.2 细长杆件受力及渔网模型模拟 299
  - 6.4.3 柔性结构上的剖面载荷 300
  - 6.4.4 莫里森载荷公式 300
  - 6.4.5 渔网模型模拟 300
- 6.5 深海中部悬置构筑物 301
  - 6.5.1 构筑物材料和形状 301
  - 6.5.2 单向流固耦合 302
  - 6.5.3 双向流固耦合 311
  - 6.5.4 缆绳布置方式数值模拟分析 337
- 6.6 水动力模型试验 377
  - 6.6.1 试验设计 377
  - 6.6.2 图像处理方法 380
  - 6.6.3 流速对模型水动力特性影响 381
  - 6.6.4 重量对模型水动力特性的影响 388
  - 6.6.5 形状对模型水动力特性的影响 398
  - 6.6.6 体积对模型水动力特性的影响 403
- 参考文献 409

第7章 深海土木工程施工技术展望 414

- 7.1 复杂深海工程地质原位长期监测系统研发与应用 414
- 7.2 深海空间站建设 415
- 7.3 深海水下生产技术 415
- 7.4 大洋采矿技术 418
  - 7.4.1 深海采矿系统的技术方案 418
  - 7.4.2 深海采矿系统的组成 420
- 7.5 海工结构破损修复两种模式的竞争分析博弈模型及定价策略 425
- 参考文献 426

第 1 章 绪　　论

马克思曾说过,"不能想象一个伟大的民族能够与海洋相隔绝"。当前,随着陆地资源的减少和海洋资源开发力度加大,海洋对全球经济的影响越来越大,海洋是国家利益拓展的重要战略空间已成为各国共识。《"十三五"国家科技创新规划》将"深海、深地、深空、深蓝科学研究"作为 13 个战略性前瞻性重大科学问题之一,在总体部署部分首先指出,"为了建立保障国家安全和战略利益的技术体系,要发展深海、深地、深空、深蓝等领域的战略高技术",并提出"按照建设海洋强国和'21 世纪海上丝绸之路'的总体部署和要求,坚持以强化近海、拓展远海、探查深海、引领发展为原则,重点发展维护海洋主权和权益、开发海洋资源、保障海上安全、保护海洋环境的重大关键技术。开展全球海洋变化、深远海洋科学等基础科学研究,突破深海运载作业、海洋环境监测、海洋油气资源开发、海洋生物资源开发、海水淡化与综合利用、海洋能开发利用、海上核动力平台等关键核心技术,强化海洋标准研制,集成开发海洋生态保护、防灾减灾、航运保障等应用系统。通过创新链设计和一体化组织实施,为深入认知海洋、合理开发海洋、科学管理海洋提供有力的科技支撑。加强海洋科技创新平台建设,培育一批自主海洋仪器设备企业和知名品牌,显著提升海洋产业和沿海经济可持续发展能力"的海洋资源开发利用技术总体要求。蕴藏在浩瀚海洋中的能源、食物资源和矿产资源十分丰富。在世界粮食、能源、资源日感匮乏的今天,为了人类的生存、发展和社会的繁荣、进步,研究海洋科学、开发利用海洋资源和能源已成为当代非常迫切而又极其重要的课题。随着国家战略利益的不断拓展,海洋越来越成为国家安全与长远发展的命脉所在。与此同时,国家安全的屏障、经济发展的方向、主权争端的焦点、持续发展的空间、冲破战略挤压和封堵等都使海洋成为利益争夺的交汇点和敏感区。经略海洋,必须看得比海洋更深远。21 世纪必将是海洋开发的世纪,人类将进入大规模利用和开发海洋的阶段,深海的资源开发利用和空间博弈日益凸显。建设深海土木工程就是为了适应国家海洋资源开发利用、国家和军事安全与长远发展对工程的现实需要和发展需求。

1.1　关于深海土木工程的若干概念

人类居住的星球虽然被命名为地球，其表面的大部分却被水覆盖，地球海洋面积约占地球表面积的 71%。海洋是地球表面包围大陆和岛屿的广大连续的含盐水域的总称，是由作为海洋主体的海水水体、溶解和悬浮其中的物质、生活其中的海洋生物、临近海面上空的大气、围绕海洋周缘的海岸和海底等部分组成的统一体。人们通常仅把作为海洋主体的广大连续水体称为海洋。海洋面积为 3.6 亿 km^2，约等于 38 个中国的国土面积。人们常将海和洋混为一谈，其实海和洋是两个不同却又不可分割的概念。"洋"是海洋的中心，是主体，约占海洋总面积的 89%。世界五大洋[1]——太平洋、大西洋、印度洋、北冰洋和南大洋共占海洋总面积的 89%。大洋显示着大地的深刻性，一般水深 3000m 以上，最深处超过 10000m，马里亚纳海沟深 11032m[3]。大洋与陆地保持着遥远的距离，却与陆上一切生命休戚相关。不受陆地的影响，水温和盐度变化甚小。《庄子》曰"天下之水，莫大于海"，但"海是大洋的附属部分"，只占海洋总面积的 11%。"海"在洋的边缘，海既独立存在着，又和大洋相拥、相连。海洋学上把海分为三类：边缘海、内陆海和地中海（陆间海）。边缘海，一边以大陆为界，一边以岛屿、半岛为界，与大洋分开。内陆海是指深入大陆内部的海，海洋状况受到大陆的影响。陆间海，位于大陆之间，有海峡与外海或大洋相连。海的水深从几米到 2000~3000m[2]。海是洋的使者，受大洋流系和潮汐的支配。海临近陆地，能深切感受陆上季节和气候的影响，海洋要素随季节变化大，海水透明度较差。海底地壳为陆壳性质。海还是大江大河的接纳者，如崇明岛即为长江入海口的世界第一河口冲积沙岛。与天相接的是洋，与洋相接的是海，与海相接的是地，与地相接的是人。故人着地，地连海，海接洋。

深海包括海床、底土及上覆水体，是一个连接世界各大陆、具有复杂法律属性的巨大空间。关于深海（Deep Sea）的概念目前还没有一个统一的标准，《中华人民共和国深海海底区域资源勘探开发法》第二条将深海海底区域界定为"中华人民共和国和其他国家管辖范围以外的海床、洋底及其底土"，没有给出到底多深才算是深海的定义。不同的行业、不同的部门，对深海的定义和要求是不同的。从阳光投射的深度来说，深海在海洋学上是指透光层以下的海，一般指 200m 以下。因为不透光，没办法进行光合作用，没有进行光合作用的生产者，故深海的生物密度较浅海的小。军事上曾将深海定义为 300m 深以上的海洋，随着潜艇等水下装备活动能力的增强，这种定义对潜艇的作业水深来说，显得有些保守。而海洋资源开发与海洋工程领域所定义的深水，也经过了一个不断扩展的过程，从 200m 一直发展到目前的 500m。2002 年，世界石油大会对海洋勘探开发水深做出新的界定，400m 以内为常规水深，400~1500m 为深水，1500m 以上为超深水。由于全球海洋 90%的海域水深大于 1000m，而海洋面积约占地球总表面积的 71%，深海海域的面积约占地球表面积的 65%，因此，无论基于何种定义，深海都是地球上面积最广、容积最大的地理空间，也是人类未来利用的最大潜在战略空间。但从工程建设的角度，在 200m 甚至是 400m 水深以下建造土木工程难度太大，即使建成了使用管理也是困难重重。

本书中的"深海"的海水深度界定为 50m 以下，主要有三个方面的考虑：一是因为电磁波对水深超过 20m 的水体无法产生回波，综合其他探测方法，深度超过 50m 的工程对目标探测具有天然隐蔽性；二是水深超过 50m 的海洋环境，如海流流速、海水盐度、海洋生物种类、温度变化等方面，将带来不同于近岸和"浅海"工程的建设问题；三是工程建设的难易程度，水深超过 50m，静水压力对工程施工和使用的影响比"浅海"更明显。以现阶段的建设能力并考虑综合效益，能建成并正常使用水深 50~200m 的深海土木工程，就很不错了。

20 世纪的后期，国际上修建了两条大型海底隧道：一是 20 世纪 80 年代建成的连接日本本州和北海道的青函隧道，全长 53.86km；二是 1994 年建成的，连接英国和法国的英吉利海峡海底隧道，全长 37.5km。但这两项工程，从工程建设（施工）的角度来说，与建设穿越崇山峻岭的隧道差别不大，虽然穿越海底，但还不是严格意义上的深海土木工程。

深海土木工程可提供深海活动的后勤保障，如各类航行器的燃料及电力供应、淡水制造与补给、物资储存、医疗救助、环境监测、飞行器起降、人员轮换、导航、环境检测、设备维修等多种可供选择的功能，可为军民生产及生活、巡航执法、海域管制、岛屿建设、生态旅游、油气开采、远洋捕捞及海上航行的应急救援等提供全方位的保障。通过建造深海土木工程可打造出新型生产生活平台，为人类探索新的生存方式。但是，由于海水的阻隔作用，尽管人们已建造了大量的潜航器，在建造工程方面仍"裹足不前"。在深海建设工程难度很大，建成后的使用和维护管理难度也同样巨大，不仅是经济上的效费比不高的问题，更是能力与手段严重不足的问题，突出的表现是现阶段的技术缺失是系统性的障碍，需要开展体系化研究。

1.1.1 建设深海土木工程的主要技术挑战

目前，人类能经常居住的海底"龙宫"还没建成。深海土木工程之所以建的少之又少，在于工程建设和使用管理的难度较大，又缺乏相应的工程技术和工程建设经验。与陆上土木工程相比，深海土木工程由于处于海洋区域，具有许多不同的特点，需要开展以下几方面的研究，为深海土木工程的规划选址、工程设计与施工、使用管理提供技术依据。

（1）深海土木工程海洋环境研究。深海土木工程所处的海洋环境极端恶劣，荷载不确定性因素多，在海洋环境下开展工程建设理论基础薄弱，实践经验不足。海洋中的风、浪、海流、潮汐、悬浮泥沙、冰、温度、盐度以及生物附着等环境要素，对结构物、构筑物的影响和作用不确定因素多；水深、浪高、风大，建造、安装、运输困难，海水对结构材料的腐蚀影响耐久性。目前，对这些因素的观测和了解还不充分，监测手段有限，对结构、波浪与海床共同作用性状的研究与工程建设结合不紧密，在对海域土质的循环特性没有深入了解的情况下进行工程建设，可能造成海床与地基失稳，带来巨大的生命和财产损失。需要进行相应的观测和分析研究，为深海土木工程的设计和施工提供环境参数。

（2）深海海洋地质条件研究。海洋工程勘察是通过测量、测试、勘探、模拟、分析等手段为海洋工程建设提供必需的、可靠的海底地形、海底岩土和环境特征等成果，是各类海洋工程建设项目的规划、设计、施工以及工程环境评价（生态保护、地质灾害防治等）所需基础资料的重要来源，是海洋工程建设不可或缺的环节。海洋工程地质条件多变，针对当前海洋环境下尤其是深海区域开展工程建设理论基础薄弱、实践经验不足、手段匮乏的现状，鉴于目前常用的地面建筑测量和钻探技术很难直接用于海洋环境，综合考虑深海工程环境与自然条件，研究深海工程测量、钻探技术以及岩土试验等，为深海土木工程勘察及相应的岩土工程理论研究提供依据。

（3）深海土木工程设计技术研究。综合考虑海洋气象、海洋地质灾害、工程危害性等特性，研究"深海空间站"、深海预置平台等深海土木工程规划设计思想，在不同的环境条件、不同的水深和海域可能适用的结构形式、荷载作用及水动力学效应、设计构造以及相应的设计理论和设计方法。主要结合目前已有的海洋工程和陆地土木工程的结构特点，分别研究其对深海工程的适用性，或提出全新的结构方案、结构形式并进行概念研究，为深海土木工程设计提供依据。

（4）深海土木工程建筑材料研究。鉴于深海工程的建设条件与地面建筑、地下建筑均不同，综合考虑海水水压和海洋环境对工程的承载力和腐蚀性能、海洋生物对工程的不利影响，以及水下施工的不利条件，对现有的可能材料进行适用性分析，研究适合于深海使用与施工条件的建筑材料，同时对材料耐久性进行分析，为深海土木工程设计和施工提供依据。重点研究高品质特殊钢、轻合金、特种工程塑料、高性能纤维及复合材料等新型材料配合结构形式的适用性，同时研究使用远海当地材料进行工程建设的可行性，海水对结构材料的腐蚀及耐久性影响。海洋环境下构筑物上的作用荷载不确定因素多，荷载性状及洋流的动荷载作用也十分复杂；海洋中结构类型和结构分析也与陆上有较大差别。

（5）深海土木工程施工工艺研究。根据深海工程及其相应材料、结构形式等的特点，研究相应的施工方法和技术手段，为研究深海工程建设提供可能的施工工艺、建设手段和施工管理措施。重点研究现场装配、整体安装、水下混凝土浇筑等施工工艺的可行性、经济性。

（6）深海土木工程使用与运行维护管理技术研究。鉴于深海土木工程建成后的使用与维护管理（包括安全防护措施）与陆地建筑物和地下建筑差别很大，需研究深海土木工程的能源供给、人员和物资出入、建筑物内的环境维持、交通与通信等与工程使用有关的技术选项与参数需求，为深海土木工程建设的选址、立项和经济技术论证提供依据。

从某种意义上说，建设深海土木工程，加强海洋资源的利用，具有国家建设的战略意义。深海将是未来夺取制海权的必争之地，在深海建设土木工程是大势所趋，人类必将逐步克服建设深海土木工程的各类技术障碍。因此，开展深海土木工程建设是开发海洋、巩固海洋领土的发展要求和必然选择。但在深海，建什么、怎么建、怎么用，一直是横亘在人类面前的一大难题。目前，人类已在太空建立了太空站，是否也可以在深海建立空间站（工作站）作为深入海洋的探索性"空间站"、"据点"和"居住点"？

1.1.2 "深海空间站"的概念

开发海洋、保护海洋的伟大事业正在受到世界各国，尤其是沿海国家的广泛关注和高度重视。由于海洋环境的特殊性，人类难以在水下进行长时间的活动，海洋深部成为人类至今难以自由涉足的神秘领域和尚待开发的新空间，对深海海底的探测和外太空探测一样，在科学上和技术上都具有很强的吸引力和挑战性。"入海"与"上天"一样，需要有"空间站"，"深海空间站"就是其中的一种。提出在深海海底建造空间站的设想，就是为了在实现人类对这一神秘领域探索的同时，发掘深海的宝贵资源为人类服务。目前，世界上对"深海空间站"的公开宣传并不多，但世界海洋强国和军事强国都高度重视这类深海作业装备技术的研究，并已经超前应用于军事目的和国家权益的拓展和维护。

早在20世纪60年代，美国就提出水下工作站的概念，并开始进行研制。到20世纪90年代，继美国之后，俄罗斯及挪威等国家也开始进行水下工作站的研究和制造。水下工作站也称为"深海空间站"，其主要目的和用途可以分为科学研究和民用搭载。可以实现隐蔽空间和全天候的作业；在科学研究方面，"深海空间站"是海洋科学研究的水下平台；在能源及其他民用工业领域，"深海空间站"可以作为深水水下维修、检测和作业的搭载或支持平台。深海以其突出的矿产资源和战略定位，使海洋已成为地球上经济发展最现实、最有发展潜力的战略空间。深海油气资源、矿产资源、天然气水合物资源的开采需要适合深海条件的特殊开采手段，需要提供人类在这种条件下的生产和生活环境，需建造深海空间站，以满足这些需要。特别是我国深海天然气水合物的开采和深海油气开采已经提到议事日程，深海矿产资源的开采也正在积极筹备。因此，建设深海空间站，不仅可以充分利用我国海洋资源，改善人类生存环境，弥补陆地油、气、矿等资源的严重不足，而且相关技术的发展还可以服务于我国的海洋防护和海域安全[3]。

20世纪90年代初，我国开始在深海空间站技术领域开展相关论证和关键技术研究。2005年，中国工程院曾恒一院士提出要开发新型能源的深海空间站[3-4]。其目的：一是为实现我国海洋天然气水合物的开发和工业化开采创造条件；二是为深水油气资源和矿场资源的开发提供技术支持和技术平台。为实现海底的人员驻留和生产流程，深海空间站的基本功能应包括[3-4]：提供开采天然气水合物、石油天然气或矿产所需要的动力源、热源及高压气源；提供作业人员和科研人员的水下生活空间；形成水下生产监控、维护中心；形成水下分析化验中心；提供水下供给支持、应急救护等的上部深水平台。这样，整个深海空间站包括水面支撑系统和水下支持系统两部分。水上支撑系统由深水平台和陆上终端组成；水下支持系统根据在海水中的工作模式分为干式工作区、湿式工作区和工业生产区，如图1.1和图1.2所示。

第1章 绪 论

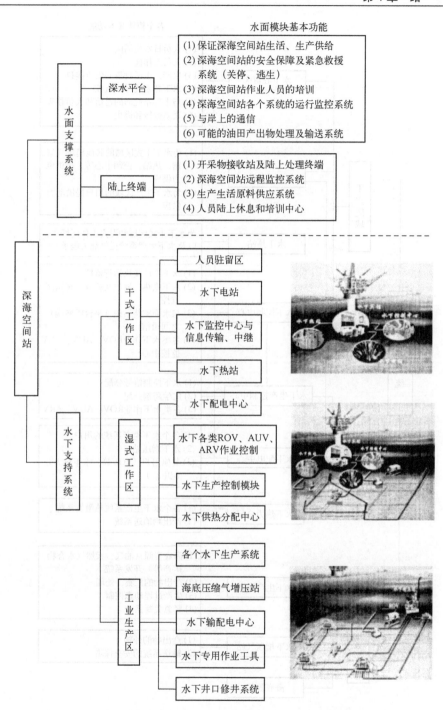

图1.1 深海空间站工作区域划分以及水上部分功能[3]

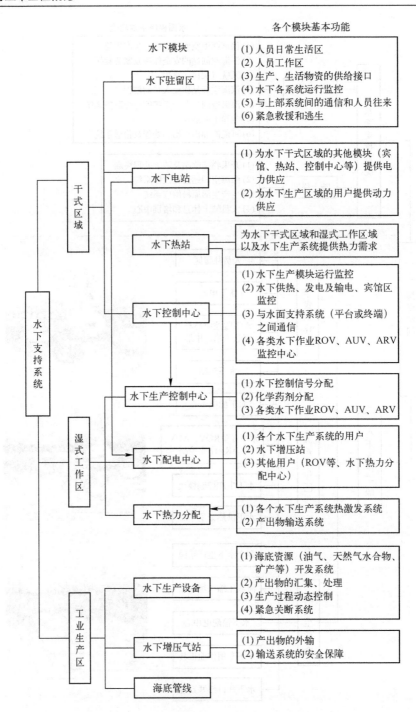

图 1.2 深海空间站水下区域基本功能[3]

在"十二五"期间，中国船舶重工集团有限公司 702 所以开发深海资源、进行长周期、全天候、全海域海洋科学研究为目标，立项深海空间站课题，并开展了相关的研发工作。2012 年 5 月 23 日，在北京国际科技产业博览会上首次展出了中国船舶重工集团有限公司 702 所深海空间站的研究成果——小型深海移动工作站模型。中国船舶重工集团有限公司 702 所目前要开发的深海空间站外形与潜艇类似，但工作深度远远超过一般的军用潜艇，需要在 1500m 以下运行工作，初步打算利用燃料电池提供动力，续航能力可达 15～18 个昼夜，可以容纳 12 人在深海空间站内生活，排水量 260t，长约 24m，可携带多种水下潜航器如无缆水下机器人（Autonomous Underwater Vehicle，AUV）、有缆水下机器人（Remote Operated Vehicle，ROV）等工具进行辅助作业。但目前仍处于试验阶段，还有很多问题没有解决。

此外，第二次世界大战后核潜艇技术高速发展，水下安全成为国防的重点。国家的海洋安全、深海安全需要系列化的技术和装备作保证。载人潜水器主尺度较小，有利于实现大潜深，适用于深海科学研究和探测，但是其能源和负载能力有限，难以承担长周期、大载荷的任务；特种潜艇排水量大、载荷能力强，但难以实现大潜深潜航，适合近海、浅海海底的长周期大载荷隐蔽要求较高的特种任务。深海空间站的主尺度、负载能力、潜深等性能介于载人潜水器和特种潜艇之间，适合在当前潜艇无法达到的深度上承担工作周期较长、载荷要求较高的任务，但深海空间站不配备武器，只适合承担民用科考任务。

当前，世界各国对深海空间站的研发都处于初始阶段，面临很多方面的困难，如动力方式的选择、耐压外壳的设计、水下对接技术、供电模式和供热模式的选择、深海空间站水下的续航能力等，深海空间站的制造可能会比太空空间站的难度更大。文献中提出的深海空间站包括水下生活区、水下电站、水下热站和水下控制中心等多个模块，是一个高度复杂的工程系统，在设计建造方面，涉及结构力学、水动力学和材料科学等多个学科领域，需要将不同学科领域的技术有效地融合并解决其中的关键技术难题，才有可能最终实现深海空间站的实际建造与应用。现阶段，国际上在这些方面的技术还远远不够成熟，世界强国也都在摸索中发展，并且深海空间站的造价非常高，即使做小型模型试验也耗资巨大，因此尽可能以最佳效费购置、使用和维护空间站，同时，分系统也是重要的考虑方面。深海空间站在 21 世纪的发展方向为自持性、安全性、持久性和机动性。

1.1.3 深海土木工程的应用前景初探

海洋的存在对人类的生存具有巨大的影响，尤其是随着世界人口的不断增长,陆上资源日益枯竭,人类必须到大陆以外寻求新的资源来源。深海空间在自然状态下只具有潜在的价值,当付出一定的代价将其开发利用以后,就具有一定的使用价值,表现为使用后所能创造的效益;使用价值中除掉开发的费用后,就是地下空间的开发价值,如果为正值,说明开发是合理的。根据这个原理,评判是否需要建设的方法可以简单地概括为"费用—效益"比较法,但实际操作起来,要想得到比较符合实际情况的结果,特别是量化的结果,难度是很大的,主要是深海空间的开发利用不只是具有经济效益,其他效益可能更重要,而且现阶段还存在"想建不一定能建,建了以后不一定能用"的问题。

深海土木工程是指在近海一定深度以下或离海岸线一定距离之外的海洋空间中,自身不配置动力装置,能以固定姿态或在一定区域范围内移动的土木工程,可有固定式坐在海床上的建(构)筑物(坐底),如图 1.3 所示;水下从海床下挖的建(构)筑物(坐底),如图 1.4 所示;半潜或悬置海洋中部的建(构)筑物,如图 1.5 所示。

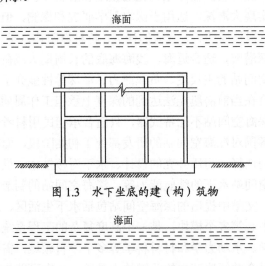

图 1.3 水下坐底的建(构)筑物

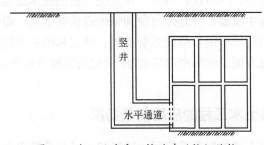

图 1.4 水下从海床下挖的建(构)筑物

第1章 绪　论

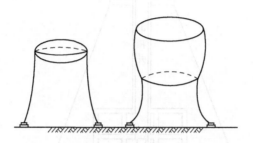

图1.5　悬置在海洋中部的建（构）筑物

深海土木工程的进入方式主要有：①工程主体位于50m以下深海域，但与陆岸有通道相连，从陆岸通道进入，如图1.6所示；②工程主体位于50m以下深海域，出入口有通过连接深海土木工程与海面水面平台的通道出水面，如图1.7所示；③主体位于50m以下深海域且与陆岸无联系通道，出口直接面对海水，直接从海水进入，如图1.8所示。这种方式难度很大，可借鉴潜艇因故停泊水下进行救援时，由一条潜艇进入被救潜艇的方式。对于半潜式的深海土木工程，在需要时可以通过上浮或拖曳至海面。

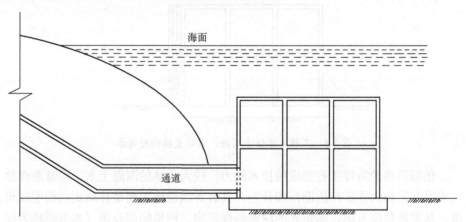

图1.6　工程主体位于深海且有与陆岸相连接的通道

11

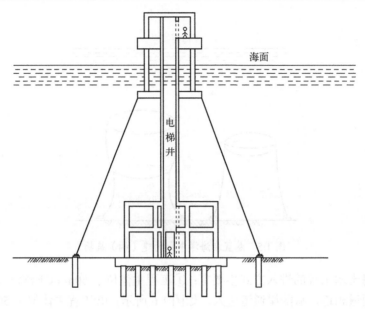

图 1.7 工程主体位于深海，出入口连接海面平台通道

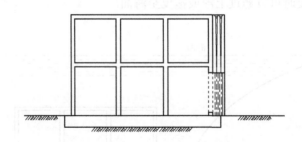

图 1.8 工程主体位于深海，出口直接面对海水

依据目前的海洋工程建设的技术能力，较为成熟的深海土木工程是海洋油气资源开采和大洋矿产的勘探和开发，其装备或设施主要是移动式的船舶或设备。从发展角度考虑，固定式的深远海建筑物、构筑物或设施（本书统称为深海土木工程）有其存在的必要。

从工程建设和实际应用经验看，目前有一定的工程经验教训的深海土木工程就是海底油气管道。海底油气管道是海洋油气开采系统的重要组成部分，承载着运输油气、水以及化学物品的功能。海底管道连接着海洋油气系统的各个部分，是海洋油气系统的动脉。海底管道铺设可分为埋入式和嵌入式两种，一般近海采用埋入式，开沟埋入并覆土，埋深约 30~50m；而深海管道施工受到经济性和施工可行性的限制，往往直接将管道铺设在海床上，受触底效应和自重作用管道截面嵌入海床 0.10~20m。对于埋入式管道，如果设计的竖向土体抗力不足，管道会因巨大的温度应力而发生竖向整体屈曲而弹出泥面，而嵌入在海床上的深海管道主要表现为侧向整体屈曲。

海底管道的热屈曲灾变现象较为普遍，海底油气管道的设计温度普遍达到或超过 40℃；在服役过程中，管道输送的高温高压油气会使其产生巨大的轴向应力，从而诱发整体屈曲，导致管道开裂、失稳和破坏。海底管道作为高温高压油气输送的主要方式，管道一旦发生泄漏，将带来油田停产、水下维修、环境污染等一系列棘手问题，如果频繁出现，将会导致海洋生态恶化，产生负面的社会影响。埋入式管道屈曲破坏的典型案例为北海区域一条长 17m 的油气管道，该管道 1985 年铺设，水深 400m，管道埋深为 1.15m。1986 年的年检中发现，管道发生了竖向屈曲，隆起幅值高达 2.6m，管道接头密封已经失效。嵌入式海管整体屈曲破坏典型案例是瓜纳巴拉湾（巴西）海底输油管道的整体热屈曲（屈曲长度为 44m，最大侧向位移达 4m，导致管道整体破坏，发生重大原油泄漏事故，造成一百多万升原油外泄。英国油田管道 1997 年投入使用，2000 年因压力降低而中断生产，在随后的调查中发现，该管道有 1 处严重破坏，另外有 9 处外管损伤；该管道破坏的主要原因是原设计中所采用的海床土体参数并不合理，导致低估了后屈曲过程的管道应变。管土相互作用参数是管道设计中最难确定的参数，研究海底管道热屈曲的发生机制，控制热屈曲的方法以及热屈曲过程中管土相互作用的机理，具有重要理论意义和工程价值。

1.1.3.1 不进人的深海土木工程

最有潜力的是在深海建造物质库，主要存储核废料、油气能源、粮食、种子、药品、酒、烟叶等。

1. 核废料的永久存放库

核能的和平利用虽已有五十多年历史，然而核反应堆排出的核废料及其他带有放射性的核废物的安全处理问题始终没有得到妥善的解决。美国到 20 世纪 80 年代初，40 年间已积累了放射性核废料 9000t 以上，仍存放在反应堆附近的大钢罐内，还要用水加以冷却，其他核电较多的国家也有类似情况。这个问题对环境和生态构成严重威胁。近十余年来，许多发达国家都在寻求解决这一问题的途径，经过多种方案的研究比较，意见逐渐趋向一致，即地层隔绝法是唯一安全有效的途径。

核反应堆中的核燃料，每年有 1/4~1/3 需要替换，排出的核废料中还有少量能量，已没有利用价值，但其放射性剂量却很高，而且衰变期很长，有的长达数千年。这些核废料经后处理后可回收一部分有用物质，但剩下的最终废弃物仍有很强的放射性（分为高放射性、中放射性、低放射性三个等级），因此必须将其密封在多层金属容器中，然后把这种容器放入深度在 500~1000m 的地下岩层或深海中实行长期封存，才比较安全。

目前，核废料在地下封存可选择在不同的地点，主要有废弃的矿坑、无人的岛屿、海底、岩盐层等。瑞典在 1988 年完成一座海底岩洞核废料库的一期工程，建于一座核电站附近的波罗的海海底以下 60m 深的岩层中，包括一个 70m 高的立式储罐，存放高放废料（占 40%），另有 4 条卧式储罐，存放低放废料，总储量 6 万 m³，开挖石方量 43 万 m³，建设和运行费相当于核电生产成本的 4‰[5]。这一实例表明，在深海存放核废料可能是未来的一个选择。

2. 油气能源储备库

20 世纪后半叶的冷战时期，为了防止在两大阵营之间可能发生的大规模战争中受到袭击或波及，欧洲一些国家曾一度大规模修建地下民防工程，如瑞典等能源匮乏的北欧国家，利用优越的地质条件大量建造各类地下储油库，建立国家的石油战略储备，同时还在地下空间中储存热能、冷能、机械能、电能等多种能源。这些工程当时是建在地下的，随着技术的进步，能源储备库建在海中，也是可能和可行的。与建在地面的储库比较，地下（水下）储库的综合经济效益主要表现在以下几个方面[5]。

第一，建设投资低于地面库。据瑞典经验，在高压条件下储存液化天然气或石油气，储量在 1 万 m³ 以上，地下储库的造价就开始比建地面储气罐低。如果合理选择库型，对投资影响也很大。国外曾作过比较，容量为 10 万 m³ 的岩洞水封油库较岩洞钢罐车的投资可节省 83%，我国第一座岩洞水封油库也比岩洞钢罐投资低 50%[5]。

第二，管理、运行费用低。例如，大部分石油制品要求在 50~70℃ 条件下储存以保持其流动性，需要一定的加热措施，仅这一项加热费，地下（水下）油库就比地面上的钢罐油库节省 60%~80%。此外，由于地下环境比较安全，保险费仅为地面上的 40%~50%；工程维护费一般约为地面工程的 1/3。

第三，占用土地少于地面库。在地面上建造油库，每 1000m³ 储量的地面油品库，要占用 0.13hm²（2 亩）土地。这些储库如果改为建在地下，留在地面上的设施很少。例如，我国一座容量为 7.5 万 m³ 的地下油库，地面设施仅用地 600m²，而一座同等规模的地面油库，至少需占用土地 10hm²。有一些能源的储存，由于需要占用土地过多，在地面上建库已不现实。例如，当以水为介质储存 600 亿 kW·h 热能时，水库的容积相应为 10 亿 m³，只有地下空间才有可能提供如此巨大的容积而不需占用大量的土地。

第四，库存损失小于地面库。储存在地面上各种储库中的物品，由于种种原因，在储存过程中总会在不同程度上有一些消耗和损失，如油品的挥发等。有些损失在地面库中难以避免，也就被公认为"合理损耗"。据联合国经社理事会的一份报告估计，在地下油库中，油品因温度变化引起的小呼吸现象消失，因此挥发损失仅为地面钢罐油库的5‰[5]。

第五，安全性高于地面储库。对于物资储存来说，特别是一些易燃、易爆等危险品，不论是对外来危险的防护，还是对内部灾害的预防，地下（水下）储库的优势都非常明显。因此对于安全性的考虑，应当成为建设地下（水下）储库的主要出发点。当然，水下储油可能引发油料泄漏产生的环境污染问题，必须在设计建造阶段予以防范。

3. 粮食、种子、药品、酒、烟叶等物资的储备库

成熟的粮食颗粒在储存过程中，内部不断进行新陈代谢活动，称为呼吸作用。当空气中的氧气充足时，粮食中的营养物质（脂肪、淀粉、蛋白质等）被氧化，分解成水和二氧化碳，同时放出热量，使粮食的质量降低，温度和含湿量提高，造成粮食发芽或霉变。即使是在缺氧状态下，粮食仍能利用分子内的氧气进行呼吸，产生酒精、二氧化碳和热量，使粮食发酵，新鲜程度降低。影响粮食呼吸作用的主要因素是粮食的含水量、温度和颗粒的成熟程度，以及外界空气的流动情况等。粮食含水量超过一定限度时就会促使呼吸作用增强，造成不良后果，例如当大麦的含水率为10%～12%时，呼吸作用很微弱，若水分增加到14%～15%时，则呼吸将加强2～3倍。同时，粮食颗粒对水的吸附作用很强，如空气中水分多，很容易被粮食吸附而提高其含水率，因此空气湿度需要得到控制。温度对粮食的呼吸作用影响也较大，在0～50℃范围内，呼吸随温度的增高而加强。而且，在温度与湿度同时作用时互有影响，例如含水率为14%～15%的小麦，在15℃时呼吸微弱，到25℃时将增强16倍；相反，如果含水率在12%以下，温度即使升高至30℃，呼吸作用仍无显著加强。此外，空气流速大，呼吸作用强，反之则弱。总之，为了抑制粮食的呼吸作用，除入库前的粮食含水率应达到合格标准外，库内温度应保持在15℃以下，越低越好；相对湿度应低于75%，除降湿所必需的通风外，应使粮仓尽可能密闭。因此，为了提高粮食储存质量，延长储存时间，就要求采取适当措施抑制粮食的呼吸作用，使之既不过强，也不能完全停止而丧失生命力。此外，粮库中的低温、低湿和缺氧条件对于防止虫害也是必要的。粮食的害虫，如米象、麦蛾等，适应温度都在28～30℃，通常在温度高于25℃，相对湿度大于85%时，虫害就开始严重，同时粮食颗粒上带入的微生物也加

速繁殖，使粮食发霉。粮食害虫在 8～15℃时就不能活动，4～8℃时就已僵化，持续一段时间的低温就会死亡[5]。

地面粮库如果在自然状态下储粮，由于季节温差有 40～50℃，昼夜温差可能在 10℃左右，使粮食的呼吸作用加强，加速粮食的变质和老化。为了减少这种情况的发生，只能经常倒垛和晾晒，耗费大量人力，还很难避免库存损失。在地面粮库采取人工降温降湿的方法，可以改善储粮环境，但是要花费较高的代价，提高储粮成本。例如，一个储粮 1.5 万 t 的地面粮库，若要改造加装仓内空调，则每吨储粮需投资 150 元，使每千克粮食的储存成本增加 0.15 元，每年还要增加能耗 63.5kW·h[5]。

相对于地面粮库，我国南方地区地下粮库自然温度为 16～18℃，东北地区只有 12℃左右，温度变化幅度不到 3℃，很适合于粮食储存，只要根据季节情况调节粮库的通风与密闭，必要时配备少量除湿机，就可以创造适宜的储粮环境。在这样的环境中储存粮食，在相当长时间内仍可保持新鲜，轮换期延长。我国东北地区一座地下粮库，储存 11 年的玉米、小麦经试种，发芽率仍在 85%以上。有资料表明，在地面粮库，每保管 5000t 粮食需要 50～60 人，地下粮库省去了翻倒晾晒等劳动力，故只需 15～20 人；每吨粮食的保管费，地面粮库为 0.5 元，地下粮库仅为 0.06 元。据联合国经社理事会的一份报告估计，储存在地面上各种储库中的粮食，在储存过程出现的粮食的霉变等消耗和损失，是难以避免的"合理损耗"。在许多发展中国家，由于储存设施不足或储存方法不当，在需要储存的粮食中，每年平均损失 15%～20%，如能大量推广地下粮库，储存损失可减到很小的程度，甚至完全避免。据我国经验，地面粮库的合理损耗为 3‰，地下库只有 0.3‰，相差 10 倍。地下粮库还有不需倒垛、晾晒，可以加大储仓容积，提高其充满度，以提高储库的利用率等特点。基于这些优点，我国有些城市郊区在山体岩层中建造了若干个大型地下粮库，容量 0.5 万～1.5 万 t，如果需要，单库容量还可以扩大。在土地利用率方面，我国南方一个大城市建一座储量为 1.5 万 t 的岩洞粮库，如果要在市内建同规模的地面粮库，需占城市用地 2.3hm^2，土地利用率较低[5]。

通过以上的比较可知，在地下环境中储粮的主要优点是储量大、占地少、储存质量高，库存损失小，运行费用省。只要具备一定的地质条件和交通运输条件，大规模发展地下储粮具有明显的优越性，既可使粮食保持一定的新鲜程度，又能防止霉烂变质、发芽、虫害和鼠害等的发生，把库存损失降到最低限度，特别在我国的自然条件下，地下粮库具有很大的发展潜力和重要的战略意义。

根据地下粮库的建设和使用经验，建设深海粮库有一定的意义。深海储备库温度变化很小，细菌并不活跃，几乎没有阳光照射，储存粮食、种子（基因库）、药品、酒、烟叶的保质比起其他地方有一定的优势。20世纪60年代晚期，"阿尔文"号深潜器有一次出了事故，人员都安全逃生，但是带下去的午餐却深沉海底。奇怪的是过了10个月以后，返回沉没地点的人员发现午餐里的"三明治"和苹果保存得都还不错[3]，足见深海海底细菌并不活跃，食物不易变质，易长期存储。

当然由于深海储备库建造和维护成本高，囿于性价比，只能是少量的特殊物资才可能存放在深海中。

4. 武器装备海底平台

这方面其实就是为装备建造一个基座或发射装置，属于装备的配套设施。

1.1.3.2 进人的深海土木工程

进人的深海土木工程建造难度更大，使用管理也存在诸多技术障碍，但巨大的需求意味着建造能进人的深海土木工程，是人类必须攻克的技术。

1. 为深海资源开发提供生产和生活环境

1999年3月5日，联合国确认中国在北太平洋的克拉里昂——克林帕顿断裂带海域拥有了7.5万km^2的专属矿区。在这块中国的专属矿区，初步估算有4.2亿t多金属结核，按当前可预期的采收率，可满足年产300万t、开采20年的需求。经多次在西沙海槽进行高分辨率多道地震调查证实，在南海北部陆缘深水区发现了水合物存在的地质、地球物理和地球化学异常标志，表明我国海域存在天然气水合物[6]。深海资源丰富，建设深海构筑物，为深海资源的开发提供了良好的条件。

2. 海底农场服务保障用房

人类的粮食、蔬菜、水产品，仅靠陆地和河湖、浅海生产远远不能满足人们日益增长的消费需求，海洋中有大量的鱼类和海藻类植物可供人类食用，而水产生物资源的一大特点是即使进行高效率的捕获，也不至于导致资源的枯竭，因为鱼种是一种自新生的资源，海藻类植物的繁殖速度也相当快，它们也可以为人类提供数量可观的食品。因此，深海在种植和养殖方面有巨大的潜力可挖掘。发展深海种植和养殖业，在深海水域建造"房子"的需求在逐步增加，亟待工程技术突破。

3. 科学考察研究和旅游观光用房

人们对深海的认知十分有限，借助于潜航器进行科学考察只是一个方面，在深海建造长期观察的科学考察用房是必然的选择。深海对普通大众有着很强的吸引力，在深海建造旅游观光点，既有必要，又有市场潜力，关键是技术上能否取得突破。

4. 其他应用

随着无人潜航器的快速发展，在深海建造各类潜航器的水下探测感知、蓄能、物资补给站、装备维修站，以及信息传输的中继站，是发挥深海潜航器作用的重要保障，从而拓展了深海土木工程的应用领域。

1.1.3.3 建设深海土木工程的必要性和重要性

海洋蕴藏着的无尽宝藏是人类的共同财富。海洋里的矿物资源是陆地的上千倍，其物质资源（鱼类、藻类资源等生物资源，油气资源、可燃冰、海水化学资源等矿产资源）、空间资源、旅游资源等极其丰富。海洋资源开发能力是可持续发展的重要保证。目前，世界深水区域已探明石油储量达 70 亿 t 油当量，未发现的潜在资源量大约有 150 亿 t 油当量，其中大部分集中在大于 1500m 水深的海域，深海锰结核储量大约为 3 万亿 t。人类探测深海资源、建造深水平台、铺设深水海底管线的技术正不断完善，到 2001 年，深水油气钻探水深达到 2953m，投产的深水油气田的水深达到 1853m，海底管线的最大铺设深度已经达到 2160m。21 世纪初，石油开发已把目光投向蕴藏在 3000m 的海底油藏，矿产开发也把希望寄托在 4000～6000m 海底的锰、铜、钴、镍[3]。

进入 21 世纪，经济发展与海洋安全之间的关系变得更加密切，与之相关的问题逐渐增多，海洋维权变得更加重要。目前，各主要强国都十分重视海洋科学和资源开发，开展了大规模的海洋调查研究，称为"蓝色圈地运动"。与此相应，深海已经成为前沿科学技术的全新天地，世界经济军事竞争的重要领域，维护国土安全和国家权益的主战场。在当今科技强国的时代，各个国家都在积极发展海洋高科技技术，开发深海资源，探索深海生命，巩固海洋领土国防已经成为 21 世纪国家的发展战略。

我国作为一个陆地文明国家，海洋国土开发的意识还比较薄弱。目前，我国的海洋开发能力主要集中在浅海，深海科学技术研究刚刚起步，海洋资源的全面利用、深海的开发能力还不足。研制海洋工程装备和建设深海土木工程都是开发利用海洋资源的物质和技术基础。

海洋工程装备主要指海洋资源（特别是海洋油气资源和风能资源）勘探、开采、加工、储运、管理、后勤服务等方面的大型工程装备和辅助装备，具有高技术、高投入、高产出、高附加值、高风险的特点，是先进制造、信息、新材料等高新技术的综合体，各个国家都把它作为开发海洋的利器予以重点规划。我国海洋工程装备产业国产化率一直较低，进口比例在 70%以上。全球海洋工程装备水平第一梯队为欧美国家，第二梯队为日本、韩国、新加坡等亚洲国家，我国总体处在第三梯队，以制造低端海工装备产品、赚取加工费用为主。在水下装备研制方面，虽然成功研制"蛟龙"号和"深海勇士"号并投入使用，载人深海空间站、大深度无人潜水器也在规划酝酿，但是深海装备还比较缺乏；在水下感知能力方面，全海深立体监测预警网尚未成型，距离国际先进水平尚有差距。

与海洋工程装备同样重要的是在深海建造土木工程。作为基建强国，深海土木工程必将成为我国今后基础设施建设的重点。在海洋环境下，尤其是深远海区域我国开展工程建设理论基础薄弱，实践经验不足，对海洋区域地质条件和海床地基性状了解与研究不系统；海水对材料的腐蚀对海中土木结构的耐久性影响、海域地震和风浪作用下海中土木工程结构的性状认知有待进一步深入；深海工程建设技术研究不充分，缺乏材料选型、结构类型、施工技术、海洋环境对构筑物的影响等深入研究；在水下工程设施建设方面，还缺乏相应的工程建设经验和技术储备。

随着科学技术的不断发展以及人类对深海资源认知水平的不断提高，人类开发深海的进程将不断加快，与深海资源开发相关的工程技术已经和正在成为世界工业史上科技创新的热点之一。

1.2 海洋工程环境的研究内容和方法

海洋资源的开发利用有赖于海洋工程尤其是深海土木工程来实施。深海土木工程的建设是在海洋工程环境中进行的，深海土木工程的构筑物种类较多，形式不同，研究并确定海洋工程环境因素对深海土木工程的作用，是深海土木工程设计的主要技术依据之一，需研究海洋工程物理环境因素及其对深海土木工程的作用—环境荷载等问题。

1.2.1 深海土木工程的海洋环境因素

深海土木工程环境因素往往具有动态、随机或周期性的特点。与陆岸建筑物相比，深海土木工程所处的环境更加恶劣，特别是建设重要的或大型的深海土木工程，具有高技术、高投入、高风险的特点，同时也对工程提出高安全性和高可靠性的要求。因此，科学有效地获取海洋环境资料和信息，准确地计算和预测海洋环境因素的强度、发生的概率及其对深海土木工程的作用，十分关键。对于深海土木工程的设计、施工和安全运行都至关重要。

深海土木工程建设和使用的复杂性、困难性和高风险性，主要在于深海土木工程位于被海水包覆的水下，具有与陆岸和太空环境完全不同的海洋环境。

海洋环境因素是深海土木工程选址、规划、设计、施工和使用管理的关键技术因素和技术指标。

深海土木工程的海洋环境是指与工程有关的自然环境因素，其内容十分广泛，包括深海土木工程的物理环境、化学环境与生物环境等。深海土木工程的物理环境包括气温、气压、风等气象因素；波浪、潮汐、海流、风暴潮、海冰、海啸、内波等水文因素，以及海岸和海底地形、地貌、海岸变迁、泥沙输移、海床和地基稳定性等工程地质因素，是深海土木工程环境中最为重要的内容。深海土木工程的化学环境主要是海洋中的构筑物的腐蚀现象。深海土木工程的生物环境主要是研究海洋中的构筑物的生物污损现象。

设计深海土木工程时，确定工程所处的物理环境、化学环境与生物环境等环境因素及其分布规律十分重要，不仅要揭示它们与海洋构筑物的短期相互作用，还要分析它们的长期分布规律；不仅要探讨各种荷载对构筑物的独立作用，还要研究某一灾害过程中多种动力因素对构筑物的联合作用。这样才能为深海土木工程的选址及优化设计提出客观合理的环境条件设计参数。

对深海土木工程构筑物尤其是如图 1.7 所示有出海面平台的工程，气象、水文环境中的风、浪、潮、流等是影响最为主要的动力因素。恶劣的海洋气象、海况可导致海上构筑物损毁破坏，如 2002 年 10 月初，飓风"丽丽"经过墨西哥湾时最强达到 4 级风暴，导致 6 座平台完全被破坏，31 座平台严重破坏，两座自升式平台倾覆[6]。

海洋工程地质环境中的泥沙输移与海床冲淤活动对深海土木工程的影响很大。例如，对坐落在海床上的深海土木工程（见图 1.3、图 1.6 和图 1.8），泥沙的淤积可以导致工程被部分或全部泥沙覆盖甚至填埋；海底冲刷可以导致工程基础的掏蚀失稳，降低建筑物的使用寿命，还可能使海底管道悬空、断裂。在地震活跃的海域，地震荷载有可能是深海土木工程的主要环境荷载，而强震引起的海啸可能给深海土木工程出海面建筑带来灾难性后果。

海洋环境因素中的腐蚀性，是深海土木工程的耐久性设计的重要影响因素。海水与海底底质的腐蚀性和海洋污损生物等因素对于深海土木工程的影响是长期起作用的，造成的损失十分惊人。海洋腐蚀环境较之陆域环境更为严酷，海洋的腐蚀损失十分严重。腐蚀已经成为影响深海土木工程安全、使用寿命、可靠性的重要因素。《混凝土结构设计规范》（GB 50010—2010）（2015 年版）第 3.5.2 条将海水环境的环境类别划为四类，设计时需要采取特殊的技术措施。

海洋生物环境也是影响深海土木工程的重要因素之一。据研究，海洋中约有 2000～3000 种污损海生物，常见的海洋污损生物约有 50～100 种，包括固着生物（如藤壶、牡蛎、苔藓虫、水螅类、花筒螅、鞘等）、黏附微生物（如细菌、硅藻、真菌和原生动物等）、附着植物（如藻类、浒苔、水云、丝藻）等。这些海洋生物的附着会使海洋结构物污损和腐蚀，每年给全球造成的经济损失高达数百亿美元[6]。

在分析海洋环境因素时，不同的设计计算方法得到的结果不一，甚至会有较大差别。传统的单因素统计法偏于保守，而采用联合概率设计方法可以大大降低工程的投资费用。因此，基于工程可靠度设计理论，实现安全性和经济性的和谐统一是优化设计的重要原则。

1.2.2 深海土木工程海洋环境的研究方法

由于海洋环境的多样性、复杂性和变异性，目前，人类已探索的海底只有5%，还有95%的海底是未知的，加上在深海实际建成的工程很少，缺乏应有的工程建设经验，深海土木工程的海洋环境因素的确认不能依靠经验的方法，也没有类似于陆岸工程的"荷载设计规范"可供引用，需进行单独的分析研究。深海土木工程的海洋环境的分析研究一般可采取理论分析、现场观测、实验室试验、数值模拟等相结合的方法[6]。

定性或定量的理论分析是正确认识海洋工程和所处环境及其相互作用的基础。但是，由于工程环境因素的多样性和复杂性，一般需在对海洋环境因素的现场观测、试验分析和大量工程实践积累的基础上，经科学推理、归纳，建立起各要素间的数学力学关系模型，然后又反馈经实践检验、修正。在建立理论分析模型时，常常需要抓住主要因素，忽略次要因素，在数学表达上要作不同程度的近似处理。定性或定量的理论分析往往与实际情况有一定的差异，但对于深刻认识事物的本质和指导工程实践仍具有重要意义。

现场观测法或原位测试是能够更真实地反映深海土木工程海洋环境因素的比较可靠的方法，是认识和揭示海洋环境现象及各种环境因素之间相互关系的重要途径。海洋环境具有显著的时空变化特点，深海土木工程应以其所在海区的环境条件作为设计依据，实验、模拟也需要有现场观测资料作为依据和验证的标准，也是确定理论分析建立的数学公式中经验系数的重要方法[6]。但是，现场观测往往需要耗费巨大的人力、物力和财力，现场观测的资料数据，反映观测时段综合背景下的环境参量，有时不易分离出单个环境因素。此外，现场观测一般观测的时空跨度有限，目前有些环境因素在恶劣海况下尚无法现场采集，尤其水深较深时，要深入海洋内部和海底进行观测，往往不具备观测条件且费用高、风险因素较大。

实验室的物理模型试验，可与现场观测法互补、互校。物理模型试验是用比原型小的模型，根据浪、流、潮和泥沙运动的力学规律，复制与原型相似的边界条件，进行水动力过程及其对工程构筑物的作用、泥沙运动、冲淤演变的模拟试验。目前，常用的是水槽试验（见6.6部分）。物理模型的优势在于它理论上不受时间和空间限制，可以方便地进行多种设计方案的比选。但由于工程环境因素多且复杂，难以模拟所有的环境因素，更重要的是由于模型缩尺比例效应，无法完全真实地反映工程现场的实际环境条件。因此，物理模型试验结果与实际情况仍存在差别，不能很好地模拟真实的作用效应。

近年来，随着计算技术的发展和计算方法的已趋成熟，数值模拟方法在海洋工程物理环境研究中的应用受到越来越多的重视，特别在波浪场、流场、泥沙场、岸滩冲淤变化等研究方面取得了很好的效果。数值模拟避免了物理模型中的缩比尺寸效应问题，能够模拟比物理模型大得多的空间范围，可为小范围的物理模型提供边界条件，方便进行各种工程方案的比选。但由于数值模拟建立在严格的力学机理和物理关系之上，而对海洋环境过程的力学机理的认识尚待深入，往往需要进行试验验证。因此，建立的数值模型与实际条件不可能完全吻合，会有不同程度的差异。此外，数值模型在进行数值解时，需作若干假设，以便简化数值解法，因而数值模拟结果与实际情况亦存在差别[6]。

上述研究方法各有所长，也各有利弊。在实际工程中，不宜仅采用其中的一种方法，尤其是对于重要的或大型的深海土木工程建设，应综合运用上述多种手段，做到现场观察、理论分析、物理模型试验、数值模拟研究相结合，在互相检验，互为比较或佐证的基础上，再做出综合评估和决策。当然，在深海土木工程选址、规划、设计的不同阶段，根据实际情况可采用不同的分析研究方法，以减少研究工作量和费用。

1.3 深海土木工程建筑内部的环境特点

深海土木工程建筑的所有六个界面都包围在海水、岩石或土壤之中，直接与介质接触，这使得内部空气质量、视觉和听觉质量，以及对人的生理和心理影响等方面，都有一定特殊性，要全面达到地面建筑环境标准是比较困难的，甚至要达到城市地下建筑的环境标准都有困难，这种差距是深海土木工程外界环境与地面建筑外界环境的先天不同造成的。在消除这一差距的过程中，已有的地下工程中已经取得很大进步，例如日本的地下街、俄罗斯的地下铁道等，在环境上都已得到较高的评价。但必须看到，在深海土木工程建筑环境，还存在着许多待开发待研究的领域，要想取得比较完满的结果，还需要人们的努力。

不同的建筑功能对环境有不同的要求，因此建筑环境有生活环境、生产环境、工作环境和社交环境等多种类型，但是只要有人活动，就首先要满足生理上的客观需要，同时还要考虑一些心理因素。在深海土木工程建筑环境中，应确立三种情况下的标准：一是舒适标准，人在这种环境中能正常进行各种活动而没有不适感；二是最低标准，指维持生命的最低要求；三是极限标准，如果低于这个标准，对人就会产生致病、致伤，甚至致死的危险[5]。

深海土木工程的内部环境分生理环境和心理环境，生理环境又包括空气环境、视觉环境和听觉环境。

空气与阳光和水一样，对于人的生存、生活和从事各种活动，是必不可少的。衡量和评价深海土木工程建筑的空气环境有舒适度和清洁度两类指标。每一类中包含若干具体内容，如温度、湿度和二氧化碳浓度等。

空气环境的舒适度表现为适当的温度和相对温度，界面的热、湿辐射强度，室内气流速度，以及空气的电化学性能（即负离子的浓度和单极性系数）。空气的清洁度衡量标准是含氧、一氧化碳、二氧化碳的浓度，含尘量和含细菌量，以及空气中氡及其气体浓度等。所有这些指标都应达到国家标准，目前我国有关这方面的国家标准有待完善。

衡量视觉环境（或称光环境）的指标有照度、均匀度和色彩的适宜度等。对于地面建筑来说，天然光线的摄取程度，从室内可看到室外环境和景观的程度，也在一定程度上影响室内视觉环境的质量。地下和水下建筑空间在后两个方面存在一些缺陷，可以利用人工控制的有利条件，创造一种稳定的符合人视觉特点的光照环境。

人在室内活动对听觉环境的要求有三个方面[5]：一是声信号能顺利传递，在一定距离内保持良好的清晰度；二是背景噪声水平低，适合于工作或休息；三是由室内声源引起的噪声强度能控制在允许噪声标准以下。这三项要求在地下和水下建筑空间中，除在控制混响时间上与地面略有不同外，达到舒适标准一般不会太困难。

建筑内部环境对人的心理能引起一定反应。例如，舒适、愉悦感等，是一种积极的反应；不适、烦闷等则属于消极反应。如果对于某种环境的消极心理反应持续时间较长，或重复次数较多，可能形成一种条件反射，或者形成一种难以改变的成见，称为心理障碍。地下和水下工程环境本身的特点及其引起的一些消极心理反应，如幽闭、压抑、担心自己的健康等，长期以来没有得到根本改善，几乎已形成了一种心理障碍，对进一步开发利用深海地下空间是一个不利因素。为了使这种状况得到改善，以进一步推动深海地下空间的开发利用，应当从三个方面进行努力：一是提高生理环境的质量，除提高舒适度外，着重研究解决地下环境对人体健康的长期影响问题；二是利用现代科学技术成果，设计人造景观系统（如人造海市蜃楼），模拟天然光线和景物在地下空间的再现，以及改善光环境和声环境等问题；三是从设计上加以改进，增加建筑布置的灵活性，提高艺术性。

1.4 深海土木工程地下空间内部的防灾要求

深海土木工程对于灾害的防护既有有利的因素，也有不利的方面，尤其是对于发生在深海土木工程建筑内部的灾害，特别像火灾、爆炸、海水渗漏等，要比在地面上危险得多，防护和处理的难度也大得多，这是由地下空间比较封闭以及承受外部高水压的特点所决定的。因此，深海土木工程建筑的内部防灾问题，在规划设计中应占有突出位置，重点应是防火、防爆、防水、防震等。

深海土木工程建筑内部发生火灾的原因主要有电气事故（如打火、短路、过热等），使用明火不慎（如饮食加工等），易燃气体泄漏，以及管理不善（如允许吸烟、监控系统失灵）等。火灾发生后容易蔓延的原因是存在易燃物，例如，装修材料、家具（货架、柜台、桌椅等）、易燃物品（衣服、鞋帽等）、纸制品（书籍、资料、档案、包装箱等）。因此，应针对内部火灾发生和蔓延的可能性，限制易燃物和可燃物的数量，采取必要的消防措施。

深海土木工程中发生火灾造成的危害比其他建筑空间更严重。首先，对于没有通道与陆岸连通的深海土木工程，火灾的影响往往是致命的，人员疏散范围非常有限（从一个分区疏散到另一个分区）；火灾扑救只能依托内部人员和设施；有毒有害的烟雾聚集在室内，随着火灾的蔓延越积越多。对于有通道与陆岸连通的深海土木工程，在地下和水下空间中，火势蔓延的方向和烟的流动方向与人员撤离时的走向一致，都是从下向上，火的延烧速度和烟的扩散速度大于人员的疏散速度；同时，在出入口处由于烟和热气流的自然排出，给消防人员进入灭火造成很大困难。其次，在地下空间中，由于封闭性较强，人们的方向感较差，那些对内部情况不太熟悉的人很容易迷路，因此当灾情发生后，混乱程度比在地面上要严重。建筑规模越大，内部布置越复杂，这种危险性就越大。

火灾对人的危害主要通过烧伤、窒息、中毒和高温热辐射四种效应。地下空间防火最重要的有两个方面：一是对灾情的控制，包括控制火源，起火感知和信息发布，阻止火势蔓延及烟流扩散，组织有效的灭火；二是内部人员的疏散和撤离，主要从规划设计上做到对火灾的隔离，保证疏散通道的足够宽度，满足出入口的数量要求并使其位置保持与疏散人员的最小距离。为了做到以上各点，地下空间在达到一定规模后，必须设置防灾中心并保证内、外通信系统的畅通，以及足够的消防用水和其他消防器材。

深海土木工程遇到的水害一般由外部因素引起，如与海洋接触面的海水渗漏、陆岸通道地表积水的灌入、附近供水干管破裂、地下水位回升、建筑防水层被破坏而失效等。这些因素只要在规划设计时加以重视，是可以预防和治理的，尤其是与海洋环境接触的迎水面，一旦渗漏维修非常困难，必须采用优质的防水材料和多道防护措施。目前比较可行的是三道措施：第一道是在建筑外侧用聚脲、液体橡胶防水层防护；第二道是结构自防水；第三道是结构内部设置内衬贴壁钢板层，这一做法在钢板贴壁储油库中已应用多年。

深海土木工程在抗地震方面较之地面建筑有较大优势，在同样震级情况下，烈度相差较大，因此防震的重点应放在防止次生灾害上，如火灾、漏水、装修材料脱落等。

1.5 海洋的光学特性

深海土木工程建在海洋中部或底部，无论是为了防止人为干扰，还是实时探测和感知海底灾害性地质作用对工程的影响，能否和如何对工程进行观测和动态监视，是工程是否需要建、能不能建、建成后能不能发挥作用的重要因素之一。为此，开展深海土木工程建设，应对海洋光学特征有基本的了解，以便为工程布设观测和监视系统。

海洋光学性质是海洋水体在光辐射作用下所表现的物理性质。海洋的光学性质可分为两类：一是海水的固有光学性质，它仅由海水本身的物理特性决定，与光场无关。海水的固有光学性质主要指海水对光的散射和吸收。散射和吸收作用是光在海水中传播的两个基本过程，它们造成光的衰减。二是表观光学性质，由光场和水中的成分而定，包括向下辐照度、向上辐照度、离水辐量度、遥感反射率和辐照比等，以及这些量的衰减系数，它决定于海水固有光学性质和海中辐射场的分布。

海洋光学是光学和海洋学之间交叉的边缘学科，主要研究海洋水体的光学性质、光在海洋中的传播规律、光与海水的相互作用以及利用光学手段探测海洋的技术[2]。

1.5.1 海洋光学中的常用辐射量

太阳和天空辐射通过海面进入海中所形成的海洋辐射场分布，主要表现为辐亮度分布、辐照度衰减、辐照比和偏振特性等所有与辐射场有关的光学性质。天空光是部分偏振的，太阳的直射光是非偏振的，然而经海面折射进入海水后，随其天顶角的增大而产生部分偏振。当透射光被海水和悬浮颗粒散射时，它的偏振分布会有很大的变化。太阳方位角不同时，垂直面上的偏振分布不同。偏振度随着深度的增大而逐渐减小，到达辐亮度极限分布的深度后，偏振度也达到极限值。表征海水中光辐射场分布的物理量主要有以下几种[2]。

1.5.1.1 辐亮度 L

辐亮度 L 表示单位立体角 $d\Omega$ 和单位发射面积 dA 发出的辐射通量。如图 1.9 所示，在偏离辐射面法线方向 θ 角度附近的立体角 $d\Omega$ 内，通过面积 dA 的辐射通量（功率）为 $d\varphi$，则在该方向上的辐亮度 L 可表示为[2]

$$L = \frac{d^2\varphi}{dA \cdot d\Omega} \cdot \cos\theta \tag{1-1}$$

因此，在某方向上的辐亮度 L 表征在该方向单位立体角范围内，通过垂直于该方向的单位截面积的辐射通量（$W \cdot m^{-2} \cdot sr^{-1}$）[7]。

太阳光透入海水后，由于海水及其悬浮物的后向散射，产生后向的辐亮度，穿透海面进入大气层后称为离水辐亮度 L_w。L_w 携带着与水体所有成分浓度有关的信息，特别是受浮游生物、无机悬浮物及溶解有机物（黄色物质）的强烈影响，可由装载于卫星或飞机上的传感器测出，经过适当的模式反演，便可获取水体成分浓度信息。

1.5.1.2 辐照度 E

在一侧 2π 立体角范围内，单位面积接收到的辐亮度之和称为辐射到该面积上的辐照度 E（$W \cdot m^{-2}$），如图 1.10 所示。

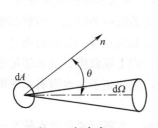

图 1.9 辐亮度 L

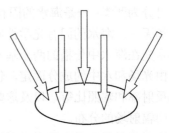

图 1.10 辐照度 E

对于水平平面，在下方 2π 立体角范围内，单位面积接收到的向上的辐亮度之和称为向上辐照度 E_u，反之称为向下辐照度 E_d，可按下式计算[2]：

$$E_u(z) = \int_{\varphi=0}^{2\pi} \int_{\theta=0}^{\pi/2} L(z,\theta,\varphi)\cos\theta d\Omega \tag{1-2}$$

$$E_d(z) = \int_{\varphi=0}^{2\pi} \int_{\theta=\pi/2}^{\pi} L(z,\theta,\varphi)\cos\theta\left(\theta-\frac{\pi}{2}\right)d\Omega \tag{1-3}$$

辐照度随传播距离的增加按指数规律衰减，即沿传播方向，某一位置 z 处的辐照度与参考面上的辐照度之间的关系为[2]

$$E(z) = E(0)\exp(-Kz) \tag{1-4}$$

式中：K 为辐照度衰减系数，与波长有关，并且不同波长的辐照度衰减系数存在极强的谱相关性；$E(0)$ 为参考面（一般为海面）上的辐照度。

1.5.1.3 辐出度 M

在一侧 2π 立体角范围内，单位面积辐射的辐亮度之和称为该面积的辐出度 M（W·m^{-2}），如图 1.11 所示[2]。

E 与 M 的差别仅仅在于，面元是接收光辐射还是辐射光辐射，它们的单位相同。

1.5.2 表征海水光学性质的物理量

海水的光学性质即海洋水体在光辐射作用下所表现出的物理性质，可由下述参量描述[2]。

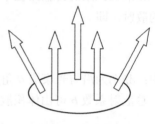

图 1.11　辐出度 M

1.5.3 海水体积衰减系数

单色准直光通过海水介质后，辐射能成指数规律衰减变化，海水衰减系数称为体积衰减系数 $c(\lambda)$，可由下式计算：

$$c(\lambda) = -\frac{1}{M(z,\lambda)}\frac{\mathrm{d}M(z,\lambda)}{\mathrm{d}z} \tag{1-5}$$

或

$$M(z,\lambda) = M(0,\lambda)\exp[-c(\lambda)z] \tag{1-6}$$

式中：z 为海水的深度；c 为体积衰减系数，明显随波长变化而变化，其在 0.48～0.53μm 附近最小，通常认为沿岸水的光谱透射窗口为 0.520μm，c 约为 0.2～0.6m^{-1}，大洋清洁水的光谱透射窗口为 0.48μm，c 约为 0.05m^{-1}[2]。

辐亮度沿深度 z 的变化，由垂直衰减系数所决定。水下能见度主要依赖对海水有最大透射率的蓝绿光太阳光谱，它对水下动物是很重要的。水下太阳垂直平面内的辐亮度角分布随深度 z 而变化，在表层有明显的峰值，随深度增加，峰值减小，最大值逐渐移向天底角，深度达 20 个衰减长度后，辐亮度趋于对称的极限分布，此时辐亮度衰减系数趋于极限值。

1.5.3.1 海水的体积衰减的吸收系数和散射系数

海水的体积衰减系数 c 由吸收系数 a 和散射系数 b 两部分组成。

海水吸收是光子能量变为热能、化学能等所引起的热力学不可逆过程，吸

收系数 a 随波长的变化而变化。吸收主要是由海水中悬浮物的选择吸收引起的。

海水散射包括分子瑞利散射、大直径悬浮颗粒的米氏散射及透明物质的折射所引起的随机过程，而且后两者所引起的散射比前者大得多。总散射系数 b 和光波波长关系不大，主要由水体的有效因子（散射有效面积）K_i、粒子数密度 N_i、粒子直径 D_i、粒子的光学类型数 n 决定，即

$$b = \frac{\pi}{4}\sum_{i=1}^{n} K_i N_i D_i^2 \qquad (1-7)$$

在准直光束的传输路径中，用体积散射函数 $\beta(\theta)$ 表示从一个小体积元所产生的散射，即

$$\beta(\theta) = \frac{\mathrm{d}I(\theta)}{E\mathrm{d}V} \qquad (1-8)$$

式中：$\mathrm{d}I(\theta)$ 为沿与光束成 θ 角方向的散射强度；E 为 $\mathrm{d}V$ 接收到的辐照度。

总散射系数 b 可由体积散射系数函数 $\beta(\theta)$ 在整个立体角内的积分表示：

$$b = 2\pi\int_0^\pi \beta(\pi)\sin\theta\mathrm{d}\theta \qquad (1-9)$$

它可以分为前向散射系数 b_f、后向散射系数 b_b 两部分：

$$b_\mathrm{f} = 2\pi\int_0^{\pi/2} \beta(\theta)\sin\theta\mathrm{d}\theta \qquad (1-10)$$

$$b_\mathrm{b} = 2\pi\int_{\pi/2}^{\pi} \beta(\theta)\sin\theta\mathrm{d}\theta \qquad (1-11)$$

在海水中，分子的瑞利散射的前、后向散射基本对称，而悬浮颗粒的米氏散射的前向散射比后向散射要强得多。海水的散射主要集中在前向散射，一般占总散射的 90% 以上，后向散射只占一小部分，另外，与光束成 0°方向附近散射最大，与光束成 90°方向附近散射最小（比 0°方向的散射强度小 3～4 个数量级）。

在清澈的海水中，蓝光的散射系数和吸收系数相当，其他颜色的光吸收占绝对优势，所以清澈的海水呈现蓝色；在浑浊水中，光的衰减主要归因于悬浮颗粒的散射。水中某些物质分子与光子发生非弹性碰撞而产生荧光辐射和拉曼散射，既是吸收过程，又是受激辐射的过程，它们在强度上较弱[2]。

1.5.3.2 衰减长度

为了表征海水铅直方向透光的程度，引入衰减长度 l（m），即准直光束的辐出度衰减为原来的 c^{-1} 时传输的距离：

$$l = \frac{1}{c} \qquad (1-12)$$

1.5.3.3 海水透明度

海水透明度是表示海水能见程度的一个量度,即光线在水中传播一定距离后,其光能强度与原来光能强度之比。透明度 Z_m 是传统海洋调查中表征海洋水体透明程度的量。在船舷的背阴处,将直径为 30cm 的白色圆板(透明度盘)沉入水中,所能看到的最大深度即定义为海水的透明度 Z_m。透明度 Z_m 表征随深度增加的、漫射光沿垂直方向的衰减量,也可用于表征水中能见度,因而是表示海水铅直透光程度的一个量度长度。Z_m 与 c 之间一般可以由下式进行换算[2]:

$$c = \frac{0.8}{Z_m} \qquad (1\text{-}13)$$

1.5.3.4 水中视程

水中视程即水中能见度[7],是指标准视力的人从水中背景能识别出具有一定大小目标物的距离[8]。由于光在海水中的衰减比在大气中快得多,所以海水中水平方向的能见视程仅为大气能见度的千分之一。海水对水中目标物体辐射的吸收和多次散射,导致目标物体的对比度下降,显然也是水中视程降低的原因之一。水中视程小,相应增加了海洋水下探测和活动的难度。

1.5.4 海色、水色和透明度

海洋海色、水色、透明度的分布,受区域海洋和气候特点的影响,有明显的季节变化和区域性差异。

1.5.4.1 海色

海色通常指的是在船上或岸边观察到的海洋的颜色,包括深蓝、碧绿、微黄或棕红。海色是指在自然光照射下,由于海面的反射、海水的散射等原因,而从海面映射出来的色彩,与太阳高度、天空状况、海底地质和海洋水文条件等有密切关系,因而海色并不能完全真实地反映海水自身固有的光学性质。

1.5.4.2 水色

水色是指为了最大限度地减小反射光(太阳光)的成分,从海面正上方所观察到的海水的颜色,即海水的离水辐射光所具有的颜色,它表征了海水的固有光学性质。海水的颜色由海水的光学性质及海水中悬浮物的颜色所决定。大洋海水颜色多为蔚蓝色,沿岸海水则多呈淡绿色。传统调查方法是在船舷的背阴处,将透明度盘提升到透明度 Z_m 的 1/2 深度处,以透明度盘为背景的海水的颜色与福莱尔水色计比对,记录其相近者的号码。水色计由 21 种颜色相组成,由深蓝到黄绿直到褐色,以号码 1~21 代替。号码越小,水色越蓝,习惯上也称为水色越高。如海水中悬浮物较少,则水色主要取决于海水的光学性质;如海水中含较多有机质时,它对光能的吸收具有很强的选择性,波长越短,吸收系数越大，故主要取决于悬浮物的颜色。在河口或近岸区，由于泥沙含量高而常使水色发黄；当淡红色的浮游生物大量繁殖时，水色呈淡红色。

1.5.5 水色的分布和变化

如图 1.12 所示，各海区中渤海的水色号码最低，尤其是冬季。黄河口因受冲淡水影响，水色等值线的舌状分布相当明显。黄海大部海域夏季水色号码为 5~8 号，而冬季水色号码为 7~10 号。南黄海至东海西北部，特别是长江口外海，无论冬夏均为高浊度水域，夏季 10 号水色等值线可东伸至 123°E，冬季东伸更远，几乎达 126°E[2]。东海西北部，水色的空间分布和时间变化都比较复杂。部分海域水色号码大主要源于长江冲淡水的影响。东海东南部，水色号码小且分布均匀，且季节变化也要小于其他海域。

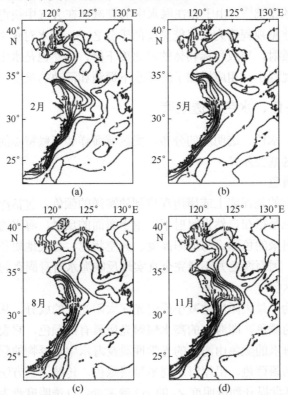

图 1.12 渤海、黄海、东海及菲律宾海西北部四季代表月多年平均水色（号）分布[9]

如图 1.13 所示，南海水色总体较高，一年内除北部沿岸为低水色带外，其他南海海域水色都较高，且区域差异较小。菲律宾海的水色最高，大部分水色号码为 1~2 号，冬季稍低，为 2~3 号。

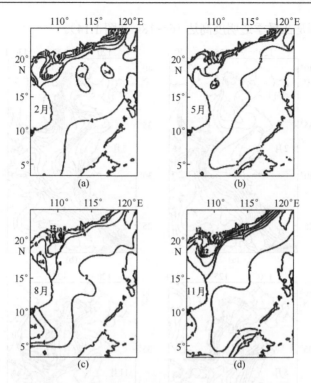

图1.13 南海四季代表月多年平均水色（号）分布[9]

1.5.6 透明度的分布和变化

世界上透明度最高的海域是大西洋中一个没有岸的海——马尾藻海，其透明度达66m，也是世界公认的最清澈的海。中国近海透明度的分布与水色分布具有某些对应关系，通常水色高，透明度大，水色低，透明度小。悬浮物质（包括浮游生物）是决定水色和透明度分布、变化的主要因素，且海流的性质、入海径流的数量和季节变化等都将影响透明度和水色。通常，由于浅海从大陆带来的泥沙最多，潮汐、波浪和径流的作用强烈，由此所引起的混合常常能直达海底，因此，浅海的水色低于大洋。此外，浅海受大陆影响，温度变化剧烈且海水发生垂直对流。所以，浅海海水运动比大洋剧烈，且已有悬浮物难以沉淀，使得下层富含营养盐的海水不断上升。

如图1.14所示，渤海三大海湾内海水在冬季透明度大都小于1m，且在靠近渤海海峡处增至2~3m。8月渤海海峡透明度增大，可达8~10m。北黄海的绝大部分海域为10m以上，且有高值舌伸向渤海。在辽南及朝鲜沿岸，透明度锋比较明显。苏北外海透明度空间变化也相当明显。黄海中部无论冬夏透明度均较高，特别是在夏季透明度高达 16～18m（图 1.14）。

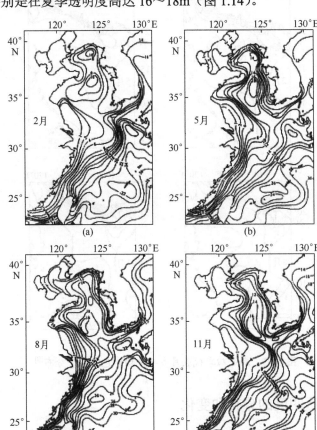

图 1.14　渤海、黄海、东海及菲律宾海西北部四季代表月多年平均透明度分布[9]

东海海水透明度的分布有明显的区域差异。黑潮区终年为高透明度海域，无论冬夏都不低于 19m，而东海西北部及西部海域透明度的季节变化较大。对马暖流海域和台湾海峡透明度分布不仅有季节变化，而且常出现高、低透明度间杂零乱分布的现象[10]。

南海冬季透明度是北低而南高，等透明度线北密而南疏。北部在 4～18m 之间，等透明度线基本与海岸线平行。南海中部透明度都在 22～26m，但南海南部透明度稍现降低，为 20～24m。夏季南海北部沿岸及北部湾为低透明度区，在 8～20m 之间，且等值线密集，区域差异大，雷州半岛西岸海域仅为 4～6m。南海东半部透明度较高，一般可达 24～30m。南海中央透明度最大值和范围都出现在春季而非夏季，与渤海、黄海、东海明显不同。北部湾中央和湄公河口附近海域的透明度值，夏季也比春季低，但湄公河口附近海域的透明度低值区范围要比春季大，详见图 1.14。

菲律宾海的透明度很高，大多为 26~30m，冬季有所降低，如我国台湾东南部冬季可降至 25m 以下，夏季则达 30m 以上。

1.5.7 光辐射在海水中的传输

海洋辐射传输理论用于定量地研究海洋水体中辐射能的传输问题，主要研究光辐射通过海水受到多次散射和光谱吸收所导致的海洋中辐射场的变化，是水中能见度、窄光束或漫发光体的辐射在水中传输、海面向上的光谱辐射、海洋光学测量等在应用方面的理论基础，是海洋光学的核心理论问题。

辐射在海水中传输时，因受到海水的散射和吸收而衰减，同时周围水体在传输方向的散射导致了海水中辐射场的变化而产生辐射增量 L_*，辐射率的分布如图 1.15 所示。所以，辐射传递方程可表示为[2]

$$\frac{\mathrm{d}L}{\mathrm{d}r} = -cL + L_* \tag{1-14}$$

式中：L_* 为各个方向的辐射受到散射而转换为传输方向辐射的总增量（即路径周围的辐射场的贡献），从而为 ($L\cdot\beta$) 在整个空间立体角内的积分。

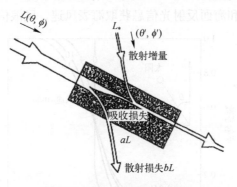

图 1.15　海水中辐射传输模型

因此，辐射传递方程实质是一种具有微分和积分的积—微分方程。这样，若已知海洋某深度的辐射亮度分布 $L(z_0)$，海中各点的衰减系数 c 和体积散射函数 β，原则上可求解此辐射传递方程，以确定海中各深度的辐射场分布 $L(z)$ 和有关的海洋表观光学参数。

1.5.8 海面的向上光辐射

海面的向上光辐射包括海面向大气的反射、海洋水体向大气的离水光辐射和海面热辐射，在可见光谱段，后者所占比例较小，可以忽略。海面的向上光辐射和海洋参数之间的关系是光学遥感技术探测海洋的主要理论依据。

1.5.8.1 光辐射在海面上的反射和折射

光辐射在海面上的反射和折射服从反射定律和折射定律，反射系数、折射系数由菲涅尔公式给出。

由于海水的折射率大于空气的折射率，由折射定律可知入射光束进入海水后光束立体角受到压缩（2π 立体角的入射光束被压缩成 48.2° 的锥形光束），当入射光束的立体角较小时，水面上入射光束立体角 Ω_a 与水面下折射光束立体角 Ω_w 之比约为 n^2，即光束从空气进入水体后辐射度增强 n^2 倍。因此，潜水员透过潜水镜所观察到的海水中物体的像往往比物体实际尺度要大些，位置也要偏近些。

当海面受风作用时产生随机起伏，这种风生的海面斜率的随机分布属于高斯分布，故海面的均方斜率和风速成正比。在太阳高度角较小或观测角较大的情况下，当风速增加时，海面均方斜率的增加使海面平均入射角减小，导致海面平均反射系数减小；在太阳高度角较大或观测角较小的情况下，当风速增加时，海面均方斜率虽然增加，但海面平均入射角变化不大，因而海面平均反射系数几乎不随风速而变，如图 1.16 所示。利用该性质，在大观测角下，可以利用太阳高度角信息和海面反射光信息获取海表风速、风浪信息[2]。

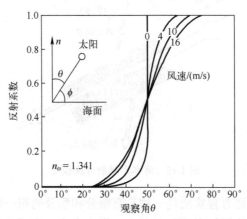

图 1.16　风场作用下的海面反射系数曲线

1.5.8.2 海洋水体向大气的离水光辐射

太阳光向下经过海面进入水体后，在传输过程中受水体吸收和散射，经海面返回大气的背向散射光即为离水光辐射。对于离水光辐射，通常采用两流辐射传输理论来求解。在图 1.17 中，将海水看作一种水平平面分层介质，通过水

平分层的辐射通量分为向上辐射和向下辐射两个方向的光子流,各种辐射量之间的关系为[2]

$$\begin{cases} E_d(z) = E_d(0)\exp(-Kz) \\ E_u(z) = E_u(0)\exp(-Kz) \end{cases} \quad (1-15)$$

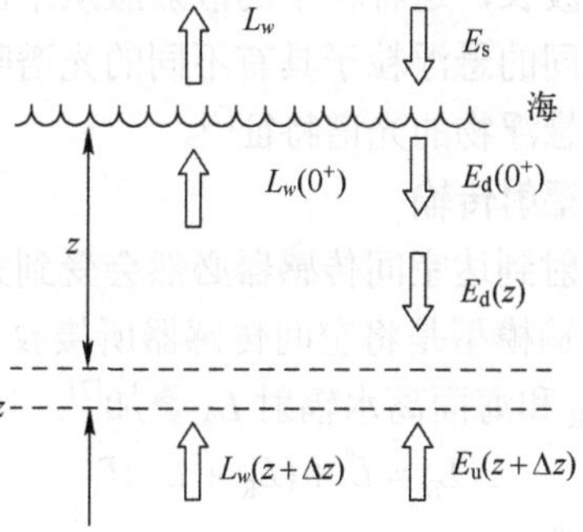

图 1.17 海洋两流辐射传输模型

辐照比 R 直接与水体的固有光学性质有关:

$$R \approx \frac{fb}{a+b} \quad (1-16)$$

式中:f 为经验参数,约为 0.32～0.33,是太阳天顶角的函数。

深度为 z 的水平面的向上辐射,可看成漫射表面的辐射,故向上辐亮度为

$$L_u(z) = \frac{E_u(z)}{\pi} \quad (1-17)$$

海洋次表面的向上辐射亮度 $L_u(0^+)$ 取决于水体向上辐射亮度的积分:

$$L_u(0^+) = \int_0^z L_u(z)\exp(-cz)\mathrm{d}z \quad (1-18)$$

而 $L_u(0^+)$ 与 L_w 又满足

$$L_w = \frac{t}{n^2}L_u(0^+) \quad (1-19)$$

式中:t 为表面海水的透射系数;n 为海水的折射率;n^2 因空气与海水折射率的差异而引起的光束立体角的改变。

辐照度衰减系数 K,体积散射函数 $\beta(\theta)$,吸收系数 a,体积衰减系数 c 等海洋光学参数都和波长有关。在吸收越弱,散射越强的光谱波段,海面向上辐射亮度也越强。

海水的水质与海面向上的光谱辐射具有密切关系,决定了海洋的水色。清洁的大洋海水中,悬浮颗粒少,粒子直径也小,分子散射起主要作用,当粒子

直径远小于光波波长时，散射服从瑞利散射，即散射系数与波长的 4 次方成反比，波长越短，散射越强；而蓝色波段的吸收较其他波段达最小；两者综合作用的结果，使该波段散射增强。换言之，该波段更易向上射出海面，故使得大洋的颜色呈蓝色，峰值的波长约为 0.47μm。近岸海水中含有较多的悬浮颗粒，其微粒直径远大于光波波长，这种粒子的散射服从米氏散射定律，即散射系数与波长无关。同时，不同的悬浮粒子具有不同的光谱吸收和散射特征，使海面向上的辐射光谱反映了悬浮物的光谱特征[2]。

1.5.8.3 海—气的辐射传输

海面向上的光谱辐射到达空间传感器必然会受到大气的作用和影响。典型的海—气系统的辐射传输模型是将空间传感器所接收到的辐射 L_S 看作大气散射光 L^*、海面反射光 L_R 和海面离水辐射 L_w 叠加[2]：

$$L_S = L^* + (L_R + L_w)T_a \tag{1-20}$$

式中：T_a 为大气透射系数。

1.5.9 海洋光学的主要应用

根据海洋光学的特性，在海洋活动中的应用，目前主要有[2]：水下照明、水下通信、浅海激光测深和激光水下目标探测、水色遥感或可见光遥感以及舰艇尾迹光学探测、利用海洋生物发光现象发现不明船舰或目标物等。

1. 水下照明

水下打捞、水下观察等常常需要进行水下照明。考虑到人的视神经感光灵敏度存在光谱差异，对绿光最灵敏，对红、蓝光灵敏度较低，而且在明亮和昏暗的环境中略有不同以及海水对可见光的衰减作用，要达到良好的水下照明视觉效果，需据此对照明光源的发光光谱特性进行设计。图 1.18 为国际照明委员会（CIE）确定的人眼的视见函数。

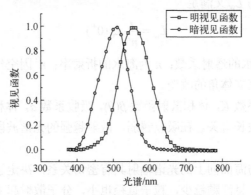

图 1.18　CIE 确定的人眼视见函数

2. 水下通信

水下通信是利用海水对波长为 0.47~0.57μm 的蓝绿激光具有的低损耗窗口的特性，依靠大气、空气—海水界面和海水作为光信道，实现飞机（或卫星）对水下约 300m 深度的潜艇通信。这种通信方式具有波束隐蔽、接收天线小、通信速率高、抗干扰和保密性强等优点。由于海水对光信号的散射效应对激光脉冲的影响，光子在水体中的传输轨迹长度将随着不同的散射路径而变化，因而在接收点将引起传输的延迟[2]。

3. 激光测深和激光水下目标探测

浅海激光测深是利用脉冲激光束在海水中传输的时间差获取海洋的深度信息。激光水下目标探测则是利用目标不同部分对激光束反射的激光信号来获取目标的几何信息和动力学信息。由于海水对激光束的散射，使接收到的回波信号包括海水激光后向散射信号和海底反射信号，而且两者具有相似的时间特性和空间特性。因此，后向散射回波是不期望的干扰信号，需对此进行抑制，以突出水下目标回波信号的强度[2]。

4. 水色、叶绿素、泥沙含量等遥感

水色遥感是利用多光谱传感器（辐射计）接收海面的离水辐射，然后根据海洋—大气系统辐射传输模式进行数据和图像处理，对大气系统等各种误差源进行校正，得出与之相关的海洋环境信息，称为水色遥感或可见光遥感。例如："陆地"卫星的多光谱扫描仪、专题制图仪；"雨云"卫星的海岸带水色扫描仪；"海星"卫星的海洋宽视场传感器及 ADEOS 卫星的海色温度传感器（OCTS）。

海水中叶绿素含量、泥沙含量、海表面风速场等，是影响和决定传感器接收信息的光学特性的主要因素。故利用水色遥感可以获取上述海洋信息。

由此可见，光是能透入海水中的电磁波的主要波段，用可见光卫星遥感方法调查海洋的光学性质、推求其环境因子，是海洋常规调查重要而有效的补充手段[2]。

5. 舰艇尾流光学探测

舰艇尾流是由螺旋桨的搅动产生的一长条含有大量气泡的湍流区域——气幕带，它主要由螺旋桨空化引起，尾流中的气泡大小、密度具有一定的统计分布规律。由于这些气泡对于激光的吸收、反射、折射、衍射、干涉和散射等作用而改变了舰艇尾流的光学特性，据此可以实现尾流探测、跟踪，在尾流自导鱼雷、潜艇尾流探潜等领域有着巨大的应用价值。

6. 利用海发光现象发现不明目标

海发光指的是海洋生物发光的现象[4]，海洋生物中几乎所有的门类中都有

发光的物种。海洋生物的发光现象最早发现于 19 世纪。目前，发光浮游生物、发光细菌、水母、海绵、苔虫、环虫和蛤贝等都可以引发海洋生物发光现象。与灯泡发的"热光"不同，海洋动物发的是冷光，主要是蓝色和绿色，发紫光、红光和黄光的较少。生物发光不需要外来光源，而是在虫萤光素酶的参与下，依靠生物形成的虫萤光素进行氧化作用就能发光，所以发光是海洋生物的一种主动行为[1]。

生活于 700m 以下的海洋动物，90%以上可以自身发光，以适应黑暗的深海环境。此外，生活于海洋上层的生物有的也可以发光，使得海洋在夜间显现微光，且一旦海水被扰动，发光越强。世界大洋平均水深为 3700m，而有光带深度不到 200m，海洋的 95%是在"永久的黑暗"里，除非被人类深潜的灯光照亮。因此，海发光（也称海火）现象在国防、航运交通及渔业领域均有一定的实用价值。据记载，一个水母发出的光，可供人阅读，并能识别人的面孔；6个平均体长 27mm 的挪威磷虾，把它们装在能盛两升水的玻璃杯中，其发出的光完全可以读报。例如，海洋发光生物在受到波浪、船舰或水中武器扰动时，发光会趋频趋强，从而对海洋军事活动有很大影响。尤其是在作战时期，舰艇在发光海区作夜间航行时，就有可能暴露目标；在航运交通上，海火可以帮助航海人员识别航行标志和障碍物，避免触礁等危险；在渔业上，可利用海火来寻找鱼群；正确掌握海发光可以预报天气，我国辽宁、河北一带的渔民经多年观察总结出"海火见、风雨现"的民谚。此外，由于海洋生物的发光是冷光（不放热），可利用连续发光的细菌做成安全可靠的人工细菌灯。在第二次世界大战中，日军曾用细菌灯作为夜间的联络信号灯。可见，海发光的用途是十分广泛的。但是，海发光对船舶的安全航行也有一定影响。海发光强的海区能映出黑夜的海景，因此在没有月光的夜晚，当船舶遇到海发光时，会使船长产生错觉，从而导致海损事故。

1.6　海洋的声学特性和水声传播规律

通常，利用光、热、磁、微波等手段来遥感海洋，难以直接得到海洋深处的情况。而对于声波来讲，海水却几乎是"透明"的，利用声波可以"透视"海洋，即利用声场可以感知海洋内部的某些信息。因此，声学的手段已经成为探测、研究海洋的重要工具，声纳（利用声波来获取目标信息的装置）已是舰艇上必不可少的重要装备之一。海洋中声传播规律是研究海洋学的理论基础之一。

1.6.1 海洋的声学特性

1.6.1.1 海水中的声速

声速是海水中最重要的声学参数,表示的是声传播速度,是影响声波在海水中传播最基本的物理量。海水中各点处的声速,可按下式计算[2]:

$$V_c = \sqrt{\frac{1}{\rho K}} \tag{1-21}$$

式中: ρ 和 K 分别为海水的密度和绝热压缩系数,它们是海水的温度、盐度和静压力的函数。

声速对这三个物理量的依赖关系,有一些经验公式可以表达。

由于温度对声速的变化影响较大,所以海水上层的声速分布,有明显的季节变化、日变化和区域变化。

声速垂直方向的分布规律,即声速对深度的函数关系,称为声速剖面,它在浅海与深海中有着不同的类型。

1. 浅海中典型的声速分布

在近岸的浅海中,声速剖面的变化很复杂,因为它取决于太阳辐射的吸收,由散热而产生的表面冷却,由海流和海浪所激起的水中物质的混合以及海岸上流入的淡水等因素。在离岸较远的浅海海水中,常呈现典型的声速分布。

在春末及夏季,受太阳的照射以及气温的影响,海水温度随深度单调下降,随之而产生负声速梯度(声速随着深度的增加而减小这种情况的典型声速剖面),如图1.19(a)所示。具有这种声速剖面的浅海,称为负声速梯度浅海。负声速梯度的存在,导致海底对海水中声场的影响明显,而海面对海水中声场的影响减弱。

在秋季,由于气温的影响使得浅海中的底层水温可高于表层,即海水的温度随着深度而单调上升,随之而产生正声速梯度。这种情况的典型声速剖面,如图1.19(b)所示,具有这种声速剖面的浅海,称为正声速梯度浅海。正声速梯度的作用与上述恰好相反。

均匀的声速剖面,如图1.19(c)所示。具有这种声速剖面的浅海,称为均匀浅海。在均匀浅海中,海底和海面对海水中的声场均有影响。这种均匀的声速剖面在秋末至冬季经常产生。

在炎热的夏天,海面极热,再加上风浪的搅拌,使得海水在近表面层内近于等温,在此等温层之下又存在一个强烈的温度跃层,则出现负跃层典型的声速剖面,如图1.19(d)所示。具有这种负跃层声速剖面的浅海,称为负跃层浅海,具有极其重要的战术意义。

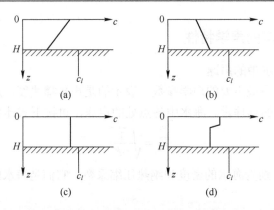

图1.19 浅海中典型的声速分布[2]

上述4种声速剖面,是一些典型的浅海声速剖面,实际的情况要复杂得多。通常,实际浅海中的声速剖面不仅随地点、季节变化,而且在一昼夜间也有明显的变化。这种昼夜变化对从海面舰艇声纳发射出来的声波有极大的影响,例如,海面舰艇的回声声纳在下午测距效果最差,即通常所称"午后效应"或"下午效应"[2]。

2. 深海中典型的声速分布

大洋中的水温是太阳照射造成的,因此温度总是随深度增加而降低,但到一定深度后温度就不再改变,形成深海等温层。而海水压力却只与深度有关,深度越大,海水压力就越大。因此,如果从海面向下观察,就会发现,声速先是随深度增加、温度减低而变慢,当下降到一个最低值时,海水温度不再改变,这时,声速就会随海水压力增大而变快。这样,声波传播的速度在整个海洋中分为上下两层,在上面的一层中,水层越深,声速越慢;在下面的一层中,水层越深,声速则越快。在两层交界的地方,就形成了一个特殊的声道轴,由于声波在传播中总是向声速慢的界面弯曲,因此声道轴上方和下方的声音都会折回声道轴。这样,声能被限制在声道上下一定的深度范围内传播,不接触海面和海底,这就像在声道轴上下各放一块反射声音特别好的大平板一样,声音总是在这两块平板之间来回反射,能量不受损失,可以传到很远的地方。这就形成了"深海声道"。

深海中的声速剖面,可以划分为具有不同特性和产生条件的数个分层,如图1.20所示。紧贴海面下的是表面层,其中的声速对水温和风的作用的日变化与局部变化是很敏感的。表面层通常是等温水的混合层,有利于形成表面混合层声道。表面层之下为季节性跃层,跃层内温度随水深增加而降低。在夏秋两季,季节性跃层是强烈的,在冬春两季,跃层趋向于与表面层合并在一起。在季节性跃层之下是主温跃层，它基本无季节性变化。在主温跃层下一直延伸到海底是深海等温层，它具有 0~2℃的几乎不变的温度，在该层中由于静压力对声速的影响，使声速随深度的增加而增大。在主温跃层的负声速梯度和深海等温层的正声速梯度之间有一声速极小值，这就是声道轴之所在[2]。

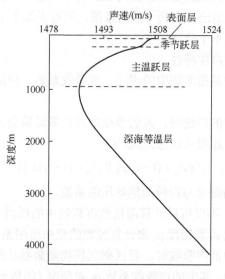

图 1.20 典型的深海声速剖面[2]

1.6.1.2 海水中的声吸收

在海水中，声吸收是由 4 种效应所引起的[2]：一为热导效应；二为切变黏滞效应；三为体积黏滞效应；四为分子的离子弛豫效应。1967 年，索普给出一个经验公式来计算海水中的声吸收，即

$$2\alpha_W = 1.093\,853\left(\frac{0.1f^2}{1+f^2} + \frac{40f^2}{4100+f^2} + 2.75\times10^{-4}f^2\right) \quad (1\text{-}22)$$

式中：f 为频率（kHz）；α_W 为声吸收（dB/km）。

式（1-22）括号中前面两项是两个弛豫频率对声吸收的贡献（温度在 4℃时）；最后一项表示黏滞声吸收。

1973 年，有人用温跃法证明，海水中存在硼酸—硼酸盐是造成索普所发现的低频弛豫的主要原因[2]。虽然对频率在 0.1~3kHz 范围内，用式（1-21）算出的声衰减系数与实际符合得相当好，但频率在低于 100Hz 时，计算值与实验值却有显著的差别（试验值大一个数量级），基伯怀特和汉普顿曾复查了水下声道中低频声吸收的全部有关数据，他们建议用下式来计算水下声道中频率低于

1kHz 的声吸收系数：

$$\alpha_W = \beta_S + \tilde{k}\frac{1.1\times 10^{-4} f^2}{1+f^2} + 1.1\times 10^{-5} f^2 \text{ (dB/m)} \tag{1-23}$$

式中：k 为计算硼酸效应的变异性系数，其值的变动范围为 0.5～1.1；β_S 为与频率无关的附加系数，其值的变动范围为 0.2×10^{-6}～4.2×10^{-6} dB/m。

虽然式（1-23）给出与实验一致的数值，但对于低于 100Hz 的频率造成逾量衰减的物理原因还不十分清楚[2]。

1.6.1.3 海底的声学特性

海底的声学特性是指海底中的声速、声吸收系数、声反射系数及声散射系数等[2]。

在研究沉积物中的声速时，人们曾提出过许多经验公式。对于松散的海底沉积物，低频时的声速服从伍德公式[2]：

$$c_1 = \{[q\rho_0 + (1-q)\rho_S][qk_0 + (1-q)k_s]\}^{-1/2} \tag{1-24}$$

式中：k_0 和 k_s 分别为海水与颗粒的绝热压缩系数。

根据式（1-24），不仅可以计算湿松散沉积物中的低频声速，而且也可以通过测定沉积物的声速 c_1 和密度 ρ_k 来计算颗粒的绝热压缩系数。

在讨论沉积物中的声吸收时，要区别沉积物是絮凝状的还是非絮凝状的。对于非絮凝状沉积物，其中的声吸收系数 α_b 对频率 f 的依赖关系是：在低频时，α_b 正比于 f^2；在高频时，α_b 正比 $f^{1/2}$；当频率由低频向高频过渡时，α_b 由正比于 f^2 向正比于 $f^{1/2}$ 过渡。对于絮凝状沉积物，α_b 正比于频率 f。哈密顿根据大量的资料，总结出一个经验公式，即

$$\alpha_b = b'f \tag{1-25}$$

式中：α_b 为声吸收系数（dB/m）；f 为频率（kHz）；b'为比例系数，是孔隙率 q 的非线性函数。

孔隙率 q 是描述海底沉积物的最重要的基本参数之一，其表征沉积物不是连续介质，而是一种孔隙介质，或称颗粒介质，孔隙率的物理意义是在沉积物的单位体积内填充介质（海水）所占的体积。若以 V_1 为所考察的沉积物中填充介质所占的体积，V_2 为其中颗粒所占的体积，那么孔隙率 q 可写为

$$q = \frac{V_1}{V_1+V_2} \tag{1-26}$$

从声传播的角度来看，平面声波在海底上的反射系数 V_b 是个很重要的量。液态海底上的平面声波的反射系数服从瑞利公式：

$$V_b = \frac{m\sin\alpha_0 - \sqrt{n^2 - \cos^2\alpha_0}}{m\sin\alpha_0 + \sqrt{n^2 - \cos^2\alpha_0}} \tag{1-27}$$

式中：$m=\rho_k/\rho_0$，$n=c_k/c_1$，α_0 为掠射角。当 $\alpha_0 \ll 1$ 时，$|V_b| \approx \exp(-2P\alpha_0)$，而 $P=R_e(m/\sqrt{n^2-1})$，符号"R_e"表示实部。

1.6.2 水声传播规律

1.6.2.1 内波对声传播的影响

内波对海洋中声波的传播有着重大的影响，因此近年来内波的研究日益受到重视。内波对声传播的影响，是通过内波对海水中的声速分布的影响而产生的。通常把内波分为线性内波和孤立子内波两种，计算引起声速分布的起伏[2]。

1.6.2.2 深海声速和声道的分布与变化

东海深水区的声道轴一般在 800～1000m，南海深海区的声道轴在 1200m[11]。深水海域的上混合层也有季节变化，且冬季厚度较大，如东海黑潮区及南海深水区，混合层可达 100～150m[2]。其他季节与浅海类似，其表面声道的季节变化也大体与浅海区相近；但是因在深海区水较深，声线大多数可以不经海底反射而返转折向海面，从而减少了声能的衰减。

深水海域声场的显著特征是在水下有相当稳定的深海声道，可使声源射出的某些声波传播很远。在深海声道中，声音可以传播到数千千米以外而没有减弱的迹象。

参 考 文 献

[1] 汪品先. 深海浅说[M]. 上海：上海科技教育出版社，2020.

[2] 徐茂泉，陈友飞. 海洋地质学[M]. 2 版. 厦门：厦门大学出版社，2012.

[3] 曾恒一. 开发深海资源的海底空间站技术[C] //祝贺郑哲敏先生八十华诞应用力学报告会：应用力学进展论文集. 北京：科学出版社，2004：83-90.

[4] 曾恒一，李清平，吴应湘. 开发深海资源的海底空间站技术[C] //2006 年度海洋工程学术会议论文集.《中国造船》编辑部，2006：10-17.

[5] 童林旭. 地下建筑学[M]. 北京：中国建筑工业出版社，2012.

[6] 龚晓南. 海洋土木工程概论[M]. 北京：中国建筑工业出版社，2018.

[7] 冯士筰，李凤岐，李少菁. 海洋科学导论[M]. 北京：高等教育出版社，1999.

[8] 全国科学技术名词审定委员会. 海洋科技名词[M]. 2 版. 北京：科学出版社，2007.

[9] 孙湘平. 中国近海区域海洋[M]. 北京：海洋出版社，2006.

[10] 海洋图集编委会. 渤海 黄海 东海海洋图集：水文[M]. 北京：海洋出版社，1993.

[11] UNESCO. The International System of Units(SI) in oceanography[Z]. Tech. pap. inmar. sci., No.45. Paris，1985：124.

[12] 孙文心，李凤岐，李磊. 军事海洋学引论[M]. 北京：海洋出版社，2011.

[13] 中国大百科全书总编辑委员会本卷编辑委员会，中国大百科全书出版社编辑部. 中国大百科全书：大气科学 海洋科学 水文科学[M]. 北京：中国大百科全书出版社，1987.

[14] UNESCO. Background papers and supporting data on the International Equation of State of Seawater 1980[Z]. *Tech. pap. inmar. sci.*，No.38. Paris，1981：192.

第 2 章 深海土木工程勘察

在工程建设领域中，遵循"先勘察，后设计、再施工"的建设程序，是国家一再强调的十分重要的基本政策。国家标准《岩土工程勘察规范》(GB 50021—2001)（2009 年版）第 1.0.3 条："各项建设工程在设计和施工之前，必须按基本建设程序进行岩土工程勘察。"工程勘察工作作为先行工作，是影响整个工程建设的重要一环。而在深海土木工程建设中，深海土木工程勘察工作更是基础保障，尤其是在工程选址方面，深海土木工勘察具有基础性和决定性的作用，因为依据现阶段的工程建设技术和建设经验，只有在特定的场地条件下，才能建设深海土木工程。勘察技术不成熟、勘察资料不全或技术指标不准确，将给工程建设带来很大的影响，甚至可能成为工程能不能建的关键因素。深海土木工程勘察，一般采用地球物理综合勘察方法，以高分辨率地球物理探测、工程地质钻探为基础进行勘察，为深海土木工程的基础设计、施工以及不良地质现象的防治措施提供依据，具有学科综合性和技术含量高的特点。近十几年来，海洋勘探向深水领域推进已成为世界潮流，钻探水深从浅水、深水扩展到水深 3000m 的海区。为满足我国深水海洋工程勘察需要，我国已经在发展深水勘察船和设备，而且装备能力达到和接近国际先进水平，深水钻探能力和提取海底石油能力、精确定位技术、海底电视、水下相机、多波速技术和高精度测深侧扫声纳技术等新技术的发展应用，极大地促进了海洋勘察事业的发展，也为深海土木工程提供了技术支撑。

2.1 深海土木工程勘察目的与任务

国家标准《岩土工程勘察规范》(GB 50021—2001)（2009 年版）第 2.1.1 条指出，岩土工程勘察是"根据建设工程的要求，查明、分析、评价建设场地的地质、环境特征和岩土工程条件，编制勘察文件的活动"。深海土木工程勘察是通过调研与资料收集、测量、测试、勘探、模拟、分析等手段为深海土木工程建设提供必需的、可靠的海底地形、海底岩土和海洋环境特征等成果，并查明深海土木工程结构物影响范围内的岩、土层分布及其物理力学性质，以及影响地基稳定的不良地质现象。深海土木工程勘察所需获取的海洋数据资料基本上涵盖了所有海洋要素，从深部构造到浅地层沉积，从海底地形地貌到海水风浪潮流，污损生物等，是各类深海土木工程工程建设项目的论证、策划（规划）、设计、施工、使用管理以及工程评价（生态环境保护、地质灾害防治等）所需的基础性资料重要来源，是深海土木工程建设不可或缺的环节。

2.1.1　深海土木工程勘察的程序

深海土木工程勘察是一项系统性的工作,其工作程序与陆岸工程有所不同,一般说来包括以下几个方面的内容[1]。

（1）前期资料收集。鉴于深海土木工程建设的复杂性、场地的变异性和工程经验较少的情况，与工程建设相关的资料收集是一项很重要的工作。收集的资料是否充分与有效，往往成为决定工程决策和建设各环节、各阶段的重要因素，应引起重视。

（2）深海土木工程勘察方案策划。

（3）编制勘察大纲，包括勘察目的、任务、方法、手段、内容、勘点与勘线布置、组织实施计划和措施（包括与相关单位的协作和配合）、进度计划等。

（4）深海土木工程的勘察质量、安全与环境管理方案编制与培训，包括交通、通信、逃生救生、消防、防撞、应急预案等。

（5）深海土木工程海上勘察作业实施。

（6）岩、土、水样品分析与测试。

（7）勘察成果分析与整理。

（8）工程地质、水文地质条件分析。

（9）海洋工程地质评价。

（10）勘察报告编制和审核，成果验收，资料归档。

2.1.2　深海土木工程勘察的目的

与陆岸工程建设必须开展工程勘察相类似，深海土木工程的各建设阶段，均需开展相应的海洋工程勘察，以满足不同建设阶段基本任务的需求。

深海土木工程勘察的目的在于[1]：通过海底钻探、取样、原位测试、室内试验、海底地形地貌测绘、海洋物探调查等手段，获取海底地形、地貌、障碍物、暗礁、深部断裂、海底地层结构及其物理状态、海洋岩土试验等成果，开展区域稳定性、海床稳定性、海洋水动力环境、海洋地质灾害、海洋水土腐蚀性、海洋地层空间分布、海洋岩土工程特性及其参数等方面的研究与评价，以满足深海土木工程选址、设计、施工、运行、评价等方面的需求。与陆地工程相比，深海土木工程勘察涉及的专业面更为广阔，一般划分为深海土木工程工程测量、海洋岩土勘察和深海土木工程环境调查三个子专业。

（1）深海土木工程工程测量，主要包括海底地形地貌测绘、海底面状况侧扫和海底海床的稳定性分析、水深测绘等。目前，比较成熟的设备主要有水面水下导航定位设备、地貌测量设备和磁力设备等。

（2）深海土木工程岩土勘察，主要包括海底近表层沉积地层结构探测和分析海底岩土的工程（物理、力学）性质等。

（3）深海土木工程海洋环境调查包括海洋物理、水动力及防腐蚀环境的调查。其中，物理环境包括海水温度、盐度、海冰、气象、悬浮泥沙及通量、沉积物热导率；水动力环境包括波浪、潮汐、海（潮）流的一般条件及极值条件计算；防腐蚀环境包括海洋化学要素、污损生物及沉积物电导率等。还包括对海洋风能、潮汐能、潮流能等海洋可再生能源和海洋资源勘探开发，海洋勘察还包括资源和能源调查、测试。

深海土木工程勘察工作对从业者的知识水平有较高的要求。开展深海土木工程的工程测量，必须具备海上导航定位、海上测绘数据采集、数据后处理、侧扫声纳及地磁测量、图件编绘等技术知识；从事深海土木工程的岩土勘察，必须具备各类地层剖面仪（尤其是多道数字地震仪设备更为复杂）、海底取样及钻孔，以及各种土工物理、力学性质测试等技术知识；主持和参与深海土木工程的环境调查，必须具备海洋水文、海洋生态、污损生物等的技术知识。

2.1.3 深海土木工程勘察的方法

深海土木工程勘察必须结合工程建设阶段，深海土木工程建筑物或构筑物的类型、特点、稳定性和变形控制要求，海域自然条件、动静力荷载特性和环境等进行。国家标准《岩土工程勘察规范》（GB 50021—2001）（2009年版）第1.0.3A条规定："岩土工程勘察应按工程建设各勘察阶段的要求，正确反映工程地质条件，查明不良地质作用和地质灾害，精心勘察、精心分析，提出资料完整、评价正确的勘察报告。"深海土木工程勘察工作应有目的性和针对性，按照工程建设各阶段的任务，认识深海土木工程的地质条件，正确分析地质灾害和不良地质问题，进行工程地质评价，提出工程地质建议，为深海土木工程的规划、选址、设计、施工、运行、评估提供可靠的地质依据。

深海土木工程勘察的方法和手段通常包括[1]以下几种。

（1）海底地形地貌测绘和水深测量，目前比较成熟的设备主要有水面水下导航定位设备、单波束多波束水深测量设备、地貌测量设备、磁力设备等。

（2）海底障碍物探测，可采用侧扫声纳、海洋磁力仪等。

(3)海底地层结构物探测,一般可采用浅地层剖面仪和中地层剖面仪(高分辨率多道数字地震)调查。

(4)海底底质与底层水采样。

(5)深海土木工程的海洋工程地质钻探与取样、海洋地层原位测试、室内岩土动静力特性试验。主要配备浅地层设备、中地层设备、多道地震、重力设备、原位测试设备、底质取样设备(重力取样、箱式或抓斗取样)、海洋工程钻机、室内土工测试设备、海底泥温仪和常规沉积物化学分析设备等。

(6)水、土腐蚀性环境参数测定等,主要配备温盐深系统(Conductivity,Temperature,Depth,CTD)、声学多普勒测流仪(Acoustic Doppler Current Profilers,ADCP)、波浪观测系统、气象观测仪、方向波潮流仪、海流计、海流剖面仪、自计水位仪、浮标系统、潜标系统(声学释放计)、常规海水水质化学分析仪器设备、常规海洋环境放射化学测试设备、常规海洋生态、污损生物调查设备等。

2.1.4 深海土木工程勘察的任务

国家标准《岩土工程勘察规范》(GB 50021—2001)(2009年版)第4.1.2条规定:"建筑物的岩土工程勘察宜分阶段进行,可行性研究勘察应符合选择场址方案的要求;初步勘察应符合初步设计的要求;详细勘察应符合施工图设计的要求;场地条件复杂或有特殊要求的工程,宜进行施工勘察。场地较小且无特殊要求的工程可合并勘察阶段。"根据深海土木工程和海洋勘探开发各建设阶段的基本任务,结合海洋建筑物或构筑物的特点,深海土木工程勘察的主要任务如下[1]:

(1)水深和海底地形地貌测绘;

(2)海底面状况以及自然或人为的海底障碍物调查;

(3)海底地层结构特征、空间分布勘探;

(4)海洋岩土物理力学性质试验研究;

(5)海洋灾害地质和地震因素调查评价;

(6)海洋腐蚀性环境参数分析;

(7)海洋开发活动调查等。

深海土木工程建设前期规划选址阶段的选址勘察目的是概略地了解拟建场地的工程地质和水文地质、水深以及深海环境条件,为综合评价工程建设的适宜性提供工程地质资料,其主要任务一般是收集区域地质地层、地质构造和地震资料,初步评价场区区域地质构造的稳定性,并对场地稳定性和适宜性进行初步评价,提供地震设计基本参数;评估海洋工程地质条件、不良工程地质问题、灾害地质类型及其影响等；海洋资源和能源调查、评价，工程压覆矿评价；海洋水文环境、潮汐、潮流等调查评价。前期的规划选址阶段，海洋工程勘察一般采用资料收集、部分海洋物探调查、少量底质取样为主的勘察方法，必要时开展少量地质钻探工作[1]。

国家标准《岩土工程勘察规范》（GB 50021—2001）（2009 年版）第 4.1.3 条规定："可行性研究勘察，应对拟建场地的稳定性和适宜性做出评价。"深海土木工程在（预）可行性研究阶段的初步设计勘察目的，是为在已选定的工程建设地址（海区）上合理确定建筑的总体布置、结构形式和基础类型、施工方法等提供工程地质资料。可行性研究勘察侧重明确区域地质构造和地震对工程建设的影响，初步查明拟建场区海底地形、地貌、场地的地层结构、分布与变化规律、形成时代和成因类型以及地基土物理力学性质。初步查明不良地质作用，环境水质与腐蚀性评价。对场地及地基的地震效应，包括抗震设防烈度，50 年超越概率 10%的地震峰值加速度，建筑场地类别等做出初步评价。初步评价场址的工程地质条件，提出土层物理力学性质参数的建议值，对海洋工程拟建主要建筑物基础的类型提供初步建议。（预）可行性研究阶段的海洋工程勘察一般采用资料收集和调查，区域构造与地震等专题研究，大量海洋物探调查及部分地质钻探和试验为主，必要时开展一定的原位测试工作[1]。

深海土木工程在施工图设计阶段，一般侧重以详细查明工程场区工程地质条件，为各海洋建（构）筑物设计提供详细的地质依据。该阶段海洋工程勘察一般采用大量海洋物探调查、地质钻探、原位测试和试验为主的方法，并根据需要开展专门的海洋岩土工程静动力试验研究。

国家标准《岩土工程勘察规范》（GB 50021—2001）（2009 年版）第 4.1.11 条规定："详细勘察应按单体建筑物或建筑群提出详细的岩土工程资料和设计、施工所需的岩土参数；对建筑地基做出岩土工程评价，并对地基类型、基础形式、地基处理、基坑支护、工程降水和不良地质作用的防治等提出建议。"根据这一要求，在施工图设计阶段，深海土木工程勘察的主要内容如下[1]：

（1）收集拟建建筑总平面图，场区地面标高，建筑物的性质、规模、荷载、结构特点，基础形式、埋置深度、地基允许变形等资料。

（2）水深测量和海底地形地貌测绘。

（3）查明场地范围内岩土层的埋藏条件、地层组成及结构、形成时代和成因类型、物理力学性质和分布规律，判断黏性土地层稠度、含水量、孔隙比、液性指数，判断无黏性土地层的密实性、相对密度、孔隙比，提供地层的物理力学性质指标，分析和评价地基的稳定性、均匀性和承载力。

（4）对天然地基和桩基础条件进行评价，提出基础选型及持力层建议，提供基础计算参数。分析单桩竖向、水平向承载性能，估算极限承载力，必要时分析土体对桩的侧向抗力与桩侧向位移曲线，分析基础施工存在的地质问题并提出处理措施建议。

（5）论证天然地基和桩基础的施工条件及其对环境的影响。

（6）收集区域地质构造及地震资料，评价海底断裂活动型及区域构造稳定性，分析场地地震效应及地震参数，提供抗震设计所需的地层剪切波速、地层类别、特征周期，划分抗震地段。

（7）查明环境水的类型和赋存状态及补给排泄条件，评价环境水对建筑物本身、基础设计和施工的影响，判定地表水、地下水和土对建筑材料的腐蚀性，评价地基土对钢结构的腐蚀性。

（8）查明不良地质作用和海洋灾害地质，查明场地特殊岩土分布及其对基础的危害程度，并提出防治措施建议。

2.1.5 深海土木工程勘察的现状及发展趋势

目前，国际上深水勘探作业主要集中在墨西哥湾、北海、西非和南美等水深1500m以上的海域。据资料介绍，国外深水工程地质钻探的最大作业的水深已达3000m。我国目前深海勘察技术装备比较缺乏，水深超过500m的深海勘察作业刚刚起步，还在摸索阶段，仅具有水深500m以内海域的工程物探调查和水深约100m以内的浅孔钻探取芯作业能力。

水深500m以内海域海洋工程勘察与水深超过500m的深海勘察作业有较大的区别，水深500m以内海域海洋工程勘察的局限性如下：

（1）调查船较小，自持力和抗风浪能力相对较差；

（2）调查仪器通常安装在船底，或采用表面拖曳方式；

（3）调查仪器一般不具备耐高压能力；

（4）常规水深工程地质钻探一般采用四点锚泊方式就位。

水深超过500m的深海勘察主要具有以下特点：

（1）一般采用动力定位调查船，自持力和抗风浪能力强，有较大的作业甲板面积，可安放各种专用绞车、吊机、ROV/AUV设备和工程地质钻探设备；

（2）工程物探调查一般采用深拖技术，或采用ROV、AUV搭载方法；

（3）采用声学定位系统为水下设备精确定位。

目前，国外海洋探测仪器发展的总趋势，除了数字化、自动化外，还向多功能的组合化发展。即将多种探测扫描系统组装在一起，运用一根铠装电缆，或是多股捆扎在一起的综合电缆，使它具有多功能特性，如"深拖声纳系统""遥控操作的运载器具"和能显示拖曳深度，且能保持跟踪这一水深的声波发射器等，都是为此目的设计的。目前，深水装备主要包括深水钻井装置、深水多缆物探船、大马力 AHTS 三用工作船、深水工程勘察船及深水勘察设备等，国外已经有较成熟的装备、技术和经验。

目前，我国海洋工程勘察技术与国外先进技术还有较大的差距，为满足我国未来深水海洋工程勘察需要以及向世界深水勘察市场拓展，应结合世界目前海洋勘察设备、技术水平和发展方向，在现有装备和技术能力的基础上，大力发展深水勘察装备和作业能力，进一步提高国际竞争力，为实现深水勘探开发、保护我国海洋权益、推动国民经济可持续发展提供宝贵的技术、装备支持。我国海洋工程勘察技术装备已在向深水发展，配套深水装备相继投入使用，迈开了深海勘探开发的步伐。

2.2 海洋工程测绘

由上述深海土木工程的几种类型可知，深海土木工程的选址和规划建设，对区域海洋地理信息，包括水深、海底地形、海底地质、海岸、海水温度、盐度、密度、透明度、水色、波浪、海流以及气象条件等，都有比较严格的要求，不只是了解拟建场地及周边的地理、地质信息就可以进行选址和规划建设的，这是与陆地工程建设有重大区别的特殊要求。这就要求对海洋进行测绘，而海洋测绘与陆岸工程的场地测量又有很大的区别，无论是测量的范围、内容、技术手段，还是测量、测绘组织实施等，均有其特殊性。

海洋测绘是测绘学的一个分支学科，是海洋测量和海图绘制的总称，是对海洋表面及海底的形状和性质参数进行准确测定和描述的学科[2]。海洋测绘的任务是对海洋及其邻近陆地和江河湖泊进行测量和调查，获取海洋基础地理信息，编制各种海图和航海资料，为航海、国防、海洋开发和海洋研究服务。

海洋是由各种要素组成的综合体，海洋测绘的对象可分成两大类[1]：自然现象和人文现象。自然现象包括海岸和海底地形、海洋水文和海洋气象等自然界客观存在的对象，如曲曲折折的海岸、起伏不平的海底、动荡不定的海水。自然现象可分解成各种要素，如海岸和海底的地貌起伏形态、物质组成、地质构造、重力异常和地磁要素、礁石等天然地物，海水温度、盐度、密度、透明度、水色、波浪、海流以及海洋资源状况等。人文现象是人工建设、人为设置或改造形成的现象，如海中的各种平台、海底管道等，人为的各种沉积物——沉船、水雷、飞机残骸，捕鱼的网、栅，专门设置的港界、领海线等，以及海洋生物养殖区，这些现象，包含海洋地理学、海洋地质学、海洋水文学和海洋气象学等学科的内容[1]。

海洋测绘在人类开发和利用海洋的活动中扮演着"排头兵"的角色,是海洋活动一项基础而非常重要的工作。无论是经济、军事活动,还是科学研究,像海上交通、海洋地质调查和资源开发、海洋工程建设、海洋疆界勘定、海洋环境保护、海底地壳和板块运动研究等,都需要海洋测绘提供不同种类的海洋地理信息要素、数据和基础图件。因此,海洋测绘不仅要获取和显示这些要素各自的位置、性质、形态,还包括各要素间的相互关系和发展变化,如航道和礁石、灯塔的关系,海港建设的进展,海流、水温的季节变化等。由于海洋区域与陆地区域自然现象的重要区别在于时刻运动的水体,海洋测绘方法与陆地有明显的差别,陆地水域江河湖泊的测绘,通常也可划入海洋测绘的范畴。

海洋测绘的主要内容有海洋大地测量、水深测量、海洋工程测量、海底地形测量、障碍物探测、水文要素调查、海洋重磁力测量、海洋专题测量和海区资料调查,以及海洋地理信息的分析、处理及应用等,其中的大部分内容都与深海土木工程建设有关。现代海洋测绘与已有的海洋测绘相比,有了较大的进步。一是测绘内容更加广泛。突出了如海洋水文要素调查、海底地貌调查以及海水中声速测量等与海洋测绘关系密切以及与其他学科存在交叉的内容。同时,电子海图和海洋地理信息系统也成为现代海洋测绘研究的重要内容。二是采用的技术手段更加先进,主要有卫星定位技术、卫星遥感技术、机载激光测深技术、多波束测量技术、高精度测深侧扫声纳技术和基于 AUV/ROV 等水下载体的水下测绘技术和手段。

2.2.1 海洋工程测绘的内容与手段

海洋工程测绘的主要内容包括[1]控制测量(大地测量、海洋定位及水下地形地貌测量)、水深测量和水位观测。

1. 海洋定位

现代海洋资源调查勘测、海洋工程勘察、海洋科学研究都需要更精确的定位,光学仪器和陆标定位已难以满足精度要求。近程的无线电指向标、无线电测向仪、高精度近程无线电定位系统等,中远程的"罗兰"C、"台卡"、"奥米加"、"阿尔法"等双曲线无线电定位系统,定位距离较远,但精度一般较低。现代微波测距、激光测距等先进仪器的使用,极大地提高了海洋定位精度。水声定位系统和卫星定位系统,尤其是全球定位系统(Global Positioning System,GPS)引入海洋测量,可使海洋定位的精度达到米级,并且还可进一步提高。

2. 验潮

验潮也称水位观测,又称潮汐观测,是海洋工程测量、航道测量等方面的重要组成部分,目的是了解潮汐特性,应用潮汐观测资料,计算潮汐调和常数、平均海平面、深度基准面、潮汐预报,并提供不同时刻的水位改正数等。

为掌握海区潮汐规律,首先需选择合适的位置布设验潮站,设立水尺或自动验潮站(井式自记验潮、超声波潮汐计、压力式验潮仪、声学式验潮仪、验潮、潮汐遥感测量)。

为了满足需求,我国已经建立了从南到北沿岸的一系列验潮站,并计算出了各地区深度基准面。验潮站分为长期验潮站、短期验潮站、临时验潮站和海上定点验潮站[3]。长期验潮站是测区水位控制的基础,主要用于计算平均海面和深度基准面,计算平均海面需要两年以上连续观测的水位资料。短期验潮站用于补充长期验潮站的不足,它与长期验潮站共同推算确定区域的深度基准面,一般要求连续30天的水位观测。临时验潮站在水深测量期间设置,要求最少与长期验潮站或短期验潮站同步观测3天,以便联测平均海面或深度基准面,测深期间用于观测瞬时水位,进行水位改正。海上定点验潮,最少在大潮期间与长期或短期站同步观测3次/24h,用以推算平均海面、深度基准面和预报瞬时水位。

3. 水深测量

海水水体深度测量的方法和手段主要有测深杆、用绳子测量(水铊)、声波测量(回声测深仪、多波束测深系统、机载激光测深),再到遥感测量等[4]。

1)用绳子测量水深

1521年麦哲伦环球航行时,曾在太平洋中部把一根731m的绳子系上炮弹壳丢到海里,但根本够不着底,于是他声明深海真的是没有底的。到了19世纪,用麻绳系上重物往海里抛,触碰海底后收回来,量到的麻绳长度就是水深。1875年英国"挑战者"号环球航行时,破纪录地在太平洋的马里亚纳海沟测到海水的深度是8230m。丢绳子测深固然可以确定深海有底,但是精度却很成问题。海水在流、船身在动,几千米的海水里绳子绝不可能垂直,重物触底的时间也并不精确。几乎与此同时,美国军舰为了探索跨太平洋通信电缆的铺设,在本州以东的日本海沟里测到更大的深度8513m,被认为是世界最大的海深,且测量使用的不是麻绳而是钢琴丝。钢琴丝比绳子细得多,投放下沉也快得多,从而将测量的效率和精度提高了一个量级[14]。目前基于这一方法测量方式有[4]以下两种。

(1)测深杆:主要用于水深浅于5m的水域。由木制或竹质材料支撑,直径为3~5cm,长约3~5m,底部设有直径5~8cm的铁制圆盘。

(2)测深锤(水铊):适用于8~10m水深且流速不大的水域测深。由铅砣和砣绳组成,其重量视流速而定,砣绳一般为10~20m,以10cm为间隔。

2）声波测深水深

深海水深测量真正的突破，就在于20世纪初根据回声测深原理设计的水深测量仪器。从船上向水下发射声波，声波到达海底反射回来，可由测深仪接收，根据传播时间计算出海底深度。传统的单波束回声测深仪是记录声脉冲从固定在船体上的或拖曳式传感器到海底的双程旅行时间，根据声波传播的双程旅行时间和声波在海水中的传播速度确定各测点的水深[4-5]。

（1）单波束测量。单波束测量也称回声测深，根据超声波在均匀介质中将匀速直线传播和在不同介质界面上将产生反射的原理，选择对水的穿透能力最佳、频率在1500Hz附近的超声波，垂直地向水底发射声信号，并记录从声波发射至信号由水底返回的时间间隔，通过模拟法或直接计算而确定水深。单波束测量一般要做以下改正：声速、静态吃水、动态吃水、姿态改正。

（2）多波束测量。多波束测深系统是从美国海军开发的SASS系统（声纳阵列测深系统，Sonar Array Sounding System）发展普及的海洋探测作业技术。我国最早的多波束测深系统研制开始于20世纪80年代中期，该多波束测深系统采用传统的模拟波束形成技术。2000年后，中国科学院声学研究所重点开展了基于相干原理的侧扫声纳的研究工作，在基于侧扫声纳的地形地貌探测理论和设备研制方面取得了重要进展。

多波束测深系统，自问世以来就一直以系统庞大、结构复杂和技术含量高著称。通过声波发射与接收换能器阵进行声波广角度定向发射和接收，利用各种传感器（卫星定位系统、运动传感器、电罗经、声速剖面仪等）对各个波束测点的空间位置归算，从而获取与航向垂直的条带式高密度水深数据，进行海底地形地貌测绘[5]。

多波束测深系统又称为多波束测深仪、条带测深仪或多波束测深声纳等，最初的设计构想就是为了提高海底地形测量效率。与传统的单波束测深系统每次测量只能获得测量船垂直下方一个海底测量深度值相比，多波束测深系统每发射一个声脉冲，不仅可以获得船下方的垂直深度，而且可以同时获得与船的航迹相垂直的几十个甚至上百个海底条带上采样点的水深数据，其测量条带覆盖范围为水深的2～10倍，即一次测量可覆盖一个宽扇面（图2.1），经过数据处理，可生成精细的海床覆盖和海底遗址的高精度、高分辨率三维数字地形图，实现了从"点—线"测量到"线—面"测量的跨越，其技术进步的意义十分突出。多波束测深系统的技术特点决定了它在水体深度测量方面拥有不可比拟的优越性。在近海进行水下勘探作业中，多波束能够发挥其高精度、高分辨率的特点，能够兼顾工作效率和需求，特别适合进行大面积的海底地形探测。

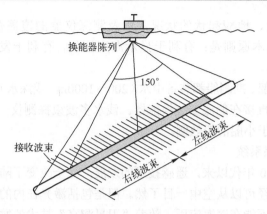

图 2.1 多波束测深原理示意图

多波束测深系统是一种多传感器的复杂组合系统,是现代信号处理技术、高性能计算机技术、高分辨显示技术、高精度导航定位技术、数字化传感器技术及其他相关高新技术等多种技术的高度集成。多波束测深系统由以下几部分组成[1]。

① 多波束声学子系统:包括多波束发射接收换能器阵(声纳探头)和多波束信号控制处理单元。测深系统的换能器基阵,由发射声信号的发射阵和接收海底反射回声信号的接收阵组成,可以直接装在船底或在双体船上拖曳。为了保证测量精度,必须消除船在航行时纵横摇摆的影响,一般采用姿态传感器进行姿态修正。

② 波束空间位置传感器子系统:电罗经等运动传感器、GNSS(全球导航卫星系统)和 SVP 声速剖面仪。运动传感器将船只测量时的摇摆等姿态数据发送给多波束信号处理系统,进行误差补偿。卫星定位系统为多波束系统提供精确的位置信息。声速剖面仪为准确计算水深提供精确的现场水中声速剖面数据。

③ 数据后处理软件(典型如 Hypack)及相关软件的数据采集、数据存储、处理子系统:多波束实时采集、后处理计算机及相关软件和数据显示、储存、输出设备。

④ 多波束参数校正:多波束系统组成复杂,各传感器、换能器不是同轴、同面安装,因此需要进行参数校正。通常有时延、横摇、纵摇、艏摇的校正。按照多波束系统校正要求,在一定的水深且变化明显的水域作为校正场,进行四对测线的测量,分别用于时延、横摇、纵摇、艏摇的校正。(图 2.1)

(3) 测线布设。测线是测量仪器及其载体的探测路线,一般布设为直线,又称测深线。测深线分为主测深线和检查线两大类。测线布设的主要因素是测线间隔和测线方向。测深线的间隔,根据对所测海区的需求、海区的水深、底质、地貌起伏的状况,以及测深仪器的覆盖范围而定。测深线方向选择的基本原则是:有利于显示海底地貌,有利于发现航行障碍物,有利于测深工作。

大型的调查船、勘测船都装备中水(200～1000m)或深水(1000～12000m)多波束探测仪,直接在船底安装换能器。浅水多波束探测仪一般量程在200m以内,便携安装于小船的船舷侧。

3) 遥感测深系统

自20世纪60年代以来,遥感技术的发展,完全改变了陆地制图测绘的途径,大陆地形已经可以从空中一目了然。但是包括激光在内的电磁波在水中传播时衰减太快,不能在深海应用。随着"卫星测高"技术的发展,卫星上的雷达高度计,可以准确地测得海平面的高度,为海洋学测量海流、海温等开拓了新的途径。虽然海面地形并不是我们想要的海底地形,但是可以根据海底地形对海平面高度的重力影响,对海底地形作间接的测算,这种方法对于深海大洋地壳上的海山特别敏感。由于海底岩石的密度远大于海水,海山形成的重力异常会反映为海平面的隆起[1, 5]。

机载激光测深系统[4]:又称"机载主动遥感测深系统",是由飞机发射激光脉冲测量水深的系统。机载部分由激光测深仪、定位与姿态设备组成,用于采集水深数据;地面部分由计算机、磁带机等数据处理设备组成,用于对采集数据进行综合处理和分析。

因此,现代海洋界有两种海底测深的方法[1, 5]:一种是从船上用声波,通过多波束回声测深方法,在海底测得10～20km宽的条带,水平精确度为200m左右;另一种是从卫星用电磁波,通过雷达高度计测得海面高度然后再算出水深。雷达高度计并不能"看到"海底,而是通过重力异常得出水深,因此水平分辨率比船测低得多,只有8km左右,但是极大地拓宽了覆盖面。19世纪末20世纪初,根据绳测数据得出世界大洋平均深度在3800m左右。但是用绳子测量海底得到的是点的数据,把点连起来就算地形,结果当时人们总以为海底地形是平缓的。随着技术的发展,单波束回声测到的是线,卫星技术测到的是面,信息越多反映出来的地形越复杂,于是发现海底地形起伏的幅度远大于陆地。世界上最高的珠穆朗玛峰高度为8844m,而最深的马里亚纳海沟深度为11032m,相差2000m。而且地球上最大的山脉,也不在陆上而在海底:世界大洋的扩张洋中脊高出海底2000m,相互连接形成一个巨大的深海山脉,绵延60000km;而陆地上最长的南美洲安第斯山脉,也只有8900km,相差一个数量级。这样,深海地形平坦的误会已经消除,大洋深处有的是崎岖陡峻、粗糙不平的海底,其结果使世界海洋的平均深度减少。根据现在的统计,世界海洋平均水深为 3682m，也可以笼统说 3700m 深[5]。

总之，海底地形测量的技术，从用绳子测点，到声波测线，再到遥感测面，经历了"点—线—面"的三部曲，在近几十年来取得了巨大进步，但是绝大部分海底至今缺乏详细的地形图，关键在于遥感技术应用的局限性。虽然遥感技术已经能够对地外星球做高精度的测量，但是由于受几千米厚层海水的阻挡，人类对于海底地形的了解还不如月球背面，甚至不如火星[5]。

2.2.2 海洋工程测绘的特点

1. 基本特点

海洋测绘是海洋测量和海图编制的总称，包括对海洋及其相邻陆地和江河湖泊进行测量和调查，获取海洋基础地理信息，制作各类海图和编制航行资料等。由于海洋水体的存在，海洋测绘在基本理论、方法、仪器、技术等方面具有明显不同于陆地的特点。

（1）实时性。在起伏不平的海上，大多为动态测量，无法重复观测，精密测量施测难度较大。

（2）不可视性。不能通过肉眼观测，海底一般采用超声波和传统的回声测深等仪器，只能沿测线测深，测线间则是空白区。近年全覆盖的多波束测深系统，可大大提高水下地貌的分辨率。

（3）基准的变化性。深度基准面具有区域性，无法像陆地一样在全国范围内统一。

（4）测量内容的综合性。需要同时完成多种观测项目，需要多种仪器设备配合施测。

2. 海洋测绘基准

海洋测绘基准是指测量数据所依靠的基本框架，包括起始数据、起算面的时空位置及相关参量，包括大地（测量）基准、高程基准、深度基准和重力基准等[4, 6]。建立海洋测量平面控制基准的关键，是利用现代空间测量技术，在我国沿岸构建一个优化的海洋测量定位局部控制网，以替代或补充原有控制网的作用。

我国的垂直基准分为陆地高程基准和深度基准两部分。我国的陆地高程基准在长达 35 年的时间内采用 1956 年的黄海平均海水面这个全国统一的高程基准面。经国务院批准，国家海洋局于 1987 年 5 月发布启用"1985 国家高程基准"，它是青岛验潮站自 1952—1979 年验潮资料计算确定的平均海面的平均值。海岛高程系统根据不同的应用需求可采用局部基准或全国基准。对于远离大陆的岛礁，局部基准可分别通过多年平均海面和大地水准面两种途径进行确定和计算。在海道测量中采用深度基准面作为水深的起算面。深度基准采用理论最低潮面,深度基准面的高度从当地平均海面起算,一般应与国家高程基准进行联测[4]。海洋测绘根据测绘目的不同,平面控制也可采用不同的基准。海洋测量的平面基准通常用 2000 国家大地坐标系(CGCS 2000),投影通常采用高斯-克吕格投影和墨卡托投影两种投影方式[4]。

2.2.3 海洋控制测量与基准面确定

1. 控制测量

海洋控制测量分为平面控制测量和高程控制测量,在国家大地网(点)和水准网(点)的基础上发展起来。国家各时期布测的三角(导线、GNSS)点,凡符合现行《国家三角测量和精密导线测量规范》精度要求的,均可作为海洋测量的高等控制点和发展海控点的起算点[4]。

2. 平面控制测量

建立平面控制网的传统方法是三角测量和精密导线测量。随着技术进步,传统的三角测量技术逐步被控制测量技术替代。控制测量的实施方法、精度要求等参照现行相关标准规范执行。

3. 高程控制测量

高程控制测量的方法主要有几何水准测量、测距高程导线测量、三角高程测量、高程测量等。在有一定密度的水准高程点控制下,三角高程测量和高程测量是测定控制点高程的基本方法[4, 6]。

4. 深度基准面的确定与传递

1)深度基准面确定

海洋测深的本质是确定海底表面至某一基准面的差距。目前,世界上常用的基准面为深度基准面、平均海面和海洋大地水准面。前一种是指按潮汐性质确定的一种特定深度基准面,即狭义上的深度基准面,也是海洋测深实际用到的基准面(图 2.2)。按多年平均海面方法建立岛屿高程系统的具体步骤和要求是:首先采用多年的验潮资料推求各个岛屿验潮站的多年平均海面,在此基础上,通过水准测量方法将各个验潮站水尺零点与所属岛屿 GPS 测点进行联测,最后根据水准联测结果和 GPS 三维观测数据便可确定 GPS 观测点的海拔高程,此高程属局部高程系统。按照大地水准面方法建立岛屿局部高程系统的具体步骤和要求是,首先通过物理大地测量方法确定研究区域的大地水准面,并直接以通过重力方法计算得到的似大地水准面作为该区域高程起算面。当已知海岛上的 GPS 观测点处的大地水准面高度以后,结合 GPS 三维观测坐标即可计算出该点的海拔高程。通过这种方法确定岛屿 GPS 点的高程不需要进行水准联测，因此其技术路线比较简单。

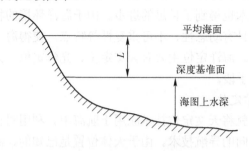

图 2.2 深度基准面示意图

2) 深度基准面计算与传递

验潮站的水位应归算到深度基准面（即理论最低潮面）上，长期验潮站深度基准面可沿用已有的深度基准，由陆地高程控制点进行水准联测，也可利用连续1年以上水位观测资料，通过调和分析采用弗拉基米尔法计算。

短期验潮站和临时验潮站深度基准面的确定，可采用几何水准测量法、潮差比法、最小二乘曲线拟合法、四个主分潮与乙比值法，由邻近长期验潮站或具有深度基准面数值的短期验潮站传算，当测区有两个或两个以上长期验潮站时取距离加权平均结果[4]。

由于深度基准面的垂直位置与当地潮差大小有关，导致我国海域的深度基准面还不是无缝连续的，沿岸海域的深度基准面与高程基准的转换关系仍未完全建立起来，给我国海洋测量、航道测量等工作带来了困难。目前，常用的垂直基准面转换方法有：在大范围内，需要建立基准面转换模型；在较大范围内，可以利用临近验潮站数据进行高程或深度拟合方法；在小范围内，可视基准面偏差为常数。但在中小型海洋水深测量或海底地形测量项目中，常面临部分测量区域距岸较远（15~40km）、海域一侧不便布设验潮站且无合适基准面偏差模型的情况，此时由于近岸验潮站的作用距离有限，不能对其水位进行有效控制，导致无法通过高程或者深度拟合的方法进行基准面转换。而若将基准面偏差视为常数，则会导致较大的转换误差，由于无法准确地将测区的水深测量结果转换到当地的深度基准面上，给水深测量工作带来了困难。针对这种情况，目前常用的解决方法是在测区海底抛设自容式验潮站的方法。

2.2.4 海洋定位

精确确定海洋表面、海水中和海底的各种标志（物）的位置称为海洋定位。

海洋定位是海洋测绘和海洋工程的基础。随着陆上定位与导航技术的快速发展，海洋定位与导航技术也得到了长足的进步。由于海洋环境的特殊性，其定位和导航与陆岸相比，具有动态性、不可重复性等特点，使得海上定位的精度比陆上低，系统更复杂。海洋定位主要有天文定位、光学定位、无线电定位、卫星定位和水声定位等手段。

1. 天文和光学定位

我国古代很早就将天文定位技术应用于航海中。利用对自然天体的测量来确定自身位置和航向的导航技术。由于天体位置是已知的，测量天体相对于导航用户参考基准面的高度角和方位角就可计算出用户的位置和航向。天文导航系统不需要其他地面设备的支持，所以是自主式导航系统。不受人工或自然形成的电磁场的干扰，不向外辐射电磁波，隐蔽性好，定位、定向的精度比较高，定位误差与定位时刻无关，因而得到广泛应用。

春秋战国时期，海上导航技术已与天文学联系起来。战国时期人们已经对二十八星宿和一些恒星进行了定量观测，并取得了可喜成果，并把海上航行与天文学相结合，利用北极星为航行定向。战国时期，磁石"司南"已发明。但其用途主要用于陆上定位。春秋战国时期主要以太阳和北极星为海上导航标志。

在先秦时期天文导航的基础上，秦汉时期的导航技术有了进一步的提高。西汉时海上导航的占星书已经开始记载总结出来的天文经验和规律。据《汉书·艺文志》载，西汉时海上导航的占星书已有《海中星占验》十二卷、《海中五星经杂事》二十二卷等有关书籍总计达一百三十六卷之多，可能是中国航海人员载航海过程中总结出来的天文经验和规律。其内容应是记录航海中对星座、行星等位置判定以确认航线。东晋僧人法显曾记述"大海弥漫无边，不识东西，唯望日月星宿而进"。

唐代天文定位术的发展，集中体现在利用仰测两地北极星的高度来确定南北距离变化的大地测量术。开元年间天文学家一行（673—727）已可以利用"复矩"仪器来测量北极星距离地面的高度，虽与实际数字有一定的差距，但这是世界首次对子午线的实测，而且这种测量术很可能已经在航行中使用。唐代航行者已掌握利用北极星的高度而进行定位导航。

宋元是中国古代科技史上的黄金时代，也是历史上"海上丝绸之路"的全盛时代。在这四个世纪中，中国海员开辟了横渡印度洋的航路。宋元航海技术的内涵非常丰富，诸如航用海图的使用等，但最重要的则是全天候磁罗盘导航和大洋天文定位技术。北宋朱彧在宣和元年所著的《萍洲可谈》中说："舟师识地理，夜则观星，昼则观日，阴晦则观指南针。"那时的中国海员已掌握了通过观测天体（特别是北极星）的高度，来判定船的地理位置（主要是南北位移）的天文定位技术，从而使航迹推算的船位误差得到了关键性的修正。宋元时海员测量天体高度的工具主要是"望斗"以及古代文献和出土文物中的量天尺，就是这种天文导航定位技术中的一个主要工具。正是凭借磁罗盘定量测向技术与量天尺定位技术，将"海上丝绸之路"的航路质量提高到新的历史水准。

到了明朝，采用观测恒星高度来确定地球经纬度的方法，称为"牵星术"。牵星术，乃是当时一种利用天文状况进行测位的航海技术。即在船上利用牵星板来观察某一星辰的高度，借以确定船只所在的地理位置。特别是在深海中，地形水势难以提供有效的识别，无所凭依，往往以天象来确定航位。郑和船队，在天文航海上，主动汲取其他航海者的先进仪器与导航方法，将之与中国传统的量天尺观测技术融为一体，形成了中西合璧的横渡印度洋的过洋牵星系统。据附录在《郑和航海图》中的四幅过洋牵星图来看，郑和船队已经掌握了纵横印度洋的最新天文航法。

中世纪的大航海时代，航海家定位唯一能够依靠的方法同样是天文导航，根据天体的测量得出所在点得纬度，而后基本保持纬度不变进行穿越大洋的航行。约翰·哈里森，造出一台完全由木制的摆钟——天文钟。天文钟定经度实际上是时间确定空间的方案，即将经度换算成时间。360°的地球，每24h转动一周，所以，航船与出发地之间，每相差1h就表示它的经度向东或向西移动了15°。因此，只要知道出发地和所在地的时间，就能推算出所在地的经度。哈里森实际上是制造出了能够准确测定航海出发地时间的海上钟表，利用精准的经度时间差，推算出准确的经度。自此，人类掌握了能够在海上测量相对精确经纬度的方法，开启了绚烂的新航海篇章。

传统的海道测量主要是在沿岸海域进行。沿岸海域在天气较好、风浪较小的时候测量，通常使用光学仪器，利用陆地目标定位。这与陆地测量定位相似，但因测量船摇摆不定，定位精度要比陆地低很多。光学定位借助光学仪器，如经纬仪、六分仪、全站仪等，主要包含前方交会法、后方交会法、侧方交会法和极坐标法等。天文定位借助天文观测，确定船只的航向以及经纬度，从而实现导航和定位，该方法主要受观测条件限制，阴天或云层过厚时无法实施，很难实现实时连续定位。

2. 无线电定位

无线电定位就是利用无线电波的传播特性测定目标的位置、速度和其他特性。无线电定位系统是通过在岸上控制点安置无线电收发机（岸台），在船舶等载体上设置无线电收发、测距、控制、显示单元，测量无线电波在船台和岸台间的传播时间、相位差、振幅或频率的变化,确定距离、距离差、方位等定位参数,进而求得船台至岸台的距离或船台至两岸台的距离差,计算船位。无线电定位系统按确定距离或距离差等定位参数的原理可分为:①脉冲式无线电定位系统,是根据无线电信号传播时间与传播距离成正比原理,测量船台发射脉冲信号和岸台回答脉冲信号所经历时间间隔,求取距离或距离差;②相位式无线电定位系统,是根据无线电信号传播中的相位变化与传播距离成正比原理,通过测量两连续信号的相位差求取距离或距离差;③脉冲——相位式无线电定位系统。工作方式有多种,按位置线确定方式分为双距离定位、双曲线定位、双方位定位、极坐标定位等。

3. 卫星定位

卫星定位属于空基无线电定位方式,为目前海上定位的主要手段。卫星定位系统由三部分组成:①空间部分(太空部分),由中、低轨上的多颗卫星(星座)组成。②地面控制部分,由分布在全球的由若干个跟踪站所组成的监控系统构成,根据其作用的不同,这些跟踪站又被分为主控站、监控站和注入站。③用户设备部分(地面接收),其主要功能是能够捕获到按一定卫星截止角所选择的待测卫星,并跟踪这些卫星的运行。当接收机捕获到跟踪的卫星信号后,即可测量出接收天线至卫星的伪距离和距离的变化率,解调出卫星轨道参数等数据。根据这些数据,接收机中的微处理计算机就可按定位解算方法进行定位计算,计算出用户所在地理位置的经纬度、高度、速度、时间等信息。

全球导航卫星系统(Global Navigation Satellite System,GNSS)主要包括美国的全球定位系统(GPS)、俄罗斯的格洛纳斯(GLONASS)、中国的北斗定位系统以及欧洲的伽利略(Galileo)定位系统。现在利用广域卫星差分 GNSS 进行海洋测量定位的实时精度已可达到分米级,并且还在进一步研究提高。

卫星定位系统的主要特点是:①全天候;②全球覆盖;③三维定速、定时、高精度;④快速、省时、高效率;⑤应用广泛、多功能。

4. 水声定位

水声定位系统使用水下声标测定舰船或其他目标相对位置的海上定位技术和方法。水下声学技术利用水下声标作为海底控制点,通过精确联测其坐标,可直接为船舶、潜艇及各种海洋工程提供导航定位服务,对水下工程具有重要的应用价值。根据接收基阵的基线可以将水声定位技术分为三类。①长基线(LongBase-Line)系统。其系统包含两部分:一部分是安装在船只上的换能器或水下机器人;另一部分是布放在海底固定位置的应答器(三个以上)。应答器之间的距离构成基线,基线长度按所要求的工作区域及应答作用距离确定,系统的基阵长度在数千米到数十千米的量级，利用测量水下目标声源到各个基元间的距离确定目标的位置。长基线系统的优点：系统是通过测量换能器和应答器之间的距离，采用测量中的前方或后方交会对目标定位，系统与深度无关，独立于水深值，具有较高的定位精度；多余观测值增加；对于大面积的调查区域，可以得到非常高的相对定位精度；换能器非常小，易于安装。长基线的缺点：系统复杂，操作烦琐；数量巨大的声基阵，费用高；需要长时间布设和收回海底声基阵；需要详细对海底声基阵校准测量。②短基线（Short Base-Line）水声定位系统。其基阵长度一般在数米到数十米的量级，利用目标发出的信号到达接收阵各个基元的时间差，解算目标的方位和距离。短基线的优点：低价的集成系统、操作简便容易；基于时间测量的高精度距离测量；固定的空间多余测量值；换能器体积小，安装简单。短基线的缺点：深水测量要达到高的精度，基线长度一般需要大于 40m；系统安装时，换能器需在船坞严格校准。③超短基线（Ultra Short Base-Line）系统。其基阵长度一般在数厘米到数十厘米的量级，它与前两种不同，利用各个基元接收信号间的相位差来解算目标的方位和距离。超短基线的优点：低价的集成系统、操作简便容易；只需一个换能器，安装方便；高精度的测距精度。超短基线的缺点：系统安装后的校准需要非常准确，而这往往难以达到；测量目标的绝对位置精度依赖于外围设备精度——电罗经、姿态传感器和深度传感器。目前，还有长基线定位系统与超短基线定位系统的组合系统。

2.3 海洋工程物探

海洋地球物理探测，简称"海洋物探"，是通过地球物理探测方法研究海洋地质过程与资源特性的科学，是地球物理学原理与技术在海洋条件下的具体应用，也是海洋工程勘探的一个重要方面和方法。通常情况下，海洋物探主要用于海底科学研究和海底矿产勘探，涉及导航定位技术、海洋重磁测量技术和海底声学探测技术、海底热流探测技术、海底大地电磁测量技术、海底放射性测量技术以及海底钻井地球物理观测技术等。因受使用条件和技术水平限制，电法勘探和放射性测量在海洋领域仍处于理论探讨和试验阶段[1]。海洋物探包括海洋重力、海洋磁测、海洋电磁、海底热流和海洋地震等方法，具有快速、准确、无损害的特点，对于勘探区域地层的宏观揭露，可弥补地质钻探的不足，在海洋工程建设中具有越来越重要的作用。

海洋物探作为海洋资源和能源勘探不可或缺的重要手段，海洋资源物探的深度达到数百米甚至数千米，一般的海洋工程物探主要研究海底中浅部地层的工程特性以及不良地质现象，有效勘探深度一般不大于150m，不能直接引用深层海洋物探技术[1]。

2.3.1 海洋物探的方法与设备

人类对海洋的探索，离不开地球物理技术的发展。海洋物探的工作原理和陆地物探方法原理相同，但作业场地在海上，增加了海水这一层介质，故对仪器装备和工作方法都有特殊的要求。海洋物探技术主要基于重力场理论、磁力场理论、地震波振动理论和海底热流理论等，可衍生出多种海洋物探方法，一般依据各类物探原理、适用条件或适用范围，甚至具体到参数设置来划分物探方法。例如，船载地球物理探测需使用装有特制的船舷重力仪、海洋核子旋进磁力仪、海洋地震检波器等仪器进行工作，还装有各种无线电导航、卫星导航定位等装备。海底地球物理观测需要克服高压、供电、防腐等特定要求。因此，根据海洋工程地质勘察的要求，研究海底中浅地层特性的海洋物探技术，选用合适的仪器设备和技术参数，发展物探解译技术，可为海洋工程提供一种有效、便捷、经济的勘探手段。近年来，人们对海底探测的研究推动了海洋地球科学技术的发展，海洋地球物理探测在前沿科学中一直占有重要的地位。高精度的导航定位技术、海洋重力测量系统、海洋地磁测量技术、海底地震探测等探测技术在当今海底资源勘查、海洋科学研究、海洋工程及海洋战场环境等方面具有不可取代的作用。

1. 导航及定位

近岸海域内多使用无线电定位系统，海上接收陆地岸台发射的定位信号，用圆—圆法或双曲线法定位。近年海域内普遍使用卫星定位系统，通过卫星接收机记录导航卫星发射的信号，在两个卫星定位点之间，依靠多普勒声纳测定航行中船只的速度变化，由陀螺罗经测定船只的航向。

常用的海洋物探导航定位技术多使用美国GPS技术，国外某些产品已达到亚米级的定位精度。目前，国产自主卫星导航系统高强度加密设计，北斗GPS系统RTK（1+1）测量技术及GPS差分定位系统具有支持多星系统、时间可用性和空间可用性更强、信号更强等特点，其应用也日益广泛，常见的国产海上定位系统有中海达K-x系列海上定位定向仪和南方RTK海上导航定位系统，实时动态差分GPS定位误差小于1m[1]。

2. 侧扫声纳探测

海洋探测目前的主流技术95%以上都是通过声传播技术来推算的，统称声纳。声学探测是利用声波在水中传播的过程中遇到物体反射的特性，由声纳设备主动向水下发射声波，通过测算该声波反射回波的返回时长或强度变化，来探测水下甚至淤埋在海床下的物体。声学探测方法的代表性设备主要有侧扫声纳、多波束测深系统、浅地层剖面仪、合成孔径声纳等。

侧扫声纳，又名"旁侧声纳"或"海底地貌仪"，源于两次世界大战期间为探测潜艇而设计的 ASDIC 系统，是一种专门用来探测海底地貌起伏变化的拖曳式扫海测量设备。与多波束测算回波"往返时间"不同的是，侧扫声纳测算的是回波的"强弱"。侧扫声纳由"拖鱼"（towfish，声纳拖曳阵列）经两侧向海底发射高频声波，声波在传播过程中被海底沉积物反向散射后按照由近及远的顺序形成序列回波，通过连续测算该回波信号形成声学图像，以反映海底状况，包括目标物的位置、现状、高度等。其声学图像可分为目标图像、海底地貌图像、水体图像和干扰图像四类。其中，海底地貌图像包括海底起伏形态图像、海底底质类型分布图像；水体图像包括水体散射、温度跃层、尾流、水面反射等图像；干扰图像包括拖鱼横向、纵向和首向摇摆的干扰图像、海底和水体的混响干扰图像，各种电气仪器及交流电产生的干扰图像。被探测海区的海底材质和形态决定了回波强度，当侧扫声纳发出的声波信号遇到坚硬的、粗糙的、凸起的海底则回波强；遇到柔软的、平坦的、下凹的海底则回波弱，如坚硬的岩石、木头和金属比淤泥具有更好的反射特性。通过持续勘测，侧扫声纳就可以获得反映海底地形地貌、材质等信息的二维灰度或伪彩色图像，供物探人员进行研判。自 20 世纪 70 年代以来，侧扫声纳已成为从事海洋工作必需的仪器装备。

与其他海底探测技术相比，侧扫声纳技术能不受水体可见度的影响而快速覆盖大面积水域直观地提供海底形态的声成像，具有形象直观、分辨率高和覆盖范围大等优点，因而在海底测绘、海底地质勘测、海底工程施工、海底障碍物和沉积物的探测、海洋生物数据调查，以及海底矿产勘测等方面得到广泛应用。侧扫声纳的工作频率，通常为数十千赫到数百千赫，声脉冲持续时间小于1ms，仪器的作用距离一般为 300~600m。根据声学探头安装位置，侧扫声纳可分为船载和拖体两类。船载型声学换能器安装在船体的两侧，该类侧扫声纳工作频率一般较低（10kHz 以下），扫幅较宽。探头安装在拖体内的侧扫声纳系统，根据拖体距海底的高度，其可分为离海面较近的高位拖曳型和离海底较近的深拖型。高位拖曳型侧扫系统的拖体在水下 100m 左右拖曳，能够提供侧扫图像和测深数据，侧扫声纳的海底扫描宽度一般为水深的 10~20 倍。

多数拖体式侧扫声纳系统为深拖型，拖体距离海底仅有数十米，位置较低，航速较低，但获取的侧扫声纳图像质量较高，侧扫图像甚至可分辨出直径为十几厘米的管线和体积很小的油桶等，新型深拖型侧扫声纳系统也具备高航速的作业能力，10kn航速下依然能获得高清晰度的海底侧扫图像[1]。

侧扫声纳的性能及其发展特点是：以计算机技术为基础，以数字化代替模拟化图像处理；计算机工作站使终端具有显示器和记录器的图像显示，提高了成像质量，而且与GPS连接可实施导航定位，功能更为齐全；软件逐渐丰富；换能器线性调频脉冲技术的应用减小了旁瓣效应和通道间互相交扰，光盘存储容量大，便于回放资料分析和处理。

3. 浅地层剖面探测

浅地层剖面仪是另一种利用声波探测水底浅地层剖面结构和构造的声纳设备。浅地层剖面探测是一种基于声学原理的连续走航式探测水下浅部地层结构和构造的方法，通过换能器将控制信号转换为不同频率（一般为100Hz～10kHz）的声波脉冲信号并向海底发射，声波在传播过程中遇到声阻抗界面时将产生回波信号，在走航过程中逐点记录声波回波信号，形成反映地层声学特征的记录剖面，根据声学剖面分析判断浅部地层的结构和构造。根据声学探头安装位置的不同，浅地层剖面探测分为船体固定式和拖曳式两类。相较于多波束和侧扫声纳，浅地层剖面仪采用较低频率声波，以获得足够的穿透力穿透海床继续向更深层传播。由于声波在不同的沉积物层中传播速度不同，声波会以能级递减的方式穿透各层并在各层界面处反射。浅地层剖面仪可以通过测算声波发射—传回这一过程所消耗时间，用以获得海床之下各沉积物的分布和构造，从而用于探测和发现被泥沙掩埋的海底遗迹。一般地层穿透深度达到30～50m。相较于磁力仪只能探测水下铁磁体而言，浅地层剖面仪还可以被用来探测被掩埋于海床泥沙下木质物体。

浅地层剖面探测和高分辨率单（多）道地震探测（即中地层剖面探测）都以地震波反射理论为基础，根据声波或地震波反射波的到达时间形成时间剖面图，利用地层声速或地震波速度转换为深度剖面图。各方法的主要区别在于震源激发方式、发射能量、发射频率、波长，造成穿透能力和分辨率的差异。

浅、中地层地震剖面技术是大规模划分海底沉积地层的重要手段，还可同时进行海水深度的探测，是水深、定位及其他海洋勘察手段的重要校验方法。浅地层剖面仪和中地层地震（声）剖面仪的换能器按一定时间间隔垂直向下发射声脉冲，声脉冲穿过海水触及海底后，一部分声能反射返回换能器，另一部分声能继续向地层深层传播，同时回波陆续返回，声波传播的声能逐渐损失，直到声波能量损失耗尽。声能传播特性反映海底地层结构和各地层的特征，可根据声波穿透地层传播的时间，换算地层厚度。如图2.3所示为某海底剖面沉积探测图，由图2.3可见，海水与底界面以及海底沉积层的反射界面较明显，结合钻探资料，可确定海底沉积层层序分布。

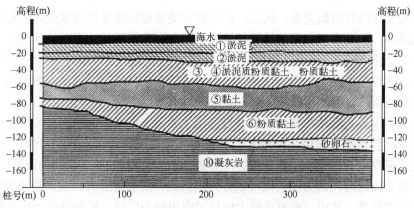

图 2.3 浅地层地震剖面海底沉积探测[1]

4. 合成孔径声纳

合成孔径声纳是一种使用小孔径的声纳换能器阵，通过运动形成虚拟大孔径的方法，来获取更高的航迹向分辨率的声纳设备。相比于上述几种实孔径声纳，合成孔径声纳最突出的优势是航迹向成像理论分辨率与探测距离、探测信号的频率无关。相较于其他声学探测设备，合成孔径声纳在我国水下勘探工作中的应用案例相对较少。以 2012 年中国—阿曼"郑和沉船遗骸探查"国际合作项目二期为例，该水下考古调查项目采用了我国自行研制的、成像分辨率达 5cm×3.75cm 的高频合成孔径声纳设备，对阿曼海域共计 12 个目标海区，经 14 天、总航程超过 1000km 的探测，并对 10 个目标区域进行高精度扫测后，确定了 6 个沉船目标，取得了圆满成功。

5. 高分辨率单（多）道地震探测

高分辨率单（多）道地震探测法原理类同于浅地层剖面法，与浅地层剖面相对应有时也称中地层剖面法，但人工激发的地震波比声波频率低、能量强，具有更大的穿透能力，一般地层穿透深度达到 200~300m，作业方式多采用船尾拖曳式[1]。

高分辨率单（多）道地震剖面仪一般使用电火花或空气枪震源，通过单道反射波信号组成的反射波图像，探测海底以下 150m 深度内的地层变化情况和不良地质现象，包括浅气层、古河床、滑坡、塌陷、断层、泥丘、基岩、浊流沉积、盐丘、海底软土夹层、侵蚀沟槽等地质构造与不良地质体。目前，高分辨率单（多）道地震剖面仪多为单道电火花震源系统，生产厂家主要有法国 SIG 公司、英国 CODA 公司和荷兰 Geo 公司等[1]。

6. 海洋磁力探测

地球磁场在某一局部区域通常处于均匀分布状态，当铁磁体物质进入该区域则会造成其磁力线的异常扰乱，且干扰量和物体重量与组合方式息息相关，其异常变化具有函数关系。因此，通过测定地球磁场强度的地域变化，探测水下铁磁体，如铁壳沉船等能够引起地磁场强度变化的物体。根据被探测区域磁异常的变化，人们由此可以测算出铁磁体的大概重量和分布范围识别海底管道、电缆、井口、炸弹、沉船等铁磁性障碍物，结合侧扫声纳、浅地层剖面确定障碍物的性质、位置、形状、大小、走向及埋深等。

磁力仪作为磁法探测的代表性设备，主要用于铁磁体的探测，可用于捕捉到区域磁异常点，可供进一步人工潜水探摸及发掘的潜在铁磁性物体。从20世纪初至今，磁力仪经历了灵敏度和精度由低到高、从简单到复杂的发展经历。按照其工作原理，磁力仪大概可以分为机械式、质子旋进式、欧弗豪泽效应式和光泵式四种。其中，光泵式磁力仪目前应用最为广泛，其分辨率已达0.01nT的级别。目前，海洋磁力仪生产厂家主要有美国Geometrics公司和加拿大marinemagnetics公司。美国Geometrics公司G-882SX型铯光泵磁力仪，由拖鱼、电缆和便携式甲板采集单元组成，配置MagMap 2000后处理软件，分辨率达到0.001nT，采用船尾拖曳作业方式[1]。

7. 潜水器探测

潜水器分为载人型（Human Occupied Vehicle，HOV）、遥控型（ROV，无人有缆）和自主式水下航行器（AUV，无人无缆）三种。ROV探测技术是水面母船的技术人员通过电缆脐带操纵或控制潜水器，利用搭载的水下电视、声纳、机械手等专用设备进行水下观察和作业。随着海洋科技的不断进步，深海调查对探测技术手段要求也越来越高，借助ROV系统进行水下高精度定位、高精准操控，实现海底原位观测，满足原位可视、精准取样、实时监控以及人工干预的技术要求。潜水器在水下调查中的应用，在一定程度上突破了水压极限和下潜时长的限制。潜水器可以在一些超过人体生理极限的极端环境执行包括视觉搜索和摄影、采集标本等任务，替代水下潜水员完成一些危险任务。

近年来，我国水下探测人工智能系统快速发展，"海马"号、"蛟龙"号、"发现"号、"深海勇士"号等水下机器人或深潜器在海洋探测方面发挥了巨大的作用，取得了显著的成果。以我国自行研制的"深海勇士"号载人深潜器为例，该型潜水器在西沙群岛北礁海域开展的"2018年南海海域深海考古调查"作业中，载人深潜至水下1003m，发现与提取器物标本6件，实现了中国深海考古"零的突破"。遥控型的应用则更加广泛，从2001年抚仙湖到2017年江口沉银水下考古，都采用了遥控型潜水器。自主式水下航行器，则彻底摆脱了线缆的控制，一定程度上实现了自主航行。目前，国内ROV/HOV技术仍然处于起步阶段，随着海洋调查技术的不断发展和完善，利用该技术进行海洋区域地质调查将会大幅度提高调查精度和装备水平。应用于海洋区域地质调查的雷达测量技术,不仅能够进行地质填图,还可使用于滑塌沉积和海底浅层(包括全新世海岸沉积,第四纪沉积等)等沉积地形,分辨率高达1m。该技术在国内还未成熟运用,更多的是在海岸线和内陆的勘探测量,而且对海洋区域调查机载雷达的技术要求要远远高于内陆雷达测量。雷达测量技术与遥感测量技术是实时监测手段,如果能够与其他地球物理勘探方法获得的数据相结合,有利于提高区域地质调查数据的准确性和测量精度。

8. 井筒地球物理测井探测

海洋地球物理测井是利用岩石和矿物物理学特征的不同,运用各种地球物理方法(声、光、电、磁、放射性测井等),使用特殊仪器,沿着钻井井筒(或地质剖面)测量岩石物性等各种地球物理场的特征,从而研究海底地层的性质。由于环境的特殊性,投资大、风险度高,海洋地球物理测井对测井仪器功能和性能要求特殊而复杂,具有技术高度密集和高难度的特点。海上测井平台大多分为丛式井或多分支井,表现为大斜度、大位移或水平井。针对不同储层和地质要求,可提供不同测井技术。常用的有电阻率测井、声波测井、核磁测井等。

(1)电阻率测井是以岩矿石电性为基础的一组测井方法,在钻孔中通过测量在不同部位的供电电极和测量电极来测定岩矿石电阻率,目前的新技术有电阻率成像、高分辨率阵列感应及三分量感应。

(2)声波测井是利用岩矿石的声学性质来研究钻井的地质剖面,判断固井质量的一种测井方法。声波测井可以用来推断原始和次生孔隙度、渗透率、岩性、孔隙压力、各向异性、流体类型、应力与裂缝的方位等,评价薄储层、裂缝、气层、井周围附近的地质构造等。

(3)核磁测井是利用物质核磁共振特性在钻孔中研究岩石特性的方法。现代核磁测井仪则主要采用自旋回波法。由于氢原子核具有最大的磁旋比和最高的共振频率,是在钻孔条件下最容易研究的元素。氢元素是孔隙液体中的主要成分,因此核磁测井是研究孔隙流体含量和存在状态的有效方法,可以提供不同尺寸孔隙分布,包括自由流体孔隙度、毛细管孔隙度,以及束缚水饱和度、渗透率等重要参数。

综上所述,在实际工作中,通常采取多种物探技术和设备相结合的方式进行水下扫探,获得物探数据互为补充,取长补短,以达到最佳的探测效果。通常会先使用磁力仪进行大面积海域扫测,根据前期扫测结果对重点目标使用多波束测深系统和侧扫声纳进行更高精度的扫测勘察。如果发现高价值疑点位于海床沉积物之下,则采用浅地层剖面仪结合人工潜水调查进行详细勘察。在具体工作中,会综合考量现场水文环境、资料收集等因素,对物探方案进行相应的调整。随着航空磁力测量技术与遥感探测技术等多元信息融合日益成熟,遥感探测技术凭借其综合性应用技术特征和优势,在海洋渔场调查和气象预报等领域均发挥重要作用。遥感探测技术的引进和应用,改变了地理分析的模式和流程,为海洋区域地质调查填图增加了新的数据框架,已成为当前海洋地学发展中具有重要意义的变化和动向之一。

2.3.2 海洋物探的发展趋势

近年来,随着科技的发展,海洋地球物理探测技术取得了巨大的进步,探测精度不断提高,各种技术也逐渐成熟,在各个领域都有新的应用,并取得了成功。在21世纪,西方发达国家的海洋探测向深水领域推进,钻探水深从浅水、深水扩展到3000m深海区。为了满足深海海洋地球物理探测的需要和资料质量的高要求,海洋探测船、海洋地球物理探测技术及探测设备都得到了长足的发展。海洋地球物理探测技术将不断随着科学的发展和技术的发展而变得越来越智能,功能越来越多。计算机科学技术的支持,可以促进地球物理勘探技术的智能化、自动化发展。海洋地球物理勘探技术具有巨大的发展潜力,也需要研究人员不断探索,其发展有以下几个方面的特点[7]。

1. **海底地球物理探测技术**

我国海洋地球物理探测技术研究开发取得了重要成果,一些技术已经非常成熟,例如高精度远距离差分GPS技术、海底地形地貌电子数字化成图技术、海底地形地貌人工智能解释技术、水下拖曳式多道伽玛能谱仪、海底大地电磁探测技术、地球化学快速探查技术等,应组织推广转向产品化。有一些技术比较成熟,但需要进一步优化,如多波束全覆盖高精度探测技术、海底地震仪及其观测技术、综合地球物理快速探查技术等,可进一步技术集成,提高它们的实用化程度。目前,国内急需而又无此项技术的有海底直视采样技术、海底多参量填图技术等,应适当引进,并组织力量研发。

随着深海技术多学科的综合运用,空中、海面、海底"三位一体"的综合观测形态应运而生。海面有综合科考船和浮标技术;空中有飞机和卫星遥感技术;水下有深潜器和水声技术等。如美国正在计划发展的"综合海洋观测系统",就是一种先进的海洋立体探测系统。该系统由水上、空中和空间的不同探测平台组成,每种平台上传感器收集到的信息将通过海底光纤电缆和卫星传输到陆上进行集中处理,从而形成对全球海洋环境的观测网络,最终达到为海洋环境预报、海洋资源开发、海上交通运输以及国家安全服务的目的。

深海观测系统也由单点的观测向网络化发展,表现为站—链—网络的建设。观测站的特点是区域针对性强,但可承担的任务有限,可观测的要素较少。在站与站之间,增加无线通信的功能,就构成了观测链,观测链适用于深海区域的长期连续观测，可实现现场数据的"准"实时传输。网络是目前技术含量较高的海底观测系统，可集成多种海底观测装置，功能齐全，观测时间长。

2. 预测海洋地质灾害的地球物理监测技术

近年来，海上钻井勘探引起的地质灾害频发，海洋地球物理探测技术在海洋地质灾害调查方面有着不可替代的作用，前期的地球物理调查可以探查施工海域存在的潜在地质灾害因素，为施工设计及施工进程提供地质依据，保证海上安全施工顺利开展，如何防治海洋地质灾害是对海洋地球物理探勘技术的又一个挑战。加强海洋工程地质和海洋地质灾害的调查研究，在海底地质活动活跃区域进行常态海洋地球物理监测是地质灾害实时动态监测与防治的新手段。

3. 海洋信息大数据挖掘与可视化技术

近年来，互联网产业蓬勃发展，数据量猛增，云计算、大数据等信息技术应用日益广泛。在这样的时代背景下，如何借鉴大数据浪潮带来的思维与技术，采取切实可行的措施，加快实现公益性海洋地质调查成果社会共享，挖掘海洋地质数据在未来国民经济和社会发展过程中的应用价值，满足社会各界对海洋地质信息日益增长的需求，是海洋地质信息化建设未来的发展趋势。海洋地质信息化建设应摆脱以"单纯数据量"论成效的价值观，重视数据的信息服务价值，创建数据有效增值模式，实现数据的再利用价值。同时，借鉴大数据思维，探索海洋地质大数据挖掘与可视化技术，提升信息价值洞察力，增强海洋地质信息化软实力，实现数据价值的最大化[7]。

4. 提高海洋地球物理勘探技术智能化和自动化水平

海洋地球物理勘探技术是一项严谨的科学技术，需要使用相应的设备来完成物探工作。随着科学技术的发展，海洋地球物理勘探技术在未来将朝着智能化、自动化、多功能方向发展，其发展趋势有：一是通过利用自动化技术提高海洋地球物理物探设备的速度，提高工作效率；二是高速单片机数字信号处理器的应用可以提高物探设备处理信号的能力，提高物探设备处理信号的精度，提高物探设备的性能；三是利用超导新技术提高地球物理勘探技术的稳定性，利用 GPS 等技术加强定位精度，减轻工作人员处理数据的负担，提高工作效率；四是利用计算机辅助测试技术提高物探技术的测试性能，注重开发相应的应用软件，使物探技术可以用于各种参数的自动检测，促进物探技术软硬件的共同发展。

总之，在海洋科学研究和海洋经济发展中，海洋地球物理技术具有巨大的应用前景。海洋地球物理勘探技术发展趋势逐步向可视化、集成化、自动化、数字化和水下动力定位方向发展；由近海探测技术向深远海探测技术发展；由船载探测技术向近海底、原位观测技术发展；由单一探测技术向集成化、精细化探测技术、多方位立体式综合调查等方向发展。随着国内外对海洋的大规模开发，海洋地球物理探测技术必将得到更广泛、更深入的应用。

2.3.3 海底障碍物探测

水下障碍物主要有礁石、浅滩、沉船、人工建筑等，要求准确测量其位置、最浅深度或相对于海底的高度、性质和延伸范围。目前，障碍物探测的手段根据障碍物特性可分别采用多波束测深、侧扫声纳、海洋磁测、浅地层剖面法、拖底扫海及人工探摸等。侧扫声纳也适用于高出海底平面的凸物或水体中的物体，如沉船、礁石、水雷甚至鱼群等。海底凸起的目标，其朝向换能器的一面，波束入射角小，回波能量强，显示在声纳图像上较暗；相反，背向换能器的一面，波束入射角大或目标遮挡了声束的传播，被遮挡部分的目标没有回波信号或回波很弱，显示在图像上很浅，声纳图像呈现浅色调或白色。对侧扫声纳图像进行人工识别时，人类视觉对图像中线性要素更敏感，判读锚沟、沉船、管线、电缆等线状目标更容易[1]。

（1）渔网定位。当大面积定置渔网分散在海底，对船舶和海上作业影响极大。根据对海底泥砂的扰动和自身的收缩，侧扫影像形态可清晰地识别，结合相关鱼汛资料和经验，可准确判断位置和分布。

（2）海底落沉物识别。海底落沉物种类很多，根据侧扫声纳图像纹理特征与实体外部影像的相似性和规模的一致性可进行判断。

（3）海底管道识别。自 1954 年美国 Brown & Root 海洋工程公司在墨西哥湾铺设第一条海底管道以来，全球各大海域已铺设了大量海底管道，形成庞大的海底管道网络。海底管道系统复杂，海上油气田油、气、水的集输、储运，多是通过海底管道来完成，海底管道把海上油田的整个生产密切系统组合起来。对露于海底面的管道，因较强的散射，侧扫声纳会形成黑色条状目标物，凸出海底面管道对声线的屏蔽。采用管道自埋和人工埋设方式施工的海底管道，在一定阶段其下方沟槽存在，侧扫声纳可对这种自然回撤状态进行检测。

（4）人类活动痕迹。人类活动痕迹，如海洋工程施工、潮间带人类活动、抛锚或历史痕迹等。

目前，任何单一的海底障碍物探测技术都有其固有的局限性，而无法达到准确摸清障碍物存在形态的目的。多种探测手段综合应用成为解决该问题的一个有效途径。

2.4 海洋工程钻探

海底资源和能源勘探开发、海洋工程建设以及海洋潮汐能、潮流能、海上风能等海洋可再生能源开发利用中,海洋钻探是地质环境调查、资源调查和工程地质勘察的必要手段之一。

海洋钻探可分为近海浅钻钻探、海上石油钻探和大洋钻探。近海浅钻钻探一般以工程建设需要为目的,通过地质钻探取芯查明地层结构,再通过室内土工试验获得地层的物理力学参数,也称岩芯钻探。而为开采海洋能源和资源所进行的钻探,一般称钻井工程。为研究海底地壳结构和构造及大洋底部的矿产,用动力定位船对深洋底进行的钻探称为大洋钻探[1]。

2.4.1 海洋钻探的特点

海洋钻探与陆地钻探有诸多不同之处,主要表现在以下几个方面。

(1) 钻探环境不同。陆地钻探面临的是陆地环境,如高原、山地等各种地貌,以及生物、气候等。海洋钻探面临的是海洋环境,如洋流、潮汐、波浪、台风、内波流、浮冰等,以及海底起伏较大的地形。相比之下,水上作业环境影响大。钻机与海底孔口间存在深度不等的海水,增大了海上钻探的复杂性。海上钻探作业需将设备安装在水面以上,需依据水深、勘探规模以及工程性质,选择或搭建具备钻探设备及附属设备的水上平台。移动式水上钻探平台一般采用钻探船,对钻探船的锚泊定位、移位、固定等要求十分严格。水上钻探施工时,受潮汐、潮流、风暴、波浪等因素影响,勘探船会产生水平和竖向运动,对水上钻探、取样和测试造成影响。恶劣的海洋环境是历史上多次钻井事故的罪魁祸首。例如,1979年,我国"渤海"2号钻井船在迁移井位航行途中遭遇10级狂风倾覆沉没;1980年,"亚历山大·基兰"号钻井平台即使有5根巨大的钢柱插入海床,仍因恶劣天气在北海沉没。直到现在,人们依然无法抵御恶劣的海洋环境,只能加强预测和防范。

(2) 固定装置的不同,需要护孔导管及升沉补偿装置。海洋钻探中,由于钻机与井口之间隔着深度不等的海水,孔口位于水下海床,需要在水底孔口和水上钻探机具间安装特殊隔水装置,确保孔内泥浆循环,并用于引导钻具和套管。勘探装置必须具备工作场所和生活条件,并有一定的稳定性和保持船位的能力。勘探装置可以分为固定式和移动式两种。固定式钻井装置不能移动,依靠钢质的桩脚支撑于海底,工作深度在100m以内,分为桩基式平台、重力式平台、张力式平台和绷绳塔式。移动式钻井装置可在海面移动,分为坐底式、自升式、半潜式钻井平台和浮式钻井船。

相比之下,陆地钻探基本不受场地限制,虽然也需要固定井架,但并不需要专门的装置,只要平整好井场,根据工作程序立起井架即可。同时,对于钻探所需的设备、管材、工具等也不必集中放置,而是可以分散布置。

(3) 钻探设备和技术要求高。在海洋钻探中，受波浪、潮汐等影响，钻机、绞车等设备必须具有升沉补偿功能，确保在钻探时钻头能始终保持在井底。此外，海洋钻探工期长、投入大、离岸远、钻进工艺复杂，钻探平台一般为自升式平台或大吨位移动式勘探船。

由于海洋钻探远离后方基地，设备故障造成的损失及修复需要的时间都远远大于陆地。因此，海洋钻探对设备性能、强度、自动化等方面要求更高。例如，海洋钻探设备的耐腐蚀性要求更高；在相同井深条件下，海洋钻探的钻井设备能力通常会比陆地高20%～25%。

(4) 测试与试验困难。受海洋动力环境影响，海洋钻探获得的试样，取样和运输都可能造成不同程度的扰动。由于远离陆地实验室，不易及时开样试验，海上试验和原位测试受海洋环境的影响也较大。

(5) 消防管理严格。海上钻探平台远离陆地，缺乏淡水，作业和生活场地受到较大的限制。勘探作业、人员生活、淡水等均在勘探平台上，而平台上还有机械燃油、润滑油、液化气、氧气瓶等易燃物，钻探时还可能遭遇有害易燃气体喷发，因此需严格的消防措施和管理制度。

(6) 安全管理要求高。海洋勘探现场往往远离海岸，在交通、通信、急救、救生、逃生、照明、标识、信号、防撞、消防、平台检测、作业许可等方面，海洋钻探都有特别的要求。为满足生产和生活要求，需要专门的海上交通船只。因陆上通信信号不足，需要专门的卫星电话或甚高频电话，并需与各级搜救中心、陆地管理部建立通信联络制度。在远离海岸的茫茫海域，必须配备足够的海洋专用救生衣、救生圈、救生绳、逃生筏等救生和逃生设施，并需有专门培训和管理。人员生病时，海上外来急救十分不便，首要开展自救，必须配备急救药箱以应对消毒、止血、包扎等需要，并需考虑常见疾病和突发疾病配备足够的药品[1]。

(7) 费用高、风险因素多。由于海洋钻探对设备的功能、安全性、可靠性等要求较高，海上钻井平台或钻井船的建造费用高昂。以国内较先进的半潜式钻井平台"蓝鲸"1号为例，其建造费用高达7亿美元（其中设备费用占60%），相当于两架空客A380的价格。相比之下，陆地钻探的费用相对较低。

在风险方面，海洋钻探和陆地钻探均要面对钻井工程中可能出现的井喷失控、硫化氢泄漏、人员伤害、环境污染、设备损坏等风险。同时，由于海洋钻探的特殊环境，还要面对恶劣气候环境、浅层地质灾害、地层破裂压力低以及可能出现的动力定位失效等风险，极易发生安全事故。著名电影《深海浩劫》就是以2010年墨西哥湾"深水地平线"钻井平台发生爆炸最终导致11人失踪的事件为原型拍摄的。

(8)培训和应急预案。海洋钻探必须经过专门的各项培训,并需制定完善的应急预案。

尽管在海洋钻探发展之初,大多沿用陆地钻探的工艺和方法,但随着海洋钻探深度的增加和技术的发展,海洋钻探逐渐显示出它独特的魅力,设备工艺日新月异,成为人们关注的热点。

2.4.2 海洋钻探设备

海上钻探设备包括钻井平台、生产平台、物探船、勘察船、供应船、起抛锚船、拖带船、倒班船、特种运输船、工程支持船,水下机器人、起重船、铺管船、铺缆船等设备。受水深、风浪、潮流、地形等限制,应结合海域地形地貌、水文条件和气候特点,本着安全、经济的原则,根据滩涂、近海、远海作业环境的特点,选择合适的勘探平台,并采取相应的钻进技术。20世纪90年代以后,钻井设备向浮动化、大型化方向发展,设备的抗波和抗冰能力、耐久性和稳定性增强。钻探设备中半潜式和钻井船所占的比重逐渐增大,自升式钻井设备向大型、深水发展,并逐渐实现可以自航的钻井设备。

海洋钻井平台(drilling platform)就是用于海洋钻井的一种大型海上结构物。平台上装有钻机及动力系统、通信导航设备、安全救生和人员生活设施,是海上油气勘探开发不可缺少的手段。在海洋区域进行的钻探工程,由于海洋环境的特殊性和复杂性,海洋钻探需要将钻探设备(包括附属设备)、管材、工具和其他材料依托在海上的装置上,同时必须具备工作人员的工作场所和生活条件,并需具有一定的稳定性和保持船位的能力。海洋钻井平台主要分为固定式平台和移动式平台两大类:①固定式平台有导管架平台、混凝土重力式平台、深水顺应塔式平台等;②移动式平台有坐底式平台、自升式平台、钻井船、半潜式平台、张力腿式平台、牵索塔式平台。我国沿海具有广阔的潮间带海域,具有涨潮淹没,落潮露滩的特点。除杭州湾海域外,潮间带底质一般稍密的粉砂、粉土居多,其承载力尚可,可选择底部平坦、具有一定抗风浪能力的移动式平台。涨潮时就位钻孔,退潮搁浅后作业。自航式单体勘探船吨位一般不小于200t,船长、船宽需满足作业要求,作业区与生活区分开,勘探平台搭建于船体一侧或中间,平台四周设置防护栏杆和安全防护网。可根据不同钻探环境需求,考虑吨位足够大、自稳能力好的船只。当水深在30~100m时,应选择500t以上的自航式工程船[1]。

自升式平台由平台、桩腿和升降机构组成,平台能沿桩腿升降,一般无自航能力。桩腿插入土中承受平台和设备自重,平台可根据海面自由升降。该平台稳定性好,除可满足钻探作业外,还可进行多种原位测试,但受水深影响较大，一般适应水深小于 90m。

钻井平台按工作性质分为近海钻探、海洋石油钻探和深海（大洋）钻探。近海海域勘探不同于潮间带，适用的勘探平台主要有自航双体勘探船、自航单体勘探船和自升式平台。自航双体勘探船为两艘吨位和尺寸相同的钢质船拼装而成，单艘吨位不应小于 55t，两船用工字钢和钢筋绳固定，特别适用于海域地形地貌变化大，沙脊分布较多的海域，具有适用性好、作业效率高、抛锚和起描时间短、定位快速等特点。

远海钻探主要包括：以科学考察为的的大洋钻探；以石油、天然气、可燃冰等为目的的油气井钻探；以海底矿产资源勘探开发为目的钻探。大洋钻探一般采用不抛锚的动力定位船在深洋底进行钻探，采用声学信标投放到海底的预定地点固定船位。目前，我国尚未建成大洋钻探船。海洋石油钻探平台一般按海域水深分为钢管桩承台式固定平台和浮动式钻井船，国际上钻井作业水深已突破 3048m。目前，国内设计的较先进海上石油天然气勘探开采的第六代钻井作业平台为"海洋石油 981"深水半浅式平台，按照南海恶劣海况设计，能抵御 200 年一遇的台风，1500m 水深内锚泊定位，最大作业水深 3000m，最大钻井深度可达 10000m[1]。

2.4.3 海洋取土技术

海底资源和能源的勘探开发，海港码头、海底管线、海上机场、人工岛、跨海大桥、海底隧道等海洋工程建设，海上风电、潮汐能、潮流能等海洋可再生能源开发利用，均需对海洋地层进行试验，海底取样设备和技术在海洋勘察中具有重要意义。海底地质钻探主要采用海底浅层岩芯钻取机、液动海底冲击式勘探器、回转式海底取样器等方法来获得海底浅部地层岩芯。海底地质钻探目的在于了解沉积物类型、分布特征、地层厚度和沉积结构及沉积环境等。海底地质浅层钻探为海洋区域地质调查获取大量的实物样品信息，既是对地球物理手段揭示地层特征的验证，也是其补充。

根据海洋沉积物调查、近海海底岩土工程勘察、海洋矿物调查、地球化学调查、物探底质验证调查、滨岸工程、地质填图、水坝淤积调查、路由调查等方面的不同需求，采取不同的海底取样器。

1. 取土器结构分类

按取土器侧壁层数分为单壁式和复壁式，其中单壁式为一般的活塞取土器，适用于砂层；复壁式为常见的取土器。

根据取土管结构不同可分为圆筒式、半合焊接式、可分半合式三种。

（1）圆筒式取土器[1]：带有两对退土槽，退土时，将退土棍插入退土槽中，用退土器顶退土棍将取土衬筒顶出，这种退土方法可能会引起二次扰动，在软土地层中一般不宜采用。

（2）半合焊接式[1]：取土管分成两半，一半的下端与管靴焊在一起，另一半可抽出，取土管上部用螺钉固定，这种形式可避免退土时的人为扰动。

（3）可分半合式[1]：软土地层中普遍使用，取土管上部用丝扣与余土管连接，下部用丝扣与管靴对接，卸土时只需将余土管和管靴拧下。

按海底取样方法分，主要有：蚌式抓斗取泥器、重力柱状取样器、箱式取样器、振动取样器、多管取样器、拖网取样器、无缆自返式抓斗、水下机器人（ROV）取样、电视抓斗取样和地质钻探等。

2. 海上常用取土器

蚌式采泥器是专为表层沉积物调查而设计的底质取样设备，操作方法简单，主要用于海底 0.3～0.4m 深的浅表层采样，如图 2.4 所示[1]。

振动活塞取样器是一种柱状取样器，适用于水深 5～200m 以内水底致密沉积物取样。采用 7.4kW 交流垂直振动器，如图 2.5 所示[1]。利用高频锤击振动将取样管贯入沉积物中获取柱状样品，取样管内使用标准 PVC 衬管，采用活塞、单向球阀门和分离式刀口技术以提高采样率，减少扰动和漏失。

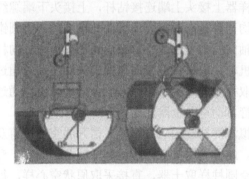

图 2.4 蚌式采泥器

图 2.5 振动活塞取样器

重力柱状勘探取样技术主要用于海底浅表层取样，以获取柱状沉积物样品。根据触底方式的不同，可分为重力柱状取样器和重力活塞取样器。重力柱状取样器由重锤和取样管组成。重力活塞取样器由管头体、提管、连接法兰、取样管、活塞或单向球阀门、样管连接器、刀口（活动花瓣式密封）、杠杆、释放器及重锤和作业小车等部件组成。在作业过程中，通过缆绳将取样器释放到水下，取样器通过自由落体的方式插入海底，同时缆绳将内置活塞迅速拉至取样器顶部，海底沉积物也随着活塞的上行而进入取样器，最后其上的闸阀将取样器底部闭合密封，完成取样过程。重力活塞柱状取样器在软土地层中广泛应用，取样长度可达 8m，试样直径 104mm，适用于水深大于 3m 各类水域软—中硬底质取样。重力柱状取样设备的质量可达 3t，取样管长度为 2～18m，直径为 89mm、108mm 和 127mm。该装置结构简单，但可控性差，勘探取样精度低[8]。

重力活塞取样器、大型重力活塞取样器、振动活塞取样器为传统活塞式取样，其目的是了解表层沉积物的类型、物理化学特征和分布规律等。

海上钻探需要护孔管，浅表层土一般呈松散或流塑状，取样时应减少扰动。通过对多种取土器的研究，能满足原状取土要求的有敞口式薄壁取土器、自由活塞式薄壁取土器、固定活塞薄壁取土器，取样管直接安装在取样器底部，采样后与取样管相连部位拆除后分离。

3. 海洋取土器的近期发展

（1）表层取样器。针对海底表层 0～2.0m 范围内高含水量流塑状淤泥的取样问题，中国电建集团华东勘测设计院有限公司研制了双管水压式原状取样器，取样率达到 100%。取土器通过与钻杆连接至孔口以上，用钻杆自重或人工施加压力，达到取样位置时上部钻杆与钻进供水管路连接，通过水泵向取样器内供水，使取样器上部活塞从上死点运行至下死点，关闭管靴上部阀门，启动钻机卷扬系统将取样器竖直提至平台上，所取土样在有机玻璃管中清晰可见。

（2）敞口式原状取样器。该取样器上接头上端连接钻杆，上接头下端螺纹连接导向杆，导向杆的上、下部位均开有径向通孔，该导向杆下端为实心圆锥台，上接头与导向杆内部形成一个轴向的中空通道并与径向通孔连通，导向杆上套装可沿导向杆上下移动的取土机构，取样管直接贴在残土管底面，并通过锁紧螺母与残土管连接在一起，使取样管的下端悬空在残土管底端。取样通过钻机卡紧立轴钻杆加压完成，取样管自动与取土器分离。

（3）中空圆柱样取土器。为模拟海洋荷载的应力路径，需开展空心扭剪及循环剪切试验，采用空心圆柱土样。此前采用实心样或重塑样制备空心样，对原状样扰动过大。为此，研制了中空圆柱样取土器，直接采取原状空心样，很大程度上降低了对原状样的扰动[1]。

（4）海洋勘察船钻井取样技术。2011 年 10 月，由宝鸡石油机械有限责任公司为"海洋石油 708"勘察船研制的深水勘察钻井及取样系统，可适应 3000m 水深、海底最大钻深 600m 的钻探取样作业需求。其作业过程为[9]：当勘察船驶入目标海域后，首先通过钻井系统对海床进行钻孔，在钻孔过程中通过钻井泵向钻杆内孔中喷注循环海水，使钻杆与井眼的环孔岩屑及时排出，方便持续钻进。当钻到海床以下目标层位时，由一条电缆将取样及测试装置通过钻井系统顶部驱动装置上方的喇叭口，沿着钻杆内孔下放到海底进行取样测试作业。其配套的取样测试工具是一种通过电缆操作控制的井下液压装置，泥面以下的钻具质量和海底基盘将为测试探头和液压取样管提供反力,可在钻井全深度范围内进行作业。这种作业模式的系统复杂,配套设备多,运行成本高。

(5) 电视抓斗勘探技术。电视抓斗勘探技术是通过科考船上的铠装电缆将抓斗下放至海底,以程序指令控制抓斗的开合来实施勘探作业。该装置主要用于海底浅表层的勘探取样,其驱动型式为水下液压驱动,控制方式为甲板操作与自动控制相结合,抓斗最大工作水深6000m,动力功率可达4kW,抓样面积大于1m,可抓取质量为200kg以上的样品,抓斗质量约2.2t。电视抓斗主要由抓斗机械装置、铠装电缆和控制系统组成。抓斗上还装有海底电视摄像头、光源和电源等辅助装置。在勘探作业过程中,用A吊将抓斗下放到离海底5m左右的深度,此时科考船慢速航行并通过船上的显示器寻找采样目标,当找到目标时立即下放抓斗,准备抓取样品。电视抓斗的开启与关闭通过抓斗内的液压机械手完成。在勘探作业时,首先利用甲板监控平台,在观测海底地貌特征和海底样品图像的基础上,通过控制电视抓斗水下作业状态,使动力机械抓斗实现海底目标样品的准确采集。2009年12月"大洋"一号科学考察船执行DY21航次第四航段的大西洋洋中脊考察任务,在南大西洋洋中脊上利用我国自行研制的深海电视抓斗,首次获取块状热液硫化物样品。

(6) 深海硬岩取样钻机勘探技术。深海硬岩取样钻机是一种海底硬岩勘探装置,用于深海底浅表地层固体矿产资源岩芯钻探取样。在水下钻探过程中,该钻机可根据需要实现一次下水在海底不同位置钻取1~3个岩芯,适用于深海富钴结壳矿产资源的勘探。该钻机外形尺寸为1.8m×1.8m×2.3m,干质量2.8t,适应水深4000m,钻孔深度700mm,取芯直径60mm。该硬岩钻机钻探深度浅,将配有逆变器的220V油浸三相交流电机作为动力源,为液压系统提供动力,以驱动钻具回转、进给等作业。该钻机主油泵采用恒功率控制技术,在设定的钻进压力下,钻头切削岩石的扭矩随岩石硬度的变化而变化。若针对不同岩性的岩石,则需给钻头提供足够的扭矩以实现对岩石的切削。

(7) 液动冲击式海底勘探技术。液动冲击式海底勘探取样技术是一种利用高压海水驱动高频液动锤产生的强冲击能量,来撞击岩芯管及钻头,同时对岩芯管内产生抽吸作用,使岩芯样品进入取样管的勘探取样手段。液动冲击式海底勘探装置可直接搭载在普通科考船上进行作业,在钻具钻进时,冲击液动锤工作后的流体沿钻具与井眼孔壁循环上返,使钻具避免了冲击岩芯管引起的"桩效应",使井下工具钻进取芯完成后顺利提升。该冲击式勘探装置适于水深100m的海域,钻进效率高,取样长度6~10m,取芯成本低。但随着勘探深度的增加,摩擦力急剧增大,阻碍了土样继续进入管内并造成样品被压实,岩芯组织形态变化大。

2.4.4 国际大洋钻探

国际大洋钻探是地球科学领域迄今为止历时最长、成效最显著的国际科学合作计划。从20世纪60年代末美国独家运营，到70—80年代苏联、英国、法国、德国和日本等国家逐步加入，再到目前全球23个成员国共同参与，国际大洋钻探已经走过了50余年。截至2021年年初，国际大洋钻探已在世界各大洋完成297个航次、累计钻穿厚度近$1×10^6$ m的沉积物和基岩，累计采集长度超过$4×10^5$ m的岩芯，同时获取大量观测数据[10]。其运行模式也从美国运营的"格罗玛·挑战者"号（Glomar Challenger，简称"挑战者"号）和后来的"乔迪斯·决心号"（JOIDES Resolution，简称"决心"号）独自承担钻探任务，发展到了美国"决心号"、日本"地球"号（Chikyu）和欧洲"特定任务平台"（Mission-Specific Platforms，MSP）三方联合运作的局面（表2.1）。

表2.1 国际大洋钻探四个阶段的工作量总结[10]

钻探参数	DSDP 1968—1983年 Leg1~Leg96	ODP 1985—2003年 Leg100~Leg210	IODP 2003—2013年 Expedition301~Expedition348			IODP 2013—2023年 Expedition349~Expedition385		
钻探平台	挑战者号	决心号	决心号	地球号	特定任务平台	决心号	地球号	特定任务平台
航次总数/个	96	111	35	14	5	29	4	3
站位总数/个	624	669	145	37	67	130	6	13
总体钻进深度/m	325 548	438631	89231	43966	6343	113742	6714	3345
尝试取芯长度/m	170 043	321482	69557	8440	5567	77193	1158	2842
成功取芯长度/m	97056	222704	57289	4864	4131	57087	1085	2541
总取芯率/%	57	69	82	58	74	74	70	89
总取芯数/个	19119	35772	8491	1024	2673	9990	204	871
最大钻孔深度/m	1741 (Leg47B, Hole 398D)	2111 (Leg148, Hole 504B)	1928 (Exp 317, Hole U1352C)	3059 (Exp 348, Hole Cooo2P)	755 (Exp 313, Hole Moo29A)	1806 (Exp 350, Hole U1437E)	1180 (Exp 370, Hole Coo23A)	1335 (Exp 364, Hole Moo77A)
最大钻探水深/m	7044 (Leg60, Hole 461A)	5980 (Leg129, Hole 802A)	5707.5 (Exp 329, Hole U1365C)	6897 (Exp 343, Hole Coo1oD)	1288 (Exp 302, Hole Mooo4A)	4858 (Exp 371, Hole 1511A, B)	4775.5 (Exp 370, Hole Coo23A)	1568 (Exp 357, Hole Moo75A, B)

第 2 章 深海土木工程勘察

国际大洋钻探可分为深海钻探计划（Deep Sea Drilling Project，DSDP，1968—1983 年）、大洋钻探计划（Ocean Drilling Program，ODP，1985—2003 年）、综合大洋钻探计划（Integrated Ocean Drilling Program，IODP，2003—2013 年）和国际大洋发现计划（International Ocean Discovery Program，IODP，2013—2023 年）四个阶段，如表 2.1 和图 2.6 所示。利用岩芯样品测试和观测数据，科研人员实现了一系列科学突破，如验证海底扩张和板块构造、重建关键地质历史时期古气候、证实洋壳结构、发现深部生物圈等[10]。

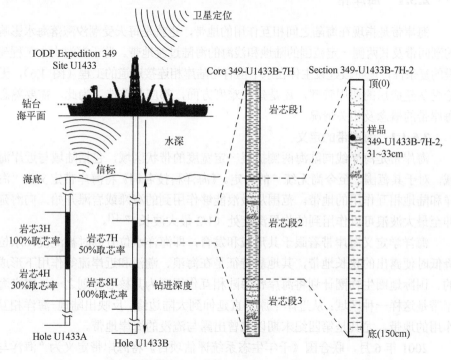

图 2.6 国际大洋钻探站位、钻孔、岩芯、岩芯段、样品命名规则[10]

2.5 海底地貌形态

自 20 世纪 70 年代以来，深潜技术的迅速发展，使人类认识了海底。海底不是人们想象的无底洞或者无边无际的一马平川，而是也有山势险峻、坡陡沟深的地形；海底不是个死寂世界，而是既有热液又有冷泉的活跃天地。几十年的深海探索表明，海底是漏的，海洋底下还有海洋。深海海底绝不是地球上万事万物的终点，因为海底是一个双向的世界：既有从海面向下的运动，也有从

81

海底向上的运动。所以说人类进入深海，其结果是发现了另一个世界，这项发现改变了人类对海洋的认识，其意义超越了科学技术的范畴[5]。例如，大洋盆地的主要地貌特征和沉积环境主要有：深海平原大洋底部面积广阔而又平坦的区域，平均水深约在4500～5500m，其原始状态呈现为高差大约300m起伏（特别是太平洋）的丘陵地带，因细小物质的连续沉积，使其形成宽广的平坦地面，称为深海平原。

2.5.1 海岸带

海岸带是指现在海陆之间相互作用的地带，也就是每天受潮汐涨落海水影响的潮间带及其两侧一定范围的陆地和浅海的海陆过渡地带。鉴于深海土木工程建设的复杂性，现阶段建设主体在水下但有与陆岸相连接通道的工程（图1.6），无论是从建成后的使用管理，还是建设难度方面，都应是首选。为此，需要熟悉海岸带的概念及相关情况。

2.5.1.1 海岸带的定义

海岸带是海岸线向陆海两侧扩展一定宽度的带状区域，包括陆域与近岸海域，对于其范围，至今尚无统一的界定。《海洋科技名词》将海岸带定义为"海洋和陆地相互作用的地带。范围从激浪能够作用到的海滩或岩滩开始，向海延伸至最大波浪可以作用到的临界深度处（1/2最大波长）"[7]。

海洋学定义海岸带着眼于其形成和发育，即海洋水位升高时被淹没，水位降低时便露出的狭长地带，其地貌特征是在海浪、潮汐和近岸流等作用下形成的。国际地圈生物圈计划将海岸带海陆相互作用列为其核心计划之一，定义海岸带是这样一种区域：从近岸平原一直延伸到大陆边缘，反映出陆地-海洋相互作用的地带，尤其是第四纪末期以来曾出露与淹没的海岸地带。

2001年6月，联合国《千年生态系统评估项目》将海岸带定义为"海洋与陆地的界面，向海洋延伸至大陆架的中间，在大陆方向包括所有受海洋因素影响的区域；具体边界为位于平均海深50m与潮流线以上50m之间的区域，或者自海岸向大陆延伸100km范围内的低地，包括珊瑚礁、高潮线与低潮线之间的区域、河口、滨海水产作业区，以及水草群落"。

美国《海岸带管理法》（1972年）提出：邻接沿岸州的海岸线和彼此间有强烈影响的沿岸水域及毗邻的滨海陆地；其外界为领海外界，内界具体范围由各州根据自己的情况自行规定。澳大利亚的西澳大利亚州则规定，由高潮线向陆地延伸1km，向海上延伸至30m等深线[11]。

2.5.1.2 现代海岸带

海岸带作为第一海洋经济区，其生态系具有复合性、边缘性和活跃性的特征。陆海两类经济荟萃，生产力内外双向辐射，因此成为社会经济地域中的"黄金地带"。海岸带既是临海国家宝贵的国土资源，也是海洋开发、经济发展的基地，以及对外贸易和文化交流的纽带，地位十分重要。现代海岸带指在各种因素作用下，现在呈相对稳定的海岸带，包括现代海水运动对于海岸作用的最上限及其邻近的陆地，以及海水对于潮下带岸坡剖面冲淤变化所影响的范围。现代海岸带一般包括海岸、海滩和水下岸坡三部分。海岸是高潮线以上的狭窄的陆地地带，除非遇特大高潮或暴风浪，一般都裸露于海水面之上，又称潮上带。海滩则是高、低潮之间的地带，即高潮时被海水淹没，低潮时露出水面，故又称为潮间带。低潮线以下直至海浪作用仍能到达的海底部分，属水下岸坡（也称潮下带），一般深 10～20m。古海岸带则是已脱离波浪活动影响的沿岸陆地部分。此外，海岸带还包括河口和港湾。

因受多种因素作用，实际海岸形态复杂多样，其分类标准尚难统一。根据海岸动态可分为堆积海岸和侵蚀性海岸；根据地质构造划分为上升海岸和下降海岸；根据海岸组成物质的性质，可把海岸分为基岩海岸、沙砾质海岸、平原海岸、红树林海岸和珊瑚礁海岸。"全国海岸带和海涂资源综合调查"，把中国的海岸分为 6 种基本类型：河口岸、基岩岸、沙砾质、淤泥质岸、珊瑚礁岸和红树林岸，国外在高纬度海域还有冰雪岸等。由于现代人类活动加强，建造各种海塘、护堤、闸坝、港池和码头等，人工海岸的长度越来越大。各类型海岸特征迥异，对海洋环境、海洋产业等活动的影响也有很大的差别。

由于海岸带具有各方面开发利用的价值，而不同的开发利用目的之间往往相互牵制甚至发生矛盾。长期以来大多是由各地区、各经济部门进行单目标开发利用，以致某些资源遭到破坏或污染环境。各国都很重视通过对海岸带资源进行综合评价，加强海岸带管理。制定管理法规，建立专门机构，协调各种资源开发和工程建设，进行环境监测和保护，监督综合开发利用方案的实施。1972年，美国通过了《联邦海岸带管理条例》，从联邦到各州都建立了海岸带管理机构。我国也设立了全国和沿海省、市、自治区海岸带开发和管理的机构，拟订《中华人民共和国海岸带管理法》，并于 1984 年年底成立了中国海岸带开发与管理研究委员会。

2.5.1.3 海岸线

由上述海岸带的定义可知，大多以海岸线为基线向两侧延伸，因而需对海岸线予以确认。通常把陆地与海洋的分界线定义为海岸线（coastline）。海岸线更确切的定义是海水到达陆地的极限位置的连线。随潮水涨落而变动。由于受到潮汐作用以及风暴潮等影响，海水有涨有落，海面时高时低，这条海洋与陆地的分界线时刻处于变化之中。因此，实际的海岸线应该是高低潮间无数条海陆分界线的集合，它在空间上是一条带，而不是一条地理位置固定的线。中国国家标准《国家基本比例尺地图图式 第1部分：1:500 1:1000 1:2000 地形图图式》（GB/T 20257.1—2017）规定："海岸线是指海面平均大潮高潮的水陆分界线。一般可根据当地的海蚀阶地、海滩堆积物或海滨植物确定。"这是比较实用而且易于操作的。《海洋科技名词》定义海岸线为"海陆分界线，在我国系指多年大潮平均高潮位时的海陆分界线"[7]。

海岸线从形态上看，有的弯弯曲曲，有的却像条直线。全世界的海岸线总长约 $4.4×10^5$km。我国的大陆岸线原有 $1.8×10^4$km[12]，由于近年来围海造田及筑堤建港而致变动较大；我国的岛屿岸线（含我国台湾岛和海南岛）长达 15289km；两者合计总长度名列全球第 4 位。海岸线一直在不断地发生着变化。例如，我国的天津市，在公元前还是一片大海，那时海岸线在河北省的沧县和天津西侧一带的连线上，经过 2000 多年的演化，海岸线向海洋推进了数十千米。当然，有时海岸线也会向陆地推进。仍以天津为例，在地质年代第四纪中（距今 100 万年左右），这里曾发生过两次海水入侵，当两次海水退出时，最远的海岸线曾到达渤海湾中的庙岛群岛。但经过 100 万年的演化，现代的海岸线向陆地推进了数百千米。

海岸线分为岛屿岸线和大陆岸线两种。根据海岸底质特征与空间形态，可将海岸线划分为基岩海岸线、砂质海岸线、淤泥质海岸线、生物海岸线和河口海岸线。

基岩海岸线曲折度大，岬角突出海面、海湾深入陆地。岬角岸段一般以侵蚀为主，侵蚀下来的物质在波浪和海流的作用下，被输移到海湾岸段堆积。基岩海岸岸坡陡峭，奇峰林立，怪石嶙峋，海水直逼悬崖，海岸景观秀丽。

砂质海岸线的潮间带底质主要为沙砾，是在波浪的长期作用下形成的相对平直岸线。砂质海岸线多具有包括水下岸坡、海滩、沿岸沙坝、海岸沙丘及潟湖等。砂质海岸沙滩细软、阳光明媚、海水清澈、环境优美。

淤泥质海岸线是泥沙沉积物长期在潮汐、径流等动力作用下形成的开阔岸线。淤泥质海岸线多分布在有大量细颗粒泥沙输入的大河入海口沿岸。淤泥质海岸滩涂宽阔，水浅滩平，便于围塘，多被开发为养殖池塘、盐场。

生物海岸线多分布于低纬度的热带地区，主要有红树林海岸线、珊瑚礁海岸线、贝壳堤海岸线等。生物海岸资源丰富，环境脆弱，奇特珍稀，多被选划为海洋自然保护区等保护区域。

河口海岸线分布于河流入海口，是河流与海洋的分界线。河口海岸线一般从河流入海河口区域的陡然增宽处划过，有些河口形状复杂，需要根据具体的地形特征、咸淡水混合区域、管理传统等确定。

随着海洋经济的迅速发展和海域使用管理法[13]的实施，关于我国海岸线的测定和海岸带的研究，越来越受重视，陆续取得了许多新成果。

2.5.2 大陆边缘

由海岸带再向外，是大陆与大洋之间的过渡带，称为大陆边缘。大陆边缘是指大陆与大洋盆地的边界地，它分布于各大洋周围，在地质历史时期中分布在古大陆与已经消失的古大洋之间的边界地带。狭义大陆边缘主要指淹于海水下的大陆延续部分，即大陆架和大陆坡。常用的广义大陆边缘还包括大陆隆、海沟等。就全球而言，其构造活动性差异较大，可分为稳定型与活动型两大类，或称为"被动大陆边缘"和"主动大陆边缘"[7]。大陆边缘作为洋陆两大巨型地质、地貌单元的过渡地带，是板块剧烈活动带、地震发震带和物质交换带，汇集了全球90%的沉积物，也是各种地质构造活动与沉积作用记录的主要载体，还是海洋资源富集和海洋经济发展的主要场所，并与大陆架海域划界密切相关。

2.5.2.1 稳定型大陆边缘

稳定大陆边缘没有海沟、岛屿或山弧，由大陆过渡到宽阔的大陆架与大陆坡，并广泛发育了陆隆；稳定大陆边缘缺乏地震、火山和岩浆侵入活动，构造活动性弱。大西洋两侧的美洲、欧洲和非洲大陆边缘较为典型，由于近代构造稳定，故没有活火山，且极少有地震。所以此型也称为大西洋型大陆边缘；当然，在印度洋特别是北冰洋周围也广泛存在。该型大陆大缘由大陆架、大陆坡和大陆隆三部分组成，如图2.7所示。

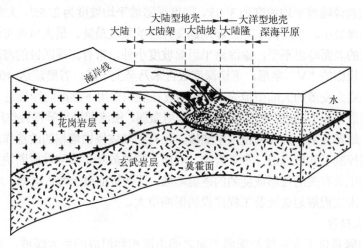

图 2.7 稳定型大陆边缘的组成

1. 大陆架

大陆架又称为大陆棚或大陆浅滩，是大陆周围被海水淹没的浅水地带，也可视为相邻大陆向海下的自然延伸。陆架区广布形成于冰期低海面时海岸环境的砂质沉积物，许多陆架上还发现有属于潮间带和淡水的泥炭、生物，以及古河谷、堡岛和阶地等，表明陆架在不久前尚属海岸平原。塑造陆架地形的因素众多，除海面升降外，还受到波浪潮流运动、河流、冰川等侵蚀和沉积作用，生物活动和骨骼堆积，构造运动以及沉积负载引起的均衡沉降等影响。在不同地区可以有不同的主导因素。大陆架拥有丰富的石油、天然气、砂矿等资源，其主权属所邻海域的国家所有。对大陆架的定义有多种，主要有《大陆架公约》（1958年）的定义、《联合国海洋法公约》的定义、《中华人民共和国专属经济区和大陆架法》的规定等。

大陆架及专属经济区的划界问题，因其与国家的主权、权益、资源、环境等紧密相关而备受关注，特别是海岸相向或相邻国家间上述界限的划分[14]，引文要权威、规范。

2. 大陆坡

从大陆架外缘较陡处下降到深海底的斜坡，又称大陆斜坡，是分开大陆和大洋的全球性巨大斜坡，其上限在陆架坡折处，下限至大陆隆或海沟，水深变化较大。它是围绕大陆地块，全球最绵长、宏伟的崖壁。大陆坡上界水深多为100~200m，下界多在1500~3500m处，在一些海沟地带陆坡延至更深处。大陆坡坡度多为3°~6°，深度为1800m以上的平均坡度为4°17′。太平洋陆坡平均坡度为5°20′，大西洋陆坡平均坡度为3°05′，印度洋陆坡平均坡度为2°55′。大型三角洲外侧的坡度最小，平均仅1.3°。珊瑚礁岛外缘的陆坡最陡，最大坡度可达45°。多数陆坡的表面崎岖不平，除深海平坦面坡度小外，常有深邃凹蚀的海底峡谷，剖面为不规则的"V"字形，下切深度数百米乃至上千米，谷壁陡达40°以上。大陆坡基底为变薄的大陆型地壳。有的陆坡在沉积作用下逐渐向洋推进，可形成缓斜的前展堆积型陆坡。有的陆坡沉积作用微弱，浊流和滑塌等侵蚀作用导致基岩裸露，地形复杂，则成为侵蚀型陆坡。还有的陆坡侵蚀堆积的改造作用较弱，断裂作用控制了陆坡地形，多见岩阶、陡崖，则属於断层型陆坡或断块型陆坡。与珊瑚礁生长有关的可形成陡峭的礁型陆坡。这些特征对于海水运动、水声通信和深海土木工程规划选址及工程建设的影响很大。

3. 大陆隆

大陆隆是位于大陆坡与深海平原之间由沉积物组成的巨大缓坡，又称大陆基或大陆裙或大陆麓，是大陆坡坡麓缓缓倾向洋底的扇形地，由沉积物堆积而成厚度巨大的沉积体，表面坡度平缓。"大陆隆"一词是由美国B.C.希等于1959

年研究北大西洋海底地形时首次提出并把它当作大陆边缘的组成单元之一。大陆隆常由许多海底扇连接而成，其坡度为 1∶50～1∶700，上部稍陡，下部较缓，平均坡度 1∶300。水深为 1500～5000m。除了被海底谷地切割之处及少数海山外，地形起伏和缓。浊流沿海底峡谷将大量陆源沉积物输送到陆隆地带，陆隆上还有滑塌沉积、等深流沉积、半远洋沉积等。沉积物粒级多属黏土至细砂，以中粉砂最为典型。现代大陆隆一般沉积速率为 4～10cm/千年。大陆隆主要展布于大西洋型大陆边缘，如大西洋、印度洋、北冰洋和南极洲的大部分周缘地带；沿西太平洋边缘海盆地陆侧也有少量分布，如南海海盆的部分边缘。大陆隆因富含有机质又处于贫氧环境中，很可能成为海底油气资源的远景区。

2.5.2.2 活动型大陆边缘

活动大陆边缘又称太平洋型大陆边缘或主动大陆边缘，是具有海沟以及与海沟共生的岛弧，缺失陆隆。活动大陆边缘集中在太平洋的东西两侧，故亦称太平洋型大陆边缘。因与现代板块的汇聚边界相一致，遂成为全球最强烈的构造活动带。其显著的特点是地震多、火山多和海沟多。这一带强烈而频繁发生的地震，可释放全球地震能量的 80%，称为"环太平洋地震带"。这里的活火山也占全世界的 80%以上，故获名"环太平洋火山带"或"太平洋火环"。以深邃的海沟（水深大于 6000m）与大洋底分界，标志着板块俯冲作用的强烈。海沟是"位于大陆边缘或岛弧与深海盆地之间、两侧边坡陡峭的狭长洋底巨型凹地"[7]。在海洋学中专指水深超过 6000m 的狭长洼地，是由板块的俯冲作用而形成的[15]。长度可有数百千米至数千千米，宽度仅数千米至数十千米，横剖面呈"V"字形，但不对称，一般是陆侧（岛侧）坡陡而洋侧坡缓。海沟处重力为负异常，说明其成分与地幔不同。岛弧是在海底火山喷发基础上形成的，呈弧状展布。典型的活动大陆边缘从大洋到陆地具有如下结构：大洋—海沟—消减杂岩—弧前盆地—弧内盆地—褶皱冲断带—弧后盆地，不同部位的主导作用不一样。活动大陆边缘是地球上火山和地震最活跃的地区，也是地球上地形高差最大、热流值变化最急剧、重力负异常最显著的地带，因此活动大陆边缘具有独特的沉积、构造、岩浆和变质作用过程。

在西太平洋，与海沟大都相伴存在着凸向洋侧的弧形群岛称为岛弧，一般缺失大陆隆，由岛直下海沟，沟侧坡陡，向洋一侧沟坡较缓。太平洋东侧的中美—南美陆缘，则从高峭的安第斯山直落深邃的秘鲁—智利海沟，大陆架和大陆坡都较窄，大陆隆被深海沟取代，其高度差可达 15km 以上。

2.5.3 大洋底

由大陆边缘再深入，即为大洋的主体——大洋底，其地貌特征最突出的是规模巨大的洋底山系和面积广阔的大洋盆地。大洋盆地（又称大洋底）是指大陆斜坡以外的广阔地域，海水深度一般为2000～5000m，它具有很大的海水深度变化范围。大洋底部受外力干扰甚少，海水比较宁静，沉积比较连续，陆源物质很少带入，且颗粒一般在0.002mm以下，这些微细的物质，几乎都呈胶体性质，可以长期悬浮于海水中，只有在极安静的水体中才能沉入海底。

洋底地形大致可分为大洋中脊、洋盆底部和大陆边缘三个巨型单元。大洋中脊一般位于大洋中部；大陆边缘是过渡地带；洋盆底部位于大洋中脊与大陆边缘之间。

2.5.3.1 大洋中脊

在世界大洋中有成因相同、特征相似的连贯的山系，全长可达$(7～8)×10^4$km[12, 16]，占洋底面积的32.8%，比陆地上任何山系都大得多。因其大都位于大洋的中部的巨大脊梁，故名大洋中脊（Mid-ocean ridge）或中央海岭，它很形象地说明了大洋中脊的外观特征。大洋中脊在各大洋却有不同展布特点，如图2.8所示。三大洋中脊南端互相串联，北端则伸进岛屿或大陆。大西洋中脊纵贯大洋中部，在大西洋位居中央，基本与两岸平行且边坡较陡；向南转东而进入印度洋，也大致位于中部，但分三支呈"人"字形伸展；东支进入太平洋后偏于东侧而边坡平缓，被称为东太平洋海隆。大西洋中脊向北穿过冰岛，伸入北冰洋成了北冰洋中脊，最终在勒拿河口附近伸进西伯利亚。大西洋中的巨脊这条山脉的规模，远远超过世界陆地上的任何山脉。目前，人们已经通过更为先进的技术手段查明，大西洋中脊从洋底测量起，其高度平均超过2000m，如果与相邻的海盆相比，它的相对高度为2000～3000m，巍峨壮观。

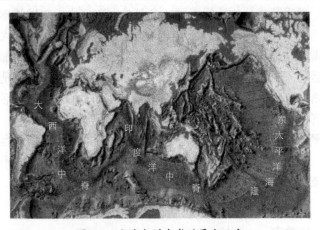

图2.8 全球大洋中脊的展布示意

印度洋中脊大体位于大洋中部，整个洋中脊形状分为三支，呈倒置的"Y"

形，西南支绕行于非洲以南与大西洋中脊南端相连，北支伸入亚丁湾和红海，可与东非大裂谷和西亚死海裂谷相通。

太平洋中脊主体偏居大洋东南部，两坡平缓，相对高度较小，称为太平洋海隆。东太平洋海隆南部向西绕行，至澳大利亚以南与印度洋中脊的东南支相连接，北端伸进加利福尼亚湾后潜没于北美西部。大洋中脊的轴部是断裂谷地，称为中央裂谷，下切深度 1~2km 宽达数十千米至百余千米，这是海底扩张中心及海洋岩石圈增生之地。

大洋中脊从体系上看是连贯的山系，但是广泛发育转换断层——与中脊轴垂直或斜交的横向断裂带；中脊被断裂带截断，各段中脊呈错开状。

沿中央裂谷带有广泛的火山活动，可形成火山链，也是全球性的地震活动带，但震源浅而强度小，所释放的能量仅占全球地震释放的 5%，有浅源地震活动的洋脊存在重力异常和条带状磁异常，也对应于地热流（从地球内部穿过地壳到地表的热量）的高值区，如大西洋和印度洋中脊[12]。

2.5.3.2 大洋盆地

大洋盆地是海洋的主体，即大洋中脊与大陆边缘之间的广阔的大洋底（图 2.9），约占海洋总面积的 45%，其周边有的与大陆裙相邻，有的直接与海沟相接。其中，主要部分是水深为 4000~5000m 的开阔水域，成为深海盆地。大洋盆地并不是真正的"平原"，其内也有凹凸不平，凸起的部分，构成"海底高地""海岭""海峰""海山"及"平顶山"；凹下的洼地即为海盆。由于海岭和海底高原的存在，把大洋盆地再分割成许多次一级盆地。海岭往往是由链状海底火山构成的条带状正向地形，仅有火山活动引起的微弱地震，即缺乏地震活动而被称为无震海岭，如印度洋的 90°E 海岭和太平洋的天皇—夏威夷海岭，后者顶部露出海面的部分成了夏威夷群岛。大洋盆地中的一些比较开阔的隆起区，没有火山运动，构造活动比较宁静的地区，称为海底高地或海底高原。海底高原是深海底部的大范围高地，其隆起的相对高差不大，边坡较缓、顶面宽广但也有起伏[18]。

深海平原中分布范围不大、地形比较突出的孤立高地称为海山；如果海山呈锥形，比周围海底高出 1000m 以上，隐没于水下或露出海面者则称海峰。大洋盆地中的海山，仅太平洋就已发现 2000 多个。海山的相对高度大于 1000m，比较陡峭且峰顶面积较小；相对高度小于 1000m 的称为海丘。海山大多数为火山成因，西太平洋的海山最为密集，可归并为三列海山群：夏威夷—天皇岭，莱恩—土阿莫土海岭以及马绍尔·吉尔伯特—萨摩亚库克海岭。如果海山顶部被海浪侵蚀削平，现今位于海面以下者，则称为平顶海山（海底平顶山），一般认为它是火山岛被海浪蚀平并下沉而成的。火山岛的沉降伴随珊瑚礁逐渐成长，又是环礁的主要形成过程[17]，海底平顶山在太平洋中最常见。

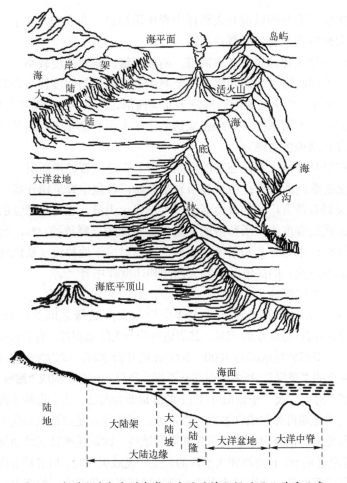

图 2.9 大洋盆地与大洋中脊及大陆边缘之间的区位关系示意

大洋盆地的底部有相对平坦的深海平原，其深海丘陵的靠近大陆的一侧，表面极为平坦，坡度只有万分之几，最多不超过千分之一，是地球表面最平的平面。深海平原是由不断的沉积作用覆盖了原来并不平坦的基底而形成的。一般认为，深海丘陵代表了洋底的本来面目，后被沉积物充填变得平坦，深海平原在大西洋比较发育。

2.6 海洋灾害地质调查

地质灾害是指在自然或者人为因素的作用下使地质环境恶化，造成人类生命财产毁损以及人类赖以生存的资源、环境严重破坏的事件或地质现象。地质灾害在时间和空间上的分布变化规律，既受制于自然环境，又与人类活动有关。我国海洋地质灾害具有类型多、多发性、并发性、周期性等特征。这与我国的地质地理区域背景有密切关系。我国处于太平洋、地中海—喜马拉雅两大地震带交汇处，是世界地震高发区。研究发现，大量的海洋地质灾害往往与水文气象灾害同时发生，即海洋地质灾害与其他自然灾害具有耦合关系。

国家标准《岩土工程勘察规范》（GB 50021—2001）（2009 年版）第 1.0.3 条指出，"岩土工程勘察的任务，除了应正确反映场地和地基的工程地质条件外，还应结合工程设计、施工条件，进行技术论证和分析评价，提出解决岩土工程问题的建议，并服务于工程建设的全过程，具有很强的工程针对性。场地或其附近存在不良地质作用和地质灾害时，如岩溶、滑坡、泥石流、地震区、地下采空区等，这些场地条件复杂多变，对工程安全和环境保护的威胁很大，必须精心勘察，精心分析评价。此外，勘察时不仅要查明现状，还要预测今后的发展趋势。工程建设对环境会产生重大影响，在一定程度上干扰了地质作用原有的动态平衡。大填大挖，加载卸载，蓄水排水，控制不好，会导致灾难。勘察工作既要对工程安全负责，又要对保护环境负责，做好勘察评价。"根据这一要求，海洋地质灾害调查是深海土木工程勘察的一项主要的工作，其研究内容主要包括：了解海洋灾害地质的类别；分析海洋地质灾害的形成条件、发育规律、成灾过程及成因机制；研究海洋地质灾害的评估、监测、预测、预报、防治或避让措施等。

2.6.1 海洋灾害地质分类

地质灾害包括"致灾的动力条件"和"灾害事件的后果"两方面，是自然动力作用与人类活动相互作用的结果。其中，对人类生命财产和生存环境产生影响或破坏的地质事件称为地质灾害。使地质环境恶化，并未破坏人类生命财产或影响生产、生活环境的，称为灾变。

海洋地质灾害，可以有不同的分类，主要包括成因分类方法或成因—危害性综合分类，也可根据成灾地质因素的属性和诱发灾害的特征及其危害性进行分类。依据的条件不同，海洋地质灾害的分类的结果是不一样的。例如，依成因划分就可以分为：内动力地质灾害（包括地震、火山、新构造运动等）和外动力地质灾害（包括海平面上升、海水入侵、滑坡、塌陷、海底不稳定等）以及人为地质灾害（如挖沙引起的海岸侵蚀、海岸工程或海洋工程导致的冲刷或做积等）。根据海洋地质灾害发生的区域不同，可以分为海岸带灾害、近海和浅海海域地质灾害、深海与大洋地质灾害。若着眼于水体和海底的不同，即有：水体灾害性地质因素，如浊流、浑水异重流等；海底灾害性地质因素则主要是现代海洋工程所关注的，如高压浅层气、"鸡蛋壳地层"、埋藏古河道、潮流沙脊群、活动性断层等。不同区域可能存在不同类型的灾害地质组合。典型的海洋地质灾害如图2.10所示。

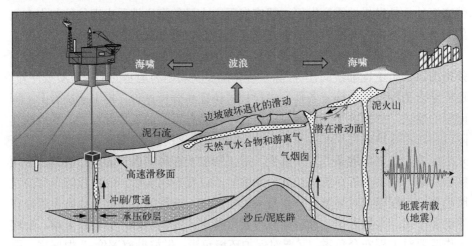

图2.10 典型的海洋地质灾害示意

1. 成因分类

按海洋灾害地质的成因分为自然成因和人为成因两大类。自然成因为主的海洋灾害地质主要有地震、火山、活动断层、沙土液化、滑坡、浊流、沙脊、含气沉积、海啸、风暴潮等。自然成因的海洋灾害地质又分为五类：构造活动、重力（斜坡）作用、侵蚀——堆积作用、海岸（洋）动力作用和特殊地质体（岩土体）。人为成因的海洋灾害地质可分为海岸人类活动与离岸人类活动两类。

（1）构造活动成因类：主要包括地震、活动断层和火山等，可能对沿岸建筑物和海洋构筑物造成直接破坏，地震可能引发海啸，还可能诱发崩塌、泥石流、浊流、海底浊流、沙土液化等次生地质灾害。

（2）重力（斜坡）作用成因类：主要包括崩塌、泥石流、浊流等，在地震或暴风浪作用下触发成灾，可对海岸建筑物和海洋工程造成直接破坏。

（3）侵蚀—堆积作用成因类：为海岸和海底侵蚀、堆积作用及其形成的地质体，包括海岸与海床侵蚀、河口与海湾淤积及沙波沙脊等活动沙体，可对海岸建筑物和浅基础的海底构筑物造成破坏。

（4）海岸（海洋）动力作用成因类：主要包括海岸侵蚀、海面上升、海水入侵、风暴潮、海啸等，是以海岸动力为主或海—陆相互作用成因的灾害地质类型。海岸侵蚀使土地损失，引发海岸环境恶化，给沿岸地区人民的生活、生产及经济发展带来严重影响；海面上升使沿海低地受到海水浸淹的威胁，洪水和风暴潮加重，海岸侵蚀加剧；海水入侵使沿海地区淡水水质恶化，土地盐渍化，生态环境恶化；风暴潮、海啸可以引起海岸强烈的侵蚀或堆积，摧毁海堤、房屋，可引发崩塌、滑坡等次生地质灾害。

（5）特殊地质体成因类：指泥底辟、易液化砂层、软土夹层、生物岩礁、气体液体矿床、古河道、古侵蚀面、浅埋起伏基岩等特殊的地质体或岩土体，不具有直接破坏能力，属潜在灾害地质类型。泥底辟、易液化砂层、含气沉积等在外力触发下可导致工程地基失稳。古河道、浅埋起伏基岩等，使场地条件复杂，工程选址时应尽量避让或处理。

（6）人为成因类：人为成因的海洋灾害地质主要有港口航道淤积、地面沉降等。海岸侵蚀、海水入侵、地面沉降、港口、航道淤积沙漠化、土地盐渍化等，多发生在人类活动频繁的沿岸地区。大量抽取地下水或开采石油、天然气，可能引起地面沉降、海水入侵灾害。人工海滩采砂，可能加剧海岸侵蚀灾害。某些海洋灾害地质，例如崩塌、滑坡、海水入侵、地面沉降等是自然和人为复合成因的。

2. 成因——危害性综合分类

综合考虑成因和危害程度，按危害程度分为活动性灾害地质和潜在灾害地质两类。

活动性灾害地质指具有活动能力和高度潜在危害性的灾害地质类型，如地震、火山活动、活动断层、滑坡、活动性沙波、海岸侵蚀等。

潜在灾害地质则是指不具有活动能力的灾害地质类型，如泥底辟、易液化砂层、软土夹层、生物岩礁、古河道、古侵蚀面、浅埋起伏基岩、陡坎、冲刷槽等，不具有直接破坏能力，但在海洋工程勘察、设计和施工中应予重视，以免诱发工程事故。

2.6.2 典型海洋灾害地质与调查

1. 海底浅层气

海底浅层气（shallow gas）是一种海洋灾害地质类型，一般指海底以下1000m浅地层内聚集的有机气体，主要成分包括甲烷、二氧化碳、硫化氢、乙烷等，一般以甲烷含量最高。我国海域浅层气分布广泛，如东海和南海陆架油气资源区。浅层气因埋藏浅，又常具有高压性质，其对海底沉积物的胶结、硬度和强度等均产生较大影响，是一种十分危险的海底地质灾害。

海底浅层气可分为有机成因和无机成因两类，有机成因泛指沉积物中分散状或集中状的有机质通过细菌作用、化学作用和物理作用形成的气体。无机成因泛指任何环境下无机物质形成的天然气,来自热液、火山喷发、岩石变质等作用。我国海底浅层气分布广泛,主要以生物气为主,多由大量陆源碎屑物质带来的丰富生物碎屑和有机质,沉积在海底时经甲烷菌的分解逐步转化成气体而埋藏存储。尤其在我国东南沿海平原、河口、海湾和近海区域第四纪沉积物中,富含有机质,浅层气分布广泛。

海底含气沉积物压缩性高、强度低,可引起海底地层膨胀,使土层的原始骨架受到破坏,自重作用下的固结过程减缓。浅层气区域地基承载力降低,易引起地基基础剪切失稳和不均匀沉降,并可能触发海岸滑坡、土体液化、基础沉陷、油气井喷、平台倾覆、井壁垮塌、管线断裂等灾害事故,或酿成海难,对海洋工程建设和近海岸基础设施造成严重破坏。我国东南沿海和长江中下游地区的工程建设中,已发生数次由浅层气引发的工程灾害性事故。随着我国海洋开发步伐的日益加快,我国海域内广泛存在的浅层气无疑会是各种海底设施和建设施工的一大难题和灾害隐患。

针对浅层气的特性,目前采用地球物理探测方法中的地震波、声波进行探测。通过侧扫声纳、浅地层剖面、测深手段探测海底面,可识别海底麻坑、凸起、底辟等浅层气逸出形态,另外可通过地球化学分析,判断浅层气的逸出位置。海底浅层气在地震波和声波探测剖面上通常表现为声混沌、增强反射、声空白反射带、亮点、相位反转、气烟囱等特征。

2. 天然气水合物分解

天然气水合物(gas hydrate),也称"可燃冰",是当前海洋地质科学和能源研究的热点科学问题。一方面,天然气水合物以其巨大的储量,有望成为未来重要的替代能源;另一方面,它在海底灾害预测和全球气候变化研究中具有不可忽视的作用。天然气水合物分解引起地层承载力的不均匀分布,这将威胁到海洋工程的安全,如造成钻井平台桩腿的不均匀沉降,甚至导致平台倾覆。另外,气体的突然释放会对输送管道产生破坏作用,特别是高压浅层气释放时轻则侵蚀套管,重则造成井喷,甚至可能引起平台燃烧,造成人员生命及财产的损失。2010年4月20日,在美国墨西哥湾深水作业的BP公司"深水地平线"钻井平台发生爆炸造成了11人伤亡以及重大财产损失,漏油事故的发生,使海底连续87天不断喷涌而出至少5.18亿升原油,造成了墨西哥湾海域前所未有的环境灾难,BP在财报中列出了372亿美元赔付支出(包括赔偿基金200亿美元)。

3. 海床液化失稳

在波浪荷载作用下,砂质海床往往会由于海床液化最终导致海床的整体失稳,而海床整体失稳的发生将对其上部承载结构物(近海风机、石油平台等)

的稳定性产生严重影响。可造成海床失稳的因素包括海底沙土液化、海底滑坡、海底浊流、海床冲刷、活动性沙、波沙脊以及地震活动等。地震、波浪等动力荷载作用，海底沙土液化，地基强度减小或消失，造成海底土体失稳，导致海洋工程构筑物破坏。根据超孔隙水压力产生方式可分成两类：一类是类似地震作用下的液化，即由于循环剪应力所产生超孔隙水压力所导致的液化；另一类是由于海床中孔隙水压力的空间差异所产生的超孔隙水压力变动导致的液化。

海洋地层遭受波浪、潮流等动力循环荷载作用，饱和的无黏性土海床中产生超孔隙水压力积累而发生瞬时液化。为控制海床液化的影响，大量学者采用解析、数值和现场试验方法对分层海床的海床响应及液化抑制问题进行了研究，但相关的室内试验研究仍处于起步阶段。目前，关于海床沙土液化的勘察判别，我国主要采用规范液化判别法，包括标准贯入试验判别、静力触探判别以及剪切波速试验判别。国外主要采用 Seed 简化法液化判别方法，包括循环剪应力比计算法、沙土液化应力比计算法。液化的勘察判别方法手段均以标贯、静力触探和剪切波法为基础。

4. 浅水流

浅水流（shallow water flow）灾害是一种频繁的浅层地质灾害。浅水流是分布于海底数百米以内浅地层中的超压砂体，在超压驱动下形成砂水流，在钻井时高速喷出，对深水钻井产生严重的灾害。浅水流灾害破坏力大、分布区域广，对井身的破坏主要是通过对井筒和地层的冲刷侵蚀，从而扩大井眼的变形程度，破坏井壁稳定；浅水流喷出后，原本稳定的地层应力状态也会发生变化，严重时甚至会引起海底滑坡；钻井液与喷出的浅水流混合后，会严重影响钻井液密度、黏度等性能，对钻井过程造成重大影响。浅水流的形成需要满足砂质沉积物、有效封堵层及异常超压三个条件，其实质为深水浅层发育的超压砂体，主要由地层中快速沉积和不平衡压实作用形成。在盆地浅部，当砂体被低渗透率地层封闭时，很容易导致浅水流的形成。浅水流的识别与预测方法主要有测井法和反射地震法两种，其中反射地震法是最常用的方法。目前，浅水流灾害的风险评价工作侧重于钻前预测，以定性判断为主，缺乏定量分析，但近年来涌现的实验及数值模拟研究正不断填补这块空白。浅水流的预防和控制作业主要包括井控措施和工作液体系优化。1985 年在墨西哥湾首次发现浅水流事件，其后在里海南部、挪威海和北海等深水油气开发区也都曾遇到过。据报道，全球大约有 70% 深水井遇到过浅水流问题。

5. 海流冲刷

由于海底管道等构筑物所处环境极其复杂，在水流的水动力作用下，管道附近的底沙极易发生搬运、侵蚀，从而导致海底管道冲刷悬空，诱发悬跨段产生涡激振动，严重情况会引发管道断裂破坏等事故。冲刷是在波浪和潮流等作用下海床发生的侵蚀现象，其根源在于泥沙输运的不平衡。海洋构筑物改变了原有水动力条件，造成冲刷加剧而导致构筑物失效。据美国 Arnold 和 Richardson 等的统计，密西西比三角洲海底冲刷悬空引起的海底管道失效占总失效的 36.2%，而过去 30 年间美国有 60%桥梁损坏是由桥梁基础的冲刷引起的。我国东海平湖油气田海底管道工程、北部湾某海区输气管道，曾因局部冲刷管道多处多次裸露悬空，甚至断裂，造成严重的海域污染和巨大的经济损失。

波浪和海流的作用下导致构筑物基础冲刷的研究始于 1873 年，目前对局部冲刷及泥沙运移机制的认识仍十分有限，冲刷预测一般基于室内试验以及经验总结，还未建立成熟可靠的理论基础，冲刷原位检测技术还有待提高。随海洋工程大量建设，海洋构筑物基础局部冲刷及工程防护技术的研究需求日趋紧迫。

海洋构筑物基础冲刷的勘察主要采用海底声学探测技术，对构筑物周围的冲刷状态进行调查，获取真实的冲刷状态信息。勘察手段主要包括单波速探测技术、浅地层剖面探测技术、多波速探测技术以及侧扫声纳检测技术。对海底构筑物地表及浅表层地层进行探测，分析不同时期的海底冲刷状态，建立冲刷数学模型进行数值模拟。

6. 海底滑坡

海底滑坡（submarine slide）是发生在大陆架边缘和大陆坡上的一种块体搬运沉积体系（Mass Transport Deposits，MTD），海底滑坡指组成海底斜坡的物质发生顺坡运动，可导致浅地层结构受到破坏，给深水油气和天然气水合物钻井及深海工程带来巨大影响。海底滑坡通常是由浅层或深层边坡失稳开始，伴有溯源性坍塌，随后是层状黏塑性碎屑流和松散悬浮浊流。海底滑坡的成因很多，例如地壳运动导致海底稳定性变化可引起滑坡，地震活动更是海底滑坡的重大诱因。甚至波浪也能引起滑坡，可能是巨浪的猛烈冲击，抑或因常浪持续不断地冲蚀。海底滑坡的形式也是多种多样的，如层滑、圆弧形滑坡或者崩塌滑坡等。海底滑坡的规模较多，最大规模远大于陆上的滑坡，其危害更是多方面的，诸如切断海底电缆或管道，损害甚至倾覆海上石油平台，危及落地式水下武器设施，毁损海港等海洋工程，引发海上交通事故。地壳运动或强地震造成的海底滑坡，甚至能激发海啸。海底滑坡的发育规模不等，最大可以达到几千平方千米，对原生沉积具有极大地破坏和改造作用，它能将沉积物运移至数百甚至数千千米之外。Edgers L 等对海底滑坡失稳特征进行了统计，主要结论：海底斜坡在坡度很小时就可失稳；滑坡体积和运动距离通常较大；必须有相应的诱发因素。Locat J 等总结出：海底地震活动、风暴潮、潮位变化、渗流作用、沉积物快速堆积、孔隙气体释放、天然气水合物溶解、海啸和海平面变化等均可形成海底滑坡。

由于深水钻探位于大陆坡区，大陆坡上海底滑坡形成的海底不稳定性也是历史上重要海洋地质灾害事件。无论是被动大陆边缘还是活动大陆边缘，都经常有海底滑坡发生。海底滑坡对深海工程具有很大的破坏性。1929年11月18日，Grand Banks地震触发了$20km^2$的海底滑坡，有27人在该事件中死亡，$200km^3$碎屑被带入深水中形成了重力流，切断了跨大西洋的海底电报电缆。海底滑坡还可形成海啸，2004年12月26日苏门答腊海啸以及2011年3月11日的东日本大海啸的爆发，除地震外，海底滑坡也是主要触发机制之一。我国近海曾发生过多次海底滑坡事件，主要区域是浙江、福建沿海，长江口和杭州湾沿岸也较多。分析其原因：一是这一带海域潮差大，台风风暴潮较多，大浪和大潮的破坏力较强；二是沿海工程争相进行，设计与施工不当也可引发海底滑坡。

海底滑坡的勘察，受研究手段和方法的限制而发展缓慢。到20世纪80年代中期，多波束测深系统、旁侧声纳系统、海底地层剖面仪等数字式高分辨率的海底探测设备广泛应用，使获得详细、准确、直观的海底地形地貌、地层剖面结构、沉积物性质等信息成为可能。90年代后，深拖、无人潜水器等技术得到应用，使海底的探测范围逐步扩大到大陆坡以及深海盆地，开展深海油气等资源开发区的工程场址调查，以及海底滑坡等地质灾害研究。

7. 海底地震

海底地震（submarine earthquake）是地下岩石突然断裂而发生的急剧运动。岩石圈板块沿边界的相对运动和相互作用是导致海底地震的主要原因。与陆地相比，海底地震发生得更为频繁，也更为强烈。太平洋岛弧地区8级左右的特大地震，几乎全部发生在海底。海底地震及其所引起的海啸，给人类带来灾难。

1）海底地震的多发区域

海底地震主要分布在活动大陆边缘和大洋中脊，分别相当于洋壳的俯冲破坏与扩张新生地带。两带的地震活动性质截然不同。活动大陆边缘的地震活动大致可分为：①海沟及洋侧坡的小量浅震，多属正断层型，是大洋板块沿俯冲带向下弯曲引起的；②海沟陆侧坡附近频繁的浅震，多属逆断层型，一般认为导源于沿板块接触带的汇聚挤压作用，太平洋周缘的大地震大多属于这种类型；③火山弧附近的小量浅震，在不同情况下，震源机制或为正断层型，或为逆断层、走向滑动断层型；④构成贝尼奥夫带的中源和深源地震，主要位于火山弧与弧后区之下。

太平洋是全球海底地震发生最多的区域，而且主要集中在几个地震带上。北从阿留申、千岛、堪察加至日本，向西、向南沿岛弧直至南太平洋各群岛；其中，包括西部的菲律宾、印度尼西亚至新几内亚海域。东部从北美经中美至南美洲沿岸海域，都是频繁发生高强度海底地震的区域。环太平洋地震带释放的地震能量可占全球地震释放能量的80%。尤其西太平洋地震带，是全球地震频率和强度最高的地带之一。印度洋与太平洋毗连的部分，也是地震多发海域。地中海北部也常发生海底地震。相比之下，大洋中脊裂谷带虽有地震，但强度较小，所释放的能量仅占全球地震释放能量的5%；还有一些海岭因地震活动很少而被称为无震海岭。

2）海底地震殃及陆地

一般地震在海底发生时，由于海洋不像陆上居民密集，致灾程度相对轻一些。但是，发生在海底的大地震，却常常波及陆地并造成严重的灾害。在我国，渤海区域历来地震活动显著，因为正位于郯城—庐江大断裂带上，所以历史上曾发生过多次大地震，1969年又发生7.4级地震。黄海的地震活动也较多，相较而言，北黄海的地震更强烈一些。我国东海大部分海域的地震一般不超过7级，所以危害较小；但在我国台湾近海和台湾海峡一带地震活动频繁且强烈，多次发生大地震，属于地震重灾区。1604年12月29日泉州近海、1920年6月6日我国台湾以东海域、1972年1月26日我国台湾绿岛海域都发生过8级地震，2006年12月27日屏东恒春近海6.7级地震，使多条国际海底光缆、电缆中断。南海位于西太平洋赤道区地震带上，周边的菲律宾、印度尼西亚和马来西亚多次发生大地震；我国南海北部地震活动也相当强烈，琼州海峡一带曾发生过多次大地震，1605年雷琼地震达7.5级。

8. 海底火山

海底火山，是形成于浅海和大洋底部的各种火山。全世界目前有500座活火山，在海底的有近70座，高度、大小都不相同。

1）多发海域

沿洋底中脊的中央裂谷带有广泛的火山活动，在洋中脊山脉顶部火山常成丛群分布；在洋盆中也散见各种火山。然而，最集中的是在太平洋东、西两侧的活动型大陆边缘，即"太平洋火环"，这里的活火山占全世界的80%以上。

2）灾害形式

洋中脊的火山活动虽多，但属于洋底扩散中心活动，一般不致酿成大的灾害；一些管状火山口多成了海底热泉，是海底热液生态系统的能量来源和支撑条件。太平洋火环与洋底的俯冲所伴生的沟—弧体系有不解之缘，这一带的火山活动强烈、致灾程度也较重。火山爆发时产生冲击波，引起地震、海啸或滑坡等都能致灾，火山爆发若有侧翼塌陷，引起的滑坡比陆地上致灾更重，因为它常激发海啸。此外，火山喷出的气体、灰烬、碎屑和熔岩等也会造成灾害。

我国东海和南海的外缘毗邻太平洋火环的西部，邻近的太平洋区也有海底火山，但是在近海没有活火山。

2.6.3 深海土木工程灾害性地质因素

随着海洋经济的迅速发展，深海土木工程数量与规模将逐渐增多，对海底工程地质条件要求也不断提高，特别是对海底不稳定因素更加关注，应特别关注对海底工程安全有直接危害或潜在威胁的地质因素。这些地质因素视其危害程度可分为以下两类。

1. 危险性因素

如高压浅层气、"鸡蛋壳"地层等，属于危险性工程地质因素。在此类地质相关范围之内，一般不能进行工程建设。

2. 限制性因素

海底埋藏古河道、不平坦的海底面等，可能对工程有影响或对工程有所限制，因而在设计与施工中应采取相应的对策措施。

我国的渤海以及濒临的黄海、东海和南海，地质情况比较复杂，也有不同类型的海洋地质灾害，对深海土木工程建设的影响应当予以重视。

渤海三大海湾的泥沙运动和淤积，对航运交通等活动和海洋石油开采的影响较大。在渤海、黄海和东海，还有相当多的海底潮流沙脊群以及强潮流侵蚀沟。渤海海峡北段、鸭绿江口到大同江口外近海，尤其江苏弶港近海，都有大片的潮流沙脊群；长江口到杭州湾的泥沙淤积与冲刷等，都是不稳定的地质因素。不平的海底，如海底沟、陡坡、泥丘，对海底工程是不利的，而埋藏古河道、埋藏古湖泊、埋藏古三角洲，浅层天然气或沼气，底辟构造或蛋壳式地层，特别是活动性断层和小型塌滑断层，对海洋工程设施都是潜在的隐患[5]。

2.7 海洋工程地质评价

国家标准《岩土工程勘察规范》（GB 50021—2001）（2009 年版）第 14.3.3 条要求，岩土工程勘察报告应根据任务要求、勘察阶段、工程特点和地质条件等具体情况编写，并应包括"可能影响工程稳定的不良地质作用的描述和对工程危害程度的评价"。第 1.0.3A 条要求，岩土工程勘察应按工程建设各勘察阶段的要求，"提出资料完整、评价正确的勘察报告"。因此，深海土木工程勘察，应对海洋地质灾害发生机理及其对海底工程影响进行评价，其主要内容有[1]：查明海洋地层成因、结构、物理状态，海床地形地貌，矿产资源，水下障碍物，区域地质，水土腐蚀性等，明确地层指标及其参数取值，对地基类型、基础形式、地基处理、水文条件、不良地质作用和地质灾害防治提出建议。对抗震设防烈度等于或大于 6 度场地，应提供抗震设防烈度、设计基本地震动加速度和设计地震分组，划分场地类别。

海洋工程与陆地工程存在明显的环境差异，加之相关工程技术和建设经验较少，其工程建设过程（设计和施工）和建成之后的使用安全性，很大程度上取决于对海洋工程地质情况的全面了解和掌握，海洋工程地质评价的地位和作用在海洋工程建设活动中的作用十分明显。评价海洋工程地质，需满足以下几个方面的要求[1]。

1. 满足工程建设阶段的主要任务

海洋工程勘察内容多、实施难度大、费用高，海洋工程建设涉及多个方面，各阶段的任务、目标、项目推进程度等不同，海洋工程勘察手段和地质评价，与工程建设阶段的主要任务应匹配，既要满足工程建设阶段工作的需要，又要尽量节俭，量力而行、因需而为。一般前期阶段以资料收集、物探为主，必要时布置少量钻探；招标设计和施工图设计阶段，以钻探、测试、试验为主。

2. 海洋工程勘察与设计的匹配性

与陆地岩土工程相似，深海土体的复杂性、土力学与岩土工程的经验性或半经验性，使得深海工程勘察与设计密切相关。深海工程地质评价与物理力学参数必须满足深海工程的设计需求，工程勘察和设计要遵循匹配性原则，即荷载组合与取值方法、设计理论、设计方法、计算理论、计算方法、计算工况、安全系数、地层指标、地层参数取值等方面匹配[1]。

3. 地层参数试验方法与取值方法的科学性

涉及地层参数的试验和测试方法选择、试验参数的统计分析方法、地层参数的取值方法三个相关课题。土体具有多孔介质、多相介质和摩擦介质的属性，地层物理力学参数可通过多种原位测试手段和多种室内方法进行试验。同一地层指标的试验方法不同，其统计方法和取值方法也不同，需要建立在行业或地区经验积累的基础上。

4. 海洋基础的具体计算方法和测试方法的可靠性

目前，我国各行业的计算和测试方法均未统一，岩土工程地质评价与基础的具体计算方法直接相关。例如，对钢管桩竖向承载力的计算，建工行业规范将土塞的承载力归于端阻，考虑土塞效应系数进行折减，对不同桩基、不同状态和土性的地层，建议了详细的极限侧阻力标准值和极限端阻力标准值，其侧阻力并不包括土塞对管桩的内侧阻。而港口行业规范的桩基础测试规程和设计规范中，侧阻力则包括内侧阻和外侧阻的总和，管桩基础的端阻力仅为管桩圆环截面部分的端阻力，并不包括土塞部分的端阻力。而我国海工规范，目前沿用了美国石油协会（API）的桩基础计算方法，与我国建筑和港口行业规范存在显著的差异，该规范对土塞效应、抗拔系数、内外侧阻力和端阻力的发挥给予了提示和建议，对内外侧阻力的计算方法给予了建议，具有指导性[1]。因此，海洋工程地质评价，需要考虑地基基础的具体计算方法和测试取值方法等方面的差异。

5. 地层岩土分类的科学性

目前，对地层和岩土分类、地层物理状态与压缩性判断，由于历史的原因，我国国标、行业标准和地区标准均未统一。例如，对粉土，某些规范分为高液限粉土和低液限粉土，某些规范划分为黏质粉土和砂质粉土，有规范划分为砂壤土和壤土。对黏性土，有规范细分出粉质黏土，而有规范细分为亚黏土。对粉土地层的密实性，有规范采用孔隙比为依据划分，某些规范则综合采用静力触探的锥尖阻力、标贯击数和孔隙比进行划分。对液性指数或液限的联合试验方法，建筑规范采用落锥深度为10mm，而水利规范采用落锥深度为17mm[1]。海洋岩土工程地质评价需要首先考虑岩土定名、无黏性土密实性、黏性土稠度状态、岩土压缩性判断等方面的差异。

6. 工程地质评价指标体系的完整性

海洋工程遭受地震、机器振动、波浪、潮流、台风等动力荷载（多为循环往复荷载），不同荷载组合使海洋地层经历不同的应力状态和应力路径。需考虑荷载组合特性、地层排水或不排水条件，结合地基基础计算方法，研究试验与测试方法、试验参数的控制以及地质评价指标体系。

7. 区域性岩土特性的准确性

工程地质评价需要注意区域性岩土特性，否则容易引起误判。福建海域和海岸广泛分布花岗岩残积土，其峰值强度很高，然而剪应力越过峰值后迅速降低，呈强应变软化特性，易引起地基渐进性破坏。新疆、甘肃等地的戈壁滩，其工程地质特性一般较好，然而由于海相沉积成因，往往存在大量的盐渍土或易溶盐含量甚高的地层，属区域性特殊土，其工程地质特性复杂且受水的影响显著。老黏土一般呈硬塑状，其不排水强度和不排水条件下地基承载力特征值一般较高，然而部分区域性老黏土含蒙脱石、伊利石等膨胀性黏土矿物，属膨胀土且具有强应变软化特性[1]。

8. 区域稳定性与海洋灾害地质评价

海床被不同深度的海水覆盖，区域稳定性与海底活动性断层有关，目前地震区划图尚未覆盖海域，必要时需进行专门的地震安全性评价。此外，场地适宜性和海床稳定性评价，也应考虑海洋动水力的作用。

海洋工程建设还需专门研究海洋灾害地质特征，进行地质灾害评估和压覆矿产资源的评估。

参 考 文 献

[1] 龚晓南. 海洋土木工程概论[M]. 北京：中国建筑工业出版社，2018.

[2] 赵剑虎. 现代海洋测绘[M]. 武汉：武汉大学出版社，2008.

[3] 中华人民共和国国家标准. 海道测量规范：GB 12327—2022[S]. 北京：中国标准出版社，2022.

[4] 国家测绘地理信息局职业技能鉴定指导中心. 测绘综合能力[M]. 2 版. 北京：测绘出版社，2012.

[5] 汪品先. 深海浅说[M]. 上海：上海科技教育出版社，2020.

[6] 刘雁春，肖付民，暴景阳，等. 海道测量学概论[M]. 北京：测绘出版社，2006.

[7] 吴时国，张健. 海洋地球物理探测[M]. 北京：科学出版社，2017.

[8] 全国科学技术名词审定委员会. 海洋科技名词[M]. 2 版. 北京：科学出版社，2007.

[9] 杨红刚，王定亚，陈才虎，等. 海底勘探装备技术研究[J]. 石油机械，2013，41(12)：58-62.

[10] 杨士莪. 研究海洋 开发海洋——海洋环境及海洋资源调查、监测技术概述[J]. 舰船科学技术，2008，30(5)：17-19，27.

[11] 马鹏飞，刘志飞，拓守廷，等. 国际大洋钻探科学数据的现状、特征及其汇编的科学意义[J]. 地球科学进展，2021，36(6)：643-662.

[12] 孙文心，李凤岐，李磊. 军事海洋学引论[M]. 北京：海洋出版社，2011.

[13] 中国大百科全书总编辑委员会本卷编辑委员会，中国大百科全书出版社编辑部. 中国大百科全书：大气科学 海洋科学 水文科学[M]. 北京：中国大百科全书出版社，1987.

[14] 中华人民共和国海域使用管理法[Z]. 北京：海洋出版社，2001.

[15] 中华人民共和国专属经济区和大陆架法[Z]. //国家海洋局政策法规办公室. 中华人民共和国海洋法规选编. 3 版. 北京：海洋出版社，2001.

[16] 冯世筰，李凤岐，李少菁. 海洋科学导论[M]. 北京：高等教育出版社，1999.

[17] 有田好文，高野健三. 海洋[M]. 李若钝，井传才，译. 北京：海洋出版社，1990.

[18] 曾呈奎，徐鸿儒，王春林，等. 中国海洋志[M]. 郑州：大象出版社，2003.

[19] 李平，杜军. 浅地层剖面探测综述[J]. 海洋通报，2011，30(3)：344-350.

第 3 章 深海岩土工程

深海环境较为复杂，对深水海洋结构物的稳定性与安全性提出了更高的要求。深海土木工程除直接坐落在海床上的构筑物外，均需要设置基础，其基础形式既有与陆岸工程相似的浅基础和桩基础，又有其特殊系泊基础。这几类基础的设计和施工均有其特殊之处，既是深海土木工程建设的关键，也是其难点之一。目前，由于深海资源开发及深海工程的迫切需求，深海岩土工程领域成为研究热点问题。

3.1 深海浅基础

随着科学技术及深海土木工程施工技术的发展，在海洋基础中，除传统的混凝土重力基础外，将发展出与陆岸相似的独立基础、条形基础、筏形基础等更多的海洋浅基础。下面针对典型的深海浅基础作简单介绍。

3.1.1 传统深海重力式基础

重力式基础通常采用陆上预制方式，然后通过船运或浮运至固定地点，并采用沙砾等填料填充基础内部空腔以获得必要的重量，再将其沉入经过整平的海床面上，传统深海重力式基础结构如图 3.1 所示。在深海领域开展工程建设时，采用单桩、高桩承台或导管架等管桩基础时，高昂的建造及安装费用大大增加了深海工程构筑物的成本。重力式基础通常为钢筋混凝土结构，且无须大量钢材，在施工便利性和施工成本方面展现出一定的优越性。混凝土重力式平台由上部结构、下部结构和基础组成，最大特点在于其具有较大的结构和基础尺寸，依靠其自身重量能够抵抗在使用时所遇到的环境荷载（风、浪等），适用于较硬的黏土或较密实的沙土，工作水深一般为 100～200m。一般情况下，平台直接放置于海底，且不设桩基。尽管混凝土重力式平台有各种各样的设计，但通常基础部由巨型的海底混凝土罐组成，这些巨型罐可以用于储存原油。此外，重力式基础的结构分析和建造工艺比较复杂，对海床地质条件要求较高，还需要有较深的、隐蔽条件较好的预制码头和水域条件。

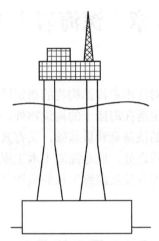

图 3.1　传统深海重力式基础结构示意[1]

重力式基础结构物更多的是靠自身的重量以及底部的尺寸来抵抗环境荷载带来的侧向力和弯矩。重力式基础一般都装配有宽度约为 0.5m 的裙板，裙板对于提高侧向抵抗力和提供一些短期的张力承载能力有很大的帮助。重力式基础平台坐落于海床表面，当海床表面为软土时，裙板将被贯入土中，用来将基础的力传递到持载能力较强的土中。通常，裙板一般在基础的四周，垂直贯入海床中。深海结构工程构筑物的重量较大且深海土体相对较软时，重力式基础和桶形基础均可按照自身的重量进行安装。但是，对于比较轻的导管架或比较深的裙板而言，需要借助外部吸力的作用帮助裙板的贯入。通过设置裙板提高了基础抵抗竖向荷载、水平荷载、浮力以及倾覆的能力，并减小竖向、水平位移以及转角[1]。

重力式平台最早于 1973 年开始应用于北部海中部靠近挪威的区域。一个桶式结构，其面积为 7390m^2，它被安置在水深为 70m 的密实沙土上，一些设计的参数如表 3.1 所示。通过室内模式试验设计深海基础的过程中，发展了新的设计方法，如深水混凝土结构。深水混凝土结构主要是由一些柱状结构按照六角形的排列组成，如图 3.1 所示。第一个深水混凝土结构物 Beryl A 于 1975 年在北部海 Ekofisk I 旁边建成，它们的地质条件相似。尽管深水混凝土结构在很深的水中，但是其有较小的基础面积。

表 3.1 深海基础参数[1]

Project/Year	Type	Location	Water depth/m	Soil conditions	Foundation dimensions/m, m²	Skirts/m (d/D)	V/MN	H/MN	M/MN	M/HD
Ekofisk1 Tank 1975[1,2]	GBS	N, Sea Norway	70	Dense sand	A=7390 D_{acv}=97	0.4 (0.004)	1900	786	28000	0.37
Brent A 1975[3]	Condeep	N, Sea Norway	120	Aa at Ekofisk	A=6360 D_{acv}=90	0.4 (0.04)	1500	450	15000	0.37
Brent B 1975[2]	Condeep	N, Sea Norway	140	Stiff to hard clays with thin layers of dense sand	A=6360 D_{acv}=90	0.4 (0.04)	2000	500	20000	0.44
Gullfaks C 1989[4,5]	Deep skirted Condeep	N, Sea Norway	220	Soft nc sity clays and silty clayey sands	A=16000 D_{acv}=143	22 (0.13)	5000	712	65440	0.64
Snorre A 1991[6,7]	TLP with concrete buckets	N, Sea Norway	310	Soft nc clays	A_{acv}=2724 D_{acv}=17	12 (0.7.CFT 0.4)	142 per CFT	21 per CFT	126 per CFT	0.20
Draupner E (Europipe) 1994[8]	Jacket with steel buckets	N, Sea Norway	70	Dense to very dense fine sand over stiff clay	A_{acv}=452 D=12	6 (0.5)	57 per bucket	10	30	0.25
Sleipner SLT 1995[8]	Jacket with steel buckets	N, Sea Norway	70	Aa at Draupner E	A_{acv}=616 D=14	5 (0.35)	134 per bucket	22	—	—
Troll A 1995[9,10]	Deep skirted Condeep	N, Sea Norway	305	Soft nc clays	A=16596 D_{acv}=145	36 (0.25)	2353	512	94144	1.27
Wandoo 1997[11]	CGBS	NW Shelf Australia	54	Dense calc. sand over calcarenite	A=7866 114×69×17	0.3 (0.003)	755	165	7420	0.45
Bayu-Undan 2003[12]	Jacket with steel plates	Timor Sea Australia	80	Soft calc. sandy silt over cemented calcarenite and limestone	A_{acv}=480 A_{acv}=120	0.5 (0.04)	125 per plate	10	—	—
Yolla 2004[13]	Skirted hybrid	Bass Strait Australia	80	Finm calc. sandy silt with soft clay and sand layers	A=2500 50×50	0.3 (0.1)	—	—	—	—

注：1. Clausen (1976), 2. O Reilly & Brown (1991), 3. Clausen (1976), 4. Tjelta et al. (1990), 5. Tjelta (1998), 6. Christophersen (1993), 7. Steve et al. (1992), 8. Bye et al. (1995), 9. Andenaes et al. (1996), 10. Hansen et al. (1992), 11. Humpheson (1998), 12. Neubecker & Erbrich (2004), 13. Watson & Humpheson (2005)。

3.1.2 深海独立基础

参考陆上柱下独立基础的基本结构形式，采用钢筋混凝土陆岸预制完成后，多组独立基础沉入海底作为深海构筑物的基础，深海独立基础如图 3.2 所示。柱下独立基础可设置为方形、圆形或多边形等多种形式，可按材料性能和受力状态等选定，以适应深海构筑物的建设需求。传统重力式基础的结构分析和建造工艺比较复杂，还需要有较深的、隐蔽条件较好的预制码头和水域条件，而深海独立基础由多个独立基础组成，故对预制工艺、预制场地条件以及入水施工设备等方面的要求降低，且施工更为灵活。但深海独立基础对海床平整度以及施工沉降控制的要求较高，并可能需要借助外部工具或外部设备，调整深海重力式独立基础的入土深度、倾斜角度以及安装位置等方面。此外，水下不分散混凝土能够克服普通混凝土在水下应用的诸多缺陷，使混凝土能够在水中直接浇筑或砌筑时，保证骨料和胶凝材料不分层离析，从而确保混凝土的浇筑质量。同时，还能大大缩短施工工期和施工成本，经济效益显著。正是由于水下不分散混凝土在水下浇筑时不分层不离析的特点，可以采用水下不分散混凝土作为水下独立基础底面海底岩土体的注浆加固材料，从而控制独立基础的不均匀沉降，为独立基础建设提供更好的海底地质条件。

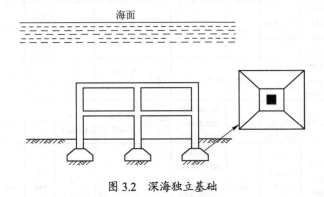

图 3.2 深海独立基础

3.1.3 深海条形基础

深海条形基础是长度远远大于宽度的一种基础形式，由钢筋混凝土陆上预制完成。一般按上部结构可分为墙下条形基础和柱下条形基础，墙下条形基础分为墙下单向条形基础和墙下双向条形基础，墙下条形基础受力简单、传力直接，墙下双向条形基础一般均可拆分为两个单向条形基础计算；柱下条形基础分为柱下单向条形基础和柱下双向条形基础，柱下条形基础受力情况与荷载分布情况、基础梁的刚度和地基承载能力有密切关系，柱下条形基础的受力情况较为复杂，一般应采用弹性基础梁法计算。深海条形基础如图 3.3 所示。条形基础设置于深海构筑物的墙或柱等受力构件之下，其对预制工艺、预制场地条件、入水施工设备的要求介于深海独立基础和传统深海重力式基础之间。

条形基础的特点是，布置在一条轴线上且与两条以上轴线相交，有时也和独立基础相连，但截面尺寸与配筋不尽相同。另外，深海重力式条形基础横向配筋为主要受力钢筋，布置在下面，纵向配筋为次要受力钢筋或者是分布钢筋。条形基础从截面上看与独立基础一样，是底部做成宽大的混凝土墩以支撑上部的构件。不同之处在于独立基础支撑上部的柱子，而条形基础支撑一排柱子或连续的墙。总体而言，深海条形基础的整体受力变形协调性能要优于独立基础，弱于传统深海重力式基础，但当海底岩土体地质条件较差时，深海条形基础发生不均匀沉降的可能性依然较大。因此，可以采用海底岩土体注浆加固等方式来控制深海条形基础的不均匀沉降。

对场地受限或土质较差、地基承载能力不足、基础沉降较大的基础而言，可以将条形基础连接成环墙条形基础。其设置于深海构筑物墙柱等承重构件之下，属于整体式基础，该基础中间部位可填充水下不分散混凝土及石块等可应用于水下的材料，以协助环墙条形基础抵抗水平、竖向及弯矩荷载作用。总体而言，环墙条形基础整体受力及协调变形性能较好。采用水下不分散材料注浆加固海底岩土体后，海底岩土体沉降量减小，环墙条形基础的刚度可不用过大，但若海底岩土体未采用注浆方式加固，环墙条形基础刚度的设计则应加大。此外，相较于传统重力式基础，深海环墙条形基础可在水下布放后再增加配重，兼具整体性的同时，对预制工艺、预制场地条件以及入水施工设备等方面的要求进一步降低。

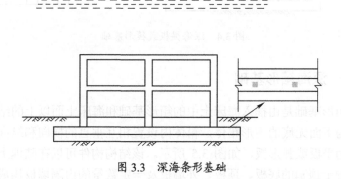

图 3.3　深海条形基础

3.1.4 深海筏形基础

筏形基础是指当建筑物上部荷载较大而地基承载能力又比较弱时，用简单的独立基础或条形基础已不能适应地基变形的需要，这时常将墙或柱下基础连成一片，使整个建筑物的荷载承受在一块整板上，这种满堂式的板式基础称筏形基础。筏形基础由于其底面积大，故可以减小基底压强，同时也可提高地基土的承载力，并能更有效地增强基础的整体性，调整不均匀沉降。深海筏形基础同样参考陆上筏板式基础，由钢筋混凝土制成，可分为梁板式和平板式筏形基础。由于平板式筏形基础类似于传统重力式基础，此处不做过多陈述，重点介绍梁板式筏形基础，是由地基梁和基础筏板组成，地基梁的布置与上部结构的柱网设置有关，地基梁一般仅沿柱网布置，底板为连续双向板，也可在柱网间增设次梁，把底板划分为较小的矩形板块。深海梁板式筏形基础如图 3.4 所示，相较于深海独立基础以及深海条形基础，深海梁板式筏形基础结构刚度大，整体性受力以及变形协调性能更好，更有利于抵抗海流、海底地震、上部构筑物及自身重力等作用。深海筏形基础可由陆岸制作完成，沉入水中后，梁间可填充水下不分散混凝土或石块等可应用于水下的材料，以增加基础抵抗水平和竖向荷载的能力。

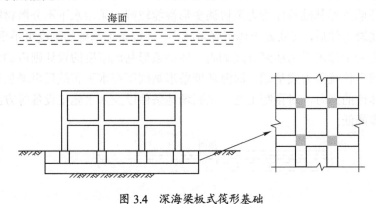

图 3.4 深海梁板式筏形基础

3.1.5 深海箱形基础

深海箱形基础是由插入海床土中的箱形基础和海床土面以上的结构组成，箱形基础为下面无底的矩形箱体，箱体内设置相互垂直的横向和纵向竖隔板，箱体顶板为平板或弧形板，如图 3.5 所示。该结构构件可以在陆地上预先制作成钢筋混凝土预制的底板、顶板、外墙板及一定数量的内隔墙板构成封闭的箱体，基础中部可在内隔墙开门洞作地下室。这种基础常用于上部荷载较大、地基软弱且分布不均的情况。提高自身整体性和刚度，可消除因地基变形使建筑物开裂的可能性，减少基底处原有地基自重应力，调整不均匀沉降的能力较强，降低总沉降量。其特点是具有很大的刚度和整体性，能有效地调整基础的不均匀沉降，同时有较好的补偿性，箱形基础的埋置深度一般较大，基础底面处的土自重应力和水压力在很大程度上补偿了由于建筑物自重和荷载产生的基底压力。

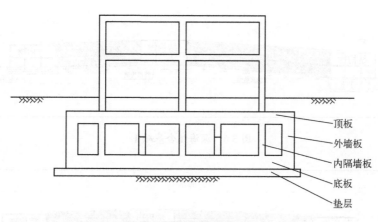

图 3.5 深海箱形基础

箱形基础的结构计算可选用假定刚性底板为模型，以及由梁单元组成的弹性地基交叉梁模型，该梁为由箱基顶板、底板基隔墙组成的工字形截面梁。力矩引起的地基不均匀反力按直线变化计算。

目前，已有工程应用了一种箱形基础海底隧道结构件，该结构件由插入海床土中的箱形基础和海床土面以上的隧道组成，箱形基础为下面无底的矩形箱体，箱体内设置相互垂直的横向和纵向竖隔板，箱体顶板为平板或向下凸起的弧形板，在顶板上由横向和纵向竖隔板分隔成的每个舱格内至少设置一个可开关的工艺通孔；箱形基础之上的隧道为横断面为半圆或半椭圆的筒体，筒体内的上部设有一层水平隔板，筒体内的对称轴处设有竖直隔板。该实用新型中的结构件可以在陆地上预制，在水上可以气浮运输，现场安装方便，建造速度快，工程费用相对较低，适用于软土海床地基上。

3.1.6 深海组合基础

深海基础由于受水环境的影响，基础条件非常复杂，带来选择深海基础类型难题。尤其是受到自然条件，包括水文、气象、周边环境的影响。所以往往基础类型也随之变化。相比于传统的基础形式，在不同的海床位置选择不同的基础类型。例如，在地质条件较好的位置采用独立基础，便于施工；在土质软弱的位置结合条形基础或筏形基础，局部重要部位或条件特别恶劣的环境采用箱形基础，这样因地制宜地组合各种基础类型（图 3.6 和图 3.7），才会达到经济实用的效果。

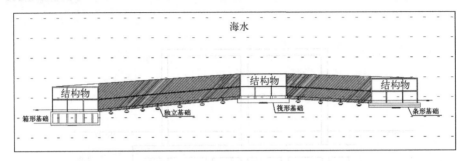

图 3.6 深海组合基础 1

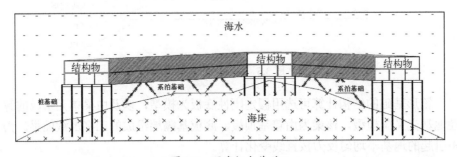

图 3.7 深海组合基础 2

但对于组合基础，其不同的设计原理和基础受力特征，以及基础存在较大沉降量差异，在实际工程的基础设计时应谨慎采用。应对特殊情况，采取有效的沉降措施。区分地质条件好、承载力较高的土质，采用传统基础，地质条件差、承载力低的土质，采用筏形基础甚至是桩基础，来平衡不同基础带来的沉降差异。

3.2 深海桩基础

在深海土木工程建设的过程中，基础的建设尤为重要，其决定了深海结构物在海流、地震作用等条件下能否安全稳定存在于深海。如图 1.7 所示，深海土木工程建设于海底，通过竖向电梯井与海平面之上的出口构筑物相连，并通过锚链固定出口构筑物。通过电梯井与出口处构筑物，可实现从海底面构筑物至海面以上的出入。深海桩基主要应用于水深 500m 以下的工程结构。由于深海构筑物、竖向电梯井以及海平面以上构筑物整体体积较大，受海流等作用更为明显。因此，除构筑物、竖向电梯井以及海平面以上构筑物本身刚度设计较大之外，深海构筑物和锚链采用深海桩基础也是尤为重要。桩基础入土深度较大，可为深海构筑物、竖向电梯井以及海平面以上构筑物提供较好的抗侧向力以及抗倾覆的能力。因此，本部分针对深海桩基础相关内容进行介绍。

3.2.1 深海桩基设计分析方法

桩基础是固定式海洋平台应用最多的一种基础形式，也可应用于深海构筑物。目前，桩基础的形式可以分为导管架、塔式和简易结构，其主要发挥支撑甲板、上部构筑物和抵抗环境荷载对结构的作用。深海建（构）筑物进行桩基础设计时需要考虑多种荷载，主要包括基础自重、结构荷载、水流力、地震作用、外部撞击力等。通常来说，单桩和群桩受竖直荷载、水平荷载和力矩的共同作用，如图 3.8 所示。长期以来人们偏重于研究桩基在承受竖向荷载时的工作性能，而对横向荷载下桩基的工作性能研究很少。

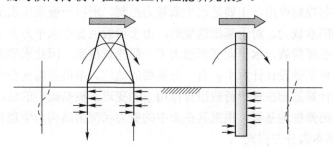

图 3.8 多桩和单桩的受力示意图[1]

根据 API 规范，在进行平台桩基设计计算时，可以将桩体视为弹性的梁——柱系统，将桩周土视为离散的非线性弹簧。在此基础上，可以根据 p-y 曲线和 t-z 曲线得到桩基的水平和竖向承载力。p-y 曲线和 t-z 曲线的构建是根据在某些特定土质条件下进行的荷载试验结果的经验得到的。但是，API 规范的依据主要是美国墨西哥湾的地质条件和工程实践,这些原则对于我国海域适宜程度如何是一个值得探讨的问题[2]。

目前,对于海洋大直径管桩承载力的计算主要借鉴陆地桩基的计算方法。但由于管桩土塞效应、桩周土的重塑、循环荷载作用等一系列因素的影响,平台桩基的承载问题仍未得到较好的解决。

此外,桩的可打入性是海洋平台桩基设计计算的另一关键问题。已有研究中,通过波动方程的方法来确定打桩阻力和进行桩锤的选择,采用桩土相互作用由弹簧、摩擦键及缓冲壶这一理想物理模型来模拟。此外,随着计算机科学技术的发展,有限差分法和有限元法被用于打桩分析[2]。

海洋桩基础设计计算中,首先需确定各设计工况下环境荷载的最不利组合。基础设计工况主要应考虑基础施工完成而上部结构未安装时临时工况、上部结构安装完成后正常运行工况、极端风浪状态的工况以及正常运行时的地震工况。波浪力、水流力作为基本可变荷载参加组合,荷载组合中应考虑可能出现的最不利水位和波浪、水流的作用方向。极端工况计算时水位采用 50 年或 100 年一遇的极端高水位和极端低水位之间的最不利水位;其他工况采用设计高水位和设计低水位之间的最不利水位。正常工况下,需要计算基础泥面处的位移、沉降和基础刚度等;极限工况下,需要验算桩基的承载力、桩身结构强度与稳定性[1]。

1. 深海单桩基础的分析理论和计算方法

桩基水平承载极限状态的控制条件为桩身结构破坏或者桩基水平向变形达到极限值。由于单桩基础桩径较大且采用钢管桩,桩身强度非常大,竖向承载力一般不起控制作用,主要是水平承载力控制,所以一般采用水平向变形来控制桩基础的承载力。对于基础的变形,由于荷载组合中水平力占主导地位,且多为长期循环荷载,水平向变形远大于一般建筑桩基。因此水平受荷桩的计算在海洋单桩基础设计计算中占有十分重要的地位。单桩基础变形和基础刚度验算都需要计算基础在水平荷载组合作用下的变形。桩基础中的桩,一般视为埋入地基中的弹性地基梁,根据其在土中的受力状况由结构力学理论可导出梁(桩)挠曲基本微分方程式[1]:

$$\frac{d^2}{dx^2}\left(EI\frac{d^2y}{dx^2}\right) + p = 0 \qquad (3-1)$$

式中:E 为桩身材料的弹性模量（kN/m^2）;I 为桩的截面惯性矩（m^4）;x 为桩在泥面下任一点的深度（m）;y 为桩身某一点的水平位移（m）;p 为作用在单位桩长上的土抗力（kN/m）。

土抗力 p 与桩的特性、土的特性、计算点的深度和桩身位移 y 有关,称为土抗力函数,一般表示为[1]

$$p(x,y) = k(x_0 + x)^m By^n \qquad (3\text{-}2)$$

式中:k、m 和 n 为考虑各种影响因素的参数;B 为桩宽或桩径。

式(3-2)常表示为以下形式[11]:

$$p(x,y) = E_s y \qquad (3\text{-}3)$$

式中:E_s 为土的弹性模量,也就是 p-y 曲线的割线模量。

根据对土抗力 p 的不同假设(对 k、m 和 n 的不同取值)有各种计算方法,从土体的变形特性角度大致可分为弹性分析方法和弹塑性分析方法两类,从具体算法上可分为弹性地基反力法、复合地基反力法(p-y 曲线法)、有限单元法[2]。

2. p-y 曲线

p-y 曲线法的基本思想是沿桩身深度方向将桩周土的应力应变关系用一组曲线来表示,即 p-y 曲线。对于水平受荷桩,p-y 曲线反映的是沿桩深度方向 x 处,桩的横向位移 y 与单位桩长上所受到的土反力合力 p 之间存在的一定的对应关系。p-y 曲线法是一种比较理想的方法,配合数值解法,可以计算桩内力及位移,当桩身变形较大时,这种方法与地基反力系数法相比有更大的优越性。

运用 p-y 曲线法的关键在于确定土的应力应变关系,即确定一组 p-y 曲线参数。Matlock、Reese、Kooper 等根据原位试验和室内试验,提出了 p-y 曲线表达式的一些计算方法,DNV 和 API 中均采用了这些结果[1]。

3. 特殊土层中的桩基设计

1)液化土中桩基设计

大型的地震通常伴随着土的液化,目前,对处于可液化沙土中的基础,有以下三种以曲线为基础的设计方法。

(1)无强度法。无强度法就是假定在基础运动或产生挠度时,可液化土不存在任何抗力。该方法是最保守的,但也是最不经济的。如图 3.9 所示为应用这种方法对处于液化与非液化土中桩受荷的两种截然不同的情况。

(2)不排水残余强度法。不排水残余强度法是把饱和沙土的固结不排水静强度视为土层液化后的残余强度。1997 年进行了 8 种不同的动力离心试验,根据动力离心试验结果,提出了一种类似不排水残余强度的方法极限平衡方法,即假定在单桩的"有效宽度内"液化土的压力为均布荷载。打桩的有效宽度由于桩周土加密,一般大于桩的直径,应用这种方法算得的弯矩值一般比实际测得的最大弯矩值低,但是控制在 20%以内[1]。液化土不排水残余强度,理论上可以通过室内的固结不排水、三轴压缩试验得到。

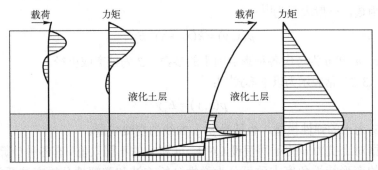

图 3.9 桩基的挠度及弯矩图[1]

2）钙质土中的桩基设计

钙质土是指富含碳酸钙颗粒或天然胶结物的碳酸盐沉积物。钙质土受力后某些物理力学性能会发生显著的变化，引起承载能力降低，进而给海洋桩基造成极大的危害。相较于相关规范，钙质土中打入钢管桩的设计理论和设计方法并未有太多的进步和发展，仅是对侧压力系数和极限单位侧壁摩阻力加以适当的修正。对钙质黏性土，一般可不考虑打入桩竖向承载力的降低，除非土处于严重的胶结状态。对于钙质砂，根据现场试验结果和工程经验，依胶结程度和碳酸钙含量，提出了极限单位阻力的建议值。另外，有学者曾建议根据土的压缩指数来确定单位极限阻力值。目前，可用的方法是：对中等程度的钙质砂，一般只考虑对桩的端部阻力的影响，而不计桩身侧壁摩阻力的降低；对高碳酸钙含量的钙质砂，需同时考虑端部和侧阻的降低，此时的极限值和标贯锤击数应根据土强度的大小，在规范建议值的基础上视具体情况降低。

迄今为止，关于水平荷载作用下钙质土中 p-y 曲线构筑方法的研究和报道还很少。钙质土的胶结作用、颗粒破碎及相应的剪缩特性将对土强度的降低和位移的发展带来不利的影响，尤其是这种土存在于地表附近时，可能会造成更大的危害。应该注意的是：当遇有较厚的、承载能力极弱的钙质土，且无该海区的工程经验时，要尽量避免使用普通形式的打入钢管桩，而采用扩底灌注桩或以此作为特殊情况下的补救措施[1]。

3.2.2 深海桩基安装与施工

拟采用钻孔灌注桩施工工艺建设深海桩基，其施工工艺流程如图 3.10 所示。深海桩基施工过程中，采用正循环泥浆护壁，冲击钻进成孔，分节制作钢筋笼，钢筋笼在平台孔口处采用单面帮条焊连接后吊装入孔。钻孔灌注桩施工工艺主要分为成孔与成桩两部分,成孔部分包括冲击钻成孔、泥浆护壁和一次清孔,成桩部分包括钢筋笼制作、钢筋笼吊放、导管安装、二次清孔、水下混凝土灌注。此外,按常规浇筑水下混凝土的关键是尽量隔断混凝土与水的接触,如采用围堰法,虽然混凝土的质量得到保障,但存在前期工程量大、工程造价高、工艺复杂、工期长等缺点。随着近海开发及大量水下结构工程的建设,尤其是在海洋深水区的开发利用方面,对混凝土水下浇筑、施工的质量要求越来越高。因此,对传统混凝土进行改性使之能克服上述缺陷是十分必要的。水下不分散混凝土能够克服混凝土的以上诸多缺陷,使混凝土能够在水中直接浇筑甚至砌筑时,能保证骨料和胶凝材料不分层离析,从而确保混凝土的浇筑质量。正是由于水下不分散混凝土在水下浇筑时不分层不离析的特点,可以解决普通混凝土在水下浇筑时要求烦琐的基坑排水、基坑防渗、构筑围堰等施工问题,简化施工工艺、保证施工质量,同时降低施工成本。该技术被国内外学者称为"全新的、理想的、划时代的混凝土"和"新一代水下工程材料"。

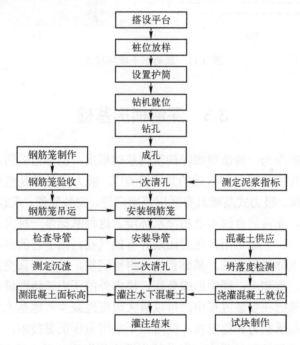

图 3.10 钻孔灌注桩工艺流程图

3.2.3 深海桩基础评价

桩基的水平承载能力要远低于其竖直承载能力,这是桩基无法在深海得到广泛应用的主要原因。桩基的水平承载能力对水平荷载的位置非常敏感,如图 3.11(a)所示。图 3.11(a)为对某一直径 1.2m 的管桩在不同位置施加 1.8t 的水平荷载进行计算得到的弯矩图。从图中可以看到,当水平荷载作用在桩体顶部时,桩体内产生的弯矩约是水平荷载作用在泥面以下 15m 以下产生的弯矩的 3 倍。由于桩体在不同位置水平荷载作用下受力特点不同,其破坏模式也不相同,如图 3.11(b)所示。这在进行深海桩基设计时要充分注意,同时桩周土的性质对桩的破坏模式也有很大的影响[3]。

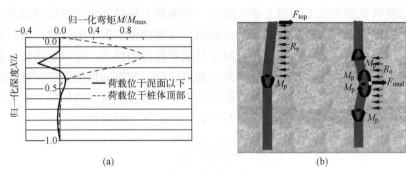

图 3.11 桩的水平破坏模式

3.3 深海桶形基础

吸力式基础作为一种新型海洋构筑物基础形式,由带裙板的重力式基础发展而来,具有片筏基础和桩基础的共同特点[4]。吸力式基础是指应用负压原理的水下基础结构,吸力式基础具有适用范围广泛、安装简便、承载力强等优点,综合性能较好,非常适合深水及超深水环境。这种基础是一种大直径薄壁圆筒结构,底端敞开、上端封闭,在封闭端开有抽气孔,由于它的形状像一只倒扣的圆桶,因此也称桶形基础。基础首先靠自重沉贯,然后用真空泵通过抽气孔抽出桶中的气、水和土,桶中形成负压,桶内外的压力差将圆桶进一步压入海底土中。这种基础在安装过程中,可以最大限度地减少对地基土的扰动,以有利于增加其地基承载力和稳定性,同时由于采用负压沉贯技术,又具有便于运输安装和可以重复使用的优点,因此特别适合于海底软黏土地基[5]。与传统的重力式基础、钢管桩基础相比,其具有适用于深水和更广土质范围、运输与安装方便、工期短、造价低、可重复使用等优点。吸力式桶形基础在正常工作中,不仅受到上部海洋平台结构巨大自重及其设备所引起的竖向荷载的长期作用,而且往往遭受流体与地震作用等所引起的水平荷载、力矩荷载的共同作用。

3.3.1 深海桶形基础安装

我国的桶形基础的安装尚处于起步阶段，仅能安装在 200m 水深以内，主要包括两种形式：一是从水面引高压油管至水下，为水泵的油马达和水泵接口锁紧机构提供动力；二是从水面分别引电缆和液压管至水下，电缆为水下电泵提供电力，液压管为泵接口锁紧机构提供动力[3]。吸力式桶形基础深海安装的结构、密封、控制等方面是我国当前迫切需要解决的问题。李德威等[6]设计了深海桶形基础安装设备，设备主要由深海电机、水泵、压力补偿器、耐压电子舱、深海电池及水密接插件等组成，其试验样机结构如图 3.12 所示，并针对安装设备进行了试验验证及数据分析，旨在保证耐压度、工作效率和安全性的基础上，将深海桶形基础安装设备的工作深度由 200m 提高到 1500m。

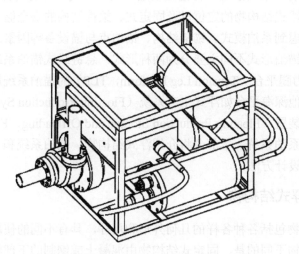

图 3.12　深海桶形基础安装试验样机结构[6]

3.3.2 桶形基础破坏模式

在 20 世纪 90 年代，挪威学者[7-8]提出了三种吸力式桶形基础抗拔时的破坏机理：①桶内没有负压，土与桶壁的摩擦力小于土的拉伸强度，沿着桶壁局部剪切破坏而导致基础破坏，这时桶体单独拔离地面；②当土与桶壁内侧的摩擦力和负压之和大于土的拉伸强度时发生局部拉伸破坏，这时土塞拉离海床留下空洞而破坏；③一般的剪切破坏，即基础的整体破坏。三种破坏模式如图 3.13 所示。

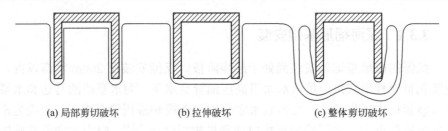

(a) 局部剪切破坏　　　　　　(b) 拉伸破坏　　　　　　(c) 整体剪切破坏

图 3.13　桶形基础破坏模式

3.4　系泊基础

在深海结构物中，除固定式结构物外，浮式结构也是一种较为实用的选择。随着水深的发展，系泊系统（含锚固基础）成为浮式平台的关键部分[2]。系泊系统用于海洋浮式结构物的定位以及固定式、柔性结构的安全储备。系泊系统的设计需要考虑到系泊模式、锚链结构、锚泊点与锚设备等因素。深海平台的系泊系统根据锚泊形式不同主要分为两种形式：悬链线式锚泊系统和张拉式锚泊系统[2]。张力腿平台（Tension Leg Platform，TLP）的锚泊系统属于垂直张拉式系泊，而其他深海平台如浮式生产系统（Floating Production System，FPS）、浮式生产储油装置（Floating Production Storage and Offloading，FPSO）则大多采用悬链线式系泊系统。本部分将介绍浮式结构物、锚泊系统和各类锚泊基础以及锚和锚链设计方法。

3.4.1　浮式结构物

浮式结构物包括各种各样的几何外形和尺寸，具有不同的使用功能。浮式与固定式结构物不同的是，固定式结构物由混凝土或钢制的下部结构来支撑，浮式结构物由海水浮力支持。如悬锚式结构物示意图如图 3.14 所示。悬锚式构筑物是由笔者提出的悬锚于海洋中部的构筑物，其利用自身浮力重力以及系泊系统悬锚于海洋底部，通过锚索植入海底，抵消上浮力。作者在相关研究过程中提出了适用于水下 200～1500m 的椭球形、球性以及圆柱-半球形悬锚构筑物。

另一种 SPAR 平台是由一个圆柱形结构垂直悬浮于水中，并采用压载物来保证平台的稳定性，SPAR 平台采用悬链线或者张紧式锚泊进行定位。墨西哥湾的 Genesis SPAR 平台塔的直径为 40m，长 235m，重 26700t，压载后的重量可达自重的 8 倍。部分建成的 SPAR 平台系泊系统和锚固基础基本情况如表 3.2 所示[9]。

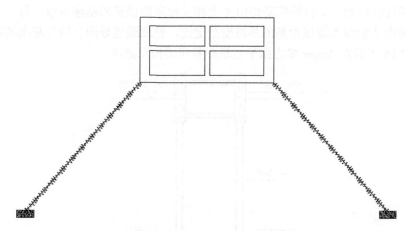

图 3.14 悬锚式结构物示意图

表 3.2 部分建成的 SPAR 平台系泊系统和锚固基础基本情况[9]

平台名称	结构形式	建成时间/年	工作水深/m	系泊形式及锚索数量	锚固基础
Nepture SPAR	Classic SPAR	1996	588	6 条链—钢缆—链	桩基
Genesis SPAR	Classic SPAR	1998	792	14 条链—钢缆—链	桩基
Hoover/Diana SPAR	Classic SPAR	1999	1463	12 条链—钢缆—链	桩基
Boomvang/Nansen SPAR	Truss SPAR	2002	1120	9 条链—钢缆—链	桩基
Horn Mountain SPAR	Truss SPAR	2002	1646	9 条链—钢缆—链	吸力锚
Gunnison SPAR	Truss SPAR	2003	960	9 条链—钢缆—链	桩基
Holstein SPAR	Truss SPAR	2004	1308	16 条链—钢缆—链	吸力锚
Mad dog SPAR	Truss SPAR	2004	1311	11 条链—尼龙缆—链	吸力锚
Constitution SPAR	Truss SPAR	2006	1555	9 条链—钢缆—链	桩基
Devil tower SPAR	Truss SPAR	2003	1709	9 条链—钢缆—链	吸力锚
Front runner SPAR	Truss SPAR	2004	1006	9 条链—钢缆—链	桩基
Tahiti SPAR	Truss SPAR	2007	1339	13 条链—钢缆—链	桩基
Kikeh SPAR	Truss SPAR	2007	1300	10 条链—钢缆—链	桩基
Red Hawk SPAR	Cell SPAR	2004	1616	6 条链—尼龙缆—链	吸力锚

张力腿平台具有浮式生产系统类似的浮筒——立柱形式，不同的是张力腿平台通过张紧的钢缆进行锚固。典型张力腿平台结构示意图如图 3.15 所示[4]。Auger 张力腿平台[10]位于美国墨西哥海湾 Garden Banks 区域，建成于 1994 年，工作水深 882m，海底地基由正常固结软黏土组成，地基表面有一层海洋沉积物和塌陷性沉积物。平台结构基础由 4 个相互独立的桩基础基座组成，每一个基础基座由 4 根深入海底地基的基桩安全定位，桩顶通过导向套筒与基座相连。如图 3.16 所示为 Auger 张力腿平台基础基座结构示意图。

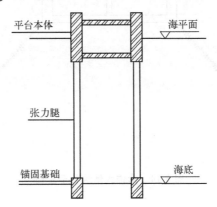

图 3.15 典型张力腿平台结构示意图

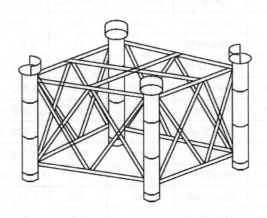

图 3.16 Auger 张力腿平台基础基座结构示意图

3.4.2 锚泊系统

锚泊系统将浮式结构物连接于海床，并使浮式结构的位置保持在一定的范围。锚泊系统的类型包括悬链线式、张紧或半张紧式以及竖直形式，如图 3.17 所示。锚泊系统通常使用钢丝绳或合成纤维绳与锚链进行连接，而在平台的锚泊中，通常使用钢筋束构成锚泊系统。

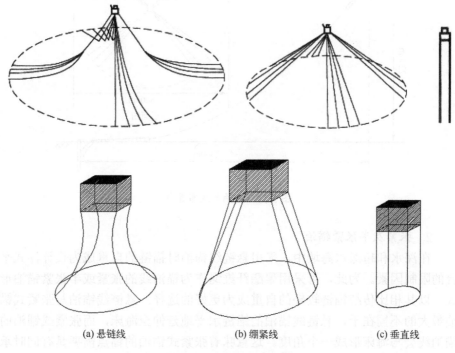

(a) 悬链线　　　　　　　(b) 绷紧线　　　　　　(c) 垂直线

图 3.17　锚泊系统类型[1]

1. 悬链线锚泊

悬链线式是浮式结构最传统的锚泊形式。悬链线在数学上定义为由完全柔性、均质并不可拉伸的绳子悬跨到底端。因而悬链线锚泊即锚链以悬链线的形式连接浮式结构物以及海床。悬链线锚泊与海床接触，并沿着海床延伸到锚点，因此锚点处锚链与海床泥面形成的提升角接近 0°，锚点处只承受水平作用力。悬链线锚泊系统的回复力由锚链的自重提供。随着顶部浮式结构物的运动，海床上的部分锚链不断地被抬起并重新放下，由于悬跨的锚链自重可以变化，因此悬链线锚泊具有一定的柔度。一般的锚泊布置至少有 8 根单独的锚链连接至浮式结构物，一些甚至有 16 根。墨西哥湾的浮式处理平台位置水深为 2200m，采用了 16 根锚链构成锚泊系统，每根锚链由 3200m 的钢绞线和 5800m 的钢链组成，如图 3.18 所示，每根锚链连接的锚点距离浮式平台的距离为 2500m。

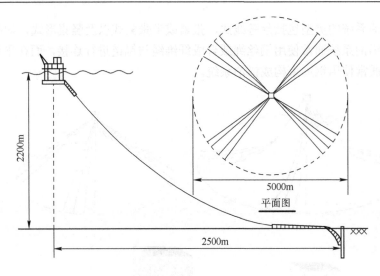

图 3.18 锚泊系统布置[1]

2. 张紧及半张紧锚泊

在深水和超深水海域中，采用悬链线锚泊时锚链的自重成为设计浮式平台的限制因素。为此，可采用聚酯纤维绳作为锚泊线的张紧或半张紧锚泊形式，以其相比传统锚链较轻的自重成为更好的选择。悬链线锚泊与张紧式锚泊最大的不同在于，悬链线锚泊的锚链水平地延伸至海床，而张紧式锚泊的锚泊线会与海床形成一个角度。这意味着张紧式锚泊的锚点需要具有同时承受水平和竖向荷载的能力，而悬链线锚泊的锚点只承受水平作用力。张紧式锚泊的回复力由锚泊线的弹性提供，而悬链线锚泊的回复力由锚链自重提供。张紧式锚泊的锚泊线一般会以与水平方向成 30°～45°的角度将浮式结构物与锚点连接起来，由于锚泊线的自身重量较轻，整段锚泊线的倾角沿着其长度方向变化不大。半张紧锚泊的锚泊布置半径更大一些，但是在极限工况设计时锚泊线的最大倾角与张紧式锚泊相近。与悬链线式的锚泊布置相比，具有一定触底角度的张紧式锚泊布置具有许多优点。在稳定的工作状态下，张紧式锚泊的浮式结构物水平漂移距离更容易控制，并且平台的移动引起的锚泊线张力对于锚泊线平均张力的贡献不大。由于张紧式锚泊当中多根锚泊线能较好地分担荷载，从而提高整个系统的工作效率。另外，更短的锚泊线需要的海域范围更小，如果将锚泊半径根据海域水深无量纲化，悬链线锚泊需要的锚泊范围是 4，半张紧锚泊需要的锚泊范围是 3，张紧式锚泊需要的锚泊范围是 2，如图 3.19 所示。

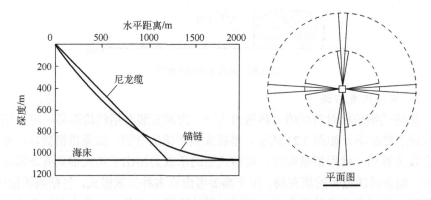

图 3.19 张紧式锚泊与悬链线锚泊的比较[1]

3. 垂直锚泊

垂直锚泊一般用于张力腿平台的锚泊，由张紧的钢缆或者管线完成海床到浮式结构物的连接。例如，某型张力腿平台由 16 根钢丝束进行锚泊定位，每个角 4 根，每根钢丝束的规格由计算确定。每根钢丝束的长度可达 1000m 以上，重量近 1000t。钢丝束下端连接于桩基础上。

3.4.3 锚的类型

各种各样的锚被用于将锚链固定在海床上，可以分为表面重力锚和贯入锚两大类。并且，在进行锚固基础设计时，每一组系泊链以及锚固基础需要至少一个钻孔提供相应的数据资料。

1. 重力锚

重力锚的承载力部分由锚本身的自重提供，部分由锚与海床之间的摩擦力提供。重力锚可以作为浮式结构物的主锚，也可以为固定式结构提供附加稳定性。但是由于其本身的尺寸和承载力限制，重力锚一般只用于较浅的水深条件下。

2. 箱式重力锚

重力锚最简单的形式即将固定的负载放置在海床上。为了最大限度减小安装重力式锚的吊装荷载，一般将其设计为一个结构原件（如箱形），然后用颗粒材料进行内部填充，如岩块和铁矿石。锚箱一般带有肋条，可以刺入海床内，从而提高由海床提供的剪切力。安装时首先将空的重力式锚箱运输到指定海床位置完成安装，然后就近选择矿石、岩石进行现场填充。一种填充方法是远程遥控由 ROV 将管道引导至安装位置，然后由管道放置填充物。箱式重力锚如图 3.20 所示。在澳大利亚西北大陆架的他也平台的牵引塔，采用了箱式重力锚进行加固。4 个长 18m、宽 190m、高 6m 箱式重力锚安装于 1250m 的水下。

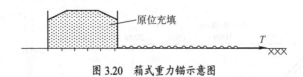

图 3.20 箱式重力锚示意图

3. 梁格式重力锚

梁格式锚是相对新型的一种重力式锚，内部安装有钢结构梁格，可以填充岩块或者铁矿石，如图 3.21 所示。格栅安装于梁的背面，如果格栅破坏，整根梁会发生移动。就用钢量而言，梁格式锚的承载力相比于箱式锚具有非常高的效率，但会消耗更多的填充物。由于需要考虑许多种失效模式，包括梁的抽出、格栅的抽出或者两者的组合，这类锚的设计也更为复杂。在澳大利亚西北大陆架油田的悬式锚腿系泊浮体上，在 50m 水深的情况下采用平面积 27m^2，高 3.35m 的梁格式锚，其中格栅的总长为 20m。

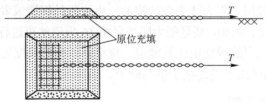

图 3.21 梁格式重力锚示意图

4. 贯入锚

当重力式锚不能提供足够的承载力时，贯入锚是较为有效的选择。贯入锚可以分为打入桩和钻孔桩、吸力式锚、拖曳锚（包括传统的抓力锚和平板锚）、吸力式贯入锚和动力贯入锚。其中，动力贯入锚包括 Petrobras 公司用于巴西海域的鱼雷锚，以及最早 2007 年用于墨西哥湾的 OMNI-Max 锚，各种类型的锚体如图 3.22 所示。

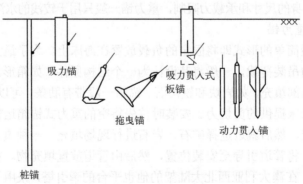

图 3.22 各类锚体示意图

5. 桩锚基础

桩锚由薄壁钢管制成，与陆上的桩基础类似，既可以采用打桩法打入，也可以采用先钻孔后注浆的方法。锚链的连接也有不同的方式，可以连接于桩身的下部（打入桩），也可以采用注浆的方法连接在桩身上端（钻孔注浆桩）。桩锚的承载力是贯入锚当中最高的，并且既能承受水平力又能承受竖向力。桩的承载力主要源于沿着桩身的土体摩擦力（或者注浆）以及水平土体抗力。一般来说，桩需要达到较大的贯入深度才能提供所需要的承载力。墨西哥湾的张力腿平台位置水深为1300m，采用16根桩作为锚泊基础，每根桩的直径为2.4m，贯入深度130m。大部分的打桩锤的使用水深不超过1500m，一些特制的打桩机减小了额定功率以后，最大的工作水深可以达到3000m左右。较小的打桩锤工作功率以及水下打桩的复杂性意味着在超深水的情况下桩锚的使用仍然受到限制。

6. 吸力式锚

吸力锚具有结构简单、方便施工、可重复利用等特点，并能承受较大的竖向拉拔荷载，应用较为广泛。吸力锚是一个上端封闭，下端开口的圆筒，其制造材料一般是钢材，但也有少量吸力锚采用混凝土制造，锚桶顶部留有抽水孔以连接抽水泵系统，如图3.23（a）[11]所示。在沉放施工中首先在自重作用下沉入海底泥面一定深度，形成初始密封条件，此后通过由锚桶内抽水形成的内外压差使结构下沉至设计深度，如图3.23（b）[2]所示。

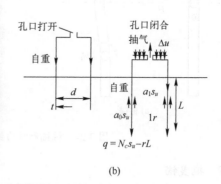

图3.23 吸力锚及其安装

吸力锚由大直径的圆筒组成，筒径一般在3～8m，底端开口上端闭口。其长径比一般为3～6m，小于海洋桩基的长径比（最大可以到60）。墨西哥湾的半潜式浮式生产平台锚泊于220m的水深，采用了16只直径为4.7m、长为26m

的吸力锚。

吸力锚的安装方式：首先在自重作用下贯入海床一定深度，然后使用潜水泵通过顶端预留的抽水口进行抽水，使得吸力锚在负压的作用下完成接下来的贯入。从桶内部向外抽水时会产生负压，从而在桶上盖产生向下的压力。假设桶盖完全密封，吸力锚的承载力主要来自土体在桶投影面积上的抗力，加上桶外壁上的土体摩擦力。反向的端部承载力依靠的是土塞带来的被动孔隙水压力，所以需要考虑产生负孔压的时间。

吸力锚的材质多为钢材，很少由混凝土制造。其直径与桶壁之比为 100～250。为了防止安装过程中以及服役期间锚泊荷载和土体抗力的作用造成结构的屈曲，需要在桶的内壁设置加劲肋。吸力锚的侧面设有耳板结构，系泊缆通过耳板结构将载荷传递到吸力锚。如果贯入深度较浅，而桶体的刚度较大，吸力锚容易产生类似于桩锚的刚体运动破坏，破坏过程中会产生塑性铰，如图 3.24 所示。锚泊荷载由锚泊线作用于桶侧最优深度的锚眼上，一般来说这个深度位于吸力锚的贯入深度的 60%～70%，锚泊线施加的荷载的作用点大约是在深水情况下正常或轻微超固结土中水平土体抗力的作用中性点附近。锚眼的位置可以根据弯矩平衡来计算，即吸力锚不产生旋转而只是发生水平运动，以此获得最大的水平承载力。

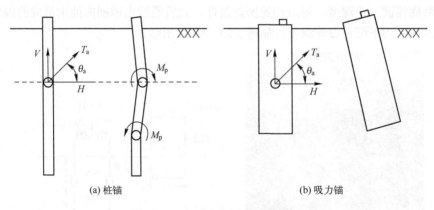

(a) 桩锚　　　　　　　　　　　　(b) 吸力锚

图 3.24　桩锚和吸力锚的破坏模式

7. 拖曳锚

高承载力的新型拖曳锚是由传统的船用锚发展而来的，传统的拖曳锚由一个宽阔的锚爪连接在锚胫上，如图 3.25 所示。锚胫和锚爪之间的角度是事先定好的，也会根据锚的安装情况进行改变。对于软黏土情况，锚胫和锚爪角大约为 50°，对于沙土和硬黏土的情况，角度大约为 30°。安装过程中，拖曳锚首先以一定的倾角放置在海床上（通过 ROV 的辅助），然后通过一根预张的铺链贯入海床。传统的固定式抓力锚通过其自重确定标准，最大可以达到 65t，锚爪的长度大约可以达到 6.3m。根据土体情况的不同，大约在拖曳距离为 10~20 倍的铺爪长度时，锚的贯入深度可为 1~5 倍的铺爪长度，其承载力为 20~50 倍的锚自重。传统抓力锚的承载力是依靠锚前方的土体得到的，最大可以超过 10MN。抓力锚不能承受较大的竖向荷载，可能会导致锚体的拔出。所以，这类锚只适用于悬链线锚泊的情况，而不能用于深水情况下的张紧或半张紧锚泊。

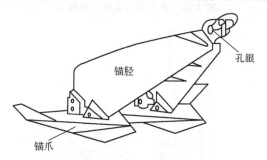

图 3.25　固定锚胫拖曳锚示意图

法向承力锚，也称为拖曳式板锚，旨在突破传统拖曳锚的缺陷。与传统拖曳锚不同之处在于法向承力锚使用了一个较薄的锚胫或者使用钢绞线系索来代替锚胫。法向承力锚的安装方式与传统的拖曳锚类似，首先在泥面出施加一个水平荷载使其贯入土体。其更修长的几何外形可以减小贯入阻力，贯入深度比一般的拖曳锚更深，可为 7~10 倍的锚爪长度。当贯入完成以后，对锚进行旋转，使得施加的荷载垂直于锚爪或锚板以得到最大的土体抗力，并使锚既能承受水平荷载，又能承受竖向荷载。一般平板锚要比抓力锚更小一些，锚板面积最大达 20m^2，长度达 6m。

拖曳锚最早主要用于半永久性锚泊，如移动式钻井单元，也用于浮式结构物的永久锚泊。

8. 吸力贯入式板锚

吸力贯入式板锚是一种固定在吸力锚端部的板锚，如图 3.26 所示，其具有吸力锚安装的经济性以及比贯入式板锚更高的定位精度。吸力贯入式板锚安装时，首先板锚随着吸力锚一起贯入海床，然后将吸力锚抽出将板锚留在海床中，最后在预张锚链上施加荷载使板锚发生旋转，直至锚泊线的荷载与锚板垂直，如图 3.27 所示。锚板尺寸最大可达 4.5m×10m，可以用于永久安装，小型的锚板用于临时安装。吸力贯入式板锚已经在墨西哥湾和西非海域用于 MODU 短期锚泊。

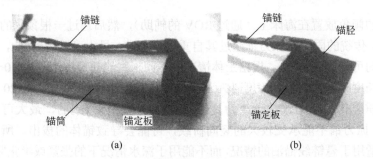

图 3.26 吸力贯入式板锚的组成

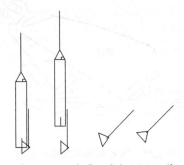

图 3.27 吸力贯入式板锚的安装

9. 动力贯入锚

如图 3.28 所示,动力贯入锚可以依靠自由落体完成安装,能够在一定程度上解决深水中锚的安装费用过高的问题。动力贯入锚在贯入海床时的初速度为 25~35m/s,贯入深度为锚长度的 2~3 倍,完成固结以后,锚的承载力可以达到自重的 3~6 倍。动力贯入锚的承载力相较于其他类型的锚低一些,但其主要优势在于安装成本较低。

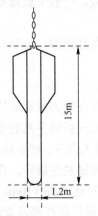

图 3.28 动力贯入锚

3.5 沉 垫 基 础

沉垫基础直接坐落于海洋基底之上，可用于坐底式、自升式平台，沉垫基础如图 3.29 所示。沉垫基础属于地基基础的一种，对地基支撑有较高的要求。此外，还需要设置裙板等装置来防止滑移。这种基础的承载力是依据浅基础承载力计算公式，通过荷载倾斜和偏心修正后得到的。这种基础形式成功使用的关键在于解决好平台的冲刷和滑移问题。目前，在这一领域比较棘手的问题是淤泥地基基础沉降和基底吸附力问题。

图 3.29　沉垫基础

3.6　海底岩土体下挖式构筑物

人类对地下空间的利用，经历了一个从自发到自觉的数千年漫长过程。推动这一过程的：一是人类自身的发展，如人口的繁衍和智能的提高；二是社会生产力的发展和科学技术的进步。根据考古发现和史籍记载，在远古时期，人类就开始利用天然洞穴作为居住之用。鉴于此，基于上述对地下空间利用的思想以及先前已经开展的研究，创新性的提出如图 1.4 所示海底下挖式工程构筑物。

3.6.1　海底岩土体下挖式构筑物的抗震特性

地震释放出的能量以垂直和水平两种波的形式向四面传递。垂直波的影响范围较小，但破坏性很大，水平波则可传递到数百千米以外。地震的持续时间是主要破坏因素之一。在深海岩土体内的构筑物，与海底面上的构筑物受到的地震力作用基本相同。但两者的区别在于，海底面上的构筑物上部为自由端，在水平力作用下构筑物越高则振幅越大，越容易破坏；然而处于深海岩土体内的构筑物，海底岩石或土体对其结构提供了弹性抗力，阻止了结构位移的发展，同时周围岩石或土体对结构的自振起到阻尼作用，减小了结构的振幅。此处可以类比于地震作用下，同一地点的地下建筑破坏轻微，而地面建筑破坏严重。

发生在深海的地震，其震波在岩石中传递的速度低于在土中的速度，故当震波进入到岩石上部的土层后，加速度发生放大现象，到海底面时达到最大值。据日本的一项测定资料，地震强度在 100m 深度范围内可放大 5 倍。另据对唐山煤矿震害的调查，在 450m 深度处，地震烈度从地表的 11 度降低到 7 度。这种随深度加大地震强度和烈度趋于减弱的特点，使次深层和深层地下空间中的人和物，即使在强震情况下，只要出入口不被破坏或堵塞，就基本上是安全的[10]。因此，深海岩土体内构筑物的抗震特性要好于直接建于海底面上的构筑物。

3.6.2　海底岩土体下挖式构筑物的抗爆特性

深海爆炸形成冲击波向四周扩散，对接触到的障碍物产生静压和动压，造成破坏；此外，还会有核辐射等伴生灾害以及建筑物倒塌等次生灾害。这些破坏效应，对于暴露在破坏半径范围内的人或建筑物，很难进行有效的防护，然而深海岩土体对此却有独特的防护能力。例如，核爆炸冲击波在土层或岩层中受到削弱，成为压缩波。至于其他爆炸，由于爆炸能量较核爆炸小得多，深海岩土体的防护能力是更为有效的。

3.6.3　海床开挖水下构筑物通道

深海构筑物建成后，深海通道的建设成为进一步需要关注的问题。目前，从悬浮海洋平台竖向出入深海构筑物是较为可行的方式，如图 1.7 所示，但该种方式受海流、波浪以及洋流等作用较为明显，深海通道需要较大的抗侧刚度，在一定程度上增加了施工难度。因此，探索新型深海构筑物出入通道有很大的必要性。深海工程环境下，例如海岛附近，当深海构筑物靠近如图 1.6 所示的海床时，依托现有施工技术，在深海海床内部建设深海构筑物的出入通道，可充分利用海床这一天然地理优势，且施工难度相较于其他通道的建设相对较低。同时，海床为出入通道形成了天然的防护屏障，既起到隐蔽作用，又能在通道受爆炸等作用时起到防护作用。

参 考 文 献

[1] 龚晓南. 海洋土木工程概论[M]. 北京：中国建筑工业出版社，2018.
[2] 李飒，韩志强，王圣强，等. 深海石油平台及其锚固基础形式评述[J]. 海洋工程，2008，

26(2): 147-154.

[3] 王丽勤,刘冬雪,侯金林,等. 吸力式基础安装的关键设备深水泵撬块[J]. 中国造船,2012,53(增刊1): 121-126.

[4] 施晓春,徐日庆,龚晓南. 桶形基础发展概况[J]. 土木工程学报,2000,33(4): 68-73, 92.

[5] 王志. 深海平台锚固基础抗拔承载特性数值分析[D]. 上海: 上海交通大学,2009.

[6] 李德威,丁忠军,任玉刚,等. 深海桶形基础安装设备设计及试验研究[J]. 中国机械工程,2018,29(13): 1568-1573.

[7] STEENSEN-BACH J O. Recent model tests with suction piles in clay and sand[C] //Proceedings of the 24th Annual Offshore Technology Conference. Houston, Texas, 1992: 217-224.

[8] CHRISTENSEN N H, HAAHR F, RASMUSSEN J L. Breakout resistance of large suction piles[C] //Proceedings of the 10th International Conference of Offshore Mechanics and Arctic Engineering. Stavanger, Norway, 1991: 617-622.

[9] 李飒,郝立忠,李忠刚. 深海SPAR平台锚泊系统和锚固基础应用综述[J]. 中国海洋平台,2011,26(5): 6-10.

[10] 董艳秋,胡志敏,张翼. 张力腿平台及其基础设计[J]. 海洋工程,2000,18(4): 63-68.

[11] 王晗. 深海管汇吸力式基础设计研究[D]. 天津: 天津大学,2015.

[12] 徐茂泉,陈友飞. 海洋地质学[M]. 厦门: 厦门大学出版社,1999.

[13] DE BEER E E. The effects of horizontal loads on piles, due to surcharge or seismic effects[C]// Proc. 9th ICSMFE. Tokyo, 1977, 3: 547-558.

[14] 张永利,李杰. 海洋环境下桩-土相互作用问题的数值解[J]. 振动与冲击,2009,28(12): 160-163, 209.

第4章 海洋环境与深海土木工程作用

深海土木工程的作用环境复杂，与浅海环境相比，深海环境中存在着更大的压力以及严重的温度、盐度、溶解氧、pH值、生物污损、金属离子沉积和表面流速等问题，这些因素构成了深海土木工程建设的复杂性、深刻性和困难性。

4.1 纯水的特性及海水的盐度和密度

海水中含有80多种元素，是一种溶解了多种无机盐、有机物质和气体并且含有许多悬浮物质的混合液体。就大多数海水而言，溶解无机盐的总含量约为3.5%，从而使海水的一些物理性质和纯水差异较大。但是海水中的纯水毕竟占绝大部分，因此有必要先介绍纯水的某些特性，然后再讨论海水。

4.1.1 纯水的特性[1]

1. 水分子的结构特殊

水分子属于极性分子，分子式中的一个氧原子和两个氢原子呈不对称结构，而水分子之间因极性又互相结合形成复杂的缔合分子。水与其他液体或其他氧族元素的氢化物相比，在性质上存在诸多差异，其主要原因在于温度升高时促使缔合分子离解，温度降低时有利于分子缔合。

2. 水的溶解力很强

水分子较强的极性赋予了水很强的溶解能力。从根本上来说，海水就是水溶解了多种物质的复杂溶液，也就造成了海水性质与纯水性质上的差异。

3. 水的密度变化有反常

纯水在标准大气压力下，温度3.98℃时密度最大，但在3.98℃以下时密度却随温度的降低而减少，即所谓"反常膨胀"。水结冰时体积增大，密度减小，甚至可达916.7kg·m^{-3}，所以冰总是浮在水面上。

4. 水的热性质特殊

同是氧族的氢化物，与H_2S、H_2S_6和H_2T_6相比，水的熔点、沸点、比热容、蒸发潜热和表面张力值等都比氧的同族化合物高得多。

4.1.2 海水的盐度

海水中溶有多种盐类，盐度就是海水含盐量的一种标度。要精确地测定海水的绝对盐度是十分困难的，长期以来人们对此进行了广泛研究[2]。目前，有化学分析测定、电导率测算、通过实用盐度标度[3]或利用 CTD 现场观测资料[1]等计算海水盐度方法。深海中海水的盐度约为 35PSU，基本保持不变[4]，大洋表层的盐度为 32~36PSU，表层盐度低，深层盐度高，盐度随深度增加而递增，但变化非常小[5]。当含盐量低于自然海水含盐量时，电导率的影响起主要作用，随着含盐量的增加会增大金属材料的腐蚀速度；当含盐量高于自然海水含盐量时，溶解氧含量的影响占主导地位，随着含盐量的增加反而减小了金属材料的腐蚀速度[6]。

4.1.3 海水的密度和海水状态方程

1. 海水密度的定义及其表示法

单位体积海水的质量定义为海水的密度，用 ρ 表示，其单位是千克每立方米（$kg\cdot m^{-3}$），它的倒数称为海水的比容，即单位质量海水的体积，记为 α，其单位是立方米每千克（$m^3\cdot kg^{-1}$）。

由于海水密度是盐度、温度和海水现场压力（以下简称海压）的函数，因此，海洋学中常用 $\rho(S, t, p)$ 的形式书写。它表示盐度为 S，温度为 t，海压为 p 条件下的海水密度。同样，比容的书写形式相应为 $\alpha(S, t, p)$。

海水密度一般有 6~7 位有效数字，且其前两位数字通常是相同的。因当时密度单位为克每立方厘米，为书写简便曾采用 Knudsen 参量 σ 与 v 分别表示海水的密度与比容。即分别写为

$$\sigma = (\rho - 1) \times 10^3 \tag{4-1}$$

$$v = (\alpha - 0.9) \times 10^3 \tag{4-2}$$

在海面（$p=0$），海水密度仅是盐度和温度的函数，记为

$$\sigma_t = [\rho(S, t, 0) - 1] \times 10^3 \tag{4-3}$$

称为"条件密度"。

依海洋学国际单位制（SI）[7]，已不再推荐使用参量 σ 和 σ_t，且 σ_t 属极力劝阻使用的符号。

2. 密度超量

由于密度单位已为千克每立方米，所以提出另一个参量，称为密度超量 γ，其定义为

$$\gamma = \rho - 1000 (kg \cdot m^{-3}) \tag{4-4}$$

它与密度具有同样的单位且与 σ 的数值相等，因此也保持了海洋资料使用的连续性。

3. 海水状态方程

相较于表层海水的密度，深海海水的现场密度很难直接测量。尽管海水密度在大尺度海洋空间的变化较小，但其影响却是异乎寻常的。因此，可以通过海水状态方程间接而又力求精确地来计算海水现场密度。海水状态方程是描述海水状态参数温度、盐度、海压与密度或比容之间相互关系的数学表达式（因此又称为 p-V-t 关系）。基于此，可根据现场实测的温度、盐度及海压来计算海水的现场密度。

目前，已有不少的海水状态方程被提出，但计算各有偏差，JPOTS 推荐的 1980 年国际海水状态方程（EOS80）已由联合国教科文组织（UNESCO）发布[3]，从 1982 年 1 月 1 日启用。根据国际海水状态方程（EOS80）可直接计算海水的密度，即为计算绘出的密度超量 γ 随温度、盐度、压力变化的情况。此外，还可利用它计算海水的热膨胀系数、压缩系数、声速、绝热温度梯度、位温、比容偏差以及比热容随压力的变化等。

4.2 海水的主要热学性质和力学性质

4.2.1 海水的主要热学性质

海水的热学性质一般指海水的热容、比热容、绝热温度梯度、位温、热膨胀及压缩性、热导率与比蒸发潜热等。它们都是海水的固有性质，且随温度、盐度、压力而变化。它们与纯水的热学性质多有差异，这是造成海洋中诸多现象特异的原因之一。

1. 热容和比热容

海水温度升高 1K（或 1℃）时所吸收的热量称为热容，其单位是焦[耳]每开尔文（记为 J/K）或焦[耳]每摄氏度（记为 J/℃）。

单位质量海水的热容称为比热容，其单位是焦[耳]每千克每摄氏度，记为 $J·kg^{-1}·℃^{-1}$。在一定压力下测定的比热容称为比定压热容，记为 c_p；在一定体积下测定的比热容称为比定容热容，用 c_u 表示，海洋学中最常使用前者。

c_p 和 c_u 都是海水温度、盐度与压力的函数。c_p 值随盐度的增高而降低，但随温度的变化比较复杂。大致规律是在低温、低盐时 c_p 值随温度的升高而减小，在高温、高盐时 c_p 值随温度的升高而增大。当盐度 $S \geqslant 20$，温度 $t > 10℃$ 时，c_p 值全都随温度的升高而增大；而当 $S \geqslant 30$ 时，水温高于 $5℃$，c_p 即随水温上升而递增。

比定容热容 c_v 的值略小于比定压热容 c_p。c_p/c_u 之值一般为 1～1.02。

海水的比热容约为 $3.89×10^3 J·kg^{-1}·℃^{-1}$，在固态和液态物质中是名列前茅的。海水的密度一般为 $1025kg·m^{-3}$，空气的比热容为 $1×10^3 J·kg^{-1}·℃^{-1}$，密度为 $1.29kg·m^{-3}$，所以 $1m^3$ 海水降低 1℃ 放出的热量可使 $3100m^3$ 的空气升高 1℃。考虑地球表面积的近 71%被海水覆盖，可见海洋对气候的影响是不可忽视的。正因为海水的比热容远大于大气的比热容，因此海水的温度变化缓慢，而大气的温度变化比较剧烈。

2. 体积热膨胀

在海水温度高于其最大密度温度时，若再吸收热量，除增加其内能使温度升高外，还会发生体积膨胀，该相对变化率称为海水热膨胀系数。

海水的膨胀系数大于纯水，且随温度、盐度和压力的增大而增大；在标准大气压力下，低温、低盐海水的热膨胀系数为负值，说明温度升高则海水体积收缩。热膨胀系数由正值转为负值时所对应的温度，就是海水最大密度的温度 t_{pmax}，它也是盐度的函数，随海水盐度的增大而降低。

海水的热膨胀系数比空气的小得多，所以由海水温度变化而引起海水密度的变化也小得多，由此而导致海水的运动速度便远小于空气。

值得注意的是，海水的热膨胀系数随压力的增大在低温时更为明显。例如，盐度为 35PSU 的海水，若温度为 0℃，在 1000m 深处（$p ≈ 10.1MPa$）的热膨胀系数比在海面大 54%，而温度为 20℃时，则仅大 4%。所以上述影响在高纬度海域更显著。

3. 压缩性、绝热变化和位温

1）压缩性

单位体积的海水，当压力增加 1Pa 时，其体积的负增量称为压缩系数。

若海水微团在被压缩时，因和周围海水有热量交换而得以维持其水温不变，则称为等温压缩。若海水微团在被压缩过程中，与外界没有热量交换，则称为绝热压缩。

海水的压缩系数随温度、盐度和压力的增大而减小，与其他流体相比，是很小的。因此，在动力海洋学中，为简化而常把海水当作不可压缩的流体。但是，在海洋声学中，压缩系数却是重要参量。在世界大洋中由于海洋的深度很大，其压缩的量实际上是相当可观的；若海水真的"不可压缩"，那么，海面将会比现今升高 30m 左右。[1, 8]

2）绝热变化

当一海水微团绝热下沉时，压力增大使其体积缩小，外力对海水微团做功，增加了其内能导致温度升高；反之，当绝热上升时体积膨胀，消耗内能导致其温度降低。上述情况下海水微团内的温度变化称为绝热变化。海水热力学温度变化随压力的变化率称为热力学温度梯度，用 Γ 表示。由于海洋中的现场压力与水深有关，所以 Γ 的单位可以用开尔文每米（K/m）或摄氏度每米（℃/m）表示。它也是温度、盐度和压力的函数，可通过海水状态方程和比热容计算或直接测量而得到。海洋的热力学温度梯度很小，平均约为 1.1×10^{-4} ℃/m。

3）位温

海洋中某一深度（压力为 p）的海水微团，绝热上升到海面（压力为大气压）时所具有的温度称为该深度处海水的位温，记为 Θ。海水微团此时相应的密度，称为位密，记为 ρ_Θ。

海水的位温显然比其现场温度低。若其现场温度为 t，绝热上升到海面温度降低了 Δt，则该深度海水的位温为 $\theta = t - \Delta t$。

在分析大洋底层水的分布与运动时，由于各处水温差别甚小，但绝热变化效应往往明显起来，所以用位温分析比用现场温度更能说明问题。

4. 蒸发潜热及饱和水汽压

1）比蒸发潜热

使单位质量海水化为同温度的蒸汽所需的热量，称为海水的比蒸发潜热，单位是焦[耳]每千克，记为 J/kg。其具体量值受盐度影响很小，与纯水非常接近，可只考虑温度的影响。

在液态物质中，海水的蒸发潜热最大，伴随海水的蒸发，海洋不但失去水分，同时也失去巨额热量，连同水汽而输入大气内。这对海面的热平衡和海上大气状况的影响很大。

据测算，蒸发使海洋每年平均失去 126cm 厚的海水，从而使气温发生剧烈的变化。由于海洋的热容量很大，从海面至 3m 深的薄薄一层海水的热容量就相当于地球上大气的总热容量，因此，水温变化比大气缓慢得多。

2）饱和水汽压

蒸发现象的实质是水分子由水面逃逸而出。对于纯水而言，所谓饱和水汽压，是指水分子由水面逃出和同时回到水中的过程达到动态平衡时，水面上水汽所具有的压力。对于海水而言，由于"盐度"的存在，单位面积海面上平均的水分子数目减少了，使饱和水汽压降低，因而限制了海水的蒸发。海面的蒸发量与海面上水汽的饱和差（相对于表面水温的饱和水汽压与现场实际水汽压之差）成比例，所以海面上饱和水汽压小，就不利于海水的蒸发。上述因素综合的效应，使得海洋因蒸发而损失的水量和热量就相对减少了。

5. 热传导

相邻海水温度不同时，由于海水分子或海水微团的交换，会使热量由高温处向低温处转移,这就是热传导。

单位时间内通过某一截面的热量,称为热流率,其单位为瓦[特](W)。单位面积的热流率称为热流率密度,单位是[特]每平方米($W \cdot m^{-2}$)。其量值既与海水本身的热传导性能密切相关,还与该传热方向上的温度梯度有关,即

$$q = -\lambda \frac{\partial t}{\partial n} \tag{4-5}$$

式中:n 为热传导面的法线方向;λ 为热传导系数($W \cdot m^{-1} \cdot ℃$)

分子热传导是指仅由分子的随机运动引起的热传导,纯水的热传导系数 λ 为 10^{-1} 量级。海水的热传导系数 λ_t 稍低于纯水,主要与海水的性质有关,随盐度的增大略有减小。

若海水的热传导是由海水微团的随机运动所引起,则称为涡动热传导或湍流热传导。涡动热传导系数 λ_A 主要和海水的运动状况有关。因此,在不同季节或不同海域中,λ_A 有较大差别,其量级一般为 $10^2 \sim 10^3$。显然,涡动热传导在海洋的热量传输过程中起主要作用,而分子热传导只占次要地位。据计算,如果海面温度保持 30℃,仅仅靠分子热传导,则需要 1000 年的时间才能使 300m 深度处的温度上升 3℃。

6. 沸点升高和冰点下降

海水的沸点和冰点都与盐度有关,即随着盐度的增大,沸点升高而冰点下降。在海洋中,人们关心的是海水的冰点随温度的变化。

海水最大密度的温度 t_{pmax} 与冰点温度 t_f 都随盐度的增大而降低,但是前者降得更快(图 4.1)。当 $S = 24.695$ 时,两者的对应温度都是 -1.33℃,当盐度再增大时,t_{pmax} 就低于 t_f 了。

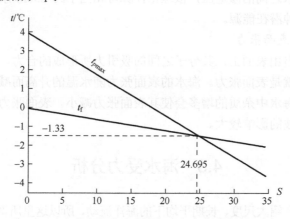

图 4.1 海水最大密度的温度与冰点温度随盐度的变化

4.2.2 海水的主要力学性质

1. 海水的黏滞性

单纯由分子运动引起的海水的黏滞力仅与海水自身的性质有关,黏滞系数的量级很小,随盐度的增大略有增大,随温度的升高却迅速减小。在讨论大尺度湍流状态下海水运动时,其黏滞性可以忽略不计;但在描述海面、海底边界层的物理过程中以及研究很小尺度空间的动量转换时,分子黏滞应力却起着重要作用。在研究大尺度湍流状态下的海水运动时必须考虑涡动黏滞系数,它与海水的运动状态有关。深海并不平静,经常出现类似于陆地上飓风等的激流——深海"风暴"。虽然深海"风暴"的流速仅有50cm/s左右,但能量巨大,甚至可以改变海底地形,其巨大的破坏力会对海底的科学仪器、通信电缆等造成毁坏,甚至可能危及海上石油钻井平台、深海构筑物等。

2. 海水的渗透压

假设在海水与淡水之间放置一个半渗透膜(水分子可以透过,但盐分子不能透过),淡水一侧的水会慢慢地渗向海水一侧,致使海水一侧的压力增大,直至达到平衡状态;此时膜两边的压力差,称为渗透压,它随海水盐度的增高而增大;低盐度时随温度的变化不大,而高盐度时随温度的升高其增幅较大。

海水渗透压对海洋生物有很大影响,因为海洋生物的细胞壁就是一种半渗透膜;不同海洋生物的细胞壁性质有差别,所以对盐度的适应范围不同。这就是海洋生物有"狭盐性"和"广盐性"的原因之一。

海水与淡水之间的渗透压,依理论计算可相当于约250m水位差的压力,因而被视为一种潜在能源。

3. 海水的表面张力

在液体的自由表面上,其分子之间的吸引力所形成的合力,可使自由表面趋向最小,这就是表面张力。海水的表面张力随水温的升高而减小,随盐度的增大而增大,海水中杂质的增多会使其表面张力减小。表面张力对海洋水表生物和水面毛细波的影响较大。

4.3 海水受力分析

本部分只介绍大尺度、长期平均下的海洋流动,所以这里所谓的受力不包括形成中尺度潮运动的引潮力,也不包括引起海浪的瞬时随机风以及表面张力等。

4.3.1 重力、重力场和重力势

海水在地球表面受到地心引力和牵连惯性力（或惯性离心力）的共同作用。地心引力指向地心，依万有引力定律该力的大小与海水受力点与地心距离的平方成反比，牵连惯性力大小与受力点与地轴的垂直距离成正比。海水"重力"其实就是海水所受到的这两个力的"合力"。由牛顿定律可知，地心引力和牵连惯性力的大小都正比于受力物体自身的质量，而单位质量的海水所受到的重力大小即等于重力加速度 g。由上述重力定义可知，重力显然与受力点在地球上的位置有关，因而在地球上（及其周围）就形成了一个"重力场"。

地球并非是一个理想正球体，且地球表面不同纬度点与地轴的垂直距离不同。因此，处在地球表面单位质量的物体所受到的重力必与物体所处的地理纬度有关。

重力随海水深度的变化关系为

$$g \approx g_0(1 - 0.224 \times 10^{-6} z) \tag{4-6}$$

注意，这里已将 h 改写为深度坐标 z（z 自海面向上起算为正，且以 m 为单位）。

对于海水而言，重力分布不均的影响相当小，无论是随纬度还是随深度变化，其仅有千分之几的差异。因此，对于物理海洋现象，特别是对于大、中尺度的海水运动，一般地都将重力加速度 g 取为常数（约为 9.8m/s^2）。

由力学知识可知，重力为有势力，在重力场中必然存在一系列等势面，物体在任意等势面中运动时重力对其不做功，或者说其势能不变。若势函数为 ϕ，按有势力定义，有势力 $\vec{F}$ 为势函数的负梯度，即对于单位质量的物体所受到的重力 $\vec{F} = -g\vec{k}$（$\vec{k}$ 为垂直向上的单位向量），从而可知 $\dfrac{\partial \phi}{\partial x} = \dfrac{\partial \phi}{\partial y} = 0$（$x$，$y$ 为沿等势面两相互垂直方向的坐标）；$\dfrac{\partial \phi}{\partial x} = g$。如前文所述，可以将 g 作为常数，重力势即为 $\Phi = gz + \Phi_0$，Φ_0 即为 $z=0$ 处的势函数。由式（4-6）可知，Φ 与（x，y）无关，仅是 z 的函数。而势函数的相对值才有意义，这样即需找一个零势面，也就是计算相对势的基准面，将 z 坐标原点置于"静止"海面上，且以该面为零势面，其位势以 Φ_0 表示。按上述定义，海面以下的相对位势必为负，即 $\Phi - \Phi_0 = gz < 0$，则

$$d\Phi = gdz \tag{4-7}$$

即只当 d$z>0$，才有 d$\Phi >0$，即（因 z 轴向上为正）垂直坐标向上增加时，势函

数值才是增加的，而且等势面就是等深度面，或者说等势面处处和当地的 z 坐标轴垂直。

在海洋中，水深为 z_1 力处的势函数 $\Phi_1 = \Phi_0 + gz_1$，水深为 z_2 处的势函数为 $\Phi_2 = \Phi_0 + gz_2$。若 $z_2 < z_1$（<0），即 z_1 等深面在 z_2 等深面之上，则 $\Delta\Phi = \Phi_1 - \Phi_2 = g(z_1 - z_2) > 0$，即称两等深（等势）面间的"位势高度"（曾有"动力高度"之称）。但是，显然这个"高度"的单位不是长度单位，而是长度单位与加速度单位的乘积，即 m^2/s^2，或者为 J/kg，曾以"动力米"作为这个"位势高度"的单位，即 1 动力米=10J/kg。而这个量与深度相距 1m 的位势高度相近（9.8J/kg），所以知道了两等势面间的动力米的数值，也就知道了这两面间的近似垂直距离了。

4.3.2 压强梯度力

对于深海中的物体而言，由于其表面所处的海水的位置有差异，使得其表面各处的压强也不相等。当分析某一海水微团受力时，其所受到的一个最基本的作用力，就是这一微团全部表面上所受到的周围海水的这种压力的合力。深海中物体表面各处压强的差异性是由海水内部的压强梯度形成的，因而这一微团表面压力的合力又称压强梯度力，浮力指物体表面所受到流体压力在物体全部表面上求得的合力。因此，流体微团所受到的这种压强梯度力，也有人称为浮力。

海洋中的压强具有一定的分布特征，特别对于本章所研究的大尺度流动，由于其水平运动的空间尺度（数千千米乃至上万千米的水平幅员）远大于其垂直空间尺度（数十米至数千米的深度）。海水的运动主要是沿水平方向，垂直方向的运动（速度、加速度）必然远远小于其水平方向的运动。通过对海洋大尺度（也包括中尺度）运动的海水的垂直方向的受力分析发现，虽然海水时刻在运动，但在垂直向上海水受力却高度近似地表现为静平衡状态——所谓垂直准静力平衡，即在垂直向上的压强梯度力与重力的平衡，而海水在垂直方向的加速度远小于重力加速度而被略去，即表现为

$$-\frac{1}{\rho}\frac{\partial p}{\partial z} - g = 0 \qquad (4-8)$$

式中：p 为海水在任意深度 z 处的压强；ρ 为海水密度；g 为单位重量海水所受到的重力量值，亦表示重力加速度。

因为式（4-8）是写在 z 方向（向上方向，所以重力在此方向必为负值）。同理，前一项也表示向上的压强梯度力，$\dfrac{\partial p}{\partial z}$ 是向上的压强梯度，它表示压强向

上单位长度的增加量,如果该值为正,即海水柱的上表面压强大于下表面压强,从而这压力的合力必指向下,因而其值之前必为负号(反之亦然),即压强梯度力必然与压强梯度反向,这是由前述关于该力的性质决定的。

有了这个平衡方程,即可以通过对其垂直积分,获得大(中)尺度运动时海洋压强场随深度的分布。将式(4-8)自某一深度 z 处积分至海表面 $z=\zeta$ 处 (ζ 为海面起伏的高度),从而有

$$p = p_a + g\int_z^\zeta \rho \mathrm{d}z \quad (4-9)$$

其实,既然已认定垂直方向是静力学平衡的,式(4-9)即是一个普通物理学知识。下表面在水下 z 处,上表面是海面($z=\zeta$),密度为 ρ 的一个水柱,其下表面所受到的压力值,即等于上表面压力值与该水柱重量之和,这一结果以单位截面的水柱计量即是式(4-9)。海面的压力即是海面大气施于这水柱上表面的压力,其压强值以 p_a 表示。式(4-9)即是在大(中)尺度的运动中,海水压强随深度分布的表达式,这是就某一个水柱获得的压强深度分布。因此,式(4-9)中各物理量除了重力加速度 g 可以作为常数外,在海洋这个四维时空的大流场中,密度 ρ 必然是一个时空四维函数 $\rho(\lambda,\varphi,z,t)$,而海面大气压和海面起伏也都应该是三维时空函数,即 $p_a(\lambda,\varphi,t)$,$\zeta(\lambda,\varphi,t)$。其中,(λ,φ) 表示地理经度和纬度,t 表示时间,在某一局部海域也可以近似地以平面直角坐标 (x,y) 代替 (λ,φ) 坐标。

如前所述,大尺度海水流动主要表现为水平方向,自然人们更注意由压强水平分布不均匀形成的水平压强梯度和水平方向的压强梯度力。这里以水平 x 方向为例。根据普通物理学另一个知识可知,水中任意一点的压强值,不因压力方向的不同而异。在海洋某处压强沿 x 方向的梯度即 $\dfrac{\partial p}{\partial x}$,其中 p 可以用式(4-9)计算,因而这 x 方向压强梯度,即可表示为

$$\frac{\partial p}{\partial x} = \frac{\partial p_a}{\partial x} + g\frac{\partial}{\partial x}\int_z^\zeta \rho \mathrm{d}z \quad (4-10)$$

由图 4.2 可知,这一压强梯度与压强梯度力的关系。在海洋某处,取一水平放置的柱形海水微团,其柱长为 Δx,沿 x 方向,截面积为 $\Delta\sigma$,这两个量相对所研究的海洋流场当然都是一种小量。小柱左截面处的压强为 p,所以该截面所受到的压力值为 $p\Delta\sigma$,方向沿正 x 方向。而右截面处的压强一般地比左截面压强有一个增量,由于两截面相距 Δx 为一小量,其压强增量也必为一小量,可以将右截面处的压强写成以左截面为基点的泰勒(Taylor)展式,并只取到

一阶项，即为 $p+\frac{\partial p}{\partial x}\Delta x$，所以水柱右截面上所受到的压力必为 $\left(p+\frac{\partial p}{\partial x}\Delta x\right)\Delta\sigma$，但其方向为反 x 向，所以该水柱所受到的 x 方向的压力合力应为

$$\rho\Delta\sigma-\left(p+\frac{\partial p}{\partial x}\Delta x\right)\Delta\sigma=-\frac{\partial p}{\partial x}\Delta x\Delta\sigma \tag{4-11}$$

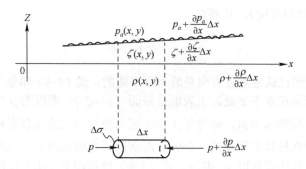

图 4.2　海水微团在一个水平方向的压强梯度

而该水柱的质量为 $\rho\Delta x\Delta\sigma$，从而可知单位重量的海水微团所受到的沿 x 方向总压力即为

$$-\frac{1}{\rho}\frac{\partial p}{\partial x} \tag{4-12}$$

1. Boussinesq 近似

x 方向上任意深度的海水微团受到的水平压强梯度力如下式所示，且沿 y 方向是相似的，只需将式（4-12）中的 x 改成 y 即可，即

$$-\frac{1}{\rho_0}\frac{\partial p}{\partial x}=-\frac{1}{\rho_0}\frac{\partial p_a}{\partial x}-g\frac{\partial\zeta}{\partial x}-\frac{g}{\rho_0}\frac{\partial}{\partial x}\int_z^0\rho'\mathrm{d}z \tag{4-13}$$

式中：ρ_0 为常数，是海洋时，取平均值（$\rho_0\approx 1.03\mathrm{g/cm}^3$ 或 $\rho_0\approx 1.03\times 10^3\mathrm{kg/m}^3$），而其偏差值 ρ' 与此平均值相比极小，即 ρ'/ρ_0 为 $10^{-3}\sim 10^{-2}$。

由式（4-13）可知，任意深度的海水微团受到的水平压强梯度力，一般由三种因素形成。式（4-13）中的右端第一项是由于海面气压不均匀形成的，第二项是由于海面有倾斜形成的，第三项则是由海水柱的平均密度水平不均匀形成的。前两项与密度变化无关，当假定海域密度为一常数（均匀海洋），则压强梯度力只由这两项组成，即是正压压强梯度力（但要注意，这里的"正压"与一般流体力学中的"正压"有区别），只有第三项表明了斜压（非均匀海洋）压强梯度力。

2. 跃层上、下空间中的压强梯度力

在深海大洋总有密度跃层存在，或季节性的或永久性的。在这种海域中，密度在垂直方向不宜当作连续变化的变量，往往将随深度变化极快的"跃层"，作为一种间断面处理。即将本有一定厚度的"跃层"，近似地作为无厚度的间断面。因其厚度比起上、下混合层的厚度都小得多，该面之上的上混合层密度（设为 ρ_1），该面以下的下混合层密度 ρ_2 都近似地认定为两个常数，一般 $\rho_2 - \rho_1 = \Delta\rho > 0$。而这个间断面距海面的深度（设为 h），并非是水平面，因而它也是个三维时、空函数，即 $h(x, y, t)$。

这样式（4-13）便可以获得具有间断（跃层）海区的斜压梯度力了。

（1）当海水微团处于上混合层内，即 $|z| < h$，则该区间内密度为常数，即 $\rho = \rho_1$ 因而上面所表达的斜压梯度力为零，故在这一区间内是一种正压（均匀）区。

（2）当海水微团处于跃层之下，即下混合层内，此时 $|z| > h$，则 z 之上的水柱重量为

$$\int_z^0 \rho dz = \int_{-h}^0 \rho_1 dz + \int_z^{-h} \rho_2 dz = \rho_1 h - \rho_2(h+z) = -\Delta\rho \cdot h - \rho_2 z \quad (4\text{-}14)$$

式中：第一个等号后的前一项即水柱在上混合层部分的重量，后项即为其下混合层部分（自跃层至 z 处）的质量（图 4.3），将式（4-14）代入斜压梯度力表达式即得到

$$-\frac{g}{\rho_0}\frac{\partial}{\partial x}\int_z^0 \rho dz = \frac{\Delta\rho}{\rho_0} g \frac{\partial h}{\partial x} = g^* \frac{\partial h}{\partial x} \quad (4\text{-}15)$$

式中：g^* 为约化重力 $g^* = \dfrac{\Delta\rho}{\rho_0} g$。

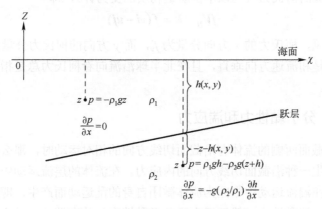

图 4.3 密跃层上、下的压强梯度力

4.3.3 柯氏力

海水在相对地球运动的过程中,必然受到一个惯性力的作用,即柯氏力(柯里奥利力)。单位重量的物体所受到的柯氏力为 $2V \times \omega$,其中 V 即物体相对地球的运动速度(向量),ω 即地球自转角速度(向量),其方向即地轴(自南向北)的方向。根据向量乘积的规定可知,这个力既垂直于速度方向又垂直于地轴方向。此外,对于大、中尺度海洋流动,垂直速度远远小于水平速度。因此,只考虑水平流速引起的地转效应即可。即等价于水平流速与地转角速度 ω 在海域的垂直分量所形成的柯氏力,而 2ω 垂直分量为 $2\omega\sin\varphi k$,其中 k 即为所在海区垂直(向上)方向的单位向量,而 φ 即是所在海区地理纬度。该向量的量值 $f = 2\omega\sin\varphi$,也称为柯氏参量,它显然是纬度 φ 的函数。但是,若所关注的海域的纬度跨度较小,且又处于中、高纬度,则可取该海域的平均纬度,从而近似地认定这一海域的柯氏参量为常数。反之,当海域纬度跨度较大,或者海域在低纬区,则纬度变化的效应往往是不可忽略的。柯氏力的纬度变化效应称为 β 效应,这里的 β 即是柯氏参数沿经圈指北方向单位长度的增长率,即

$$\beta = \frac{\partial f}{\partial y} = \frac{1}{R}\frac{\partial f}{\partial \varphi} = \frac{2\omega}{R}\cos\varphi \qquad (4-16)$$

式中:R 为地球半径;y 为水平指北的坐标。

由式(4-16)可知,β 的量值在赤道达最大,因而在低纬区或包括中、低纬区海域中的大尺度流动,β 效应是不可随意略去的。

如果在水平面上取坐标为 (x,y),其相应方向的流速为 (u,v),则仅考虑由水平流速形成的柯氏力(仍以单位质量物质的受力计),即

$$fV_H \times k = f(vi - uj) \qquad (4-17)$$

由此可见,柯氏力的 x 方向分量为 f_v,而 y 方向的柯氏力分量为 $-f_u$,因而力的方向总是和流速方向垂直,且在北半球沿流向看柯氏力总是指向右方,南半球则相反。

4.3.4 分子黏性力和湍应力

海水内截面两侧的流体有沿截面切线方向的相对运动时,那么在此内截面上,还将产生一种沿截面切线方向的内应力。在流体的层流运动中,这即分子黏性力。而在湍流运动中则因为流体微团自身的乱运动而产生,即湍黏性力或涡动黏性力。湍黏性力一般地远大于分子黏性力,故在湍流运动中,总是略去了分子黏性力,而海水的运动则多为湍流运动。

既然这种力如上述的压力是一种作用于流体微团的"表面力",那么也如压强梯度力那样,应该求出作用在微团全部表面上这一内应力的合力,因为只有这个合力也才如压强梯度力一样,制约着流体微团的运动。

当上层流动速度大于下层时,则下层流体对上层流体总有一个阻滞作用。根据牛顿作用反作用原理,上层对下层流体必有一个沿运动方向的拖曳作用,图 4.4 说明,当流动沿 x 方向,则微团下界面受下层流体的切应力必是反 x 方向,设其单位截面的应力量值 τ_x,而该微团上界面受其上流体的带动,必受一沿正 x 方向的切应力,微团上、下界面间距为 Δz,则上界面这一应力量值,近似地为 $\tau_x + \frac{\partial \tau_x}{\partial z} \Delta z$,若上、下界面的面积均为 $\Delta \sigma$,而上、下界面这一切应力是反向的,故而这一方向的切应力作用在该微团上的合力(沿 x 方向)必为 $\left(\tau_x + \frac{\partial \tau_x}{\partial z} \Delta z\right)\Delta \sigma - \tau_x \Delta \sigma$,因而单位质量的受力即为 $\frac{1}{\rho}\frac{\partial \tau_x}{\partial z}$。

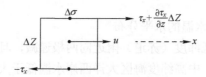

图 4.4 海水微团受到的水平方向切应力

类似地,上、下界面沿 y 方向这一应力之和即为 $\frac{1}{\rho}\frac{\partial \tau_y}{\partial z}$。

至于微团在 4 个侧面所受切应力之和,可类似分析,故此处不予赘述。

这里的水平面上的湍应力 τ,也可采用分子黏性力的表达形式,即

$$\tau_x = \rho v \frac{\partial u}{\partial z}; \quad \tau_y = \rho v \frac{\partial v}{\partial z} \tag{4-18}$$

式中:v 为运动黏滞系数,它不再是由流体的物理性质所决定,而是与湍运动量相关的函数,它也可以是来自一种"半经验、半理论"的假说。由于这种所谓似黏性假说,在解决许多海水流动的实际问题中,确实可以获得很好的近似计算结果,故至今仍沿用不衰。当然,由于海洋流体力学家对海洋湍流这一异常复杂现象研究的深入和实际资料获取的逐渐丰富,目前在海洋流体动力学数值模拟领域中,已有更为完善的所谓湍封闭模型,用来计算模拟和研究一些海洋中的流动。

4.4 世界大洋温度、盐度、密度的分布和水团

4.4.1 海洋温度、盐度和密度的分布与变化

海水的温度、盐度和密度的时空分布及变化，几乎与海洋中所有现象都有密切的联系。世界大洋温度、盐度、密度场的宏观基本特征是：在表层大致沿纬线呈带状分布，即东——西方向上量值的差异相对很小；而在南——北方向上的变化却十分显著。在垂直方向上，基本呈层化状态，且随深度的增加各自的水平差异逐渐缩小，至深层其温度、盐度、密度的分布分别超于均匀。需要注意的是，它们在铅直方向上的变化相对水平方向上要大得多，盖因大洋的水平尺度比其深度要大数百倍至数千倍。

1. 海洋温度的分布与变化

就世界大洋而言，整体水温平均为 3.8℃，约 75%的水体温度在 0～6℃之间，50%的水体温度在 1.3～3.8℃之间。太平洋平均为 3.7℃，大西洋为 4.0℃，印度洋为 3.8℃。

1）大洋表层以下水温的水平分布

大洋表层水温由低纬度（赤道）附近向两极递减，且中低纬度海区大洋西岸水温高于大洋东岸，中高纬度海区大洋西岸水温低于大洋东岸。大洋表层以下水温的分布与表层差异甚大，原因是环流情况与表层不同。水深 500m 层温度的分布，沿经线方向梯度明显减小，在大洋西边界流相应海域，出现明显的高温中心：大西洋和太平洋的南部高温区高于 10℃，太平洋北部高于 13℃，北大西洋最高，达 17℃以上。

水深至 1000m 深层，水温沿经线方向变化更小，但在北大西洋东部，由于高温高盐的地中海水溢出直布罗陀海峡下沉后扩展，使之出现了大片高温区；红海和波斯湾的高温高盐水下沉扩展，使印度洋北部也出现相应的高温区。在 4000m 深层，温度分布趋于均匀，整个大洋的水温差不过 3℃左右。底层的水温（除海底热泉和冷渗口之外）极为均匀，约为 0℃。

2）水温的铅直向分布

海洋中随着海水深度的增加，海水的温度大体上呈不均匀递减，但一般来说，从海洋表面至 1000m 深，水温迅速下降，1000m 以下的深层海水，经常保持低温状态。相关研究[9]表明，在 500m 深处的海水温度不到 10℃，在 2000m 深处的海水温度约 2℃，在 5000m 深处的海水温度约 1℃。低纬海域的暖水只限于薄薄的近表层，其下便是温度铅直梯度较大的水层，在此不太厚的水层内，

水温迅速降低，此层称为大洋主温跃层[10]，相对于大洋表层随季节变化而生消的跃层季节性温跃层而言，又称永久性跃层。大洋主温跃层以下，水温随深度的增加逐渐低，但梯度很小。

大洋主温跃层的深度在赤道海域约为300m；到副热带海域下降，在北大西洋海域（30°N左右）下沉到800m附近，在南大西洋（20°S左右）有600m；由副热带海域开始向高纬度海域它又逐渐上升，至亚极地可升达海面。其沿经线方向分布，大体呈"W"形状。

以主温跃层为界，其上为水温较高的暖水区，其下是水温梯度很小的冷水区。冷、暖水区在亚极地海面的交汇处，水温梯度很大，形成极锋。极锋向极一侧的冷水区向上一直扩展至海面，因而没有上层暖水区。

暖水区近表面，由于受动力（风、浪、流等）及热力（蒸发、降温、增密等）因素的作用，引起强烈湍流混合，从而在其上部形成一个温度铅直梯度很小、几近均匀的水层，称为上均匀层或上混合层。上混合层的厚度在低纬度海区一般不超过100m，赤道附近只有50～70m，在赤道洋域东部更浅些。冬季混合层加深，低纬度海区可达150～200m，中纬度海区甚至可伸展至大洋主温跃层。

夏季由于表层增温，在上混合层的下界附近，可形成很强的跃层，即为季节性跃层。冬季由于表层降温，上、下对流发展，混合层向下扩展，甚至可导致季节性跃层的消失。

在极锋向极一侧，不存在永久性跃层。冬季在上层甚至会出现逆温现象，其深度可达100m左右（图4.5）。在夏季表层增温后，由于混合作用，在逆温层的顶部形成一厚度不大的均匀层。这样一来，往往在其下界与逆温层的下界之间形成所谓的"冷中间水"，它实际是冬季冷水继续存留的结果。当然，在个别海区也可能由平流造成。大西洋水温分布的这些特点，在太平洋和印度洋也都类似。

季节性跃层的生消规律如图4.6所示，这是根据东北太平洋的实测而绘出的。随着表层的逐渐增温，跃层出现，且随时间的推移，其深度逐渐变浅，但强度逐渐加大，至8月达到全年最盛时期。从9月开始，跃层强度逐渐减弱，且随对流混合的发展，其深度也逐渐加大，至翌年1月已近消失；而后完全恢复到冬季状态。

需要指出的是，在季节性跃层的生消过程中，有时会出现"双跃层"现象，如图4.6中7月和8月的水温分布就是这样。它可能是由于在各次大风混合中，混合深度不同所造成的。

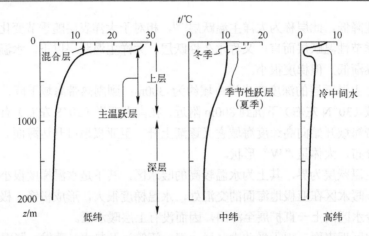

图 4.5 大洋平均温度典型垂直分布（据 Pickard et al., 2000）

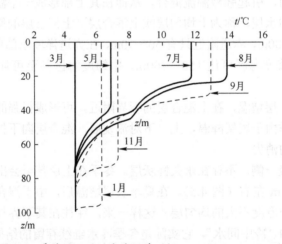

图 4.6 季节性跃层的生消规律（据 Pickard et al., 2000）

3) 水温随时间的变化

（1）日变化。由太阳辐射引起的表层水温日变化，通过海水内部的热交换向深层传播。一般而言，变幅随深度的增加而减小，其位相则随深度的增加而落后，在 50m 水层的日变幅已经很小，而最大值的出现时间可落后于表层 10h 左右。如果在表层之下有密度跃层存在，则会阻止日变化的向下传递。况且，内波导致跃层起伏，它所引起的温度变化常常掩盖水温的正常日变化，使其变化形式更趋复杂，水温日变化甚至可大大超过表层。

在较深水层则可更多地显现出潮流影响的特点，其变化周期与潮流性质有关。另外，深层内波也会产生影响。

(2) 年变化。表层以下水温的年变化，主要缘于混合和海流等因子在表层以下施加影响，水温一般是随深度的增加变化减小，且极大值的出现时间也推迟。

2. 盐度的分布及变化

世界大洋盐度平均值以大西洋最高，达 34.90；印度洋次之，为 34.76；太平洋最低，仅 34.62，但是在各个洋区，其空间分布极不均匀。

1) 海洋表层以下盐度平面分布

盐度的水平差异随深度的增大而减小，在 500m 层，整个大洋的盐度的水平差异约为 2.3，高盐中心移往大洋西部；到 1000m 层仅差约 1.7，至 2000m 层盐度只有 0.6，大洋深处的盐度分布几近均匀。

2) 大洋盐度的垂直向分布

在赤道海域盐度较低的海水只涉及不深的水层，其下便是由南、北半球副热带海区下沉后向赤道方向扩展的高盐水，称为大洋次表层水；南大西洋高盐核心值可达 37.2 以上，南太平洋也可达 36.0 以上。南半球的高盐水舌，在大西洋和太平洋都可越过赤道达 5°N 左右；北半球的高盐水则较弱。

在高盐次表层水之下，是由南、北半球中、高纬度表层下沉的低盐水层，称为大洋（低盐）中层水。在南半球，它的源地是南极辐聚带，这里的低盐水下沉后在 500～1500m 的深层向赤道方向扩展，潜入三大洋的次表层水之下。在大西洋可越过赤道达 20°N 比在太平洋可达赤道附近，在印度洋则只限于 10°S 以南。在高盐次表层水与低盐中层水之间等盐线特别密集，形成垂直方向上的盐度跃层，跃层中心（相当于 35.0 的等盐面）在 300～700m 的水层中。南大西洋跃层最为明显，上、下盐度差高达 2.5，太平洋和印度洋则只差 1.0。

南半球形成的低盐水，在印度洋中只限于 10°S 以南，这是因为源于红海、波斯湾的高盐水下沉之后也在 600～1600m 的水层中向南扩展，从而阻止了南极低盐中层水的北进。其深度与低盐中层水相当，因此又称为高盐中层水。在北大西洋，地中海高盐水溢出后，也在相当于南半球低盐中层水的深度上散布，且范围相当广阔，为大西洋的高盐中层水。但是，在太平洋却未发现相应的高盐中层水[1-2]。

在低盐中层水之下，充溢着在高纬海区下沉形成的深层水与底层水，其盐度稍有回升。世界大洋的底层水主要源地是南极陆架上的威德尔海盆，其盐度约 34.7，由于温度低，密度最大，故能稳定地盘踞于大洋底部。大洋深层水形成于大西洋北部海区表层以下，由于受北大西洋流影响，盐度值稍高于底层水,它位于底层水之上,向南扩展,进入南大洋后,继而被带入其他大洋。

由于海水在不同纬度带的海面下沉,从而使盐度的垂直向分布,在不同气候带海域内形成了迥然不同的特点,如图4.7所示。

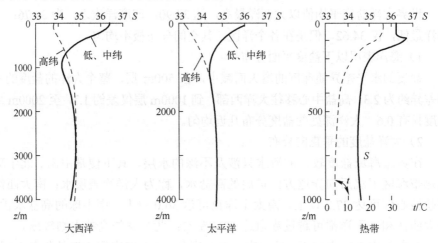

图4.7 大洋中平均盐度的典型垂直分布(据Pickard et al.,2000)

3)大洋盐度的变化

(1)盐度的日变化。受内波的影响,大洋下层日变幅时常会大于表层。此外,除近岸受潮流影响大的海区外,盐度的日变化没有呈现水温日变化那样比较规律的周期性。

(2)盐度的年变化。降水、蒸发、径流、结冰、融冰及大洋环流等因素制约着大洋盐度的年变化。上述因素都具有年变化的周期性,故盐度也相应地出现年周期变化。此外,由于上述因素在不同海域所起的作用和相对重要性不同,使得各海区盐度变化的特征也多不相同。

3. 海洋密度的分布及变化

1)密度的水平分布

随着海洋深度的增加,同温度和盐度的水平分布相似,密度的水平差异也不断减小,至大洋底层则已相当均匀。

2)密度的铅直向分布

总的来说,大洋中温度对密度变化的影响要大于盐度,因此密度随深度的变化主要取决于温度。此外,海水温度随着深度的增加呈现不均匀降低的规律,故海水的密度即随深度的增加呈不均匀地增大。大洋密度典型的垂直向分布,如图4.8所示,具有显著的区域特性。

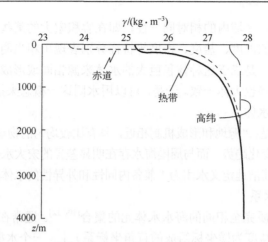

图 4.8　大洋典型的密度垂直向分布（据 Pickard et al., 2000）

从赤道至副热带的低、中纬度海域，在与温度的上均匀层相应的水层内，密度基本上是均匀的。在该层之下，与大洋主温跃层相对应，密度的垂直梯度也很大，即为密度跃层。由于主温跃层的深度在不同纬度带上有起伏，因而密度跃层也有相应的分布特点。副热带海域表面的密度比热带增大，致使跃层的强度比热带海域减弱。至极锋向极一侧，由于表层密度超量已达 $27 \text{kg} \cdot \text{m}^{-3}$ 左右或更大些，因此垂直方向上密度梯度比较小。无论在中、低纬度海域还是高纬度海域，密度跃层以下各水层中海水密度的垂直向变化一般都比较小。此外，密度跃层的存在，阻碍着上、下层的水交换。

海水的自身密度和环流情况决定了其下沉所能达到的深度，由于大洋表层的密度是从赤道向两极递增的，故纬度越高的表层水，下沉的深度越大。

3）海水密度的时间变化

凡是能影响海水温度、盐度变化的因子都会影响海水密度的变化，因而其变化较复杂。

大洋密度的日变化小，一般可不予考虑。在下层有密度跃层存在时，由于内波作用，可能引起一些明显的日变化。

大洋密度的年变化，由于受温度、盐度年变化的综合影响而比较复杂。

4.4.2　海洋水团

1. 水团及相关概念

1）水团的概念和定义

世界大洋海水温度、盐度、密度等特征在空间分布是不均匀的，但与此同时并存的则是一定区域内的相对同一性，即在容积宏大的某些海域之内，体积巨大的海洋水体的温度、盐度、密度等特征分别表现出相当明显的同一性。这种同一性的存在，是缘于这种体积巨大的水体来源相同或形成机制相近，而且随时间变化的趋势也大体一致。于是，可以用水团这一概念来描述这种巨大的、有同一性特征的水体。

水团的定义是："源地和形成机制相近，具有比较均匀的物理、化学和生物特征及大体一致的变化趋势，而与周围海水存在明显差异的宏大水体。"[10-12]用集合论的语言可以更简洁地定义水团为"兼备内同性和外异性的水体的集合"[10]。

2）水型和水系

水型是指性质完全相同的海水水体元的集合[10, 12]。通常在温—盐图解（以水温为纵坐标，盐度为横坐标组成的直角坐标系）上，一个水型就是一个单点。由于水型关心的是水体元海水性质的类型而不涉及海水的体积，所以不能等同于宏大体积的水团。在温—盐图解上根据点集或曲线族分布特征而进行水团划分，是多年来经常使用的方法之一，因而水团也可以定义为性质相近的水型的集合[10]。

水系定义为符合一定条件的水团的集合[10, 12]，所谓符合一定条件，并不要求同时考察水团的各项特征是否相近，有时甚至只考察一项指标即可[10]。例如，在分析边缘海特别是我国濒临浅海的水团时，常有"沿岸水系"与"外海水系"之称，就是仅考察水团的盐度这一项特征而将水团归类的；类似地，若仅考察水温，则有暖水系与冷水系之分。

2. 世界大洋的水团特征及分布

关于世界大洋的水层的水团特征及空间分布，在《海洋水团分析》一书中有比较详细的解说[10]，本节只从宏观上作一简要介绍。

世界大洋及其附属海的绝大多数水团，都是先在海洋表面获得其初始特征，接着因混合或下沉、扩散而逐渐形成的。初始特征的形成，主要取决于水团源地的地理纬度、气候条件和海陆分布以及该区域的环流特征。水团形成之后，其特征因外界环境的改变而变化，终因动力或热力效应而离开表层，下沉到与其密度相当的水层。通过扩散及与周围的海水不断混合，继而形成表层以下的各种水团。由世界大洋各水团的温度特征可知：在中、低纬度洋域的上层，各水团的水温都比较高，可以归并为暖水系；而其他海域和水层的水温普遍低，即为冷水系[1-2, 10]。由此可见，极地海域从海面至海底全为冷水系的水团，暖水系的水团只在大洋中、低纬度海域的厚度不大的上层，而厚度很大的中层、深层和底层则为冷水系的水团。

如果按水团所在的水层的深度划分，传统的提法是划分为5个水系，即表层、次表层、中层、深层和（近）底层水系。在大洋中、低纬度海域，这5个水系及其中的水团各有其相当典型的特征。其中中层水团分布于次表层水团之下深达1000~1500m的水层之内。源于高纬度和中、低纬度海区的中层水团，分别以低盐度和高盐度为突出的特征。深层水团位于中层水团之下到4000m深的范围内，厚度比其他水层都大。深层水系源于北大西洋拉布拉多海一带表层之下，下沉至深层而后扩展到三大洋的南部，再向东及向北扩展。由于离开海面时间长，贫氧是其突出的特征。底层水系主要是南极底层水团，由南极大陆架表层的极低温水下沉形成，具有世界大洋水的最大的密度。

4.5 海洋环流

如前所述，所谓海洋环流是海洋中一种时空大尺度的、气候式平均的流动现象。从海域上又可区分为大洋环流和陆架海域的近岸环流，两者虽仍然都属大尺度运动，但两者的绝对尺度当然有别，两者流动的机制也具有一定的差异。

4.5.1 大洋环流

依据大洋环流经典理论，大洋环流根据成因可以区分为风生环流和热盐环流。其中，由温度和盐度引起的海水垂直补偿流又称热盐流。风生环流属于纯动力学的流动，热盐环流则属于热力—动力的流动。大洋核心区的表层环流主要是风生的，而中层和深层、底层的环流则是热盐环流。表层的流动虽主要是风的作用，但形成的风生流又会使海水产生辐聚或辐散，造成海面的某种倾斜，形成正压梯度力，使倾斜流参与其中。显然，风海流和正压梯度流将使海洋的温度、盐度重新分布，又可能产生或抑制了热盐流动。由此可见，流动的机械能（动能与位能）与海水由温度、盐度分布体现的热能具有非线性的相互作用，风生流与热盐流并非是线性无关的，它们所形成的一套完整的动力——热力学方程组必将是一套非线性方程组，可以严格地说明它们的非线性关系，当然这些内容已超出本书的范围，本书只能采用经典的基本的方法给以分解性的简单介绍。

1. 大洋表层环流

大洋表层环流主要是由海面上常年稳定的风场或长周期变化的风场驱动下的风海流。这些风场即赤道两侧的信风（东北信风位于0°~30°N，东南信风在0°~30°S），南北半球的盛行西风（在南北半球30°~60°之间），极地区东风以及年周期变化的季风。

1) 大洋表层风环流

在上述风场作用下，一个大洋表层风环流的水平流动状态必然以赤道为对称轴，南、北大洋各形成一个对称的环状流场，北半球流环的南段在东北信风作用下，表面海水自东向西流动，并依 Ekman 原理，整个 Ekman 层的水体向西北方向输运。然而，该流环的北段，则在盛行西风作用下，表面海水自西向东流动，层内的水体则向东南输送（图 4.9），而东、西两段由于大陆岸边的阻挡，在连续性原理的作用下，必然在流环东段海水自北向南流动，而西段则自南向北流动，这样就形成了顺时针方向流动的流环。根据同样原理，在南半球则形成逆时针方向的流环，而北冰洋在极地东风作用下，则形成一个逆时针流环。如上所述，当南、北大洋表面海水依反气旋式流动时，海水都自赤道和高纬区向其流环中心的亚热带区输送，从而在这一海区海水的辐聚现象就形成了海面的隆起——水山，这也就产生了正压梯度力和正压梯度流（倾斜流），而这一流动恰好沿风生表面流方向，从而加强了这一环流运动。这说明，大洋表层环流场虽然以风海流为主，但也包含了正压梯度流。此外，也说明了亚热带区的辐聚和赤道区辐散形成的主要原因。

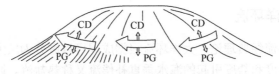

PG—正压梯度力　CD—柯氏力

图 4.9　大洋表层环流形成的水山

上述大洋环流场状态并非是绝对的，如对北印度洋，最北端还不及 30°N，因此该海域受不到盛行西风的作用，海域面积小，因而受大陆气候影响较大。这里的环流场的形成除了受南端的赤道信风作用外，还有其沿岸区域季风的作用，因而它不像北太平洋和北大西洋那样具有相对稳定的反气旋流环，而是夏季为反气旋流环，但冬季基本上是个气旋式流环。

2) 赤道流和赤道逆流

上述北半球大洋流环的南段和南半球大洋流环的北段都是主要在赤道信风作用下形成的自东向西的流动，分别称为北赤道流和南赤道流。然而这两股赤道流并非以赤道分界和对称。原因是在赤道偏北的位置上有一个赤道无风带（弱风带），因而在此位置的海水表面受不到东北信风的作用，自然形成不了自东向西的流动。而赤道流将大量的海水自东搬向大洋西岸时，由于西岸大陆的阻挡，便在西侧形成海面自西向东的倾斜。由这一倾斜海面形成的东向正压梯度力，虽然抵不过赤道信风的作用，却在赤道无风带的地方发挥了作用，使这一带的海水产生了向东的流动——赤道逆流。这股逆流的流幅宽度随季节而稍有不同，在太平洋冬季为 2~3 个纬距（自 6°N 至 9°N）而在夏季可达 5 个纬距，甚至更宽。由于这一逆流的存在，南、北赤道流不仅不对称，更使南赤道流扩展到了北半球，在北大西洋南赤道流还可使其一部分表层水伸展到北部，最终汇进了北部流环中。至于印度洋，由于上述地形和季风的影响，该逆流却存在于南半球，在冬季它恰好作了气旋式北部流环的南段，在夏季则恰好抵消了南段的流动，从而使北部流环不明显。

当这一赤道逆流出现时，海面的隆起，不再像上述那样只是流环中央一个水山。在北半球的逆流自西向东流动时，其中的海水必受到一向南的柯氏力，而它能夹在两股赤道流间稳定流动，其侧向受力必然是平衡的。南向柯氏力将水向南拥推，恰好形成向北倾斜的海面，也就形成了北向的正压梯度力，从而平衡了南向柯氏力。由此可知，这股存在于北半球的赤道逆流，其南北两侧的海面必然南高北低。其南侧（北扩的南赤道流北侧）是一个隆起的水脊，而北侧（北赤道流的南侧）则是一个水谷。从而南侧辐聚，北侧辐散。辐聚区必有下降流，辐散区必有上升流，这就在横跨几个纬度的赤道逆流中存在一横断面的垂向环流。图 4.10 所示为这一赤道逆流垂向环流，同时也描绘了在南北大洋流环中心（亚热带辐聚区）之间沿经圈断面的垂向环流。其中，南赤道流扩展至北半球的部分，必与北赤道流特征相同，仍然是造成海面北高南低之势，即仍维持了赤道是一辐散（上升流）区。

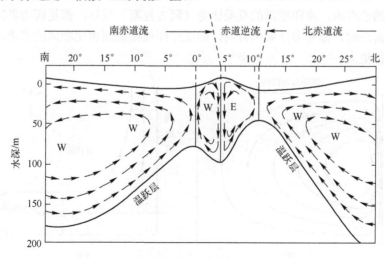

图 4.10　大洋上层垂向环流

3）西风漂流和南极绕极流

北大西洋和北太平洋在北半球盛行西风作用下的东向流动称为西风漂流，它构成了两个大洋流环的北段，且分别称为北大西洋流和北太平洋流，它们的流幅宽度都是自亚热带辐聚区（约30°N）至极地冰区。由于北侧邻接北冰洋，因而都各有分支进出北冰洋，而形成一些局地的常年流动，如北大西洋的挪威流、东格陵兰、西格陵兰流以及拉布拉多流等，北太平洋也有阿拉斯加（或阿留申群岛）流等。而南半球的西风漂流，由于在其流经的路途上，恰好没有大陆的阻挡，从而可以在50°~60°S之间绕着南极连续流动，故又称为南极绕极流。这一流圈可长达20000km，所以这一绕极流也成为全球大洋流程最长的一股流动。此外，由于长年的西风作用而又无阻挡，它也是上层风海流最深的一股流动。当然，在其流动的下部也还有热盐流的汇入，就更增加了这股流动的总深度，其最大深度甚至可达4000m左右，从而它也成为携带水量最多 $[(1.0 \sim 2.0) \times 10^8 \mathrm{m}^3/\mathrm{s}]$ 的流动。但是，它不同于主要是风作用下的表层流，也包含了热盐效应的深层流。

4）西边界流

大洋流环的东、西两段有一个普遍不对称现象，即大洋流环的西段流幅远比东段流幅窄得多，流线比东段密集得多（图4.11）从而流速比东段大得多，而且在向两极方向流进的过程中，流速也越来越大。无论北半球大洋还是南半球大洋，各大洋流环的西段都有这一现象存在。而且各有其名，北太平洋的黑潮，北大西洋的湾流是典型的西边界流。此外，南太平洋的东澳大利亚流，南大西洋的巴西流，南印度洋的莫桑比克（阿古拉斯）流等，都是西边界流。沿西边界流动时，都并非是顺风方向，但流速即使在表面也比顺风的赤道流和西风漂流都更大。

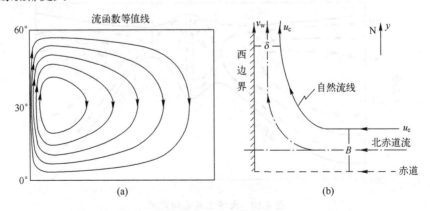

图4.11 大洋环流的西向强化示意图（Stommel，1948）

这里，基于 β 效应和这一"惯性"机制，类似 Stern 简单地采用质量守恒和涡度守恒两个原理来说明大洋流环西部得以强化的问题。

首先，将流动简化为二维的，即不考虑流动随深度变化，取西边界流的主轴流线，以其流速代表西边界流速。另外，在西边界流东边界的一条流线，认定为未受强化的自由流线，即该线上的海水微团的流速仍保持其在上游——赤道流中的流动速度。由于是二维问题，这两条流线也即是两垂直流面。取相距为一个单位深度的两水平面，与上述两垂直流面便组成了一个矩形截面的流管。单位时间内通过这一流管任意截面的水通量都是相等的——这就是均质不可压缩定常流场的质量守恒原理。假定赤道流幅宽为 B，如图 4-11（b）所示，则上述两垂直流面在赤道流的宽度即 $B/2$，西边界流的幅宽设为 δ，则上述两垂直流面的宽度即 $\delta/2$。假定赤道流动基本是均匀流，流速为 u_e，而在西边界流中仅其东边界仍保持流速为 u_e，其主轴上的流动速度已被加速为 v_w，从而近似地认定西边界处流管截面的平均流速为 $(u_e+v_w)/2$。于是就可依质量守恒原理，使上述流管在赤道流截面的流通量与西边界流截面的流通量相等，即

$$\frac{\delta(u_e+v_w)}{2}=u_e B=Q \tag{4-19}$$

式中：Q 为单位深度的环流通量。

涡度（速度旋度）即流体微团旋转角速度的 2 倍。在地球这个系统中做相对运动时，类似速度，角速度也有牵连角速度和相对角速度，两者之和才是绝对角速度。当物体不受外力矩作用时，物体旋转绝对角速度就不会改变。由于海水微团的大尺度运动主要呈现为水平地转运动，人们也主要关心其绕垂直轴的转动角速度。然而，压强梯度力都是通过微团质心的，因此水平压强梯度力不可能产生绕垂直轴的力矩（这在数学上表现为梯度的旋度为零），海水微团绕垂直轴的绝对旋转角速度就不会改变，即其绝对涡度不变。因此主要为地转机制的水平运动，海水微团的绝对涡度在运动过程中，就保持不变。

此外，由于西边界流是由赤道流为源而成，所以它总是以高温携带着热量向北（北大洋）移向中纬度区，于是就与中纬度区较低温的背景流场之间产生了斜压梯度力和动量、热量的传递。特别当其到达亚热带以后，由于西风牵引的北大洋环流，特别是北半球南下的冷水冲击，而使这一射流型的西边界流开始离岸而向东北方向流进时，流轴会产生大弯曲现象，当弯曲达到一定程度，就会在此强流左右蜕生出一系列的冷核涡（强流行进方向右侧）和热核涡（左侧），这些涡旋的直径可大至 100～300km，深度可达 3km，涡中的流速可达 1m/s。大西洋的湾流每年都会蜕生出 10 个冷核涡，8 个左右的热核涡，而这些涡一旦生成可以持续存在数月甚至数年，并以每天 10km 左右的速度向强流反方向移

动,直至最终又被强流所吸纳而消失。北太平洋的黑潮乃至南大洋的巴西流都可观测到类似现象,虽然都不如湾流那么显著。这就是近30年来,海洋学家关注的中尺度涡现象之一。

5) 赤道潜流

在赤道表层的下界面、永久跃层的上界面上,还存在一支与赤道流反向的流动,称为赤道潜流。它以太平洋的赤道潜流最典型,这又是一支射流型的流动,其流速可高达1m/s以上,最大流速仅小于西边界流,流幅宽200~300km,恰位于赤道南北1°~2°之间。太平洋的赤道潜流流程可达14000~20000km,接近整个大洋的东西宽度。由于赤道流的作用,大洋跃层的深度东浅西深,西端可达200m以上,而东端可浅至50m,这也就是赤道潜流的大致深度。由于其南北两侧各处于南、北半球,从而同是向东的流动,两侧受到的柯氏力却是相反的,北侧向南,南侧向北,这一"挤压"作用,就使其流幅宽度越来越窄,流轴也就具有了相当的厚度。由于该射流一直处于赤道上,它也是所有洋流中行程最直的一股流动。太平洋的赤道潜流称克伦威尔流,而大西洋的赤道潜流亦称罗蒙诺索夫流。

赤道潜流的流动机制是物理海洋学家非常感兴趣的问题。Fofonoff 和 Montgomery(1955)提出了赤道潜流的涡度守恒地转流机制,而Stern(1975)则提出了赤道潜流的惯性机制。其实前者更适于赤道潜流的形成,后者则适于较长范围的主要流动阶段。

如前所述,在大洋西岸由于赤道流自东向西的水体搬运,而形成了东向的正压压强梯度力,这个力在表层大部抵不过信风的作用,但在表层的底部风的作用逐渐减小,这一压强梯度力就形成了将海水向东推送的作用,而在靠西边界的一定范围内,这一梯度力就使表层底部海水自北向南(北半球)和自南向北(南半球)的流动以与南北半球相反的柯氏力平衡。这两向相对的地转流,保持着各自的涡度逼近赤道,在南、北两侧一较窄的范围处,必转向逐渐一致的向东流动,这就形成了赤道潜流。

此外,在实际的赤道潜流中,总是在其中段达流速最大,其下游段流速逐渐变小。这是由于跃层深度 h 是自西向东逐渐变浅的,因而潜流沿跃层上界面向东流动时反向赤道流的作用便逐渐增强。因而起码在其下游段湍摩擦的效应是不应被忽略的。于是可以将赤道潜流基本上分成三个流段:①上游(形成)段:流幅较宽,主要是涡度守恒的地转流;②中游(加速)段:流幅很窄,主要机制是惯性加速流;③下游(减速)段:有耗散机制,湍摩擦使之减速。

2. 大洋热盐环流

如前所述,大洋表层环流主要是风生的,除了由其衍生的西边界流,它波及的深度不过一二百米,但大洋的深度都在数千米的范围,表层以下的环流则主要是由于温度、盐度分布不均匀而形成的斜压梯度流——热盐流。在大洋中热盐流的流动速度比表层的风生环流速度小得多,平均来说可小至 1~2 个量阶,即只有每秒几厘米,甚至更小。但这绝不说明它比表层风生流不重要。

1) Sverdrup 环流模型的启示

虽然大洋表层环流主要是风生的,但 Sverdrup 在研究大洋内区(不包含西边界流)的大洋环流时认为应在 Ekman 风漂流中叠加上地转流,将这一线性叠加的运动方程进行垂直积分后即为如下二维方程组:

$$\begin{cases} fV - \dfrac{1}{\rho_0}\dfrac{\partial P}{\partial x} + \dfrac{\tau_{ax}}{\rho_0} = 0 \\ -fU - \dfrac{1}{\rho_0}\dfrac{\partial P}{\partial y} + \dfrac{\tau_{ay}}{\rho_0} = 0 \end{cases} \quad (4\text{-}20)$$

式中:(U,V) 为环流的单位宽度垂直截面的水平输运量,$(U,V)=\int_{-D}^{0}(u,v)\mathrm{d}z$;$D$ 为远大于 Ekman 深度的一个常深度,在此深度上已消失了 Ekman 的抽吸,湍摩擦也可以忽略;P 为在单位宽垂直截面上的压力,$P=pD$。

此外,地转流的水体输运量绝不小于风海流的输运量。这也是自然的,因为虽然斜压地转流(热盐环流)的流速远小于风生流速,但风生环流只占全球水体的 10%,而 90% 的水体是热盐流动。如前所述,研究气候平均的大尺度环流的一个直接的、重要的目的就是了解大洋水的输运状况。所以大洋热盐环流的研究是至关重要的。

2) 水团和热盐环流

既然热盐流动是由于海水温度、盐度(从而密度)分布不均匀而产生的一种"热力"作用下的流动,弄清全球大洋的温、盐分布显然是必要的。

经典海洋学将大洋水体做了几种划分。一种是按海水的温度将大洋划分为暖水区和冷水区(也称为水系"暖水区"),其水平范围是南、北极锋区中间的中、低纬区,而铅直方向即是主温跃层以上的区域。"暖水区"以外的其他区域即是"冷水区"。另一种是将大洋水体基本上从深度上分为"表层水""次表层水""中层水""深层水"和"底层水"。这里"基本上"的意思,当了解了最后一级的划分——"水团"即可理解。

所谓"水团"是指物理性质(主要是温度、盐度、密度)相对均匀且占有相当大的空间的水体,而相邻两水团却具有较明显差异,因此水团交界面则都是温度、盐度梯度较大的界面。水团界面法向的梯度虽然较大,但对不可压缩、定常场量,流动方向总与梯度方向垂直,即流动是沿界面的,因而水团间很少有对流、平流的混合。两水团的混合则主要靠扩散作用，由于这种热盐流动异常之慢，因而湍扩散作用也必然非常微弱，所以水团性质很稳定，变化异常缓慢，观测者可以用追踪的方法确定水团形成的源区。

Sverdrup 等于 1942 年就对世界大洋的水团进行了划分，此后 Defant(1961)、Mamaev 等又进行了相近但有一定差别的划分。Pinet 将上述的划分综合起来，在表 4.1 中列出了它们的性质。因所用资料不同，表中数据与某些文献的结果有一定差别。

表 4.1 大洋水团物理性质

水团类型	深度范围/m	水团名称	温度/℃	盐度
中央水	0~1000	SPCW	9~20	34.3~36.2
		NPCW	7~20	34.1~34.8
		NACW	4~20	35.0~36.8
		SACW	5~18	34.3~35.9
		SICW	6~16	34.5~35.6
中层水	1000~2000	NPIW	4~10	34.0~34.5
		RSIW	23	40.0
		MIW	6~11.9	35.3~36.5
		AIW	0~2	34.9
		AAIW	2.2~5	33.8~34.6
深层、底层水	>2000	COW	0.6~3	34.7
		PSW	5~9	33.5~33.8
		NADW	3~4	34.9~35.0
		AADW	4.0	35.0
		NABW	2.5~3.1	34.9
		AABW	-0.4	34.6

注：NACW 为北大西洋中央水；SACW 为南大西洋中央水；AAIW 为南极中层水；AIW 为北极中层水；NADW 为北大西洋深层水；NABW 为北大西洋底层水；AADW 为南极深层水；AABW 为南极底层水；MIW 为地中海中层水；NPCW 为北太平洋中央水；SPCW 为南太平洋中央水；NPIW 为北太平洋中层水；PSW 为太平洋亚北极水；COW 为共通水；ECW 为赤道中央水；SICW 为南印度洋中央水；RSIW 为红海中层水。

对世界大洋水团划分中所谓的"中央水"，是指位于三大洋核心区（中、低纬区）的表层水和次表层水，即主温跃层以上部分。这部分水的运动主要是风生环流（表层）及其下受 Ekman 风生流引起的抽吸运动。它所包含的热盐流动是不明显的。中央水团所在位置也正是上述所谓"暖水区"。其水平环流以几个大洋流环封闭在两极锋带之间。而其垂向运动（主要由亚热带辐聚带的下沉和赤道流区的辐散上升形成）也只深达于主温跃层之上，故这里的水团与冷水区的水交换很弱。

冷水区的环流则主要是由极地和高纬区表面冷水向低纬区下沉形成的热盐流动。极地高纬区海面水由于温度低于中、低纬区的水温，密度大于中、低纬区的水密度，于是水便向低纬区方向流动，同时因密度大而逐渐下沉直至达相应的密度然后便稳定而缓慢地沿水平方向流动。南极中层水源于亚南极表面水，即南极辐聚带和亚热带之间环绕一圈较冷的水在此地下沉至中央水团之下达1000～2000m的深度上，这一水团的水在全球大洋盆中都可发现，其下沉并向北流动可穿越赤道，在大西洋可达20°N，在太平洋和印度洋也可达10°N左右。

NPIW虽然也是一个温度、盐度都很低的中层水团，但它不是在表层，而主要是在次表层通过复杂的混合过程而形成的，只是至今人们对这些过程了解得还不够充分。AIW则是在北大西洋亚北极表面水形成的，由于这里的蒸发率较高，因而这一水团的盐度高于上述两个中层水团。

MIW和RSIW是两个特殊的所谓"水型"式的水团，这类水团由于源区很小，其形成时，水团内的温度、盐度几乎完全一致，即在$T\text{-}S$图上只占一个点。地中海处于强烈日照下的干热气候，当北大西洋的表面水经直布罗陀海峡流入地中海之后，便会由于极高的蒸发率，而增大了盐度。当表面水向东流动的同时，就由于密度越来越大而下沉，当底部的高密、高盐水达到一定厚度，就从直布罗陀海峡的底部返回至北大西洋，并继续下沉而混入大洋深层水中。尽管如此，在北大西洋一个很大的范围内仍然可以追踪到它的特性，RSIW在印度洋有类似的性质。

南极底层水是世界大洋水团中密度最大、温度最低的水。冬天，在南极大陆周围形成冰盖，在威德尔海冰层之下形成的低温、高盐水不断下沉，并在海底逐渐向北流去可直达30°N并可漫延至三大洋。NADW与NABW则是源于格陵兰海的亚北极辐聚带上，也称大西洋亚北极水，它在冬天形成很快，南下后也可在三大洋追踪到。特别当它与AABW相遇且交融之后，又恰被强大的南大洋绕极流带入印度洋和太平洋而形成了一种特殊水团——COW，并一直可以扩展至10°S，在空间较小又不可能接受亚北极水的印度洋，这一水团占据了几乎全部深、底层，只有一个高盐水舌——RSIW伸入3000m的COW之中。太平洋的亚北极水主要源于鄂霍次克海，但有人认为这里的冷水生成量很小，不会占据如此大的空间。

如前所述，表层和次表层以下的深层环流是由极地高纬区表层水下沉并向低纬方向流动的热盐环流，其流速很小，但流动的空间尺度很大，故而必然主要呈地转平衡机制。由于柯氏力的作用，当自两极向低纬方向流动时，必然是沿着大洋西边界或洋脊东侧，一旦穿越赤道就被推离边界向东流去。鉴于最近数年来 Argo 浮标观测的发展，使大洋的温、盐观测资料异常丰富，更精致的大洋环流状态将很快会被揭示出来。

4.5.2 近海环流

上面介绍的大洋环流主要是指以陆坡为边界的大洋盆内的环流，但全球的海水还有 9% 以上处在内陆海、边缘海、陆架海域及海湾之中。这些海域除了其面积、容积比大洋小得多，而且由于其水深很小，又毗邻大陆，受陆上气候影响较大，这些海域的环流自然与大洋环流有同有异。此外，虽然其范围比大洋小，但对人类的影响更直接。仅从海战来说，由海至陆的登陆战役往往是制敌的关键，第二次世界大战的诺曼底登陆战役就是最好的例证。然而，近几年来对近海资源的纷争，使一些海洋强国的战略重心从大洋向近海转移，所以沿海国家从防御和维权的角度也自然更关注这类海区中的海防建设。

1. 近岸风海流

与大洋风环流不同，在陆架和海湾由季风作用形成了以年为主要周期的风生环流，这种风海流与大洋的 Ekman 漂流，有几个不同之处。

大洋风漂流只波及百米上下的深度，即上述的 Ekman 深度，这比起数千米深的大洋小一个量阶。而近岸海域水深最多不过与 Ekman 深度同量级，沿岸范围就更小于这一量级。因此，这里的水体可以全深度被风驱动成流，而底摩擦作用也就不能再被忽略了。也由于同样的原因，在 Ekman 漂流中，实际的海洋深度自然没有意义，但对近岸浅水，水深必然是一个重要参数，而流螺旋也必然不再像无限深海那样典型。

由于深度参数 h 的出现和底摩擦力的引入，风海流比大洋中的漂流复杂多了，上述问题的求解也较困难一些。有学者以底流速为零的底边界条件，得到了近海水域单纯风海流的解。

Ekman 漂流是大洋核心区的风海流，因而没有考虑岸边的作用，但在具有岸边界的海域，风海流总会造成沿岸水的堆积或流失，从而一般地总会形成海面的倾斜，因而在风海流形成的同时，也会出现倾斜流，即正压梯度流。这在其动力学方程中，除保留 Ekman 两个力平衡式外，必然应加入由海面倾斜形成的正压梯度力。

2. 梯度流

如前所述，地转流应包含正压梯度流和斜压梯度流（热盐流）。在近岸海域，由于水深远小于大洋，这种地转流已不能再保持地转平衡机制。由于底阻滞作用，湍摩擦力已上升为基本作用了，而对于单纯研究环流的水平输运量来说，底摩擦的作用也不能像在大洋中那样可以忽略了。

近岸正压梯度流由于湍摩擦作用，与深度呈一定的关系。无论其方向或大小都将随深度而变化，它的流速矢端也必将描出一个类似大洋底 Ekman 层的"螺旋型"线。此外，一些与大洋或深海有较明显的水量交换的内陆海（如黑海、红海、地中海等），其海域内形成的"热力"，并进而产生的"热盐环流"也是不容忽视的。

黑海地处中纬度，它与上述的地中海有一个相反的气候因素，即这里的降雨量加上较多的河水径流远超过其蒸发量，因而大量的淡水冲淡了表层海水，使其盐度只有 18~22，从而与表层之下的海水形成很强的盐跃层，加之夏季的温跃层，水体具有明显的层化结构，在大约 100m 的深度上存在一个密度跃层。当表层低盐度、低密度的海水积累到一定程度，就从窄而浅的博斯普鲁斯海峡流入马尔马拉海，再进入地中海。而黑海盐跃层之下的海水就被其海峡处的海槛阻挡，长期滞留（黑海水的完全交换，大约需 3000 年），因而黑海的环流只在表层才明显存在。盐跃层限制了深层水的交换造成了黑海极坏的生态环境。19 世纪之前，由于观测手段的落后，长期以来海军及航海家们普遍认为黑海只有表层水通过海峡的流出而没有流入，这显然（起码在少雨季节）不符合质量守恒规律。直至 19 世纪末，一位俄国驻土耳其大使馆年轻的警卫船长才以自己精心设计的测流手段，发现了海峡底部有流入黑海的"潜流"。但是，直到 20 世纪初才由著名的德国海洋学家默尔茨以较为先进的仪器和专门组织的海洋调查，证实了这一"潜流"的存在。

3. 外部流

由于陆架海、内陆海及海湾一般地都有与深海甚至大洋相通的开边界，如陆架边缘或海峡等而沿岸又可能有河口，特别是较大的河口，这些非封闭边界必然与边界外的深海或河流有水量的交换。当海水（或河水）由这些边界流进或流出时，也必然对海域内的环流状态形成特殊的影响。有研究者将这种环流的生成称为"边界力"的作用，它们当然与风应力或热盐力不同，其实这是一种流体宏观运动的连续性或质量守恒的作用原理。此外，一般地流进近岸海域的深海水或河口径流入海的河水，都与原海域中滞留的海水具有一定的物理（温度、盐度）差异，从而又会使域内产生一定的热盐流动。

对于环流这一气候平均式的流动，根据质量守恒原理，对于一个具有开边界的海域或海湾，通过开边界的流入量与流出量必然相等。如果这一海域只有一个开边界（如海峡），或者沿垂直向上进下出（如地中海）或下进上出（如黑海），或者在水平面上分进、出两部分（如渤海），而对于有两个以上的开边界，外部流就会从某开边界流入，海域内的水又会从另一开边界流出。

正是由于开边界引入的外部流，就使任何一个"海"的环流系统不再像大洋那样，一定形成一个封闭的"流环"，但这并不排斥海内某一部分还能出现较小范围的环状流动，从而也会形成浅海水团。

4.5.3 海洋环流的数值模拟

20 世纪 40 年代电子计算机的出现，很快使一些可以用大量计算来进行研究甚至预测的学科获得了较快的发展，海洋科学便是其中之一，用数值计算方法模拟北大西洋环流的工作在第一台电子计算机问世的第 10 个年头首次得以实现。后来，Cox（1970）对印度洋的风生热盐环流，O'Brien（1971）对北太平洋的风环流，Holland 和 Hirschman（1972）对北大西洋环流，直至 Bryan 和 Cox（1972）对均质全球大洋环流和 Cox（1975）对斜压全球大洋环流的数值模拟都获得了令海洋学家们瞩目的成果。当时，由于计算机条件的限制，这种大计算量的工作还只是由少数海洋研究单位和个别海洋学家所为，随着计算机的迅速发展和网络信息的出现，至今几乎大部分具有海洋研究部门的国家，均已开展了海洋环流（无论是大洋环流还是近海环流）的数值模拟和研究的工作。其中，设计较好的一些环流模型（如 MOM、POM 等）已经可以从网上下载，以供海洋科技工作者使用。

所谓海洋现象的数值模拟，即选定一套可以表达这一现象的动力、热力以及相关物质、物性乃至生物和化学作用的方程组，以及与其中微分型方程有关的边界和初始条件；然后将这一套方程中的微分方程及相应的初、边值条件用某种数值计算的方法"离散"，从而将微分方程"离散"为计算点上（实质的）的代数方程；最后逐点地或联立地数值求解出各计算点上可以表述这一现象的各种变量的具体数值。与此同时，需要将所关心的海区，依选定的数值方法离散成足够多的小空间（小空间比所模拟现象的自然尺度足够小），上述所谓"计算点"就可选定在这些小空间中的某种几何中心点或是小空间的某种边界点上。一旦表述这一现象的变量（如流速等）在这么多的计算点上被计算出来，这一现象在该海区就可以被较为充分地认识了。如果还要考虑现象的时间变化过程，非定常方程组还需进行时间离散和逐层（时间）计算。

对于环流这一物理海洋现象，所需要的相应的微分方程即是表征海水运动过程应满足质量守恒原理的连续方程和海水微团应满足牛顿力学原理的运动方程，它其实就是海水质点流速应满足的微分方程。海洋问题的数值离散方法，大量地采用有限差分方法，也有一些研究者采用有限元方法或谱元方法。随着计算机容量与计算速度的发展也推动了数值计算方法的发展,由于有限差分方法的相对灵活性,可以设计突出各种性能的计算格式。至今可以从最低阶精度的格式发展出更高阶(如空间6阶)的格式,从原始有结构网格(如矩形平面网格或立方体网格)发展为不规则、无结构网格(任意三角形甚至多边形网格),后者适应不同变化尺度问题。离散方法也可结合使用,如谱元方法。此外,极少数学者采用有限解析法。而有限体积法也可以归入一种特殊格式的有限差分法。对于模拟实际流动模型,都是尽量采用完整的方程组和更为合理的边界条件。当然,为了对真实情况进行模拟,地形(岸界和底形)更应采用尽量精确的测量资料。

要模拟出更接近实际的流动现象和各现象间的相互影响、相互作用,特别地要模拟在实际大洋空间中的总环流时,显然就应考虑尽可能完全的因素,采用尽可能完整的方程组。这样一来,只能用数值计算的方法来完成这种复杂的方程(特别其中包含非线性项和并非完全确定的参数)和复杂又不规则海域的求解。

尽管在进行模拟计算时,可以采用尽量完整的方程,相对实际的海洋现象来说,能够实现计算的数值模型,其实都引入了诸多的近似和假定。例如,对大洋环流的数值模拟,则所有模型几乎都引入了前述的"不可压缩"近似、垂直准静力近似、斜压海洋的Boussinesq近似,以及海面刚盖假定等。同时,由于其无辐散的特征,多数大洋环流模型均将方程组改为计算流函数的方程,不仅简化了计算,而且可以将流函数计算结果绘成等值线图,可以直观地看到大洋环流的水输运路线和强弱区了。

此外,还应明确,数值计算求解微分方程,本身就是一种近似方法,它不可能获得微分方程的精确解,虽然可以通过时、空网格尺度的缩小而减小误差,提高精度,但对于非线性问题,通过长时间的计算这些误差有可能通过相互作用而发展。通过对计算的伪物理效应的分析可知,在计算结果中总会混进一些虚假的波(或流),因此必须对计算格式小心处理。随着计算机容量、速度的发展和计算方法的改进,海洋数值模拟技术的进展是很快的。在对大尺度环流模拟模型中出现过各种耦合模型,如海—气耦合模型,就不只考虑大气对海洋的动力、热力作用,也应考虑反向作用;环流与潮流耦合模型,是将大尺度的环流与中尺度的潮波(潮流)的相互作用进行模拟和研究;具有中尺度涡的环流模型,则在模拟大尺度环流的同时,还可以模拟出中尺度涡,也可包含中、小尺度锋模拟的环流模型。特别是这20多年来,由于人们对海洋环境的关注和海洋生态系统动力学的发展,使得研究和模拟海洋(甚至包含大气)的生物地球化学过程的数值模型也已出现。当然,这种模型及其计算方案,显然异常复杂,而将上述这些复杂模型发展完善尚需时日。总之，海洋数值模拟的工作，虽已有半个世纪的历史，但仍然方兴未艾。

4.6 海洋跃层

海洋跃层指海水中某些水文要素（如温度、盐度和密度等）在垂直方向上出现突变或不连续剧变的水层，主要用于区别上下层海水的物理性质，也称为飞跃层，是研究海洋生物多样性的重要因素，在声波探测、水下通信等领域应用广泛。海水的各种性质都随水深增加而变化，但不同要素随水深变化的规律和特点是不同的。其实，即使是同一种要素随水深的变化——垂直方向梯度，在不同的水层也不一样。事实上，在某些水层中，海水性质的垂直方向梯度会比其上及其下的水层中梯度大得多，从而体现出该性质在相应水层中的阶跃状的变化[11]，这就是飞跃层，通常简称为跃层。

跃层的形成与存在，在很大程度上阻碍了其上、下水层之间的温度、盐度等性质的交换，从而对垂直方向的温度、盐度等性质的分布衍生极显著的影响。在海洋水团、环流和内波的研究中，跃层是不可忽视的因素。在渔业生产中，跃层的强弱和深度变化，不仅影响渔获量，而且也影响渔具的选用和作业方式的调整。在深海有关活动中，跃层的研究更有重要意义，因为海洋水声通信、探测和监听、水下兵器的使用等，都需要对跃层有很好的把握[10, 13]。海水密度跃层较强时，犹如存在"液体海底"，可供潜艇"坐底"以隐蔽自己；但欲下沉或上浮时操纵却有困难和危险。特别是密度跃层受到扰动会产生内波，内波对潜艇的航行和安全有重要的影响。

海水的温度、盐度、密度和声速等，在垂直方向都有可能出现跃层。然而只有水温跃层和盐度跃层可以"独立"出现，密度跃层和声速跃层则一般是依附于温度、盐度跃层而伴生。

4.6.1 跃层形成的原因

水温跃层的形成原因可归纳为两类：热力—动力和水团配置。太阳辐射使上层海水增温，而风、浪、流等导致的混合，则可使混合作用所及水层内的水温趋于均匀；随着热量的继续输入和混合的持续作用，就会使上均匀层的下界附近形成了水温垂直方向梯度的阶跃而出现跃层；在浅海，潮流与海底的摩擦导致的近底层混合也在一定程度上促成和加强了温跃层。在暖季形成的这种季节性温跃层深度不太大，通常称为浅跃层或第一跃层。所谓第二跃层则指热性质不同的水团叠置形成的温跃层[10]，如主温跃层。

盐度跃层的形成也有两类机制：温跃层的影响或盐度不同的水团的叠置。由于温跃层率先形成，阻碍了上、下层之间的盐量交换，有利于盐度跃层的形成，特别是当海面降水大于蒸发或有径流输入时，盐度跃层很容易因之形成。大洋次表层高盐水团与中层低盐水团之间形成盐度跃层前已述及；边缘海的大江、河口冲淡水与外海水叠置，也会形成较强的盐度跃层[10]。

海水密度随水温度、盐度和压力而变化，但在海洋上层（如1000m以内）海水密度的变化主要取决于水温和盐度，因而密度跃层的形成便与温跃层和盐跃层密切相关。声速的变化也与海水的温度、盐度、压力有关，但以温度的影响最重要，其次是压力；盐度的变化影响较小，除非在特殊海域，一般可予忽略。

4.6.2 海水混合

混合是海水的一种普遍运动形式，混合的过程就是海水各种特性（如热量、浓度、动量等）逐渐趋向均匀的过程[2]。

海水混合的形式有三种：①分子混合，借助分子的随机运动与相邻海水进行特性交换，其交换强度小，且只与海水自身的性质有关；②涡动混合，是由海洋湍流引起的，也称湍流混合，为海洋中海水混合的重要形式；类比分子混合中分子的随机运动，它是以海水微团（小水块）的随机运动与相邻海水进行交换，其交换强度比分子混合大许多量级，它与海水的运动状况密切相关；③对流混合，是热盐作用引起的，主要表现在垂直方向上的水体交换。由于对流混合也是杂乱无章的海水微团的交换，有人也将其归入湍流混合。

因为湍流对海水混合有重要贡献，因而先对它的基本性质及其生消规律加以简要说明。

1. 湍流的基本特征

流体运动形式分为层流与湍流两种。层流是一种十分规则的流动，在两层流体之间只能通过分子的随机运动进行特性交换。湍流运动则是在平均运动的基础上，又叠加上了一种以流体微团的形式作混乱的、毫无秩序的随机运动，这是湍流的第一个基本特征。湍流的第二个基本特征是其扩散性，即这些作随机运动的流体微团互相之间的距离不断增大，这是造成流体扩散和混合的基本原因之一。第三个基本特征是对能量的耗散性。湍流中的速度梯度很大，由于其黏滞性消耗很多能量。因此，湍流运动的产生、发展必须有足够的能量供给，否则湍流运动会很快平息。

2. 湍流的产生与消衰

湍流能量的产生来自切变生成和浮力生成两个方面。前者是由平均运动中的速度剪切引起的。可以证明，单位时间内通过速度剪切所产生的能量为 $K_M\left(\dfrac{\partial u}{\partial z}\right)^2$。其中，$K_M$ 为动量扩散系数，u 为平均运动速度。这一过程称为湍流能量的切变生成。后者则与海水铅直稳定度有关，可表示为

$$E = -\frac{1}{\rho}\frac{\partial \rho}{\partial z} \tag{4-21}$$

式中：ρ 为海水的密度。

显而易见，当海水密度 ρ 随水深度增加而增大时，$E>0$，即海水呈层结稳定；相反，若 $E<0$ 则海水层结不稳定。不稳定层结的海水开始扰动，从而导致湍流动能产生和增加，这显然是由系统的势能转化而来的。故称为湍流能量的浮力生成。

理论上已证明浮力生成率为 $\dfrac{1}{\rho}gK_\rho\dfrac{\partial \rho}{\partial z}$。其中，$K_\rho$ 为密度扩散系数，g 为重力加速度。

湍流能量的消耗也有两种途径：一是由黏滞性作用而消耗；二是在海水稳定度为正值的情况下，其浮力生成率为负值；它削弱已经开始的扰动直至平息，湍流的动能被转化为系统的势能。

海洋中湍流的生消主要取决于上述能量的平衡，在层结稳定的海洋中稳定度为正。湍流产生的必要条件是必须具有足够大的流速梯度，以克服黏性消耗，同时克服稳定度所产生的阻力。产生湍流能量的切变生成率至少必须大于浮力消耗率，即

$$K_M\left(\frac{\partial u}{\partial z}\right)^2 > -\frac{1}{\rho}gK_\rho\frac{\partial \rho}{\partial z} \approx gK_\rho E \tag{4-22}$$

由此可见，平均流速梯度与海水静力稳定度是制约湍流生消的主要因子。不难看出，只有速度梯度存在，且大于某一数值时，湍流才能在层结稳定的海洋中发生与发展。海水稳定度越大，湍流越难产生与发展。

由于热盐效应导致海水静力不稳定时，便会产生自由对流，与此同时黏性阻滞及热盐扩散又使之受限，故只有当密度铅直梯度达到一定程度时，对流方可维持和发展。当然，对流过程也可产生湍流。

总之，湍流的形成是由动力因子所产生的机械作用以及热盐因子所致，二者必居其一，或者兼而有之，湍流是引起海洋混合重要而普遍的形式之一。

3. 海水混合的区域性特征

海洋中的混合现象，随时随地几乎都会发生，但其区域性特征也很明显。

1）海—气界面

海—气界面是海水混合最强烈的区域，因为海—气界面上存在着强烈的动力和热力过程。例如：风使海水产生海流和海浪，它们所具有的速度梯度和破碎都会引起海水的混合；海面上一场大风，在浅海可使混合直达海底；海面与大气的热量交换和质量交换可改变海水的密度结构，还有结冰等过程也可引起海水的对流混合，尤其在高纬度海区的降温季节，对流混合常可达到几百米的深度，致使海—气界面和海洋上层成为海洋中混合最活跃的区域。

2）海底混合

海底混合主要由潮流、海流等动力因子引起，其混合效应通常是自海底向上发展。在浅海，下混合层可以发展到与上混合层相贯通，从而导致海洋水文要素在垂直方向上的分布均匀。

3）海洋内部混合

由海洋内波引起的混合尤为重要，由于海洋内波水质点的运动可导致很大的速度剪切，特别是它们振幅的巨大变化和内波的破碎，常常造成海洋内部的强烈混合[13]。

4）"双扩散"效应

研究双扩散效应引起海水混合时，需要重视分子混合效应的重要性。在层结稳定的海洋中，只要温度、盐度两者之一具有"不稳定"铅直分布，由于分子热导率大于盐扩散系数（$K_t \approx 10^2 K_S$）便可能引起自由对流，从而促进海洋的内部混合。通常有如下两种形式[11]。

(1) 冷而淡的海水位于暖而咸的海水之上。此时温度出现"不稳定"分布状态，但若海水仍能处在层结稳定状态中，即若其上部的密度稍小于或等于下层的密度，那么海水仍是静力稳定状态。然而，因为分子扩散，上层海水将增温增盐，下层海水则降温降盐。因为热导率是盐扩散系数的 10^2 倍，所以界面以上由于增温、增盐的联合效应使海水密度减小，导致海水从界面处上升。下层海水降温、降盐的联合效应，则使海水密度增大，导致海水从界面下沉。因此，对流从界面开始分别向上和向下扩展。

(2) 暖而咸的海水位于冷而淡的海水之上，上层密度仍稍小于或等于下层的密度。这时，上层海水因热盐扩散，温度与盐度降低，其联合效应是使海水增密下沉。下层海水的温盐扩散联合效应，则导致密度减小而上升。于是，上、下两层海水通过界面产生对流，分别向另一层海水扩散。在海洋中已经观测到这种从界面向上、下伸展几厘米长的指状水柱，称为"盐指"[11]。

由于这种海水混合现象完全是由热量与盐量通过分子扩散而引的，因而称为"双扩散"效应。尽管分子混合本身的混合效应很小，但在上述两种特定温盐结构的层结静力稳定的海洋中，双扩散的结果却大大地促进了海洋内部的混合。

双扩散效应所形成的温盐结构，在海洋中并不少见。例如，通过直布罗陀海峡进入大西洋的暖而咸的地中海水，在大西洋中层散布，与其下部冷而淡的大西洋水之间的温盐结构，即属上述之第二种类型。在极地海区，上层海水冷而淡，下层海水往往暖而咸，则属上述之第一种类型。这些以小尺度在海洋中存在的温盐结构，与海洋中温度、盐度、密度细微结构的形成具有密切的关系。

4. 海洋混合效应及其分布变化

1) 海洋上层的混合效应

海洋上层是海洋中混合最强烈的区域，包括由动力因子导致的涡动混合和由热盐因子引致的对流混合，它们可以单独发生，也能同时存在。

当海面上的风、浪、流等因子引起涡动混合之后，将在一定的深度上形成一个水文特性均匀的水层。在混合层的下界将出现一个水文特性梯度较大的过渡层，即形成温度、盐度、密度跃层。跃层以下的分布则仍保持混合前的分布状况。

在对流可达的深度内，可形成一个均匀层。由于增密下沉的海水直到与其密度相同的深度上才会停止下沉，因而这一深度恰好就是对流混合的深度。

2) 海洋底层的混合效应

海洋底层的混合主要是由潮流和海流引起的，与海洋上层相似，在海底摩擦的作用下，使流动产生速度剪切而造成湍流混合，往往形成一性质均匀的下混合层。在浅水或近岸海区，自下向上发展的底层混合效应有时可与海洋上混合层贯通，致使底层低温水扩散到海面，于夏季在那里形成低温区。例如，在山东半岛成山头外，由于强烈的潮流与海流的作用，就常于夏季在表层出现低温水。

3) 由混合形成的跃层对海况的影响

由混合形成的跃层，特别在春季后的增温季节中，海水表面增温强烈，往往形成密度梯度很大的跃层，成为上、下海水交换的屏障。它一方面阻碍着热量的向下输送；另一方面又阻碍着下层高营养盐的海水向上补充，此时浅海海洋的初级生产力将明显降低。

此外，海洋中还存在所谓混合增密效应，或称体积收缩效应，即两种温度、盐度不同的海水混合后，其密度大于混合前两种海水密度的平均值，其原因在于海水密度并非温度与盐度的线性函数。

4）混合的分布与变化

混合特别是海洋上层的混合，具有明显的季节变化和不同的地理分布特点。

涡动混合在各个季节各纬度的海区都会发生。对流混合只是在高纬度海区与降温季节比较强烈，且此时涡动混合效应往往被其掩盖。因此，涡动混合在低纬度海区和夏季才显示其重要的作用。在低纬度海区，即使冬季对流混合也难发展，涡动混合则全年占据优势地位。

在某些高纬度海区，冬季强烈的对流混合所及的深度较大。夏季海水表层增温后，由于涡动混合所形成的混合层较浅，以致在涡动混合层以下形成"冷中间水"。

相对而言，无论涡动混合还是对流混合，其效应在陆架与浅海区都比大洋更为强烈，特别是在某些中、高纬度海区甚至可以直达海底。

4.6.3 跃层的示性特征

为了定量地描述跃层，我国的国家标准《海洋调查规范》[14]采用三项示性特征，即跃层的深度、厚度和强度，也有的建议再加另一项示性特征——差度[10]。

以水温为例，当有跃层存在时，其垂直方向分布曲线可典型化如图 4.12 所示。海洋水温的铅直向变化在上层比较缓慢，再往下随深度的增加水温迅速降低，然后变化又趋缓慢，水温铅直向分布曲线出现了两个曲率最大的点 A 和 B，它们分别是跃层的上界（或称顶界）和下界（或称底界）。水深 Z_A 为跃层的上界深度，下界深度为 Z_B。显然，跃层的厚度为 $\Delta Z = Z_B - Z_A$，跃层的差度 $\Delta X = X_A - X_B$，即上界水温值与下界水温值之差。对水声而言，其差度也可用 $\Delta X = X_A - X_B$ 计算；然而对盐度和密度来说，则因它们的正常分布是随水深增加而增加的，所以其差度应该为 $\Delta X = X_A - X_B$。这样一来，差度为正值时即对应于海洋要素的正常铅直向分布，而差度为负值时，则对应于要素的垂直向分布为逆向分布。在层化海洋中海洋要素的逆向分布层，称为逆置层[12]。

跃层的强度定义为 $\Delta X / \Delta Z$，即在跃层之内的平均垂直向梯度。由于差度可有正或负，因此对应的跃层强度也相应地有正、负之分。正值对应于正常分布的跃层，称为正常跃层或正跃层，习惯上即简称为跃层；负值则对应于逆跃层。

进一步观察图 4.12 还能发现，在点 A 以上（浅）和点 B 以下（深），也是有垂直向梯度的，只是因为其梯度的绝对值不如 AB 段内大，所以被划在跃层之外。换言之，并非凡有垂直向梯度都称为跃层，而是其梯度的绝对值达到一定的临界值时才能划为跃层，这一临界值即跃层强度的最低标准。我国对各种海洋环境参数规定了不同的最低标准，而且在浅水层（水深浅于 200m）和深水层（水深大于 200m）同一要素的最低标准也不同，见表 4.2[11]。表 4.2 中水深浅于 200m 的跃层的标准是 1958—1960 年全国海洋综合调查期间推出的，应用于近岸浅水海域。后来调查研究海域逐渐向外海拓展，并参与了国际合作及大洋调查研究，遂形成了深水海域选定跃层的统一标准。在实测水深大于 200m 的测站，计算出各水层的环境要素垂直向梯度之后，可以发现其上层（一般是浅于 200m）在某些季节有大于表 4.1 左列临界值的水层，即可选定为存在浅水强跃层，但在另一些季节却不存在，因而这是季节性跃层；在季节性跃层下方（一般深于 200m）也有些水层存在明显的垂直向梯度，虽然达不到表 4.2 左列的临界值，却可以达到其右列的临界值，于是可选定为存在深水弱跃层，且往往是常年存在的跃层。7 月温跃层强度分布[15]，渤、黄海全部及东海大部分海域都存在浅水强跃层，而东海东侧深水区则同时存在深水弱跃层。南海 6 月温跃层强度分布，其深水弱跃层分布范围更大[16]。

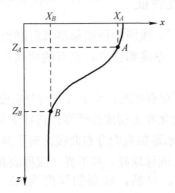

图 4.12 典型化跃层的形式

表 4.2 跃层强度的最低标准

项目	水深<200m	水深≥200m
水温跃层强度/℃·m^{-1}	0.20	0.05
盐度跃层强度/m^{-1}	0.10	0.01
密度跃层强度/kg·m^{-4}	0.10	0.015
声速跃层强度/s	0.50	0.20

4.6.4 跃层的分类

若依海洋要素划分，可有水温跃层（或简称温跃层）、盐度跃层（或简称盐跃层）、密度跃层（或简称密跃层）以及声速跃层（或简称声跃层）等。若按海洋要素随深度的变化是正分布或者逆向分布，即差度为正值还是负值，可将跃层分为正（常）跃层和逆跃层。若根据跃层成因和跃层变化的时间尺度划分，可将跃层分为主跃层、季节性跃层和短时性跃层三类。

1. 主跃层

主跃层即主温跃层，又称永久温跃层，是大洋中的暖水系和冷水系垂向叠置的结果，其强度和深度在经向和纬向都有变化。如前已述，主温跃层既对密度跃层有影响，更对海洋深层的声传播起重要作用；大洋的铅直向声速廓线的最小值出现在主温跃层的下界附近（约 1000m 深层），这里就是深水声道之所在。研究主跃层的强度和深度的变化特征与规律，对于海洋中的水声探测和通信均有重要意义。

2. 季节性跃层

如季节性温跃层主要是中纬度海域的海洋学特征，它在暖季（北半球的春季和夏季）形成，深度一般为 50～100m，但有明显的季节性变化。盛夏期间强度最大，秋季开始因海面失热和风致混合加强，上混合层加深、跃层深度随之加深而厚度减小、强度变弱。至冬季，强风搅拌和降温、增密所致对流混合更为发展，在浅海陆架可以直达海底，季节性温跃层消亡；在深海，层厚可为 200～300m，甚至到主温跃层上界。

在低纬度热带海域，温度的季节性变化很小，不足以形成明显的季节性跃层，上混合层的下界即为主温跃层的上界。在高纬度海域特别是纬度高于 60°的海域，已完全为冷水系控制，故无主温跃层；然而在融冰季节表层水盐度低，也可以形成盐度和密度跃层。

3. 短时性跃层

昼生夜消的温跃层可作为其代表，太阳辐射进入海面后，厚约 10m 的水层可吸收 90%，因而若白天有足够的阳光，便容易在相应水层形成温跃层，尤其在夏季的午后强度增大，这是影响声纳性能"午后效应"的重要原因。夜间海面失热，密度增大引起对流，可使白昼形成的跃层减弱直至消失；特别是在晴朗而平静的夜间，海面因辐射冷却，还可形成厚约 1cm 的"逆温层"，其温度变化可达摄氏零点几度。

除昼夜温跃层之外，还可以出现与天气过程有关的短时性跃层。

此外，需要指出的是，当温度、盐度、密度三种跃层的深度不相重合时，会出现的一种特殊海洋学现象——障碍层。若温跃层的顶界深度明显深于密度跃层的顶界深度时，在密度相对均匀的水层之下且位于温跃层之上，便会出现一个密度随水深而急剧增大但温度却近于均匀的水层；密度跃层顶界深度至温跃层顶界深度之间的这一水层即为障碍层。因为该层的温度与上混合层内的温度相同，故对热量的铅直向交换起"热障"作用；况且该层密度梯度的增大，也减弱了混合层内夹卷的冷却效用，从而影响海洋和大气的热交换，甚至可影响恩索循环。

4.7 海　洋　锋

渔民和海员在海上活动中，经常见到"流隔"和"水隔"等奇异的海洋学现象，它们大多对应于海洋锋。

4.7.1 海洋锋的概念及其研究意义

海洋锋可以说是借鉴了气象学中的锋面的概念，但长期未能给出公认的定义。Cheng 等把海洋锋定义为任意水文要素的不连续面，只要它对水声的发射和传播产生值得注意的影响[10]。川合英夫主张，"不同性质的水团在水平方向上的边界称为海洋锋"[10]。《中国大百科全书》把海洋锋定义为"特性明显不同的两种或几种水体之间的狭窄过渡带。它们可以用温度、盐度、密度、速度、颜色、叶绿素等要素的水平梯度或它们的更高阶微商来描述"。概括上述各种提法，《海洋科技名词》把海洋锋定义为"海洋要素水平分布的高梯度带"[12]。有些宽度窄而强度大的海洋锋，船只穿过此类锋时，观测仪器的示数的突变堪称"不连续"，可见其梯度之高。

海洋锋作为海洋学重要的中尺度现象，影响涉及天气变化、水声传输、海洋渔业等诸多方面：海洋锋区所在海域，热量、动量和水汽等的海气相互作用活动丰富，对天气变化影响很大，是海上风暴的爆发区；海洋锋强烈影响水声传输，声波在通过锋区时将产生不同程度的折射或反射，使能量损失增大，对雷达和声纳等武器系统作战使用效能发挥产生显著的影响，迫切需要获取准确的海洋锋信息。大尺度的海洋锋与海洋环流、水团以及大气环流和气候研究有密切的关系，中、小尺度的海洋锋是局部海域环流、水团研究中关注的指标，也是海—气相互作用、海上灾害性天气预报关注的热点。对海运交通而言，海洋锋利弊皆有：锋区往往多雾，对航行不利甚至引发事故；然而海难失事的船体残件、罹难者的尸体遗物却容易漂浮于辐合带形成的锋区，所以持久性的锋带的位置，可为海难救助打捞提供作业海域信息。

海洋锋区因有不同水体携运而来的，特别是由上升流自下层向上输运的营养盐类，常致浮游植物大量繁殖，从而成为生产力高的"海洋中的绿洲"，浮游动物来此索饵、繁衍，又为鱼类准备了美餐，所以海洋锋区成为渔场开发的瞩目之处。海洋锋的区域变化或季节变异,对中心渔场位置,渔期早、晚,持续时间长短等,都有明显的影响。当然,值得关注的还有,某些浮游生物的爆发性繁殖会形成赤潮,使水产业蒙受损失。

海洋锋区的温度、盐度等环境要素的急剧变化,势必影响海水的声学等性质,对海洋水声通信、海洋战场监测、潜艇活动、水雷等水中武器的布设和鱼雷等武器的操控等的影响,都是不可忽视的。

海洋锋的研究越来越广泛和深入。1977 年 5 月,沿岸过程海洋锋国际研讨会召开,并出版了《沿岸过程中的海洋锋》,这是对相关研究的较全面的总结[17]。1998 年 5 月,政府间海洋学委员会又召开了一次海洋锋和相关现象的国际研讨会,对海洋锋的相关问题,如海洋锋的动力学、涡旋与急流对锋区混合和传输的影响、锋区生物化学,海峡中锋的动力学等问题进行了较全面的探讨,并出版了 Oceanic fonts and related pheenomena[18],对海洋锋的研究又是一次更大的推动和促进。

中国学者对海洋锋也进行了大量的研究,除散见于各类的学报、文集外,也有锋面研究的"专集"[19]出版。

4.7.2 海洋锋的类型和强度

1. 海洋锋的分类

由于分类标准和条件的不同,划分的结果多有不同,同一条海洋锋就可能有不同的称谓。综观国内外,大体有如下几种划分。

(1)根据海洋锋要素的不同,可分为水温锋(温度锋)、盐度锋、密度锋、声速锋、水色锋等。

(2)根据海洋锋要素水平梯度的大小,可分为强锋(如湾流锋)、中强锋(如大西洋西岸的陆架坡折锋)和弱锋(如马尾藻海锋)。

(3)根据海洋锋的空间尺度,可分为行星尺度锋(如南极锋、北极锋、马尾藻海锋)、中尺度锋(陆架坡折锋、中尺度涡旋锋)和小尺度锋(在局部海域出现的空间尺度较小的锋,如岬角锋)。

(4)根据海洋锋所在的海域或地形特征,则有强西边界流边缘锋(如湾流锋、黑潮锋)、浅海锋(如黄海冷水锋)、河口锋(如亚马孙河口锋、长江口以及杭州湾羽状盐度锋等)和沿岸锋(如江浙沿岸锋、朝鲜沿岸锋)、岬角锋(如成山头、老铁山头外的水温锋)等。

(5)根据锋生的动力原因,可分为海流锋(如湾流锋、黑潮锋、台湾暖流锋、对马暖流锋)、上升流锋(如秘鲁、索马里、舟山群岛、海南岛近海上升流区的锋)、辐合带或辐散带锋(如极锋、亚热带锋、南极辐散带锋)、河口羽状锋（如亚马孙河口锋，刚果河口锋，长江、钱塘江、珠江河口锋）、陆架坡折锋（如北美陆架锋、黑潮锋）、潮生锋（如浅海锋、岬角锋）等。

（6）根据海洋锋所在的水层，可有海面锋、浅层锋、深层锋和底层锋等。

海洋锋的持续时间差异很大，长的可达数月或更长，短的仅数日甚至数小时。海洋锋附近的流场分布，具有明显的特征，即平行于锋的方向上的流分量，在垂直于锋的方向上常常存在强烈的水平切变。锋带附近常有强烈的水平辐合或辐散，从而伴生垂直方向的运动。海洋锋在铅直方向上的分布也很复杂。例如，河口锋通常与河口轴伸展相关，在海面可向外伸展很远，而海面之下锋的截界面却朝河口或水道中心区的下方倾斜；若下层的外海高盐水势力较强，由于高盐水的楔入，锋面在中、下层则与海面锋的伸展反向，上溯甚至可达入海口附近。浅海锋和近岸上升流的锋面，则与河口锋相反，其海面的锋线大致平行于海岸且距岸较近，但随着水深增加，却逐渐向外伸展；需要指出的是，上升流锋的情况比其他锋还要复杂得多，因为有些上升流位于中、下层，并未升达海面，所以在海面上锋线不明显。陆架坡折锋的形成缘于陆架边缘地形变化复杂，陆架水与陆坡水相汇而出现明显的海洋锋；中纬度海域的陆架坡折锋，在海面上的位置随季节变化明显，而底层由于陆坡水沿海底向陆架爬升，因地形及环流的季节变化相互影响，变化也很复杂。

2. 海洋锋的强度

缘于海洋锋定义的广义性，海洋锋强度的标准颇不一致。实事求是而言，不同环境要素应该有不同的标准；在不同的海域或不同的季节，由不同学者给出了不同的标准，也是既成事实。

不同海区不同学者提出的标准不同，甚至同一学者对不同海区也提出不同的标准[10]。还有的是对特殊问题另定标准，如美国海军出于对潜艇活动需要而对湾流锋提出的相对标准[10]。由于标准的不一致，在综合对比分析时，的确有不便之处，但对于解决实际的渔业生产、航运交通等具体问题而言，灵活、实用却是很必要的，故不能一味苟求统一。

4.7.3 海洋锋的分布

目前，主要利用卫星遥感海面温度数据分析世界大洋海洋锋的分布。卫星遥感海色数据可以有效弥补海面温度检测海洋锋的不足，提高海洋锋检测的准确性。受大气环流和大洋环流季节变化的影响，即使大尺度的海洋锋也常常偏离它们常年的平均位置，有的偏离甚至可达 150km 以上。就数量而言，北半球比南半球多，大西洋比太平洋多，太平洋则比印度洋、北冰洋多；各大洋的西边界区，又明显比东边界区和中部洋域的锋多。若论强度，则强锋都在北半球的西边界流区，近赤道洋域多为弱锋，其他海域多为中等强度。以长度而论，太平洋的南、北无风带盐度锋虽为弱锋，长度却名列前茅；中强锋中的南亚热带辐聚带锋和南极辐散带锋也很长，而更令人瞩目的是南极锋可以连绵于南大洋环绕南极大陆一周[20]。

4.8 中尺度涡

海洋中尺度涡是以封闭环流为特征的一种重要海洋现象，在全球海洋中广泛存在。在气候式的大洋环流图上，大洋中部是海流很弱的海域，而在一些著名的洋流（海流）区域，不仅流速数值大，而且流向、流路标注得也很规则。需要说明的是，这仅是代表平均而言的状况，因为环流本来就是长期平均的流动状态。事实上，即使在湾流和黑潮那样的强流区，流轴也有季节性的甚至是天气式的变化，特别是在某些区段还有波状的大弯曲；而在强流区之外的其他海域，则广泛地存在中尺度涡。

4.8.1 中尺度涡的类型

中尺度涡是水平尺度为 100～500km，时间尺度为 20～200d，且以 0.01～0.05m/s 的速度移动着的涡旋；也有人称为天气尺度涡，显然，这是因其空间尺度和时间尺度而得名。海洋中尺度涡对浮游生物的分布、能量和盐分的输送具有非常重要的影响，海洋中尺度涡的自动检测是监测、分析中尺度涡时空变化的重要基础。中尺度涡的分类尚无统一标准，根据涡旋的旋转方向可分为气旋式与反气旋式，对比涡内外的温度可分为冷涡和暖涡，有的将其分为西边界流环、中大洋中尺度涡和流环式中尺度涡三种[11]，也有人将其分为锋区中尺度涡和外海中尺度涡两类[10]。

1. 锋区中尺度涡

著名的强西边界流——湾流和黑潮都伴生有强锋，它们的流轴在其上游段尚属稳定，但在中下游段则不然，例如湾流在离开哈特勒斯角以后，流轴振动便越来越强烈，到 60°W 以东之后，其南北方向上的振幅可达 200km 以上。再继续发展后，流轴弯曲得可以形成一些大的洄路，当洄路被切断后，旋转的水体便脱离主流而形成涡旋。这类涡旋的流线近似呈圆形，故称为流环。流环的直径 100～300km，表层旋转的线速度为 0.9～1.5m/s，随水深增加流速略有减小，至 400～500m 水层旋转的线速度仍可达 0.5m/s。

2. 外海中尺度涡

在大洋的其他海域不时可见这类中尺度涡，它们与强西边界流已无直接关系。1970 年，苏联在北大西洋进行了多边形实验（POLYGON-70）。美国也进行了中大洋动力学试验（MODE，1971），1978 年又进行了 MODE Group 研究。均发现外海常有许多涡旋，有气旋式也有反气旋式，相间排列而运动。涡旋中的流速有的还可高达 0.5m/s，垂直向下伸展很深，有的可及整个水柱。其后，在太平洋和印度洋也都观测到中尺度涡旋[10]。

中尺度涡旋的发现，不仅对海流动力学研究有所推动，又因为它们不时出现在各种海域，且其流场，高度场、温度、盐度分布和声学性质也有异常，从而为海洋战场环境研究所重视。据有关资料称，声波由涡心向涡外或由涡外向涡心的传播，能量损失可高达 20~40dB，中尺度涡还可使水下三维声场产生一系列的声传播奇异区，犹如陆地上的山峦屏障，因而更为海洋战场环境研究所重视。

4.8.2　中尺度涡的观测与研究

海洋中尺度涡是一种重要的海洋现象，在海洋中呈现非规则螺旋状结构，空间尺度可为 10~100km，垂直方向影响深度高达 1km[1]。海洋中尺度涡携带着巨大的能量，能够显著改变营养物质和温跃层的垂直分布，对浮游生物的分布、能量和盐分的输送具有非常重要的影响[2-3]。近年来，在海洋中尺度涡检测方面，国内外部分学者已开展了一些研究。传统检测方法主要包括基于物理特征的方法、基于流场几何特征的方法以及上述两种方法的结合。

根据气旋涡与反气旋涡在涡内外的海面高度或温度的差别，可利用卫星测高、遥感海面温度发现和分析中尺度涡。同常规的调查手段相比，卫星遥测与遥感的观测范围和时间、空间分辨率都远远超过了前者。将卫星遥测与遥感、Argo 浮标同常规资料相结合提取中尺度涡信息，可大大提高对海洋中尺度涡的监测能力。由于高技术监测的应用推广，大大推动了对中尺度涡的监测，这方面的研究成果已有很多。

关于中尺度涡的变化规律及动力机制已有不少研究。Csanady（1979）采用无黏理论模型讨论了西边界流附近暖核流环的形成过程；Aikietal 等（2004）采用数值模拟的方法研究了地形扰动在次表层均匀涡生成过程中的重要作用；Maewkawa（2002）根据观测分析了黑潮大弯曲处两个稳定性很强的暖涡的生成机制。由于可以导致中尺度涡产生的因素复杂多样，目前对中尺度涡形成的动力机制研究尚主要以定性讨论为主，定量分析则是在简化的模型下进行，因此对涡旋的生成机制的研究还有大量的工作有待进行。

涡旋的运动机理一直是人们研究的重点。Rossby（1948）借助涡能量损失的讨论，最早证明了正、反涡会在 β 效应的作用下分别向极地和赤道方向运动；Nof（1981）根据两个假设：涡的形状大小保持不变和移动速度不变，讨论了正、反涡在 β 效应的作用下均向西运动的问题；指出了非线性效应在涡旋中的重要作用，解释了一些准地转理论所不能解释的现象，如正涡的速度随其尺度增大而增大，随强度增大而减小；反涡则相反；正祸的速度小于 Rossby 波速，而反涡速则大于 Rossby 波速，这些工作为日后研究中尺度涡运动奠定了理论基础。

锋面不稳定是形成中尺度涡的重要机制，而不同结构的锋面又会对中尺度涡的运动产生不同的影响。另外，中尺度涡运动对锋面两侧的水体和能量的交换也具有重要意义。因此，研究两者之间相互作用的具体过程是目前海洋学界的一个热点问题。此外，涡旋的分裂与合并也是涡旋发展过程中备受关注的现象。

数值模型是研究中尺涡的形成、发展和运动的重要手段。早期的数值模型往往十分简化，根据不同的侧重点，可以清晰地反映某一种动力机制对涡旋演化的影响，但是这些模型无法模拟真实海洋中的中尺度涡。随着计算机技术的发展，出现了一些采用真实场地和背景场模拟旋涡运动的模型，并进行了在涡旋模拟中的数据同化研究。MAlanotte-Rizzoli（1988）采用非线性的多层、准地转模式对西边界流附近的涡旋进行了模拟，并将水温观测资料同化到模式中，结果发现当观测资料在时间和空间上足够密集时，同化会起到明显的效果，但是局部观测资料的同化则几乎没有作用。

在中尺度涡研究方面，无论是利用不同卫星遥感资料反演中尺度涡信息，还是中尺度涡的结构特征及形成、运动和变化机制等理论研究，国内外学者都取得了大量成果。近年来，中尺度涡的数值模拟和数据同化研究也有了较大发展，这些工作大大加深了人们对中尺度涡的认识。但是，由于中尺度涡本身的复杂性，对中尺度涡的研究还远远不够。

综上所述，黑潮流域和南海是中尺度涡多发区，下面介绍这两个海区的中尺度涡。

20 世纪 30 年代 Shigematsu 和 Oenuma 也已指出吕宋海峡存在暖涡，之后许多学者证实了黑潮流域两侧存在各种类型的涡，尤其在 1986 年以及 1995 年开始进行的"中日黑潮合作调查研究"和"中日副热带环流合作调查研究"，对黑潮流域的海流及中尺度现象进行了较系统的研究，认为该海域是中尺度涡多发区。

4.9 海洋内波

海水因盐度与温度的垂向差异造成密度层结现象，进而由于海洋系统的内部扰动（如海潮流过局部隆起的海底地形）与外部扰动（如死水现象）造成等密面的波动，这一现象称为"内波"。内波是发生在分层介质内部的波动现象，早在19世纪80年代，人们就在沿岸海域发现了内波的存在，而开阔大洋中内波的和非线性孤立子的存在，借助于海洋遥感，在20世纪70年代才被确认。有很多因素可以激发内波，如海面风应力、海面气压场、上混合层中海水密度水平分布不均匀、潮流或海流流经凸凹不平的海底、海水内部流速剪切的存在等。

海洋内波是海洋中普遍存在的一种动力学过程，它对海水动量、热量和质量的垂直方向输送起重要作用，因而海洋内波在整个海洋动力学的研究中占有重要的地位，是物理海洋学的重要分支。由于内波可影响海洋中的温度、盐度和营养物质的分布；可改变海洋声波的传播方向，从而影响声纳的探测；内波可阻碍潜艇前进，也可破坏海洋结构物。因此，人们已普遍认识到，海洋内波与海洋生态学、海洋水声学、海洋工程等应用紧密相关。尤其是海洋内波研究关系能源等方面，因此受到各国政府的重视[21]。

海洋内波是发生在密度稳定层化的海水内部的一种波动，主要出现在海洋内部密度垂直梯度较明显的地方，油海释混合层的底部和永久性温跃层内。由于海洋内波发生在海洋内部，一般直接看不到。借助海洋内波对海面的影响或者通过测量等密面的上下起伏可以确定内波，而等密面可以用CTD来测定。

由于这些界面上的密度差显然远小于海—气界面上的密度差，跟海面上海浪恢复力的重力相比，海洋内波的恢复力要小得多，从而大大抑制了海洋内波的频率；同时，由于海洋内波的恢复力比较小，在受到同样的扰动时，海洋内波的振幅要远远大于海上波浪的振幅，已测得的海洋内波最大振幅可以达到558m。

海洋内波的波长变化范围比较大，最常见的波长主要分布在2~6km范围内。由日潮引起的海洋内波，一般以包含4~8个波长的波包形式出现，其中最前面的波占主导地位。当温跃层比较浅，距海面足够近时，海洋内波的波峰与海面发生相互作用，这时可以通过海洋遥感方法来观测内波。

孤立子是一定时间内，保持单一波峰、波形和波速大致不变的进行波。孤立子的概念是 1834 年由美国科学家罗素提出的，孤立子是线性和局地的，通过非线性和频散效应之间的平衡，在传播过程中保持其波形不变。海洋孤立子可看成是比较强的海洋内波的一种表现，孤立子一般出现在沿岸海域（图 4.13），迄今为止，人们还没有在大洋上观测到孤立子。

图 4.13　1984 年 10 月 10 日美国"挑战者"号航天飞机拍摄到的海洋孤立子照片（地点为直布罗陀海域）

4.9.1　海洋内波的波速和频率

实际海洋内部密度是连续的，在密度跃层附近密度变化比较剧烈，可以近似视为上下两层密度不同的流体，上层密度 ρ_1 较小，而下层密度 ρ_2 较大，其厚度分别为 d_1 和 d_2，如果在该界面上存在一个波数为 k 的正弦波，理论上可以证明其波速为

$$c = \left\{ \frac{g(\rho_2 - \rho_1)}{k[\rho_2 \coth(kd_2) + \rho_1 \coth(kd_1)]} \right\}^{1/2} \tag{4-23}$$

对于海—气界面，由于海水密度是空气密度的 1000 倍左右，$\rho_2 - \rho_1 \approx \rho_2$，$\rho_1/\rho_2 \approx 0$，则式（4-23）可以简化为

$$c = \left\{ \frac{g}{k} \tanh(kd_2) \right\}^{1/2} \quad (4\text{-}24)$$

式（4-24）即为海浪的波速公式，所以从某种意义上来讲，海浪可以看成是发生在大气海洋分界面上的一种内波。由于海洋内部的密度差不可能太大，$\rho_2 - \rho_1$ 会非常小，所以海洋内波的速度比海浪波速要小得多，或者说与波浪相比，对于同样的波数，海洋内波的频率要小得多。

作为表面波海浪的恢复力为重力，所以又称为表面重力波，而海洋内波的恢复力主要为约化重力，即重力与浮力的合力。由此可见，与海浪相比，海洋内波的恢复力要弱得多，在受到同样的扰动下，海洋内波的振幅大得多，而其频率要低得多。

海洋内波的频率一般介于惯性频率和浮力频率之间。由柯氏力引起的海水波动称为惯性运动，所对应的频率称为惯性频率，惯性频率的大小等于大尺度海洋运动中常采用的柯氏参数，其定义为

$$f = 2\Omega \sin \varphi \quad (4\text{-}25)$$

式中：Ω 为地球自转角速度；φ 为地球纬度。

研究表明，海洋内波的频率一般要大于惯性频率。

描述海洋内部层结构的另一个重要的物理量是所谓的 Brunt-Vaisala 频率 N。该频率通常又称为浮力频率，是海洋动力学中重要的环境参量，其定义为

$$N = \left[-\frac{g}{\rho} \frac{d\rho}{dz} - \frac{g^2}{c_0^2} \right]^{1/2} \quad (4\text{-}26)$$

式中：c_0 为海水中的声速；ρ 为海水的密度，当以不可压缩流体近似内波运动时，即认定 $c_0 \to \infty$，则后项往往略去。

浮力频率的物理意义是指在密度层结稳定的海洋中，海水微团受到某种力的干扰后，在垂直方向上自由振荡的频率。由此可见，浮力频率是海洋密度跃层仅受到约化重力作用时的振荡频率，而海洋内波不仅受到约化重力作用，还要受到其他力，如对于内潮波还要受柯氏力的作用，两者的作用方向显然不同。研究表明，跟浮力频率相比，海洋内波的频率要小。

总之，海洋内波的频率介于惯性频率和浮力频率之间，比惯性频率要大，比浮力频率要小。

4.9.2 海洋内波的传播

与海浪相比，海洋内波属于宽谱，涉及小尺度到中尺度的海水运动问题，所以海洋内波的运动和能量传播过程非常复杂。内波在全球范围内大量存在，

尤其是在海峡入海口等密度层结现象较为明显和稳定的区域会有内波频繁活动。海洋通常呈现"三明治"状的结构：密度相对稳定的混合层与深水层，以及位于中间密度连续过渡的密跃层。密跃层的整体脉动对于海洋工程和海洋生态环境有重大的影响；而密跃层内部的波动对于潜艇的非声探测具有潜在的应用价值。而造成这些重大影响的根源在于内波在水平和垂直方向都具备传播能力，这是有别于海洋表面波浪的关键之处。

波动能量是以群速传播的，一般情况下，波速与群速的方向是一致的。对于海洋内波，则发生了一个非常有趣的现象，海洋内波的群速不仅在量值上与波速不等，而且其方向与波速垂直。海洋内波在传播过程中不断地损失能量而迅速衰减，所以海洋内波的寿命比较短，是一种非常不稳定的运动，这就给观测和研究带来很大的困难。

内波的产生大多与地形变化有关，所以内波比较容易在近海海域和湖泊内产生，大洋上的内波比较少见。在层结较强并且海底地形变化剧烈的近海海域，天文潮潮流经剧烈变化的海底地形时，很容易激发出具有潮波频率的内波，通常又称为内潮。有关内潮的研究相对比较多。

正如海浪在传播过程中会产生破碎一样，海洋内波在传播过程中也会产生破碎，将能量传递给海洋内部的湍流，海洋内部的剪切流会吸收内波的能量。同时，海洋内波引起的海洋跃层的上下起伏，会直接影响海洋内部混合，影响海洋混合层随时间和空间的发展变化。近年来，由海洋内波引起的海洋内波混合问题日益受到人们的重视。

4.9.3 海洋内波的观测

目前，对于海洋内波的生成机制还不是十分清楚，海洋内波的偶发性比较强，伴随着大振幅振荡，这对于人类在海面下的活动，特别是对潜艇航行非常重要，很多潜艇的失事都被怀疑与海洋内波有关。由于海洋内波衰减得比较快，不容易被捕捉到，给观测带来很大的困难。

20世纪60年代以来，各国学者发展和研制了很多海洋观测仪器和方法可以用来观测内波，其中最常用的就是温盐深仪（CTD），用来测量不同深度的海水温度和盐度。进行内波观测调查时，需要记录下海水的温度、盐度、流速、流向等各种物理性质的时间序列和空间序列资料。

利用海洋遥感探测海洋内波是近年来发展起来的一种新技术，最常用的是利用卫星上搭载的合成孔径雷达（SAR），由于海洋内波的振幅非常大，在某些条件下会直接影响到海面，在海面上形成辐散和辐聚条纹，通过合成孔径雷达成像技术可直接探测到这些条纹,从而可用来反演海洋内波和海底地形等。这种方法可以全天候大面积地对海面监测,使捕捉到内波的概率大大提高,随着卫星的不断发射升空,这种方法得到了越来越广泛的应用,并成为目前的一个研究热点。

4.10 结构、海浪与海床共同作用分析

为了不同的使用功能以及适应复杂多变的深海环境,深海土木工程结构种类多样、形状多变。此外,由于其长期工作于一定的海域和水深,面对一些恶劣的海洋环境,其无法向船舶或潜器那样预先躲避。与此同时,深海结构物的存在也会对海洋环境如流动特性等产生影响。因此,海洋结构与海洋环境的共同作用是海洋土木工程领域的核心问题[21-22]。

对深海土木工程建设而言,海洋环境主要有海床、海流等因素,在某些特殊海域还需考虑内波、地震等因素。深海结构物坐落于海底或悬置于海洋中部,深海结构物、海流等因素之间存在显著的耦合现象。

深海土木工程结构与海洋环境流固耦合是强非线性、能量开放动力系统。流固耦合问题涉及计算力学的两大领域:计算结构动力学与计算流体动力学,这两个方面都平行地各自研究,并取得了显著的进步[23-26]。在计算结构动力学与计算流体动力学基础上,建立极端海洋环境、强非线性水动力环境与海洋土木结构的流固耦合行为已成为目前研究的热点[27, 28-29]。一种实用的流固耦合分析方法是结构与流体用各自的求解器在时域内前后交替求解,相互之间传递作用力和边界位移,但前后时间积分不能保持二者间能量守恒。另一种将流体和结构统一用连续介质描述控制方程,采用时间同步积分,解决时间步滞后和能量不守恒问题,可是出现了新的存储于计算上的困难,自由表面非线性现象也十分难处理。提供了将两方面相联系的一种有效途径,但真正地将二者有效地结合解决流固耦合问题,还需要深入地研究方法,如动网格控制技术、无网格技术以及有限元高效方法[30]。无论极端荷载作用下复杂海洋结构物几何非线性、材料非线性动力性能,还是极端海洋环境非均匀流动,以及采用方程考虑流体的黏性、涡旋、分离等复杂流动现象,流—固耦合计算理论的研究都亟须深入开展,特别是时域数值积分需要高性能时步计算方法[21, 31, 27]。

4.10.1 海洋土木结构与海洋环境相互作用特点

海洋土木结构建造、服役于海洋中,受海洋环境的激励和影响。海洋环境

中的海流以及海床土体等都直接影响海洋结构的行为响应[32]。海洋土木结构与海洋环境的共同作用是典型的流体力学与固体力学流—固耦合问题,研究涉及多学科交叉领域[33]。

流—固耦合力学是研究变形结构在流场作用下的各种行为,以及固体结构运动对流场的影响。流—固耦合作用的重要特征是两种介质之间的交互作用,变形固体结构在流场荷载作用下会产生运动和变形,而固体结构变形与运动反馈影响流场的性质,从而改变流体荷载的分布和大小[34]。换言之,流—固耦合的流体域与固体结构均不能单独求解,也无法显式地消去描述流体运动或固体结构的独立变量。正是这种交互作用在不同的条件下产生了海洋土木结构与海洋环境的种种耦合现象。

海洋土木结构与海洋环境耦合问题按其耦合机理可分为两类:一类是流体域与固体结构部分或全部重叠在一起;另一类是流体域与固体结构在交界面耦合。

第一类典型的例子是饱和海床中海水与孔隙骨架,二者空间域难以明显分开。因此研究这类耦合问题需要描述物理耦合现象的模型,特别是本构方程需要体现耦合行为。如 Biot 饱和孔隙介质理论模型,固体结构本构方程出现了压力项,而渗流本构中出现固体骨架体变项,产生了耦合效应。

第二类耦合问题的特征是交互作用仅仅发生在流体域和固体结构的交界面上,在平衡方程上耦合是由耦合界面力平衡与运动协调关系引入的。海洋土木结构与海洋环境界面相互作用按相对运动的大小与交互作用性质又分为两类。典型的例子是海流与固体结构之间的相互作用。具有流体有限位移的长时间问题,一般不需要考虑流体的压缩性,这类问题主要关心耦合体系的动力响应,不同于流体中爆破、冲击等引起的流体流动变化的有限位移的短时间问题,后者需要考虑流体的压缩性。

图 4.14 给出了第二类流—固耦合问题的交互作用关系[34]。其中,两个虚线描述的大圆分别划出了相互作用的流体与固体。在两圆相切的位置,用一个小圆表示耦合界面。通过耦合界面,流体动力影响固体运动,而固体运动又影响流体流场。在耦合界面处,流体力与固体运动事先都不知道,只有在求解耦合系统后才可以给出交互作用量。如没有这一特征,其问题将失去耦合的性质。例如,若给定流固交界面上的流体作用力或交界面上固体结构的运动形式,本质耦合系统将解耦为单一计算流体动力学或计算结构动力学的初边值问题。

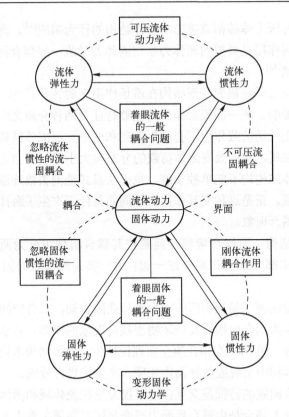

图 4.14 第二类流—固耦合问题的交互作用关系

4.10.2 海水—海床相互作用分析

将海床假设为半无限的均匀弹性介质空间来进行近似求解，具有很大的局限性。一是海床在半无限空间内很少是均匀的介质，更多情况下是接近层状分布的；二是在海床地基处于有水饱和状态下，将其当作弹性介质来处理并不妥当，应该将其视为孔隙介质来进行求解。因此研究层状介质和孔隙介质海床的动力特性具有非常重大的意义。

对于层状地基动力刚度的求解，采用最普遍的方法是由 Thomson 和 Haskell 提出的传递矩阵法[35-36]，通过给定地基表面边界条件及各层间的连续条件来求解，在地基刚度的求解中应用十分广泛。但是，Thomson-Haskell 方法中的传递矩阵当处于高频或者某一地层很厚的情况下容易出现指数溢出的问题。Liu 提出了广义传递矩阵法[37]，继承了矩阵传递法计算简单的特点，并消除了负指数函数项，从而使得计算结果不但准确而且十分稳定。在此基础上 Liu 等又将广义传递矩阵法用于各向异性层状地基,以及饱和孔隙介质地基[38-39]。

多层弹性介质地基,首先应用弹性介质波动方程,采用变换将运动方程转换到频率—波数域内,并用广义传递矩阵法推导出地基表面的应力—位移关系,再采用自适应积分方法进行逆变换求得了频率—空间域内的应力位移关系;然后通过此应力—位移关系得到在条形均布简谐荷载作用下的地基响应;其次通过有限元离散得到了半无限空间地基、单层地基上置刚性条带基础的动力刚度矩阵,广义传递法通过对矩阵的一系列变换操作消除了 Thomson-Haskell 方法指数溢出的问题,同时又继承了其计算速度快的优点;最后将得到的计算结果与 Luco 等、林皋等[40]的结果进行了对比,三者总体上说来非常吻合,只在少数频率点上有些差异。

4.10.3 波浪对海洋工程结构物作用分析

对于波浪与大型海洋工程结构物作用问题,一般可采用势流理论进行分析和研究。其理论基础是规则波浪对固定或线性系泊浮体的频域分析。随着计算机的快速发展,分析方法和研究对象从微幅波、结构小幅度运动响应发展到非线性问题,从频域分析发展到时域模拟,从简单几何形状物体发展到真实复杂的工程结构。对于规则波浪作用下线性约束浮体的稳态响应可以采用频域方法进行分析。然而,对于实际海洋工程问题,因平台结构系泊系统为非线性、波浪为不规则的原因,必须采用时域方法进行分析[41]。

4.10.4 波浪对结构物作用的频域分析方法

由于波浪与结构物作用问题存在边界未知和非线性的特点,摄动理论被广泛应用于水波与结构物相互作用的分析中。对于规则波浪与线性系泊浮体相互作用的稳态问题,可采用频域方法进行分析。另外,采用 Cummins 频时变换方法计算波浪作用力和延迟函数时,频域分析也是基础。

1. 线性问题

对于波浪与复杂海洋工程结构的海洋工程结构物的作用问题,数值方法得到了广泛的应用。随着水波格林函数数值计算速度的提高,基于积分方程的边界元方法成为波浪与结构物作用频域分析的主要方法。

2. 二阶非线性问题

深海结构的自振频率一般远离海洋波浪频率,由于非线性波浪荷载包含着更多频率成分,一些频率会与海洋平台系统的频率相接近,引起平台系统的动力放大效果。例如,对于张力腿平台,虽然它们的固有频率一般远离波能显著频率区,但非线性波浪的高频和低频作用力仍然会与平台的自振频率相接近,引起结构的大幅度水平慢漂运动和剧烈的垂向振动。为了深入理解和认识这些问题，从20世纪70年代起人们对波浪与结构物的二阶作用问题开展了分析研究。对于单色波浪与直立圆柱的作用问题，Molin[33]提出了二阶波浪力的间接计算方法，Eatock 等[42]进一步完善了水面无穷域上积分的计算方法，得到了精确的计算结果。随后，许多学者对该理论做了进一步的完善，并拓展到任意三维结构问题中，如缪国平和刘应中[43]、孙伯起等[44]、陶建华和丁旭[45]、Taylor 等[46]、Teng 等[47]，波浪对非线性系泊平台作用的时域分析方法。

实际海洋工程结构由浮体、锚链、缆绳和护舷组成，其系泊系统有很强非线性，平台结构系统的运动响应不再是简谐运动，对于这类结构系统的运动响应问题，不能直接应用频域方法求解，而需要采用时域方法模拟。

3. 非线性波浪对深海工程结构物作用的 Cummins 方法

对于波浪与非线性系泊结构的作用问题，一种简便的分析方法是采用频—时变换方法，即 Cummins 方法[48]。这一方法首先开展频域水动力分析，再根据频域水动力分析结果求得传递函数和脉冲响应函数，根据波浪谱（或波浪时间历程）求得不规则波浪的作用力的时间过程，以及物体发生不规则运动时产生的辐射力；然后在时域内根据非线性系泊条件开展海洋平台结构系统运动响应的计算分析。

4. 直接时域方法

1）摄动展开方法

波浪与结构物作用也可以在时域内直接求解。Isaacson 和 Cheung[49]应用简单格林函数和摄动展开技术建立了一个有效的计算方法，并发展到二阶。摄动展开后，速度势函数ϕ和波面函数η可分解为已知的入射分量和未知的散射分量，入射势和入射波面已知，散射势和散射波面为待求量。引入阻尼层消波方法后，水面计算域可以限制于物体周围有限区域，从而降低计算量。

应用这个方法，计算域为平均物体表面和物面周围有限的平均自由水面，这些边界面不随时间而变化，联立方程组的系数阵只需在计算初始时刻建立和分解一次，以后仅需回代求解。该方法对有限振幅运动长时间的模拟计算十分有效。Bai 和 Teng[50]应用 B 样条方法再次实现了这一模型，计算发现与 Isaacson 和 Cheung 常数元方法求得的二阶力有较大的差别。Shao 和 Faltinsen[51]采用新的展开方法再次研究了这一问题，得到了与 BaiandTeng 等相同的结果。再次说明，在非线性问题的研究中，速度势空间导数的精确计算十分重要。

2）非线性波浪水槽（NWT）

在波浪与结构物作用的时域分析中，大多采用完全非线性的自由水面条件和物面条件。为了减小计算域降低计算量，在流域两侧人为地加上两个边壁，从而形成波浪在水槽内传播及与结构物作用的模型，因此称为数值波浪水槽。在水池的末端布置阻尼层，消除传播的波浪、避免波浪的反射，前端通过模拟造波板实时运动产生波浪则可以模拟波浪在水槽中的传播现象。由于造波板的存在，从物体反射回来的波浪遇到造波板后产生的二次反射波浪会使作用在物体上的波浪发生扭曲，从而使数值精度降低。另一种造波方法是在计算域内设置造波源和消波区，反射波浪可透过源项，在消波区衰减掉。该方法克服了上述传统方法的缺陷，可以更有效地消除波浪二次反射，因而得到了广泛的应用。

值得注意的是，水池侧壁的引入将带来与开阔海域中不同的现象。由于数值水槽侧壁对波浪有反射，水槽内波浪存在横向共振现象，因此很难正确模拟实际海洋环境中波浪与结构物的相互作用问题。图 4.15 是频域方法计算的水槽内圆柱上波浪力对开阔水域中波浪力的比值，从图 4.15 中可以看到，侧壁对物体上垂向力的影响更为显著。

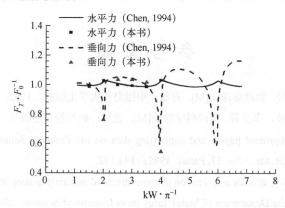

图 4.15 水槽内圆柱上波浪力与开阔水域中波浪力对比

3) 非线性波浪水池

为了消除水槽侧壁反射的影响，完全非线性波浪与结构物作用模型也可以采用入射波与散射波分量的方法。Ferrant[52]、Ferrant 等[53]首先采用半欧拉—拉格朗子方法实现这一方法，随后 Zhou 等[54]采用全欧拉—拉格朗日方法得以实现。对于规则波浪，入射波可通过五阶 Stokes 波理论给定，散射势和入射波一起在瞬时总波面上满足完全非线性自由水面边界条件，由此建立了关于散射势的定解问题，在水面圆域内进行模拟，消波过程容易实现，便于长时间的模拟。但是，对于非线性的不规则波浪，只能给出二阶近似下的解析入射势。对于更高阶不规则入射波浪，只能采用数值模型方法实现。图 4.16 是应用该方法计算的 ISSCTLP 平台上的 1~3 倍频响应，从图 4.16 中可以看到，当 3 倍频与平台系统自振频率相吻合时，运动响应十分剧烈，从而会引起张力腿平台的 Ringing 现象。

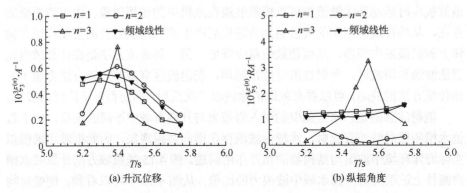

图 4.16　ISSC 张力腿平台的 1～3 倍频运动幅值随周期变化关系

参 考 文 献

[1] 叶安乐，李凤岐. 物理海洋学[M]. 青岛：中国海洋大学出版社，1992.

[2] 冯士筰，李凤岐，李少菁. 海洋科学导论[M]. 北京：高等教育出版社，1999.

[3] UNESCO. Background papers and supporting data on the Practical Salinity Scale 1978[Z]. Tech. pap. in mar. sci.，No. 37. Paris，1981：144.192.

[4] VENKATESAN R. Studies on corrosion of some structural materials in deep sea environment [D]. Bengaluru：India Department of Metal-lurgy India Institute of Science，2000.

[5] 周建龙，李晓刚，程学群，等. 深海环境下金属及合金材料腐蚀研究进展[J]. 腐蚀科学与防护技术，2010，22(1)：47-51.

[6] 王勋龙，于青，王燕. 深海材料及腐蚀防护技术研究现状[J]. 全面腐蚀控制，2018，32(10)：80-86.

[7] UNESCO. The International System of Units(SI) in oceanography[Z]. Tech. pap. in mar. sci.，No. 45. Paris，1985：124.

[8] 孙湘平. 中国近海区域海洋[M]. 北京：海洋出版社，2006.

[9] 许立坤，李文军，陈光章. 深海腐蚀试验技术[J]. 海洋科学，2005，29(7)：1-3.

[10] 李凤岐，苏育嵩. 海洋水团分析[M]. 青岛：中国海洋大学出版社，2000.

[11] 中国大百科全书总编辑委员会本卷编辑委员会，中国大百科全书出版社编辑部. 中国大百科全书 大气科学 海洋科学 水文科学[M]. 北京：中国大百科全书出版社，1987.

[12] 全国科学技术名词审定委员会. 海洋科技名词[M]. 2 版. 北京：科学出版社，2007.

[13] 方欣华, 杜涛. 海洋内波基础和中国海内波[M]. 青岛：中国海洋大学出版社, 2005.

[14] 国家技术监督局. 海洋调查规范 第七部分 海洋调查资料交换：GB/T 12763.7—2007[S]. 北京：中国标准出版社, 2008.

[15] 海洋图集编委会. 渤海 黄海 东海海洋图集：水文[M]. 北京：海洋出版社, 1992.

[16] 马继瑞, 韩桂军, 李自强, 等. 中国海及临近海域跃层空间变化特征[J]. 军事气象, 2004, 1：38-42.

[17] 鲍曼 M J, 埃萨阿斯 W E. 沿岸过程中的海洋锋[M]. 许建平, 刘仁清, 译. 北京：海洋出版社, 1986.

[18] SHIRSHOV P P. Institute of Oceanology Russian Academy of Science, Moscow and the Russian State Hydrometerological University, St. Peteburg. oceanic fronts and related phenomena: Konstanin Fedorov International Memorial symposium[C]//Intergovernmental Oceanographic Commission, Workshop Report. No. 159, 1998.

[19] 苏纪兰, 王康绺. 中国海洋学文集 2：杭州湾锋面研究[M]. 北京：海洋出版社, 1992.

[20] 孙文心, 李凤岐, 李磊. 军事海洋学引论[M]. 北京：海洋出版社, 2011.

[21] 国家自然科学基金, 中国科学院. 未来十年中国学科发展战略：工程科学[M]. 北京：科学出版社, 2012.

[22] 黄祥鹿, 鹿鑫森. 海洋工程流体力学及结构动力响应[M]. 上海：上海交通大学出版社, 1992.

[23] BATHE K J. Finite Element Procedures[M]. New York: Prrentice-Hall, 1996.

[24] 张雄, 王天舒. 计算动力学[M]. 北京：清华大学出版社, 2007.

[25] 王福军. 计算流体动力学分析：CFD 软件原理与应用[M]. 北京：清华大学出版社, 2004.

[26] VERSTEEG H K, MALALASEKERA W. An introduction to computational fluid dynamics: the finite volume method[M]. Harlow, Essex: Longman Scientific and Technical, 1995.

[27] 周济福, 颜开, 詹世革, 等. "海洋结构与装备的关键基础科学问题"研讨会学术综述[J]. 力学学报, 2014, 46(2)：323-328.

[28] 张阿漫, 戴绍仕. 流固耦合动力学[M]. 北京：国防工业出版社, 2011：323-328.

[29] 叶正寅, 张伟伟, 史爱明, 等. 流固耦合力学基础及其应用[M]. 哈尔滨：哈尔滨工业大学出版社, 2010.

[30] ZIENKIEWICZ O C, TAYLOR R L. The Finite element method[M]. 5th ed. Oxford: Elsevier Pte Ltd. 2000.

[31] MOLIN B. 海洋工程水动力学[M]. 刘水庚, 译. 北京：国防工业出版社, 2012.

[32] JENG D S. Porous models for wave-seabed interaction[M]. Shanghai: Shanghai Jiaotong University Press, 2013.

[33] ZHANG Y L. Fluid-structure dynamic interaction[M]. Beijing: Academy Press, 2010.

[34] MOLIN B. Second-order diffraction loads upon three-dimensional bodies[J]. Applied Ocean Research, 1979, 1(4): 197-202.

[35] 刑景棠, 周盛, 崔尔杰. 流固耦合力学概述[J]. 力学进展, 1997, 27(1): 19-38.

[36] THOMSON W T. Transmission of elastic waves through a stratified solid medium[J]. Journal of Aplied Physics, 1950, 21(2): 89-93.

[37] HASKELL N A. The dispersion of surface waves on multilayered media[J]. Bulletin of the Seismological Society of America, 1953, 43(1): 17-34.

[38] LIU T Y. Efficient Reformulation of the Thomson-Haskell Method for Computation of Surface Waves in Layered Half-Space[J]. Bulletin of the Seismological Society of America, 2010, 100(5A): 2310-2316.

[39] LIU T Y, ZHAO C B, DUAN Y L. Generalized transfer matrix method for propagation of surface waves in layered azimuthally anisotropic half-space[J]. Geophysical Journal International, 2012, 190(2): 1204-1212.

[40] LIU T Y, ZHAO C B. Dynamic analyses of multilayered poroelastic media using the generalized transfer matrix method[J]. Soil Dynamics and Earthquake Engineering, 2013, 48: 15-24.

[41] 林皋, 韩泽军, 李伟东, 等. 多层地基条带基础动力刚度矩阵的精细积分算法[J]. 力学学报, 2012, 44(3): 557-567.

[42] 滕斌. 波浪对深海工程结构物作用分析[C]//第十三届全国水动力学学术会议暨第二十六届全国水动力学研讨会论文集——A大会报告, 2014: 87-94.

[43] TAYLOR R E, HUNG S M. Second order diffraction forces on a vertical cylinder in regular waves[J]. Applied Ocean Research, 1987, 9(1): 19-30.

[44] 缪国平, 刘应中. 大直径圆柱上的二阶波浪力[J]. 中国造船, 1987, 28(3): 14-26.

[45] 孙伯起, 董慎言, 达容庭, 等. 不规则波浪中任意三元零航速物体的二阶力计算[J]. 水动力学研究与进展, 1984, 1(1): 74-88.

[46] 陶建华, 丁旭. 大尺度结构物的二阶波浪载荷[J]. 力学学报, 1988, 20(5): 385-392.

[47] TAYLOR R E, CHAU F P. Wave diffraction theory——Some developments in linear and nonlinear theory[J]. Journal of Offshore Mechanics and Arctic Engineering. 1992. 114(3): 185-194.

[48] TENG B, TAYLOR R E. A BEM method for the second-order wave action on a floating body in monochromatic waves[C]//Proceedings of 1st International Conference on Hydrodyanics. 1994, Wuxi, China.

[49] CUMMINS W E. The impulse response function and ship motions: DTMB Report 1661[R]. 1962.

[50] ISAACSON M,CHEUNG K F. Second order wave diffraction around two-dimensional bodies by time-domain method[J]. Applied Ocean Research. 1991. 13(4): 175-186.

[51] BAI W,TENG B. Second-order wave diffraction around 3-D bodies by a time-domain method[J]. China Ocean Engineering, 2001. 15(1): 73-84.

[52] SHAO Y L,FALTINSEN O M. Numerical Study on the Second-Order Radiation/Diffraction of Floating Bodies with/without Forward Speed[C]//Proceedings of the 25th International Workshop on Water Waves and Floating Bodies. 2010,Harbin,China.

[53] FERRANT P. Simulation of strongly nonlinear wave generation and wave-body interactions using a 3-D MEL model[C]//Proceedings of the 21st Symposium on Naval Hydrodynamics,Trondheim,Norway,1997: 93-109.

[54] FERRANT P,TOUZÉ D L,PELLETIER K. Nonlinear time-domain models for irregular wave diffraction about offshore structures[J]. International Journal for Numerical Methods in Fluids,2003,43(10/11): 1257-1277.

[55] ZHOU B Z,NING D Z,TENG B,et al. Numerical investigation of wave radiation by a vertical cylinder using a fully nonlinear HOBEM[J]. Ocean Engineering,2013,70: 1-13.

[56] 李家春,程友良,范平. 海洋内波与海洋工程[C]//祝贺郑哲敏先生八十华诞应用力学报告会——应用力学进展论文集. 北京: 科学出版社,2004: 48-52.

第 5 章 深海土木工程材料与防腐

根据第 1 章，深海土木工程是指在海洋环境下建造各类工程设施的科学技术的统称，它也指工程建设的对象，即工程主体建造在近海和远海、海上、海中和海底，直接或间接为人类生活、生产、科研服务的各种工程设施。由于工程的主体直接面对海水，海水对目前最常用的建筑材料钢筋混凝土、钢结构均具有腐蚀性。研究工程材料的防腐性能，提出新型耐海水腐蚀材料，是深海土木工程建设的必备技术储备。

5.1 概 述

5.1.1 深海土木工程材料分类

与表层海水相比，深海环境具有低温、高压、低流速等特征，导致材料在深海环境下的腐蚀行为与表层海水存在较大差异。因此，需要选取合适的材料来开展深海土木工程建设活动。目前，常用于深海的材料主要包括高性能钢、铝合金、钛合金、铜镍合金和复合材料等[1]。在复合材料中，水泥基材料包括混凝土和砂浆及其制品在深海土木工程建设活动中具有广阔的应用前景，但其性能受材料设计与施工，以及海洋环境介质影响较大。因此，考虑其性能与成本，在本章其他部分内容主要围绕水泥基材料或混凝土材料展开论述。

用作深海土木工程材料的常用水泥为硅酸盐水泥，其他水泥如硫铝酸盐水泥、铝酸盐水泥等为特种水泥。硅酸盐水泥主要由四大矿物组成，即硅酸三钙 C_3S、硅酸二钙 C_2S、铝酸三钙 C_3A 和铁铝酸钙 C_4AF。

5.1.2 海洋环境作用等级

深海环境是非常复杂的环境体系，深海环境中，溶解氧含量、温度、pH 值、含盐度、静水压力、溶解二氧化碳含量、流速以及生物环境等均随海洋深度的变化而变化，因此深海环境作用尤为复杂。深海环境作用下混凝土结构耐久性设计的基本目标是在结构的设计使用年限内，考虑环境因素可能引起的材料劣化后，仍能保证结构应用的安全性与适用性。在深海环境作用下，混凝土材料性能劣化通常是一个长期的过程。因此，确定环境影响因素及环境荷载影响程度是进行深海结构耐久性设计的重要前提。考虑设计应用的可操作性，目前国内外的混凝土结构设计规范标准通常根据不同环境类别及其对混凝土结构侵蚀的严重程度，将环境荷载划分为不同环境类别和环境作用等级，进行耐久性设计。

国内外通常在进行结构设计时，根据混凝土结构所处的环境类别和环境作用等级进行划分，如欧洲混凝土标准 EN206-1/2000 中对混凝土接触的氯离子的环境进行了调查。

国家标准《混凝土结构耐久性设计规范》（GB/T 50476—2008）对环境类别及作用等级的划分与欧洲标准相似，其中与海洋环境相关的为冻融环境、氯化物环境和化学腐蚀环境作用等级的划分。

其他标准和规范，如中国土木工程学会标准《混凝土结构耐久性设计与施工指南》（CCES 01—2004）、交通部标准《海港工程混凝土防腐蚀技术规范》（JTJ 275—2000）、《公路工程混凝土结构防腐蚀技术规范》（JTG/T B07-01—2006）等，均采取了类似的划分方法。不过，这些标准和规范均把含盐环境如海洋的环境作用等级归类为严重、非常严重和极端严重，即三种最严酷的环境作用等级。

综上所述，目前国内外相关标准主要是从结构设计应用出发，对混凝土所处环境条件进行定性划分，但是其划分标准一般比较粗略，无法进行定量化。但在进行工程耐久性设计前，应对混凝土结构各部位的主要环境荷载进行进一步划分和量化。

5.1.3 海洋土木工程材料现场破坏特点

众所周知，水泥混凝土为高碱性材料。如果选用适合于具体环境的正常材料，仔细设计和施工，使混凝土保护层具有密实组织、足够厚度，并在使用中防止微裂缝扩展，在设计年限内可保证钢筋混凝土结构在一般环境中具有足够的耐久性。然而，事实上，海洋环境中混凝土结构因腐蚀而破坏的严重态势，远远超出人们的预想。海洋环境中，混凝土主要受到物理和化学劣化的共同作用。

1. 国内外海洋腐蚀环境下钢筋混凝土结构使用现状

1）国外破坏情况[2-3]

波特兰水泥混凝土用于海洋工程的历史可以追溯至 1849 年，钢筋混凝土在海洋工程中的应用历史也有 100 多年。在混凝土和钢筋混凝土应用于海洋工程的 100 多年中，人们发现有一部分构筑物一直使用到现在还状况良好，另一部分构筑物却在使用不久后就破坏了；特别是西方发达国家自第二次世界大战结束后开始大规模建设的海工混凝土工程，在20世纪70年代末发现大量混凝土结构物破坏，由此海工混凝土结构耐久性问题越来越受各界重视。

20世纪30年代建造的美国俄勒冈州Alsea海湾上的多拱大桥，施工质量较好，但因混凝土的水灰比太大，大面积钢筋严重腐蚀，引起结构破坏，用传统的局部修补方式修补破坏处，不久就发现修补处附近的钢筋又加剧腐蚀造成破坏，不得不拆除、更换。美国旧金山海湾上第一座跨海湾大桥SanMateo-Hayward大桥、Hood航道桥东半部等大型工程也出现了类似情况。20世纪60年代建造的旧金山海湾第二座SanMateo-Hayward大桥上，处于浪溅区的预制横梁，虽采用优质（水灰比0.45，水泥用量370kg/m^3）混凝土，但由于梁尺寸大，底部配筋密。加上蒸汽养护时引起的微裂缝，为钢筋腐蚀创造了必要的条件，因此发生了严重腐蚀，1980年不得不进行耗资巨大的修补。

1962—1964年，Gjorv对挪威海边700座混凝土结构作了耐久性调查。这些结构有60%是用导管浇筑的立柱梁板式钢筋混凝土码头，其中已使用20~50年的占2/3。在浪溅区，立柱破坏且断面损失率大于30%的占14%，断面损失率10%~30%的占24%，梁板钢筋腐蚀引起严重破坏的占20%。Gjorv分析，破坏首先是混凝土因冻融作用引起开裂，致使氯化物渗入混凝土，加剧了钢筋腐蚀破坏。

1986年，Kiyomiya等检查了日本103座混凝土海港码头状况，发现凡是有20年历史的，都有相当大的顺筋锈裂，需要修补。

Sharp等调查了澳大利亚62座海岸混凝土结构，查明耐久性的许多问题是与浪溅区的钢筋异常严重的腐蚀有关，特别是昆士兰使用20年以上的混凝土桩帽。

在阿拉伯海湾和红海上建造的大量海工混凝土结构，由于气温高，在含盐、干热、多风的白昼，混凝土表面温度高达50℃，晚上则温度急剧下降而结露，昼夜温差很大，造成了特别严重侵蚀环境，加上混凝土等级和混凝土保护层厚度不够，施工质量差等原因，往往在使用的第一年后钢筋就遭到严重腐蚀。例如，沙特阿拉伯滨海地区42座混凝土框架结构，74%的结构都有严重的钢筋腐蚀破坏。印度孟买某河上的第一座桥是后张预应力混凝土桥，由于预应力筋过早地发生严重腐蚀，不得不重修第二座桥。但是，第二座桥预应力筋在安装前就已被大气中的盐分污染，加之预应力管道灌注的水泥浆使用了海水，因而不到10年所有的钢筋、预应力筋及其套管都遭到了严重腐蚀破坏。

2）国内破坏情况

国内海工混凝土结构破坏案例也不在少数。20世纪80年代多家单位对华南、华东地区以及北方地区数十余座海港码头行了大量调查[3-8]，结果表明，华南地区海港码头80%以上都发生了严重或较严重钢筋锈蚀破坏，出现锈蚀破坏的时间有的仅5～10年；华东和北方地区调查也得出类似结果，如连云港杂货一、二码头于1976年建成，1980年就发现有裂缝和锈蚀，1985年其上部结构已普遍出现顺筋裂缝，1980年建成的宁波北仑港10万吨级矿石码头，使用不到10年其上部结构就发现严重的锈蚀损坏；天津港客运码头1979年建成，使用不到10年，就发现前承台面板有50%左右出现锈蚀损坏；浙江沿海使用7～10年的22座钢筋混凝土水闸，钢筋腐蚀中混凝土顺筋胀裂、剥落甚至钢筋锈断的构件占56%。这些调查结果表明，我国于20世纪80年代前建成的高桩码头混凝土结构大部分仅5～10年就出现锈蚀破坏，即使加上钢筋锈蚀开裂的时间，耐久性寿命也就是20年左右。

2006年后，有关部门组织对北方、华东及南方共31座码头的调查结果表明[8-10]，1987—1996年期间建成并使用13～17年的码头，多数构件表面出现锈蚀痕迹，说明混凝土中的钢筋已经发生锈蚀，部分出现了较为严重的锈蚀开裂现象。不过，1996年以后建成的码头从调查情况看，使用约10年的码头基本未出现钢筋锈蚀情况，这主要归因于对混凝土海港钢筋混凝土结构耐久性设计指标的及时修订与推广应用，对提高我国海港工程混凝土耐久性起到了积极的作用。

对香港的码头混凝土进行的调查结果表明，处于浪溅区和潮差区的梁板底部和墩柱的上部混凝土破坏最严重，处于盐雾/喷溅区域混凝土也劣化严重。码头在建成后2～3年内，钢筋部位的氯离子浓度就可能达到引发锈蚀的临界浓度而引起钢筋锈蚀。这些短期破坏的工程经济损失是巨大的。与此同时，近海地区的混凝土结构由于海水盐环境的侵蚀，特别是氯离子导致的钢筋锈蚀，耐久性远远达不到设计要求。

国内外的工程调查以及研究结果表明，海洋环境是最为恶劣的腐蚀环境之一，在海洋环境下混凝土结构的腐蚀状况要比其他环境下的严重得多，而影响混凝土结构耐久性的诸多原因中，钢筋锈蚀、盐类侵蚀及寒冷地区的冻融破坏是其中的主要原因。

2. 海洋环境中混凝土结构耐久性的破坏特点

在海洋环境中，混凝土结构的破坏因素主要有冻融循环、钢筋锈蚀、碳化、溶蚀、盐类侵蚀、酸碱腐蚀、冲击磨损为代表的机械破坏等作用。

海洋是富含盐类的生态环境，海水中包含许多可溶性盐，其组成主要为氯盐和硫酸盐。深海土木工程结构完全浸泡在海水中，氯离子和水分供应充足，但因这个区域的供氧量不足和氯离子（Cl^-）扩散进入混凝土慢，钢筋腐蚀进行的速度很慢，混凝土结构相对稳定。但在化学劣化方面，当硫酸根离子浓度超过 1500mg/L 时，硫酸盐对混凝土的侵蚀比较严重。氯离子同时也对水泥浆体产生作用，当氢氧根离子（OH⁻）基本被氯离子代替时，钙矾石的膨胀受到抑制。在水环境中的镁离子（Mg^{2+}）和氯离子共同作用下，混凝土的质量损失机理是混凝土中水泥浆体损失氢氧化钙的结果。

海港混凝土结构的锈蚀破坏情况因不同环境条件和地域而有所差异，我国华南和华东地区钢筋混凝土结构以钢筋锈蚀和混凝土腐蚀为主，锈蚀破坏程度相近；北方地区钢筋混凝土结构锈蚀破坏程度较东南地区轻，但冻融循环作用引起的混凝土剥蚀破坏较严重；同一港区、甚至同一泊位处于不同位置的构件，因不同的风浪、温湿度影响，锈蚀情况也有差别，位于码头后方不通风区域的混凝土构件腐蚀程度高于码头前沿相对开敞区域；在所有结构形式的码头中，腐蚀破坏最严重的是桩基梁板结构物，锈蚀破坏部位主要发生在处于浪溅区的桩、桩帽、纵横梁和板上，但重力式码头基本上不会发生锈蚀破坏[10]。

5.2 深海土木工程混凝土结构钢筋的锈蚀

深海环境复杂多变，含盐量、电阻率、氧浓度、压力高和温度等均影响金属在深海环境中的腐蚀参数[11]。在许多深海土木工程混凝土结构破坏案例中，往往混凝土本身未发生破坏，而预埋在混凝土中的钢筋腐蚀是引起混凝土结构破坏的主要原因。

混凝土中具有硅酸盐水泥浆体产生高碱环境，在钢筋表面形成钝化膜，因而通常对预埋在里面的钢筋具有很好的保护作用。但是，这种保护的充分性取决于混凝土覆盖层的数量、混凝土的质量、施工的细节以及暴露在来自于混凝土组成原材料和外部原因的氯化物的程度。当一系列原因（碳化、氯离子含量超过临界氯离子浓度）引起钢筋锈蚀时，生成的铁锈体积膨胀会在混凝土中产生内压，当内压产生的混凝土中的拉应力超过混凝土的抗拉强度时，混凝土保护层就会沿着钢筋纵轴方向开裂，从而影响混凝土结构的耐久性。

19 世纪 50 年代之前，混凝土碳化是腐蚀的主要原因。而后，对于暴露在含氯离子（去冰盐、海洋气候、含盐集料）的环境中的结构来说，氯离子锈导腐蚀变得十分重要。

下面主要介绍了混凝土中钢筋锈蚀的基本知识，包括钢筋锈蚀的机理和引起钢筋锈蚀的临界氯离子浓度，并对混凝土中氯离子的迁移方式和影响因素进行探讨，同时对海洋工程混凝土中钢筋锈蚀的防护措施进行阐述。

5.2.1 钢筋锈蚀机理

海水中汇集了各种丰富的盐类,这就使海水具有很强的腐蚀性,盐度越高,腐蚀性就越强,这是因为海水中离子的浓度增高,使得阴阳两电极上反应的有效作用面积增大,提高了导电效率,使金属腐蚀反应速度得到加快。海水侵蚀环境中,混凝土中钢筋腐蚀通常是一个电化学过程,包括发生氧化反应的阳极和发生还原反应的阴极。在阳极电子被释放形成铁离子,在阴极产生氢氧根离子,铁离子与氧或是氢氧根离子结合从而产生不同形式的腐蚀。

1. 钢筋锈蚀的条件

未被腐蚀的混凝土对其内部的钢筋具有良好的保护作用,这是因为混凝土孔隙中有碱度很高的 $Ca(OH)_2$ 饱和溶液,pH 值在 12.5 左右,由于混凝土中还含有少量 Na_2O、K_2O 等盐分,实际 pH 值可能为 13~14。在这样的高碱性环境中,钢筋表面会形成一层氧化膜,致密、牢固地吸附在钢筋表面,使钢筋处于钝化状态,这层膜称为"钝化膜"。此时,钢筋的锈蚀速度属于可以忽略的程度,只要钝化膜持续存在,破坏性的腐蚀便不会发生。但是,如果由于某种原因破坏了钢筋表面的钝化膜,则在适宜的条件下钢筋就会发生锈蚀。根据钢筋锈蚀的电化学原理,发生钢筋的锈蚀必须满足以下四个基本条件。

(1) 在钢筋表面存在电位差,构成腐蚀电池。
(2) 钢筋处于活化状态,即表面的钝化膜发生破坏。
(3) 在钢筋表面有腐蚀反应所需的水和溶解氧。
(4) 形成电流回路的通道。

条件(1)是发生电化学腐蚀的必要条件,并且由于钢筋含有杂质与钢筋成分的不均匀性,加之周围混凝土提供的化学物理环境的不均匀性,都会使钢筋各部位的电极电位不同而形成腐蚀电池,条件(1)很容易满足。

条件(2)(3)分别是发生阳极反应和阴极反应的必要条件。钢筋去钝化反应一般有两种原因:一是碳化导致混凝土中性化,使得钢筋钝化膜发生破坏,研究表明,在 pH 值降至 11.5 时,钝化膜开始破坏,pH 值低于 9~10 时,钝化膜会完全破坏;二是氯离子浓度达到破坏临界值,造成钝化膜附近局部酸化,导致钝化膜破坏。对于海洋工程,钢筋钝化膜的破坏普遍是由于氯离子扩散所引起。对于条件(3),空气中氧气和水分很容易通过混凝土中贯通的空隙与微裂缝侵入钢筋表面,提供锈蚀反应所需的氧和水。

此外,由于混凝土中孔溶液与钢筋的存在,在发生电化学腐蚀时,迁移中的离子和电子总会通过液相和钢筋形成电流回路,满足条件(4)的要求,保证电化学反应的进行。

在深海土木工程中，海洋环境在纵向上分为海洋大气区、浪花飞溅区、海洋潮差区、海水全浸区和海泥区 5 个不同区带，如图 5.1 所示。海洋大气区，即为常年接触不到海水的部位，处于此中的混凝土构件，由于海水的蒸发，会在表面形成附着的盐粒，是混凝土中氯离子的主要来源，同时，空气中二氧化碳等气体相对充足，会出现碳化并存的破坏，且由于水分含量较低，钢筋锈蚀现象相对较轻；浪花飞溅区，即为可以被浪花触及，在涨潮时不能被浸没的部位，处于海水的干湿循环状态下，海水中的氯离子侵入不饱和混凝土的速度明显加快，同时存在充足的氧气和水分，兼之碳化的存在，是海洋工程中钢筋锈蚀最为严重的部位；海洋潮差区，即平均高潮线与平均低潮线之间的部位，与浪花飞溅区类似，属于干湿循环状态，差别在于潮差区属于周期性变化，其条件满足状态相似，但是由于其周期时间较长，使腐蚀减轻，弱于海洋飞溅区的混凝土结构；海水全浸区，即为海水浸泡中、常年不暴露在海水外的部位，此部位氯离子侵入以扩散为主，水分充足，但氧气相对较少，氯离子引起的钢筋锈蚀较飞溅、潮差区均弱；海泥区，即为处于海底沉积物中的部位，因含氧量最低，是腐蚀最轻的区域。

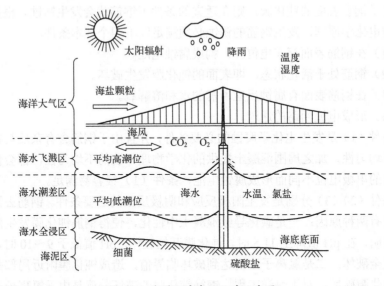

图 5.1 海洋环境腐蚀环境示意图

2. 钢筋锈蚀机理

一般而言，在无杂散电流的环境中，引起深海土木工程混凝土中钢筋锈蚀的机理有混凝土保护层碳化和氯离子侵蚀两种，其中，氯离子侵蚀所造成的钢筋锈蚀的危害最大，也是海洋工程中最为常见的钢筋锈蚀的原因。

深海土木工程的混凝土中的氯离子一般有两种主要来源，一种是混凝土原材料本身所带入，另一种是外部环境渗透进入混凝土的。对于原材料本身，如果拌制混凝土拌合物的原材料已被氯化物污染，则为保证符合相关标准所规定的新拌混凝土氯化物限值，应控制混凝土所有原材料的含盐量。在大多数场合，氯化物引起的钢筋腐蚀问题是氯离子从外界环境侵入已硬化的混凝土造成的。暴露于海水环境的海工结构，暴露条件不同，氯化物侵入机理也不同，在这些海洋环境中，氯离子可通过扩散或（和）毛细管的吸收作用，迁移到混凝土内部直至钢筋表面[3]。

当钢筋表面的氯离子浓度水平能使钢筋钝化膜破裂。如果在大面积的钢筋表面上有高浓度的氯离子，则氯离子引起的腐蚀是均匀腐蚀，但是在混凝土中最常见的是局部腐蚀（或称为点蚀）在点蚀中，钢筋钝化膜破坏的区域作为阳极，其余处于钝态的区域作为阴极，如图5.2所示。阳极区被局部酸化，混凝土中氯离子从阴极区向阳极区集中，使阳极区的环境越来越恶化，从而上述局部腐蚀以局部深入进行；另外，电流的存在使阴极区浓度减少，同时阴极区产生，使阴极区碱性增强。这样，阳极区的阳极行为和钝化区的阴极行为不断增强，局部腐蚀呈现自催化效应，腐蚀迅速扩大。

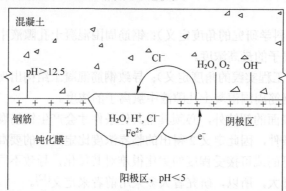

图 5.2　混凝土中钢筋点蚀示意图

同时，氯离子和氢氧根离子争夺腐蚀产生的铁离子（Fe^{2+}），形成 $FeCl_2 \cdot 4H_2O$（绿锈），绿锈从钢筋阳极向含氧量较高的混凝土孔隙迁徙，分解为 $Fe(OH)_2$（褐锈）。褐锈沉积于阳极周围，同时放出氢离子和氯离子，它们又回到阳极区，使阳极区附近的孔隙液局部酸化，氯离子再带出更多的铁离子。这样，氯离子虽然不构成腐蚀产物，在腐蚀中也不消耗，但是生成了腐蚀的中间产物给腐蚀起了催化作用[11]。

当氯离子进入混凝土内部后，其对混凝土腐蚀钢筋的机理可以概括为以下四个方面。

(1) 破坏钢筋钝化膜,引起钢筋腐蚀侵蚀的可能。
(2) 形成腐蚀电池,使得钢筋表面产生蚀坑。
(3) 去极化作用,使阳极过程顺利进行甚至加速进行。
(4) 增大了混凝土电导率。

5.2.2 引起钢筋锈蚀的氯离子临界浓度

钢筋表面在高碱性的混凝土环境中形成钝化膜,当氯离子刚开始到达钢筋表面时,钢筋并不会发生锈蚀,只有当钢筋表面的自由氯离子浓度达到一定值时,钢筋才会锈蚀,对应的氯离子浓度即为临界值。由于混凝土内部的氯离子浓度大致与渗透时间的平方根成正比,临界氯离子浓度的提高将大大延迟钢筋开始腐蚀的时间,提高混凝土的耐久性。通过临界浓度可以确定钢筋锈蚀起始时间与结构的使用寿命氯离子临界浓度值对混凝土耐久性设计、检测鉴定及维修策略的制定有重要影响,具有重要的理论意义和实用价值。

1. 氯离子临界浓度的定义

氯离子临界浓度是指诱使钢筋开始锈蚀时混凝土中的氯离子含量,通常有如下两个定义。

定义1(从科学研究的角度定义):钢筋周围混凝土孔隙液中不至于引起钢筋去钝化的氯离子的最高浓度。

定义2(从工程实践的角度定义):导致钢筋混凝土结构出现可见或可接受程度劣化时,钢筋周围混凝土孔隙液中氯离子的浓度。

除了钢筋表面的解钝外,必须具备其他条件才会产生钢筋腐蚀,之后才具备被检测到的条件,因此定义2得出的临界浓度比定义1的要高。同时,由于后者中这种可见或可接受程度的劣化很难对其量化,导致不同研究者所得试验结果离散性增大,所以,研究者大多采用前者来定义[12]。

不管选择哪种定义,必须认识到只有在钝化膜层发生了实际溶解之后,才能检测出解钝现象。因此,在一定程度上,测得的临界浓度总是会被过高地估计。

2. 化学结合氯离子和自由氯离子

混凝土中的氯离子主要有三种存在形式:一是化学结合,氯离子与水泥中C_3A的水化产物硫铝酸钙反应生成低溶性的单氯铝酸钙,即Friedel盐,这种存在形式是通过化学键结合的,结合相对稳定,不易破坏掉;二是物理吸附,氯离子被水泥胶凝材料中带正电的水化产物所吸附,如具有巨大比表面积的CSH凝胶(水泥熟料与水反应生成无定形的硅酸钙水化物),这种结合属于物理作用,结合力相对较弱，易遭破坏而转化为游离态；三是自由形式，以游离的形式存在于混凝土的孔溶液中。一般将以化学结合和物理吸附的氯离子称为结合氯离子（或固化氯离子），将结合氯离子和自由氯离子统称为总的氯离子。

在上述的氯离子分类的方式中，并不是所有的氯离子是可移动的、引发或增大腐蚀，只有自由氯离子达到一定浓度时才会引起钢筋的锈蚀。然而，氯离子与水泥基体的结合并不是永久的，在特定的条件下，氯离子会重新释放出来，如随碳化的进行，pH 值进一步降低。因此，测定正确的氯离子含量值对钢筋混凝土结构的评估与修补是十分重要的。

3. 氯离子临界浓度的研究现状

氯离子临界浓度决定了钢筋锈蚀起始时间，既是钢筋混凝土结构耐久性研究过程中一个必不可少的关键参数，也是钢筋混凝土耐久性研究工作中的一个重点。从 1967 年 Hausmann 较早发表关于临界氯离子浓度的文章以来，众多学者对临界氯离子浓度进行了研究，并已有相当多的研究报道。但是，由于影响该参数的因素众多，且各因素之间存在复杂耦合效应，使得对氯离子临界浓度的研究变得尤为复杂。

在氯离子临界浓度的研究历程中，对其表示方法出现不同的争议，被众多研究人员认可的主要有 Cl^-/OH^-、自由氯离子量和总氯离子量三种。钢筋表面游离氯离子浓度越大，则其对钝化膜的破坏作用越大，钢筋的活性越强，锈蚀速率也越大，同时钢筋的活性还受到表面氢氧根离子浓度的影响，氢氧根离子浓度越高，钝化膜的稳定性越好，破坏钝化膜所需的氢氧根离子浓度就越大。因此，第一种表达方式被认为是最准确的，主要是其综合考虑了结合氯离子对钢筋腐蚀没有影响与混凝土中氢氧根离子对钢筋腐蚀具有抑制作用。但是，有效地测量氢氧根离子的浓度是很困难的，所以后两种表达方式也得以广泛应用。另外，由于对钢筋锈蚀起作用的是混凝土中处于自由状态的氯离子，即被混凝土的各种组分吸附的氯离子不起作用，因此，使用自由氯离子含量（水溶性氯化物）来表示临界氯离子浓度是最有效的。但是，当前的新观点对这种论断提出了质疑，一个原因是去钝化会导致 pH 值下降，从而造成钢筋附近的结合氯离子被释放而形成自由氯离子；另一个原因是一些水泥水化产物比如氢氧化钙能将下降的 pH 值抑制在特定的 pH 值区间里。用总氯离子水平（常以其占水泥质量的百分比形式表示）来表示临界氯离子浓度是使用最广泛的方法，因为它比较容易测定，它还囊括了结合氯离子引起的腐蚀风险以及水泥水化产物的抑制作用。这种方法适用于标准中，国内外的一些规范中将限制总氯离子占水泥质量百分比作为保证混凝土结构耐久性重要措施之一。

此外，我国的学者和相关部门在氯离子临界浓度值的研究与确定方面也做了大量工作。相关文献指出[11]，华南和华东海港码头混凝土结构的氯离子临界浓度（占混凝土比重）分别为 0.105%~0.145% 和 0.125%~0.150%。交通运输部第四航务工程局科学研究所调查发现，氯离子的临界浓度对于不同标高处也存在着差别，标高高者氯离子临界浓度值低，大气区最低，水位变动区和浪溅区稍高，水下区的氯离子临界浓度最高。与之相比，交通运输部公路科学研究院通过现场调研，并采用概率统计分析的方法研究了临界氯离子浓度值，却提出了与交通运输部不相一致的结果。他们提出在 80% 保证率的条件下，大气区、水位变动区和浪溅区的氯离子临界浓度值分别约为 0.13%、0.07% 和 0.07%。

在以往的研究中，往往只是针对某特定环境，通过试验得到临界氯离子浓度值，但是由于临界氯离子浓度受多种因素影响（材料特性、环境因素、测试方法等）所得到的临界氯离子浓度值并不一定适合于所有混凝土使用情况，也使不同的试验确定的临界浓度值存在较大的差异性，所以对临界氯离子浓度的统一研究极为重要。另外，一个氯离子浓度水平反映一个腐蚀危险性水平，这个概念在研究临界氯离子浓度时非常重要，这使概率与统计的方法需要被引入研究中。氯离子临界浓度的概念意味着，（在这个特定的值时）腐蚀速率快速增大，但在实践中观察不到。因此，必须认识到氯离子污染应该理解为腐蚀概率的增大，这表明，氯离子临界浓度应当以统计分布形式来表达。

5.2.3　氯离子在材料中的迁移方式

1. 传输机理

在深海土木工程的混凝土中，氯离子的传输机理主要有扩散、渗流、毛细管吸附和电迁移作用四种。

1）扩散作用

扩散一般是指液体中的粒子或气体由于存在浓度差而进行的运动，溶液中的粒子是在化学位梯度作用下而发生的定向迁移。假定混凝土孔隙中充满孔隙溶液，孔隙水没有发生整体迁移，混凝土为均质且各向同性材料，扩散过程中流体不与多孔材料发生化学反应，氯离子依靠浓度梯度向混凝土内部迁移的过程可以认为是纯粹的扩散过程，服从 Fick 第二扩散定律[13]。

2）渗流作用

混凝土中存在不同尺寸的孔隙，无数孔隙连接在一起形成了通路。在外界压力梯度作用下，混凝土中孔隙溶液通过孔隙网络发生的定向流动称为渗流，其过程符合达西定律。

3）毛细管吸附

流体与多孔材料接触时在湿度梯度作用下，从高湿度一侧向低湿度一侧传输的现象就是毛细管吸附。在海洋大气区、浪溅区、干湿交替区，混凝土常处于非饱和状态，此时氯离子在混凝土中的传输方式不再以扩散为主，毛细吸附作用起到控制作用，毛细吸附作用可用改进的达西定律来描述[14]。

4) 电迁移作用

当混凝土外部有电场存在时，氯离子会快速地向电场的正极方向移动，此原理目前被广泛应用于氯离子加速腐蚀试验和去除已侵入混凝土中的氯离子，电场作用下离子在电解质溶液中的传输过程可用 Nernst-Planck 方程描述[15]。

2. 实际条件下的传输过程

尽管氯离子在混凝土中传输机理很复杂，但在一般情况下扩散被认为是其中最主要的传输方式。海工混凝土结构的耐久性问题，离不开氯离子在混凝土中的扩散引起钢筋锈蚀，进而导致混凝土结构的性能退化等方面的原因。目前，国内外学者对混凝土中氯离子的扩散研究主要包括影响扩散的主要因素分析、氯离子扩散系数和氯离子扩散机理几个方面。扩散、渗流、毛细管吸附和电迁移作用方式所需的一个共同条件是在混凝土的孔隙中必须有一定湿度，即必须具有一定的水分存在。然而，在水饱和状态下未开裂的混凝土构件，则认为扩散起控制作用。

1) 海洋环境对氯离子扩散的影响

深海土木工程所处环境对混凝土中氯离子迁移性能影响巨大，决定着氯离子侵入混凝土机理和速度。在完全饱水状态下，氯离子主要依靠扩散、渗流方式侵入混凝土，如处于海水全浸区和海泥区的构件。然而，对于海洋工程中腐蚀最为严重的为浪溅区和潮差区（对深海土木工程，这种情况不多），这些部位的混凝土结构存在干湿交替的环境，毛细吸附成为氯离子侵入的主要方式。混凝土毛细管吸收海水的能力取决于混凝土孔结构和混凝土孔隙中游离水含量，毛细管吸附作用下，氯离子侵入的量和速率均远大于扩散作用。

浪溅区和潮差区的混凝土结构常处于干湿循环状态下，在水饱和状态时，海水中的氯离子主要依靠扩散作用向混凝土内部迁移。然而，处于干燥状态时，残留的盐分与凝结的盐雾会沉积于混凝土表面并凝结为液态，混凝土首先以毛细吸附方式吸收盐溶液，毛细吸附能力大小取决于混凝土干燥程度及孔结构，混凝土含水量越低，毛细作用越强烈，吸入速度越快。当表层混凝土饱和后，沉积的盐溶液主要依靠扩散向混凝土内部迁移。混凝土表层水分蒸发后，混凝土再次干燥，实际上整个干燥过程包含两部分：一是水分向外迁移；二是伴随水分流失，混凝土孔溶液浓度提高，在浓度梯度作用下，氯离子向内部扩散，并且只要混凝土内部有足够的湿度，扩散作用就会持续。当再一次处于干燥状态时，盐溶液继续沉积到混凝土表面时，又会有更多的盐分进入混凝土。周而复始,氯离子迅速向混凝土内部迁移,其内部主要依靠扩散方式迁移,而外部则主要依靠毛细吸附作用。

2) 结合作用对氯离子扩散的影响

混凝土的胶凝材料对自由氯离子存在一定的结合效应,这种结合效应对氯离子在混凝土中的运输进程产生重要影响。产生这种效应的主要原因是物理吸附和化学物质的结合,因此这种效应也称为"吸附效应"。

物理吸附主要依靠范德华力,其结合力相对较弱,容易遭破坏而使被吸附的氯离子转化为自由氯离子;而化学结合是通过化学键结合在一起,相对稳定,不易破坏掉。在总的氯离子结合量一定的情况下,化学结合量越多,说明其抗氯离子侵蚀性能越好。水泥石对氯离子的化学结合作用主要是水泥石中的 C_3A 与氯离子结合生成了 $3CaO \cdot Al_2O_3 \cdot CaCl_2 \cdot 10H_2O$。

化学结合也不是牢不可破的,王绍东等的研究表明,Feiedel 盐在碳化和硫酸盐侵蚀的过程中,会将结合的氯离子释放出来形成自由氯离子。

5.2.4 混凝土中离子迁移的主要影响因素

1. 氯离子迁移的表征

在氯离子扩散性能的研究中,常采用氯离子扩散系数来表征氯离子在混凝土中的迁移性能,而目前对于氯离子扩散系数的表征存在多种形式并存的现状,主要有真实扩散系数 D、有效扩散系数 D_{eff}、表观扩散系数 D_{app} 或 D_a、稳态扩散系数 D_{ss} 等,较为有效常用的主要是有效扩散系数 D_{eff} 和表观扩散系数 D_{app} 或 D_a。

1) 有效氯离子扩散系数 D_{eff}

有效氯离子扩散系数 D_{eff} 也是采用扩散槽试验得到的结果。试验中,把不含氯离子和含氯离子的溶液分别置于薄混凝土试件两侧,首先测量出不含氯离子溶液中的氯离子浓度随时间的变化,一旦氯离子迁移速率达到稳定,根据 Fick 第一定律可计算出 D_{eff}。

有效氯离子扩散系数在测定、计算过程中,将混凝土看作一个均质的材料,未考虑氯离子结合过程。同时,氯离子的迁移速率和有效氯离子扩散系数随着混凝土的水饱和程度降低而下降数个数量级,并且在实际离子之间存在电荷的相互作用。因此,使用有效氯离子扩散系数 D_{eff} 的值对混凝土耐久性进行预测有待考虑,且使用价值不大。

2) 表观氯离子扩散系数 D_{app}

表观氯离子扩散系数 D_{app} 一般是采用浸泡试验进行测定。氯离子在混凝土中的迁移具有复杂性,在综合考虑各方面因素后,建立可对真实环境条件下进行真实预测的扩散系数函数。使用浸泡试验，将混凝土试样浸没在含有氯离子的溶液中（结合给定环境下混凝土表面层的氯离子浓度），经过一定的测试龄期后，取出试件并对其进行化学分析，测试侵入的氯离子，从而得到氯离子分布图。根据得到的氯离子分布图，进行 Fick 第二扩散定律误差函数拟合求解，可获得一定暴露时间下的表观氯离子扩散系数 D_{app} 的平均值。

表观氯离子扩散系数 D_{app} 不是一个材料参数，值取决于材料基本的性质，而材料性质又取决于混凝土组成、工艺参数（如养护条件、养护龄期）以及环境条件（水饱和程度、温度）等，因此，表观氯离子扩散系数 D_{app} 可以作为一个用来量化特定环境条件下特定混凝土渗透性的回归系数，用以预测特定混凝土结构的耐久性。

3）快速氯离子迁移系数 $D_{RCM,0}$

表观氯离子扩散系数很大程度上依赖于混凝土组成，无论是采用扩散槽试验，还是浸泡试验来测试混凝土的氯离子扩散系数是非常耗时的。因此，常采用 RCM 快速测试方法进行氯离子扩散系数的测量，以快速氯离子迁移系数 $D_{RCM,0}$ 表示。

RCM 快速测试方法的原理是通过施加电位梯度方法来加快离子迁移，如图 5.3 所示。该方法测试时间短，能很好地量化混凝土组成因素方面的影响，是一种可靠且精确的方法，且快速氯离子迁移系数 $D_{RCM,0}$ 与表观氯离子扩散系数 D_{app} 之间存在极强的统计相关性。

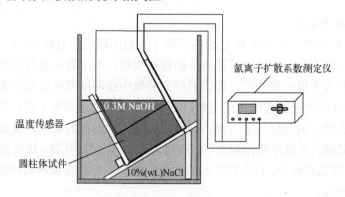

图 5.3　快速氯离子迁移试验的设计示意图

2. 水泥成分对氯离子扩散系数的影响

水泥组分对氯离子扩散性能的影响，主要是组分中的成分水化后，对氯离子吸附作用，吸附作用越强，则氯离子扩散性能越差。这些研究主要包括 C_3A 和 C_4AF、C_3S 和 C_2S 以及 SO_3 三个方面。

1) C_3A 和 C_4AF

在内掺氯盐的情况下，Racheeduzzafar 等[16]发现水溶性氯离子随 C_3A 含量的增加而显著减少。同时，他们将含 9%和 14% C_3A 的水泥配置的混凝土浸泡在氯盐溶液中，X 射线衍射分析确认了 Friedel 盐的形成。Blunk 等[17]将纯 C_3A-石膏混合物、普通水泥以及 C_3S 浆体浸泡在不同浓度的氯盐溶液中，发现 C_3A-石膏混合物吸附的氯离子量要大于其他两种浆体。大量内掺氯盐的研究表明，C_3A 含量越高，氯离子吸附量越大。Glass 等[18]提出了一个预测自由氯离子与吸附氯离子之间关系的模型，C_3A 含量对氯离子吸附的影响如图 5.4 所示。

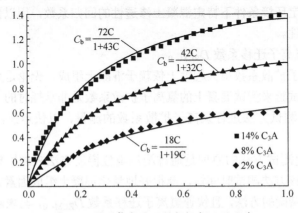

图 5.4 预测氯离子吸附数据与吸附曲线

2) C_3S 和 C_2S

与 C_3A 相比，对 C_3S 和 C_2S 的氯离子吸附的研究相对较少，C-S-H 凝胶是水化的主要产物，它决定了氯离子的物理吸附，不过有关氯离子物理吸附的相关机理研究不很完整的[19]。近来的研究多集中在利用双电层理论来解释氯离子在 C-S-H 凝胶表面被固化的现象。Beaudoin 等[20]通过研究 $CaCl_2$ 与 C_3S 水化物的作用机理，成功区分了三种不同反应类型，根据他的论述，氯离子可以存在于水化硅酸钙的化学吸附层上，渗透进入 C-S-H 层间孔隙，还可被紧紧固化在 C-S-H 微晶点阵中。C_3S 和 C_2S 的含量越高，C-S-H 含量越高，吸附的氯离子含量也越高。

5.3 深海土木工程结构腐蚀问题

在深海环境中，深海土木工程结构的腐蚀和生物污损问题每年给国家带来的损失是不可估量的。深海土木工程工程实践表明，深海结构的维护过程十分复杂,其中深海结构腐蚀问题尤为突出。鉴于深海结构处于复杂的海洋腐蚀环境,针对深海土木工程结构的腐蚀问题展开相关研究具有重要意义。

5.3.1 管道腐蚀类别及腐蚀机理

目前,在深海土木工程中,管道类最多最常见。

(1) 可溶性盐破坏涂层。涂层的稳定性是不与腐蚀性材料发生物理或化学反应的能力,目前所有涂层都不是100%保护的,特别是在可溶性盐的作用下。湿度是海洋环境最重要的特征,很容易对后续喷雾造成损害。

(2) H_2S 腐蚀管道。腐蚀机理有两个:电化学失重腐蚀(图5.5)和应力腐蚀。应力腐蚀是指氢原子积聚在钢表面的凹陷处,在一定条件下与 H_2 结合,致使缺陷处的压力增加,导致钢变脆,产生裂缝和裂缝。

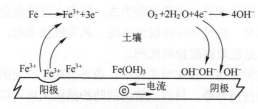

图 5.5 管道腐蚀原理

(3) 海水全浸区的腐蚀。这导致涂层的大面积脱落和破裂,这也进一步加剧了腐蚀。

(4) 海泥区的腐蚀。完全沉没的海水区域的腐蚀与溶解氧、盐度、温度等密切相关。其中,表面完全浸没区域氧含量最高、腐蚀最严重。

(5) 深海压力对不锈钢腐蚀影响。不锈钢管道建于深海环境时,其所受静水压力与置于浅海时明显不同。当静水压力增加时,镍的氧化物会转变成可溶的氯氧化物从而促进点蚀的形成,而腐蚀产物膜中的镁碳酸盐会增加膜的覆盖能力和抗点蚀能力。在高压下,不锈钢中的腐蚀产物膜中的羟基氧化物和水合物的含量降低,腐蚀产物膜中主要由"干"氧化物组成,腐蚀产物膜比较疏松,点蚀敏感行增加[11]。

5.3.2 已有防腐技术

(1) 高固体分、无溶剂防腐涂料。聚天冬氨酸树脂聚脲涂料具有高固含量、低挥发性有机化合物(Volatile Organic Compounds,VOC)以及不错的耐腐蚀性与耐候性。

(2) 石墨烯防腐涂料。石墨烯相对于其他的材料来说是一种最薄、最硬的纳米材料，有非常稳定的混合结构和非常好的阻隔性能。涂层中的石墨烯形成致密的屏障，具有合理的屏蔽效果，如图5.6所示。

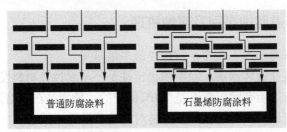

图5.6 石墨烯防腐涂料"迷宫效应"示意图

（3）环保型 Al-Zn-Si 水溶性涂料。这种新材料是一种铝锌基合金，由微米级粉末、稀释剂、固化剂和纳米增强剂组成，形成水溶性合金涂层，适用于大气降雨、高温、咸雾、强风等海洋腐蚀环境。其关键技术有：一是稀土铝锌硅粉的制备方法；二是制取铬酸盐取代剂。

（4）混凝土防护涂层。在实际工程中，通常会采取一定的防护措施来提高海洋混凝土结构的使用寿命。目前，常用的防护措施大致可以分为以增强混凝土材料自身性能为主的"基本措施"和以隔绝腐蚀介质为主的"附加措施"。涂层是一种常用的"附加措施"，可有效隔绝混凝土与外界腐蚀环境的接触，实现腐蚀防护效果。目前，在混凝土结构中常用的涂料有环氧涂料、聚氨酯涂料、氯化橡胶涂料和聚脲涂料等。

（5）热喷铝技术。热喷涂技术是一种表面处理技术，它使用如气体、激光和电弧之类的手段将碳化物、金属和合金等材料加热到半熔融或熔融状态。加工过程：首先采用独特的冶炼工艺制备了多组分锌铝合金，冶炼后连续浇铸多组分锌铝合金铸锭；然后使用 350～500t 挤出机在 380～420℃温度下热挤压该材料，并使该材料通过圆形模头以形成直径为 4.5～8μm 的线材；最后将钢丝在真空退火炉中以 180～280℃温度退火 1.5～3.0 后进行拉伸。重复上述退火和拉伸步骤，直至产生 1.5～4.0mm 的线。

金属涂层方法技术主要采用喷涂各种金属的方法实现对海洋平台的保护，该技术起源于20世纪初，逐渐发展成为一种热喷涂铝防腐技术，以等离子和火焰将金属加热至半熔化状态，它可以有效隔离各种腐蚀性物质，保护海上平台。另外，可以将一层树脂施加到海上平台的表面上以形成双层复合涂层，以增强海上平台的抗腐蚀能力。

海洋平台防腐中的热喷铝防腐技术主要采取以下步骤：①预处理海上平台的表面；②海上平台的表面应采用热喷铝处理；③将树脂等材料应用于海

上平台的表面；④海洋平台受到二次涂抹。当铝线进入熔融状态时，它可以喷涂在海洋平台表面，厚度为 85～100μm，而且还能增强其金属吸附能力。

（6）可控缺陷工程提高 Cr/GLC 多层涂层在深海应用中的耐腐蚀性能。为避免 Cr/GLC 多层涂层在深海环境中过早失效，可引入一种清洁干预措施来控制 Cr/GLC 多层涂层缺陷的增加[21]。清洗干预措施的引入显著降低了穿透缺陷密度，同时不会破坏 Cr/GLC 多层涂层优异的机械性能和摩擦腐蚀性能。

（7）深海环境中阴极保护技术。阴极保护采用一种比所用材料更负电位的金属作为要牺牲的阳极，提供保护电流，以保证金属构件不受大的损害。在某些条件下也可以外加电流，使被保护金属构件保持一个足够负的电位来预防金属的溶解。在不同海域、不同深度以及不同暴露时间里，不同金属及合金材料所需的阴极保护电流差异较大，但对同一金属及合金材料而言，一般在浅海环境比深海环境下所需的阴极保护电流更高。

5.3.3 深海环境下金属结构腐蚀问题的研究新进展

由于所处的海洋环境相对比较复杂，地质条件极其恶劣，所以对于深海腐蚀的探测与研究是一项技术复杂、投资巨大、风险极高的工作。目前，国内外已经建成并投入使用多种形式的深海腐蚀试验装置，模拟深海环境下的腐蚀因素，以期获得深海环境中的压力、流速、氧含量、pH 值等影响因素的准确数值，从而进一步了解深海环境中金属的腐蚀行为，也为以后的深海金属防护做好准备[22]。

许立坤等[23]经研究指出，与表层腐蚀试验的技术条件相比，深海工程腐蚀试验的技术条件要求更加严格：①要找到适合的试验环境，其水深可能从数百米至数千米不等；②试验场地应为开阔的，其中的海水水质、海水流速、海底沉积物和海底的形态能够代表开阔大洋的形态；③要尽可能地确切了解试验场地的相关情况，如海水和海底状况，海底应较为平坦，有利于海底试验装置的投放；④所选的试验场地应尽可能地离陆上基地较近，这样可以有效地缩短试验的航行距离和航行时间，以更好地获得基地的技术支持。

在我国的深海工程腐蚀研究领域中，中国船舶重工集团有限公司 725 所已进行了大量的研究与试验，并持续取得新进展。中国船舶重工集团有限公司 725 所 2008 年在我国某海域进行了深海腐蚀试验装置的投放工作，并获圆满成功，首次在 500～1000m 不同深度成功投放了三套深海腐蚀试验装置。此次深海试验除进行深海暴露试验外，还开展了应力腐蚀试验、深海电位测量、牺牲阳极电流效率测量和深海生物对腐蚀的影响等多项科学研究工作。

美国海军土木工程实验室曾在加州怀尼美港西南的海底进行了材料的深海腐蚀试验（深度为 762～1829m）[24]。此试验装置采用坐底式试样框架，在到达深海试验场后，将试验装置投放到海底。回收时，通过声释放装置断开海底的锚固物，由上浮标将连接绳带上来，最后提起试样框架。这种试验装置虽然可较为准确地获得深海环境下的腐蚀数据，但由于其一个投样点只有一个海水深度，不同海水深度试验需要选择不同的试验场，而且由于放在海底，试样架容易受到海底沉积物的影响。所以，要求的试验海域比较宽，海底必须平坦，以免缠绕或挂住缆绳，并且深海试验装置的上浮漂应放置在水面以下合适的安全深度，以免损坏，这些都大大增加了试验设计的和场地选取的难度[23]。

印度国家海洋技术研究所在印度洋开展了更大深度的海水腐蚀试验，试验深度从 500m 到 5100m[25]。这是一种锚挂式试验装置，其特点为：只要最大深度满足要求，同一试验场可做不同深度的海水腐蚀试验，因此可以节省试验装置的数量；对试验场场地要求较低；试样不会被海底沉积物覆盖；但试验深度会受海流或洋流的影响。相比之下，锚挂式深海腐蚀试验装置结构更紧凑一些，试验效率也更高[23]。

除此之外，我国还积极开展了深海海洋平台混合型试验技术的研究与创新。2004 年有学者称，上海交通大学海洋工程重点实验室正在进行混合模型试验技术研究，该研究如能顺利开展和完成，将使我国海洋工程领域的模型试验研究水平从 300m 的海洋水深跨越式地拓展到千米以上，从而极大增强我国海洋工程试验研究能力，满足当今大部分深海海洋油气开发工程模型试验研究的需要，为将来我国深海海洋平台的设计、建造与工程应用提供有效的技术支撑[26]。

综上所述，深海腐蚀环境较浅海表层腐蚀环境复杂，影响因素众多，其中最重要的是海水中的氧含量，深海环境中的溶解氧含量已基本成为金属深海腐蚀的最主要原因。此外，pH 值、光照、流速、静水压力、含盐度等也是影响金属在深海腐蚀行为的重要因素。目前，各国都在积极开展深海腐蚀试验技术，并已成功投放了多种形式的深海腐蚀试验仪器以探测深海腐蚀行为，这对于深海环境中金属的腐蚀与防护工作有着积极的推动作用，使人们对深海腐蚀的认识不仅停留在检测与预测阶段，更有力地推动了金属深海防护的进程。通过对深海腐蚀试验技术的完善，人们对于金属深海腐蚀行为的了解将更加深入，为深海材料的选用提供更加可靠的依据，也将使深海防护在现有阴极保护法及喷涂保护层的基础上有进一步的发展。

5.4 纤维增强复合材料深海及水下结构的简化水-力耦合模型

吸水性能是影响纤维增强复合材料耐久性非常重要的因素，实际工程中，复合材料的吸水性能会影响结构的安全性和性能，导致其无法充分发挥其优良的轻量化和高强特性。目前，深海和水下复合结构正在经历这一关键问题。复合材料的吸水是一个涉及多尺度耦合的复杂问题。一些吸水理论的表达式普遍比较复杂，无法将其直接应用于深海和水下结构的设计和验证。Wang 等[27]假设纤维分布均匀，以圆柱—立方体单元胞为研究对象，提出了一种简化的复合材料水—力耦合模型。此外，通过加入子程序，考虑各层扩散系数的不均匀分布，采用有限元方法模拟了复合材料层合板吸水的全过程。最后与实验结果进行了比较，验证了简化模型的有效性。在此基础上，得到了复合材料在不同时间段的吸水分布、扩散系数和层间应力变化规律。

5.5 深海土木工程FRP筋混凝土材料性能抗弯性能研究

在海洋环境中，钢筋锈蚀导致的耐久性问题会影响钢筋混凝土结构的使用寿命，传统的钢筋混凝土结构若能满足深海土木工程在使用和功能上的要求，必须要额外增加防腐措施，但防腐措施在深海长期工作情况下是否可靠是一个急需解决的技术难题。为了从根本上解决海水环境的钢筋混凝土结构中的钢筋锈蚀问题，许多学者提出了用其他材料替换钢筋的思路，以纤维增强复合材料（Fiber-Reinforced Polymer，FRP）筋混凝土结构代替目前常用的钢筋混凝土结构。FRP是近年来在土木工程领域应用较为广泛的新型高强材料，也是目前有望成为替代钢筋良好的受力主材。FRP筋重量轻、强度高、耐腐蚀性好，能够替代钢筋作为混凝土结构中的受力筋；此外，在一些特殊条件下，例如需要抗电磁干扰的环境中，普通钢筋无法满足其特殊要求，而FRP筋则能发挥非磁性的优点。鉴于以上特点，FRP筋混凝土结构可以考虑作为深海中部悬置构筑物的结构形式，值得进行深入研究。

FRP筋混凝土结构的研究已经进行多年，主要研究成果体现在国家标准《纤维增强复合材料工程应用技术规范》（GB 50608—2020）中。虽然比起钢筋有着诸多优势，但是作为脆性材料，FRP筋在混凝土结构中的应用也存在一定的局限性，主要体现在结构破坏时属于脆性破坏，破坏征兆不够明显，不具有足够的延性，这限制了这种结构的应用。

为解决这一问题，中国海洋大学工程学院提出将区域约束混凝土技术应用到 FRP 混凝土结构中，重点实施了增强区域约束玄武岩纤维（BFRP）筋混凝土受弯构件的试验，通过对受压区混凝土施加额外约束，限制其横向变形，探索其对于承载能力的提高和延性的改善的贡献。

试验结果显示，FRP 筋区域约束混凝土技术可以使用脆性受拉筋建造延性混凝土构件，为实现脆性材料建造延性构件、延性结构提供了可能性。FRP 筋区域约束混凝土有望成为深海中部悬置构筑物有效的结构形式。

5.5.1 试验方案设计与构件制作

1. 构件设计

为研究区域约束作用下 BFRP 筋混凝土梁的抗弯性能，探索不同区域约束作用对 BFRP 筋混凝土梁抗弯承载力和延性的影响，并考虑实验室条件，依据国家标准《混凝土结构设计规范》（GB 50010—2010）（2015 年版）进行构件整体设计。

试验梁全长为 5.9m，其中两支座间距为 4.5m，两加载点距离 1m，即纯弯段长度为 1m。截面尺寸采用 150mm×300mm，保护层厚度 c 按照室内环境的要求取为 $c=20$mm，混凝土强度等级采用 C25。约束区高度 $x_{cc}=110$mm，宽度 $b_1=110$mm。受拉筋采用 4 根直径为 20mm 的 BFRP 筋，受压筋采用 4 根直径为 10mm 的 BFRP 筋。4 根梁的抗剪箍筋（大箍筋）均采用直径 10mm 间距 100mm 的 BFRP 筋，沿梁全长布置，吊钩处加密。L1 梁不设约束箍筋；Q1 梁约束箍筋采用直径 10mm 间距 100mm 的 BFRP 矩形螺旋箍筋，在支座间布置，布置长度 4.5m；Q2 梁约束箍筋采用直径 8mm 间距 50mm 的 BFRP 矩形螺旋箍筋，在支座间布置，布置长度 4.5m；Q3 梁约束箍筋采用直径 10mm 间距 50mm 的 BFRP 矩形螺旋箍筋，在支座间布置，布置长度 4.5m。具体设计如表 5.1 和图 5.7 所示。

表 5.1 BFRP 筋配筋表

梁编号	受拉筋	受压筋	抗剪箍筋	螺旋约束箍筋
L1	4Φ20	4Φ10	10@100	无
Q1				10@100
Q2				8@50
Q3				10@50

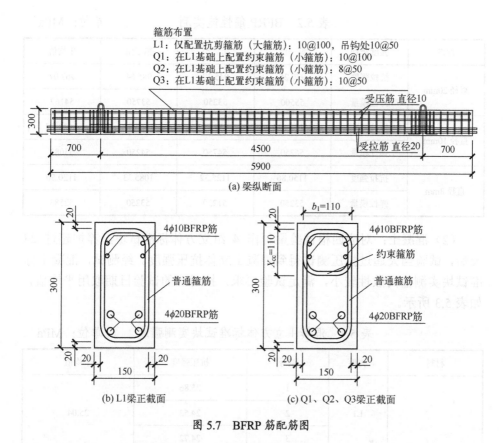

图 5.7 BFRP 筋配筋图

对区域约束作用最强的 Q3 梁进行配筋验算，验证 BFRP 受拉筋能否满足正截面抗弯承载力要求、BFRP 抗剪箍筋能否满足斜截面抗剪承载力要求，验算过程中使用各材料的强度设计值。

试验过程中需要测量的数据主要包括荷载值、BFRP 筋应变、混凝土应变、梁的挠度等。荷载值通过力传感器进行测定，梁的挠度通过位移计测得。

2. 材料力学性能

试验开始前对本次试验中所使用的 BFRP 筋、混凝土等材料进行力学性能测试，将测试结果记录并汇总。

（1）BFRP 筋：按照不同直径每 3 根为一组，通过拉拔试验测出抗拉强度和弹性模量。经测试，BFRP 筋实测强度、弹性模量均满足规范要求，且离散性较小，各规格取其平均值，如表 5.2 所示。

表 5.2　BFRP 筋性能实测　　　　　　单位：MPa

规格	强度类别	第一组	第二组	第三组	平均值
直径 20mm	抗拉强度	970.25	945.32	985.64	967.07
	弹性模量	55500	53250	53750	54167
直径 10mm	抗拉强度	1050.62	989.75	1036.92	1025.76
	弹性模量	56250	54750	54250	55083
直径 8mm	抗拉强度	1150.86	1125.32	1085.33	1120.50
	弹性模量	53250	51250	53250	52583

（2）混凝土：对应四根试验梁制作 4 组立方体标准试块，养护超过 28 天后，试验当天通过抗压测试得到混凝土立体抗压强度。经测试，混凝土标准试块实测值离散性较小，满足试验要求，按对应的试验日期取用平均值，如表 5.3 所示。

表 5.3　混凝土立方体标准试块实测强度　　单位：MPa

材料	构件	编号	抗压强度	平均值
混凝土立方体标准试块	L1	1	25.86	25.04
		2	24.53	
		3	24.72	
	Q1	1	26.75	25.30
		2	25.12	
		3	24.02	
	Q2	1	25.32	26.21
		2	26.52	
		3	26.78	
	Q3	1	24.65	25.77
		2	25.94	
		3	26.72	

需要说明的是，试验中要用到直径 10mm 的 BFRP 受压筋的抗压强度，而

现行规范中并未对 BFRP 筋的受压强度做出要求，也没有相应的测试方法，因此委托材料供应方浙江新纳复合材料有限公司对该批次直径 10mm 的 BFRP 筋进行抗压测试。经测试，得出 6 组抗压强度标准值的数据：380.12MPa、396.57MPa、402.19MPa、371.42MPa、408.25MPa、393.49MPa，最终 BFRP 受压筋的抗压强度标准值取平均值 392.01MPa。

5.5.2 试验过程及试验现象

1. 加载装置和加载方案

试验为静载试验，在中国海洋大学结构试验大厅进行。采用四点弯曲加载方式。试验梁及分配梁两组支座均采用一边固定铰支座一边滚动铰支座，支座滚轴上下均配有钢垫板，与混凝土试验梁接触的钢垫板均用砂浆进行找平，以保证受力均匀。加载装置如图 5.8 所示。

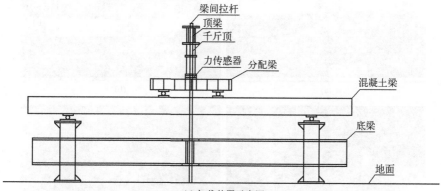

(a) 加载装置示意图

(b) 加载装置现场

图 5.8　加载装置图

试验通过手动液压千斤顶（型号：ZP-60T）进行加载。

2. 试验现象

1）BFRP 筋普通梁 L1

预加载两级至 3.23kN，即总荷载 8.83kN，持荷 5min，混凝土应变片未出现因超量程而失效的情况，再观察梁表面，未见细纹出现，说明梁未开裂，并且力传感器、应变采集仪数据正常，已达到了预加载目的，加载到梁的极限承载力后直至发生破坏，卸载。加载过程如图 5.9 所示。

图 5.9　L1 梁加载过程

2）BFRP 筋区域约束梁 Q1

预加载两级至 3.06kN，即总荷载 8.66kN，持荷 5min，混凝土应变片未出现因超量程而失效的情况，再观察梁表面，未见细纹出现，说明梁未开裂，并且力传感器、应变采集仪数据正常，已达到了预加载目的，加载到梁的极限承载力直至发生破坏，卸载。加载过程如图 5.10 所示。

图 5.10 Q1 梁加载过程

3）BFRP 筋区域约束梁 Q2

预加载两级至 3.02kN，即总荷载 8.62kN，持荷 5min，混凝土应变片未出现因超量程而失效的情况，再观察梁表面，未见细纹出现，说明梁未开裂，并且力传感器、应变采集仪数据正常，已达到了预加载目的，加载到梁的极限承载力直至发生破坏，卸载。加载过程如图 5.11 所示。

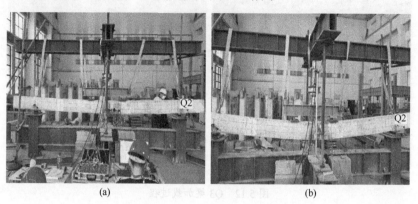

图 5.11 Q2 梁加载过程

4）BFRP 筋区域约束梁 Q3

预加载两级至 3.03kN，即总荷载 8.63kN，持荷 5min，混凝土应变片未出现因超量程而失效的情况，再观察梁表面，未见细纹出现，说明梁未开裂，并且力传感器、应变采集仪数据正常，已达到了预加载目的，加载到梁的极限承载力直至发生破坏，卸载。加载过程如图 5.12 所示。

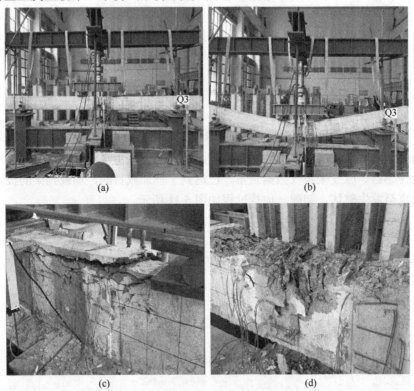

图 5.12 Q3 梁加载过程

5.5.3 试验结果

1. 荷载-位移曲线

根据试验采集的数据绘制荷载-位移曲线,如图 5.13 所示。

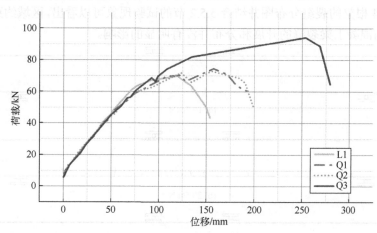

图 5.13 荷载-位移曲线

从荷载-位移曲线可以看出:从开始加载到大约 10kN 的阶段,4 根梁的荷载-位移曲线基本呈直线。在达到 10kN 左右时,由于梁开裂,刚度减小,4 根梁的曲线均在此时出现第一个拐点,斜率减小。在 10~50kN 这个阶段,随着裂缝的增多,刚度进一步减小,可以看到 4 根梁曲线斜率呈逐渐减小的趋势,但仍保持大致相同。

2. 抗弯承载力

为了更加直观反映区域约束作用对 BFRP 筋梁抗弯承载力的提升幅度,将试验中得到的极限承载力列于表 5.4 中,并进行对比。

表 5.4 抗弯承载力对比

梁编号	L1	Q1	Q2	Q3
试验承载力/kN·m	61.04	65.18	63.91	82.44
与 L1 比值/%	100	106.8	104.7	135.1

注:试验承载力已考虑梁自重及加载设备重量产生的弯矩。

从表 5.4 中可以看出,Q1、Q2、Q3 梁的承载力均高于 L1 梁,且约束作用最强的 Q3 梁比 L1 梁提升超过 35%。在相同截面的情况下,BFRP 筋区域约束梁比 BFRP 筋普通梁拥有更高的承载力。但需要注意到,约束作用较弱的 Q1、

Q2 梁承载力提高并不明显，并且结合试验现象知道 Q2 梁的约束箍筋过早拉断，因此要达到理想的约束效果，应合理选择约束箍筋的间距和直径。

3. 裂缝开展及分布

试验过程中裂缝的开展及分布，如图 5.14～图 5.17 所示。

从 4 根梁的裂缝分布图并结合 5.5.2 节的试验现象可以看出，区域约束对于 BFRP 筋混凝土梁裂缝的开展和分布并没有明显的影响。

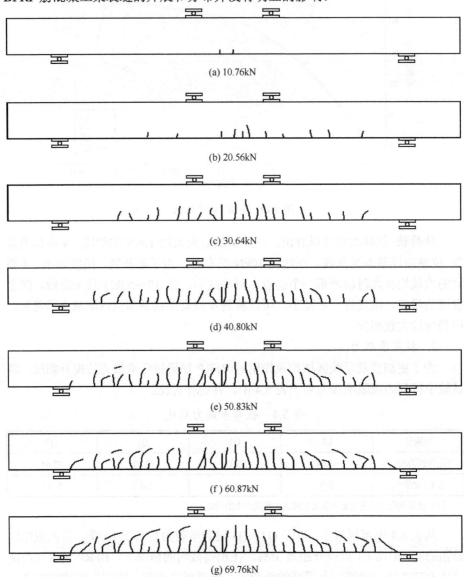

图 5.14　L1 梁裂缝开展及分布图

第5章 深海土木工程材料与防腐

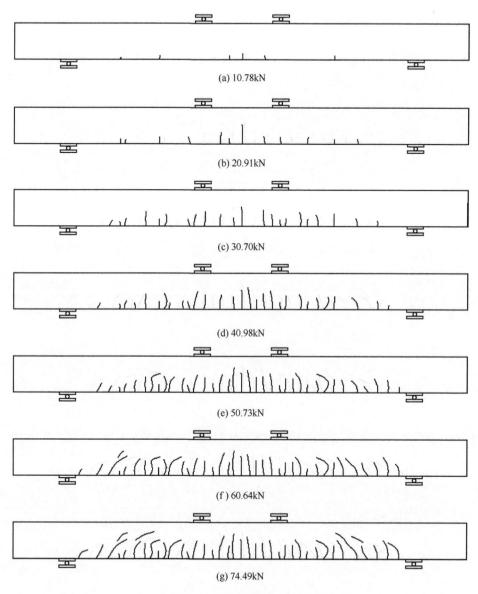

图 5.15 Q1 梁裂缝开展及分布图

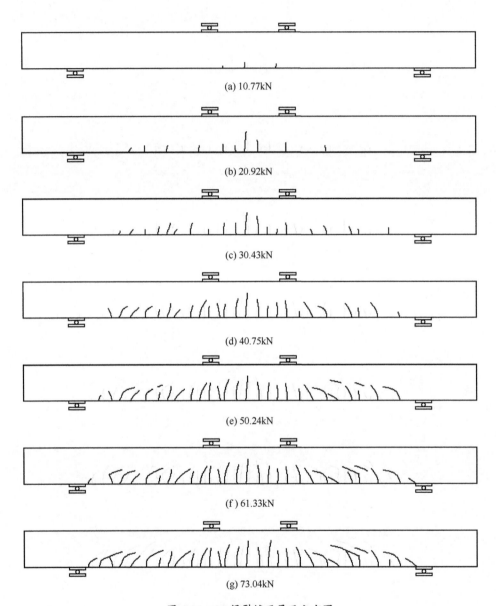

图 5.16 Q2 梁裂缝开展及分布图

第 5 章 深海土木工程材料与防腐

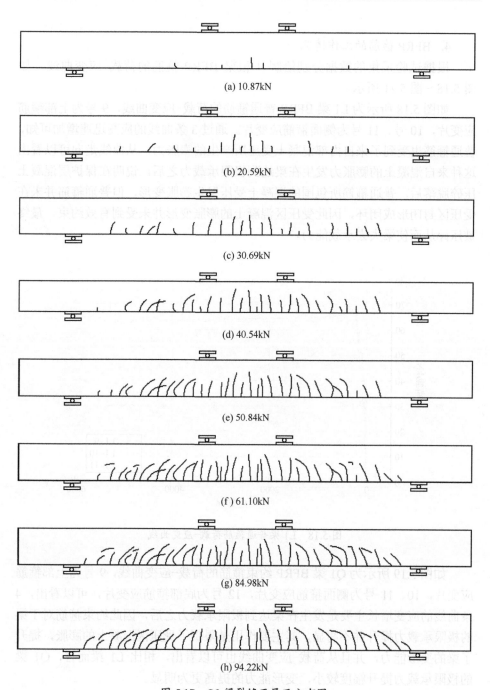

图 5.17　Q3 梁裂缝开展及分布图

4. BFRP 箍筋的工作情况

根据试验采集的数据分别绘制 4 根梁 BFRP 箍筋的荷载-应变曲线，如图 5.18～图 5.21 所示。

如图 5.18 所示为 L1 梁 BFRP 普通箍筋的荷载-应变曲线，9 号为上部箍筋应变片，10 号、11 号为侧面箍筋应变片。通过 3 条曲线的应变迅速增加可知，普通箍筋也受到了来自内部混凝土受压所产生的膨胀力，从曲线走向可以看出这种来自混凝土的膨胀力发生在梁达到极限承载力之后，说明在保护层混凝土压碎脱落后，普通箍筋所包围的混凝土受压发生膨胀变形，但普通箍筋并未在受压区封闭形成闭环，因此受压区混凝土的膨胀变形并未受到有效约束，最终被压碎从而使梁失去承载能力。

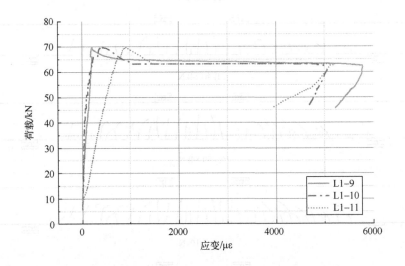

图 5.18　L1 梁普通箍筋荷载-应变曲线

如图 5.19 所示为 Q1 梁 BFRP 约束箍筋的荷载-应变曲线，9 号为上部箍筋应变片，10、11 号为侧面箍筋应变片，12 号为底部箍筋应变片，可以看出，4 条曲线的应变增长主要是发生在梁达到极限承载力之后，因此约束箍筋对于梁的极限承载力提升并不明显，其主要作用是限制了受压区混凝土的膨胀，提升了梁的变形能力，并且从荷载-应变曲线也可以看出，相比 L1 梁而言，Q1 梁的极限承载力提升幅度较小，变形能力的提高更为明显。

第 5 章 深海土木工程材料与防腐

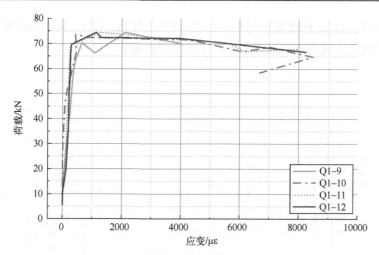

图 5.19 Q1 梁约束箍筋荷载-应变曲线

如图 5.20 所示为 Q2 梁 BFRP 约束箍筋的荷载-应变曲线,通过试验结果来看,Q2 梁极限承载力仅略高于 L1 梁,并且低于区域约束作用最弱的 Q1 梁,主要原因是某个截面约束箍筋过早拉断,使该截面的约束作用没能充分发挥,相对其他位置,该截面成为 Q2 梁的薄弱部位,因此导致梁过早破坏。

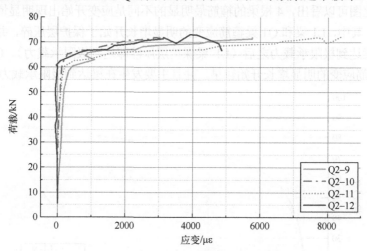

图 5.20 Q2 梁约束箍筋荷载-应变曲线

如图 5.21 所示为 Q3 梁 BFRP 约束箍筋的荷载-应变曲线,相对于其他 3 根梁,特别是 L1 和 Q1、Q3 梁约束箍筋的应变最早开始增长,且在梁达到极限承载力时,应变已经达到了很高的水平,这说明约束箍筋不但较早开始发挥约束作用,而且达到了理想的约束效果,同时 10 号应变片的曲线也说明,在梁达到极限承载力后，约束箍筋仍然继续发挥较好的约束作用。从试验结果来看，Q3 梁的极限承载力提高最为明显，变形能力也最强。

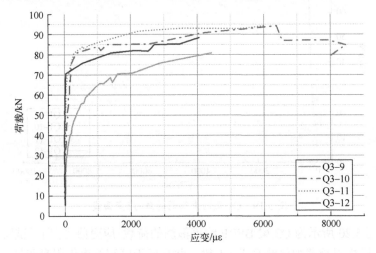

图 5.21　Q3 梁约束箍筋荷载-应变曲线

图 5.22～图 5.24 为 4 根梁中的箍筋在相同部位的荷载-应变曲线的对比图。通过对比图可以看出，4 根梁的箍筋最明显的不同是应变开始出现明显增长的阶段不同。其中，L1 梁和 Q1 梁箍筋应变的明显增长开始于保护层压碎，并且主要发生在梁达到极限承载力之后（L1 梁保护层压碎即达到极限承载力）。Q2 梁和 Q3 梁箍筋应变的明显增长开始较早，并且主要发生在梁达到极限承载力之前。

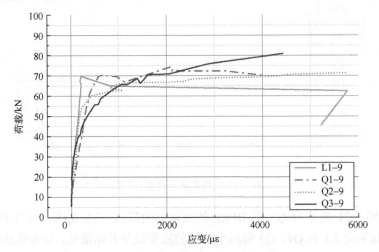

图 5.22　不同梁上部箍筋荷载-应变曲线

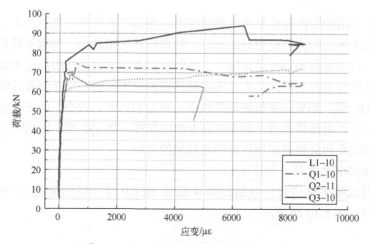

图 5.23　不同梁侧面箍筋荷载-应变曲线

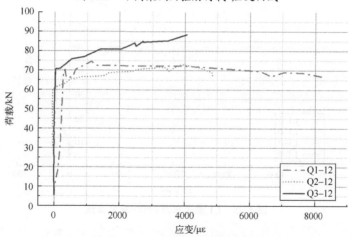

图 5.24　不同梁底部箍筋荷载-应变曲线

通过以上曲线可知,箍筋的工作状态与梁的极限承载力大小有较为明显的对应关系,说明不同区域约束作用发挥出了不同的约束效果。其中,极限承载力最高的 Q3 梁和约束箍筋过早拉断的 Q2 梁具有相同的约束箍筋间距,均为 50mm,这两根梁的约束箍筋较早地进入应变迅速增长的阶段,并且在梁达到极限承载力之前约束箍筋的应变就已达到较高的水平,因为约束作用较早地开始发挥,Q3 梁的极限承载力得到了较大的提升,而 Q2 梁的极限承载力提升不明显主要是因为其约束箍筋直径较小,过早被拉断,导致局部约束作用消失。Q1 梁约束箍筋的间距为 100mm,相比 Q2、Q3 梁,在达到极限承载力之前约束箍筋应变没有明显的增长,说明约束作用还没有开始发挥,所以 Q1 梁的极限承载力提升并不明显。这说明 BFRP 筋区域约束混凝土梁中约束箍筋的间距和直径对约束作用的发挥有着至关重要的作用,并且二者存在一定的关系,主要表现在约束作用的发挥首先由间距决定,约束箍筋间距越小,则越早开始发挥约束作用,约束箍筋的直径是在间距合适的前提下决定约束作用能否得到充分发挥,即如果约束箍筋间距过大,即使箍筋直径较大,也难以起到良好的约束作用,如 Q1 梁;如果约束箍筋间距较小,而箍筋直径也较小,约束箍筋即使较早开始发挥作用最终也得不到充分而有效的发挥,如 Q2 梁。因而合理选择约束箍筋的间距和直径是实现良好约束效果的关键。

5. BFRP 受压筋工作情况

根据试验采集的数据分别绘制 4 根梁 BFRP 受压筋的荷载-应变曲线,如图 5.25～图 5.30 所示。

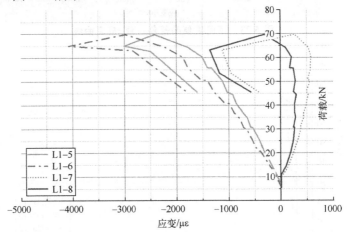

图 5.25 L1 梁受压筋荷载-应变曲线

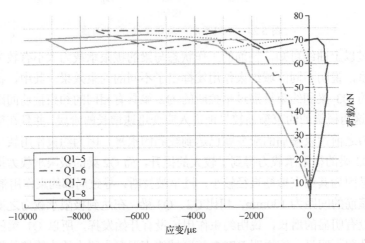

图 5.26 Q1 梁受压筋荷载-应变曲线

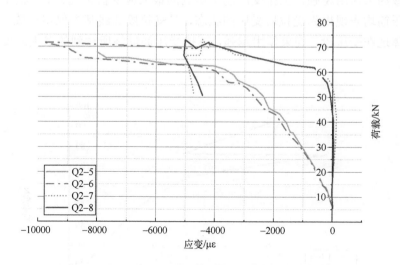

图 5.27　Q2 梁受压筋荷载-应变曲线

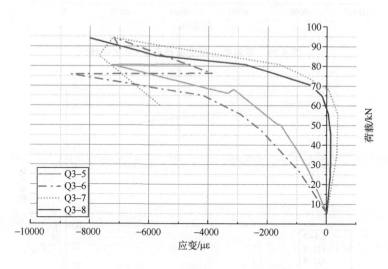

图 5.28　Q3 梁受压筋荷载-应变曲线

图 5.29 和图 5.30 分别为 4 根梁的上、下排受压筋荷载-应变曲线的对比图。可以看到 4 根梁的上排受压筋曲线走势大致相同，主要区别是受压筋所达到的最大应变值不同，除了 Q3 梁 6 号应变片因出现滑移使其最大应变值小于 Q1、Q2 梁外，其余应变片的应变都表现出与区域约束作用的对应关系，

即区域约束作用越强,上排受压筋所达到的最大应变值也越大。4根梁的下排受压筋均表现出先受拉后受压的状态,且受拉段曲线基本保持一致,主要区别体现在受压段,约束作用越强,下排受压筋最终所达到的最大应变值也越大。

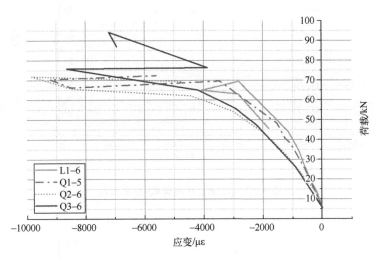

图 5.29 不同梁上排受压筋荷载-应变曲线

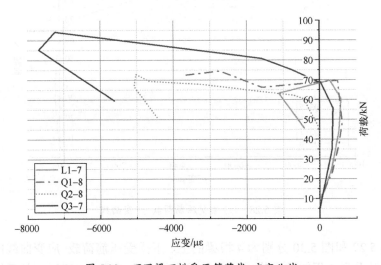

图 5.30 不同梁下排受压筋荷载-应变曲线

6. BFRP 受拉筋工作情况

根据试验采集的数据分别绘制 4 根梁 BFRP 受拉筋的荷载-应变曲线，如图 5.31～图 5.36 所示。

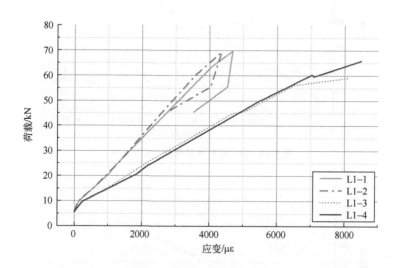

图 5.31　L1 梁受拉筋荷载-应变曲线

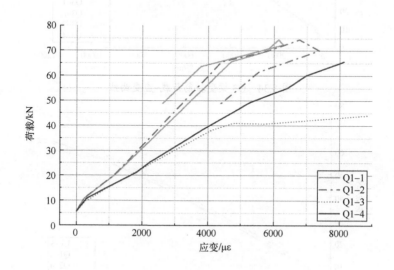

图 5.32　Q1 梁受拉筋荷载-应变曲线

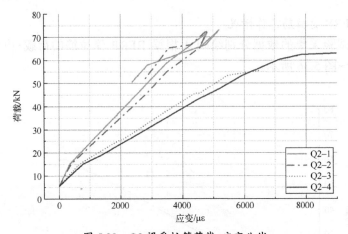

图 5.33　Q2 梁受拉筋荷载-应变曲线

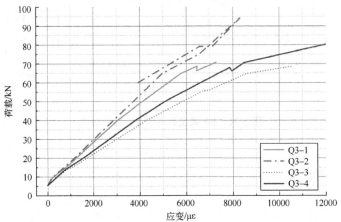

图 5.34　Q3 梁受拉筋荷载-应变曲线

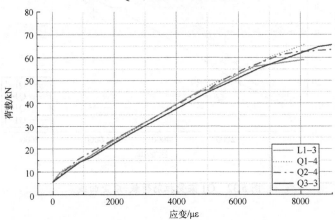

图 5.35　不同梁下排受拉筋荷载-应变曲线

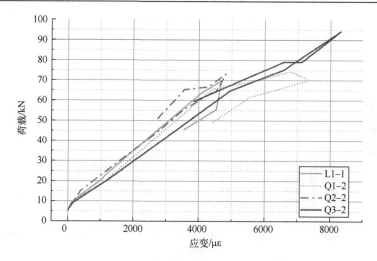

图 5.36 不同梁上排受拉筋荷载-应变曲线

通过以上对受拉筋的荷载-应变曲线的分析可以初步得出,区域约束作用在一定程度上能够影响受拉筋的工作状态,这种影响主要发生在混凝土保护层压碎之后,并且就目前的数据来看,区域约束对于上排受拉筋的影响程度要明显大于对下排受拉筋的影响程度。

7. 验证平截面假定

根据采集的数据分别绘制 4 根梁纯弯段截面应变分布曲线,如图 5.37～图 5.40 所示。由于靠近梁底部的混凝土应变片因裂缝开展相继拉断,以及梁顶部的混凝土应变片在接近混凝土压碎前便失效,这里仅保留了加载过程中的部分曲线。

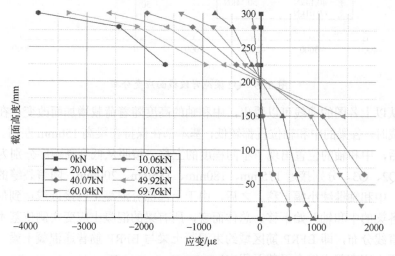

图 5.37 L1 梁纯弯段截面应变分布

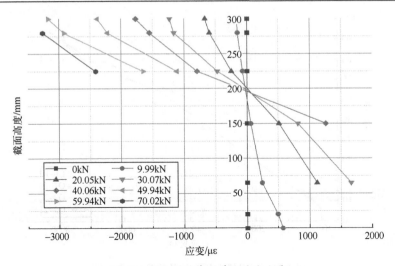

图 5.38　Q1 梁纯弯段截面应变分布

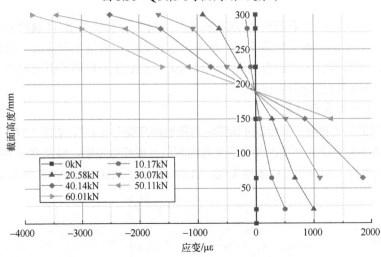

图 5.39　Q2 梁纯弯段截面应变分布

从以上各图的曲线可以看出，中和轴的高度随着荷载增加而改变。在刚开始加载时，各梁的中和轴位置都较低，基本都在保持在梁高 150mm 左右。在梁开裂后，中和轴的位置出现了不同程度的上移，按照从低到高顺序分别为 L1、Q1、Q2、Q3，分别接近 175mm、180mm、185mm、200mm。随着裂缝的继续开展，中和轴继续小幅上移。之后，由于上部部分混凝土已接近或达到最大应变，各梁的中和轴开始下移。总体而言，所有梁的混凝土应变实测值基本沿高度呈直线分布，即 BFRP 筋区域约束混凝土梁与 BFRP 筋普通混凝土梁一样，其混凝土应变基本符合平截面假定。

第 5 章 深海土木工程材料与防腐

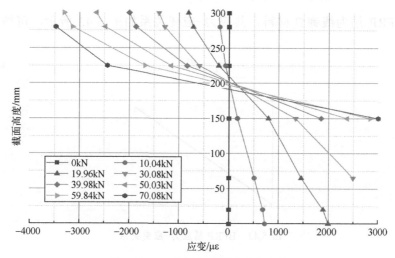

图 5.40　Q3 梁纯弯段截面应变分布

5.5.4　数值模拟分析

本节将利用 ABAQUS 有限元软件对本次试验中的试件建模并进行相同工况下的数值模拟研究,既可弥补试验梁数量较少的不足,又可对试验中无法采集的数据进行补充和分析,进一步验证试验结论的正确性。

1. 有限元模型建立

采用 ABAQUS 有限元软件,在模拟过程中混凝土和支座垫板选用实体单元中的六面体单元(C3D8R)。另外,在模拟过程中只考虑 BFRP 筋的拉伸和压缩,不考虑其弯曲作用,所以 BFRP 筋选用桁架单元(T3D2)。混凝土的本构关系按照国家标准《混凝土结构设计规范》(GB 50010—2010)(2015 年版)选取,如图 5.41 所示。

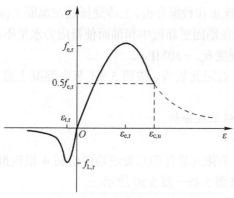

图 5.41　混凝土单轴应力-应变曲线

BFRP 筋为线弹性材料，其应力-应变关系如图 5.42 所示，可按下式表示：

$$\sigma_f = E_f \varepsilon_f \qquad (5\text{-}1)$$

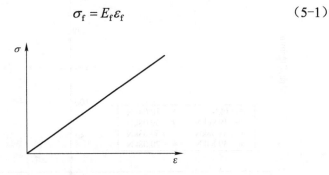

图 5.42 BFRP 筋应力-应变关系

通过应力-应变关系可以看出，BFRP 筋没有屈服台阶，本节在数值模拟时根据不同种类的 BFRP 筋选取不同的方法来定义名义屈服强度。

BFRP 受拉筋：选取第 5.5.3 节试验中采集的 BFRP 受拉筋的最大应变值 $\varepsilon_{f,max}$ 所对应的抗拉强度标准值作为数值模拟过程中 BFRP 受拉筋的名义屈服强度 σ_{yf}，经计算 BFRP 受拉筋的名义屈服强度取 $\sigma_{yf} = 630\text{MPa}$。

BFRP 箍筋：通过试验现象得知 BFRP 箍筋的转角是抗拉能力的薄弱部位，根据试验中采集的 BFRP 箍筋的最大应变值 $\varepsilon_{f,max}$ 并参考《纤维复合材料规范》中对箍筋强度的规定来计算 BFRP 箍筋的名义屈服强度 σ_{yf}，经计算本节 BFRP 箍筋的名义屈服强度取 $\sigma_{yf} = 200\text{MPa}$。

BFRP 受压筋：在进行受弯承载力计算时不应考虑受压区的 FRP 筋，而通过 5.5.3 节的试验数据得知 BFRP 受压筋表现出一定的抗压能力，因此在定义 BFRP 受拉筋的名义屈服强度时，对试验中得到的抗压强度标准值进行折减。结合 5.5.2 节的试验现象和数据分析，上排受压筋在混凝土保护层脱落后出现受压失稳压断，下排受压筋因更靠近中和轴而使得应力水平不高，最终确定 BFRP 受压筋的名义屈服强度 $\sigma_{yf} = 50\text{MPa}$。

通过 ABAQUS 有限元软件，按照 5.5.1 节中混凝土梁的尺寸及配筋建立模型。

2. 有限元计算结果及分析

1）应力云图

利用 ABAQUS 有限元软件的后处理功能绘制 4 根模拟梁在达到极限承载力时的应力云图，如图 5.43～图 5.50 所示。

第5章 深海土木工程材料与防腐

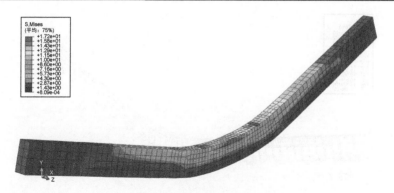

图 5.43 L1 梁混凝土应力云图

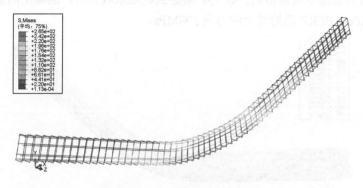

图 5.44 L1 梁 BFRP 筋应力云图

从应力云图中可以得到，在 L1 梁达到极限承载力时，混凝土的最大应力为 17.2MPa，BFRP 筋的最大应力为 265MPa。

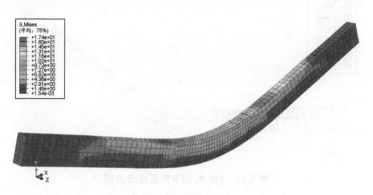

图 5.45 Q1 梁混凝土应力云图

239

图 5.46　Q1 梁 BFRP 筋应力云图

从应力云图中可以得到，在 Q1 梁达到极限承载力时，混凝土的最大应力为 17.4MPa，BFRP 筋的最大应力为 398MPa。

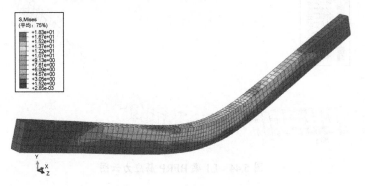

图 5.47　Q2 梁混凝土应力云图

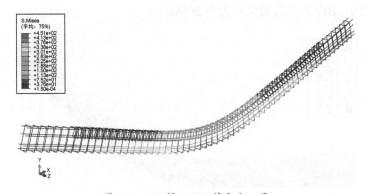

图 5.48　Q2 梁 BFRP 筋应力云图

从应力云图中可以得到，在 Q2 梁达到极限承载力时，混凝土的最大应力为 18.3MPa，BFRP 筋的最大应力为 451MPa。

图 5.49　Q3 梁混凝土应力云图

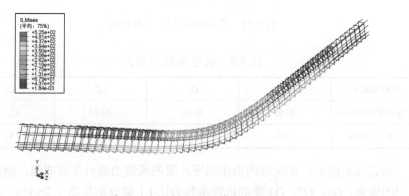

图 5.50　Q3 梁 BFRP 筋应力云图

从应力云图中可以得到，在 Q3 梁达到极限承载力时，混凝土的最大应力为 24.1MPa，BFRP 筋的最大应力为 525MPa。

2）荷载-位移曲线

利用 ABAQUS 有限元软件的后处理功能绘制 4 根模拟梁的荷载-位移曲线，如图 5.51 所示。

总体来看，区域约束梁 Q1、Q2、Q3 的极限承载力和达到极限承载力时的跨中位移比普通梁 L1 都有提高，并且随着区域约束作用的增强，提高的幅度逐渐增大。这说明区域约束箍筋起到了约束作用，发挥了约束效果，这种约束效果体现为提高梁的极限承载力和改善梁的延性，并表明区域约束作用越强，约束效果体现得越明显。

3）抗弯承载力

将数值模拟得到的抗弯承载力列于表 5.5 中，并进行对比。

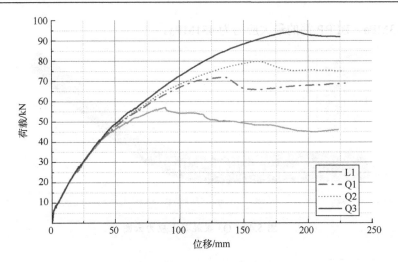

图 5.51 模拟梁的荷载-位移曲线

表 5.5 抗弯承载力对比

模拟梁编号	L1	Q1	Q2	Q3
抗弯承载力/(kN·m)	49.98	63.01	69.87	82.71
与 L1 比值/%	100	126.1	139.8	165.5

如表 5.5 所示，在区域约束作用下，梁的承载力提升非常明显，随着约束作用的增强，Q1、Q2、Q3 梁的抗弯承载力比 L1 梁分别提高了 26.1%、39.8%、65.5%。这进一步说明在相同截面的情况下，BFRP 筋区域约束梁比 BFRP 筋普通梁拥有更高的承载力，且约束作用越强承载力提升越明显。

4）约束区混凝土

因设备和方法的限制，在 5.5.3 节的试验中无法采集约束区混凝土的应力、应变等相关数据，本节利用 ABAQUS 有限元软件的后处理功能，选取 4 根模拟梁跨中约束区（L1 梁为受压区）同一位置的混凝土单元进行分析，并绘制应力-应变曲线（此处规定受压为正），如图 5.52 和图 5.53 所示。

从应力-应变曲线看出，4 根模拟梁约束区（L1 梁为受压区）混凝土的应变在加载过程中均保持持续增长，而应力则表现出不同的特点，其中普通梁 L1 的应力随着应变的增长先增加后减小又增加，最后保持在最大值 12MPa 左右。区域约束梁 Q1、Q2、Q3 的应力则随着应变的增长持续增加，并最终保持在较高的水平，依次为 25MPa、28MPa、35MPa。这说明在约束箍筋的约束作用下，约束区混凝土在受到轴向压力时，随着应变不断增长，应力也不断增加，最终能维持较高应力水平,并且约束作用越强最终的应力水平也越高,同时这也是区域约束梁承载力高于普通梁的原因所在。

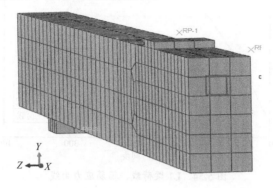

图 5.52 约束区(L1 梁为受压区)混凝土位置

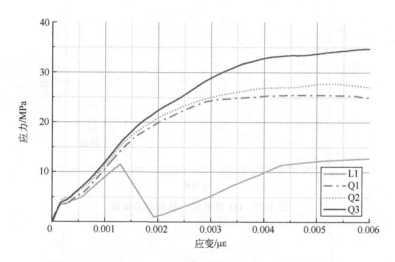

图 5.53 约束区(L1 梁为受压区)混凝土应力-应变曲线

5) BFRP 筋

利用 ABAQUS 有限元软件的后处理功能对 4 根模拟梁跨中截面的 BFRP 箍筋和 BFRP 受拉筋进行分析并绘制曲线,如图 5.54~图 5.59 所示。

(1) BFRP 箍筋。为了更加清楚地反映出箍筋的应力和梁抗弯承载力之间的对应关系,分析约束箍筋对于抗弯承载力的影响,以时间步为横轴、跨中截面箍筋的应力和梁的抗弯承载力同时作为纵轴,绘制曲线,如图 5.54~图 5.57 所示。

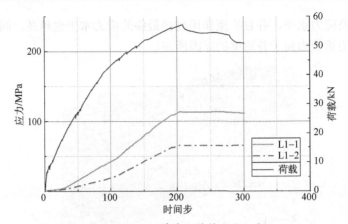

图 5.54 L1 梁荷载、箍筋应力曲线

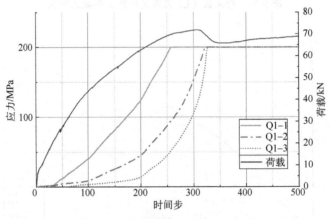

图 5.55 Q1 梁荷载、箍筋应力曲线

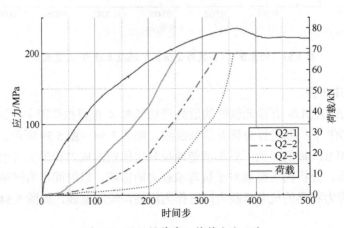

图 5.56 Q2 梁荷载、箍筋应力曲线

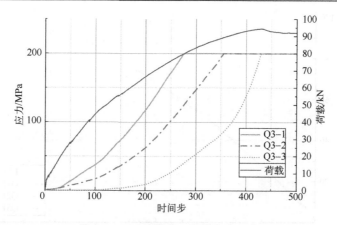

图 5.57 Q3 梁荷载、箍筋应力曲线

总体来说，约束箍筋布置不同，其约束作用也就不同，最终使梁的极限承载力不同。上述结果进一步验证了 5.5.3 部分试验的结论，即约束作用的发挥首先取决于间距是否合适，只有在一定间距范围内约束箍筋才能发挥约束作用，并且在间距合适的前提下，约束箍筋直径越大约束作用越明显，约束效果也越好，因此合理选则约束箍筋的间距和直径是实现良好约束效果的关键。

（2）BFRP 受拉筋。通过荷载-应力曲线可以看出，BFRP 受拉筋均未达到设定的名义屈服强度，说明受拉筋满足了模拟要求，达到了模拟试验的目的。通过与 5.5.3 部分试验梁 BFRP 受拉筋的荷载-应变曲线进行对比后发现模拟梁的 BFRP 受拉筋所表现出的特点与试验梁的 BFRP 受拉筋基本吻合，这进一步验证了在整个加载过程中，区域约束对于下排受拉筋的工作状态没有明显影响，区域约束主要影响上排受拉筋的工作状态，约束作用越强，上排受拉筋最终达到的应力越大。

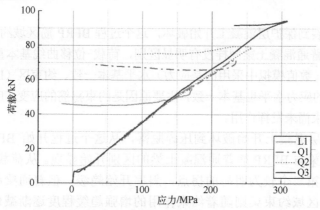

图 5.58 四根梁 BFRP 上排受拉筋荷载-应力曲线

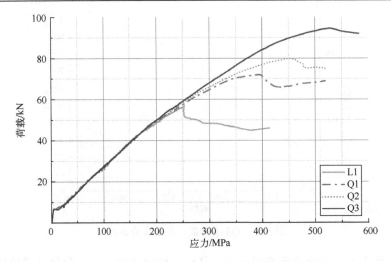

图 5.59　四根梁 BFRP 下排受拉筋荷载-应力曲线

5.5.5　BFRP 筋区域约束混凝土梁抗弯性能总结和分析

本节结合试验结果和数值模拟结果，对 BFRP 筋区域约束混凝土梁的抗弯性能进行分析和讨论。

1. BFRP 筋区域约束混凝土梁受弯破坏过程分析

根据试验和数值模拟中的现象和数据，对 BFRP 筋区域约束混凝土梁在整个加载过程中所表现出的特点进行总结。

从开始加载到梁开裂，这个过程 BFRP 筋区域约束混凝土梁与 BFRP 筋普通混凝土梁并无太大区别，开裂荷载基本相同，并且随着梁的开裂，刚度减小，表现在荷载-位移曲线上就是曲线中会出现一个较为明显的拐点，随后曲线斜率开始趋缓。

从梁开裂到保护层混凝土开始破坏，这个过程 BFRP 筋区域约束混凝土梁与 BFRP 筋普通混凝土梁同样没有明显区别，荷载-位移曲线基本重合、BFRP 受拉筋应变（数值模拟中采用的是应力）水平基本一致、约束区（L1 梁为受压区）混凝土的应力水平也基本一致，主要原因是约束箍筋的应变（应力）较小，说明区域约束尚未发挥作用。

从保护层混凝土开始破坏到压碎脱落，从这个过程开始 BFRP 筋区域约束混凝土梁与 BFRP 筋普通混凝土梁的区别开始显现。从荷载-位移曲线来看，出现第二个较为明显的拐点，斜率开始趋缓，但普通梁趋缓的程度更为明显，区域约束梁则随着约束作用的增强趋缓程度逐渐减弱。主要原因是随着保护层混凝土的破坏，轴向压力开始向约束区混凝土集中，混凝土受压产生横向膨胀变形，从而使约束箍筋的应变（应力）开始增加，这说明随着保护层混凝土的逐渐破坏约束箍筋也逐渐开始发挥作用，因为约束作用的存在梁的刚度出现不同，约束作用越强，梁刚度越大，曲线趋缓程度越弱。

从保护层混凝土压碎脱落到梁达到极限承载力，这个过程 BFRP 筋区域约束混凝土梁与 BFRP 筋普通混凝土梁表现出更为明显的不同。首先，表现在梁达到极限承载力时所对应的状态不同，普通梁在保护层混凝土压碎脱落的同时即达到极限承载力，而区域约束梁则出现了独特的"双峰"现象，即保护层混凝土压碎脱落后承载力先出现短暂下降，然后继续上升达到更高的极限承载力，约束作用越强最终所达到的极限承载力越高且对应跨中位移越大。其次，梁上排受拉筋达到的极限应变（应力）不同，区域约束梁明显大于普通梁，且约束作用越强应变（应力）越大。以上不同的主要原因是约束箍筋使约束区混凝土得到了加强，从数值模拟中约束区混凝土的应力-应变曲线中看出，在相同应变下约束梁的约束区混凝土的应力明显大于普通梁的受压区混凝土，且约束作用越强应力越大。从约束箍筋的应变（应力）可以看出，在保护层混凝土压碎脱落后，应变（应力）增长极为迅速，这说明约束箍筋的横向约束作用使约束区混凝土的应力-应变关系发生了改变，这是 BFRP 筋区域约束混凝土梁承载力提高的主要原因，而约束箍筋所围成的约束体则是延性的主要来源。

从梁达到极限承载力到发生破坏，这个过程中约束箍筋的应变反而随着承载力的下降继续保持增加，说明约束作用仍然存在且作用很强。由于约束作用继续存在，理论上，该过程的特点表现在荷载-位移曲线上应该是区域约束梁的下降段斜率应明显缓于普通梁，但试验中 Q1、Q2 梁荷载-位移曲线下降段未明显观察到此现象，Q3 梁反而出现斜率突然变陡的现象，主要原因是 Q1 梁约束箍筋间距较大，约束作用弱，Q2 梁约束箍筋在梁达到极限承载力前就拉断未充分发挥约束作用，Q3 梁则是在承载力下降过程中，约束箍筋在弯角处出现拉断，导致约束作用突然消失，因而承载力迅速下降。

以上为根据试验和数值模拟总结的 BFRP 筋区域约束混凝土梁各阶段的特征。可以看出，区域约束梁与普通梁相比有着很大的区别，虽然都由脆性材料组成，但只要具有足够的约束作用，区域约束梁不但具有更高的承载能力，而且具有很好的延性，而它的延性来源于约束箍筋所围成的约束体。

2. BFRP 筋区域约束混凝土梁抗弯承载力分析

将试验与数值模拟中梁的抗弯承载力列于表 5.6 中进行对比。

表 5.6 试验承载力与数值模拟承载力对比

梁编号	L1	Q1	Q2	Q3
试验承载力/(kN·m)	61.04	65.18	63.91	82.44
数值模拟承载力/(kN·m)	49.98	63.01	69.87	82.71

注：试验承载力已考虑梁自重及加载设备重量产生的弯矩。

从表 5.6 可以看出，无论是试验结果还是数值模拟结果，BFRP 筋区域约束混凝土梁的承载力均要高于 BFRP 筋普通梁。

为了得到适用于 BFRP 筋区域约束混凝土梁约束系数 k_f 的计算公式及抗弯承载力计算公式，将 5.5.3 部分中材料力学性能实测值代入计算 BFRP 筋区域约束混凝土梁的抗弯承载力，计算时待定系数 μ_1、μ_2 暂取为 1。将计算结果与试验和数值模拟结果列于表 5.7 进行对比。

表 5.7 抗弯承载力计算结果与试验和数值模拟结果对比

梁编号	Q1	Q2	Q3
计算承载力/(kN·m)	71.13	75.92	88.68
试验承载力/(kN·m)	65.18	63.91	82.44
数值模拟承载力/(kN·m)	63.01	69.87	82.71

注：计算承载力采用材料标准值；试验承载力已考虑梁自重及加载设备重量产生的弯矩。

选取 Q1 梁和 Q3 梁的试验结果、Q2 梁的数值模拟结果进行线性回归，确定系数 $\mu_1 = 0.72$、$\mu_2 = 0.98$，从而得到 BFRP 筋区域约束混凝土梁约束系数 k_f 的计算公式为

$$k_f = \frac{0.72 f'_{fd}\rho_s + 0.98 f_{fv}\rho_v}{f_c} \tag{5-2}$$

进一步得到 BFRP 筋区域约束混凝土梁的抗弯承载力计算公式为

$$M \leq b_1 x_{cc} h'_{sf}(f_c + 0.72 f'_{fd}\rho_s + 0.98 f_{fv}\rho_v) \tag{5-3}$$

将材料力学性能实测值代入重新进行计算，并与原计算结果、试验结果、数值模拟结果进行比较，如表 5.8 所示。

表 5.8 抗弯承载力计算结果与试验和数值模拟结果对比

梁编号	Q1	Q2	Q3
原式计算承载力/(kN·m)	71.13	75.92	88.68
式（5-2）计算承载力/(kN·m)	65.09	69.78	82.29

续表

梁编号	Q1	Q2	Q3
试验承载力/(kN·m)	65.18	63.91	82.44
数值模拟承载力/(kN·m)	63.01	69.87	82.71
式(5-2)与试验比值/%	99.86	—	99.82
式(5-2)与数值模拟比值/%	103.30	99.87	99.49

注：计算承载力采用材料标准值；试验承载力已考虑梁自重及加载设备重量产生的弯矩。

从表 5.8 可知，利用式（5-2）和式（5-3）计算的抗弯承载力与试验承载力、数值模拟承载力均吻合较好，误差大多保持在 0.6%以内（Q2 梁试验值不做比较），仅与 Q1 梁的数值模拟承载力误差为 3.3%，这说明式(5-2)和式(5-3)对 BFRP 筋区域约束混凝土梁的抗弯承载力计算比较准确。但需要注意到的是，由于本次试验中试验梁数量较少，数值模拟也仅对试验工况进行了模拟，得到的数据具有一定局限性，在此基础上得到的公式是否具有普适性有待于进一步研究。

3. BFRP 筋区域约束混凝土梁延性分析

延性作为评判结构、构件的一个重要指标，反映了其开始进入破坏阶段直到最大承载力或者承载力下降到最大值的 85%这一过程中的变形能力。延性的好坏反映了结构、构件后期变形能力的大小，同时也决定着其发生延性破坏还是脆性破坏。本部分将利用工程中常用的位移延性系数 μ 来进行延性分析，通过计算试验和数值模拟中各梁的位移延性系数 μ，评价区域约束对于 BFRP 筋混凝土梁延性的影响，如表 5.9 所示。

表 5.9 位移延性系数

编号	试验			数值模拟		
	Δ_y/mm	Δ_u/mm	μ	Δ_y/mm	Δ_u/mm	μ
L1	119.33	139.50	1.17	70.83	89.00	1.25
Q1	118.56	185.76	1.57	76.20	134.75	1.77
Q2	124.17	192.33	1.55	78.66	160.75	2.04
Q3	92.61	270.96	2.93	78.01	190.00	2.44

注：位移延性系数 $\mu = \Delta_u/\Delta_y$，其中试验梁 Δ_y 取保护层混凝土压碎时对应的跨中位移，Δ_u 取梁的承载力下降至极限承载力 85%时对应的跨中位移；模拟梁 Δ_y 取跨中混凝土单元达到极限压应变时对应的跨中位移，Δ_u 取梁达到极限承载力时对应的跨中位移。

从试验来看，对比普通梁 L1，区域约束梁 Q1、Q2 及 Q3 的延性均得到改善，特别是约束作用最强的 Q3 梁位移延性系数 μ 比 L1 提高了 150.4%，这说明在达到一定约束效果的前提下，区域约束能对 BFRP 筋混凝土梁的延性起到很好的改善作用，并且结合 5.5.3 节可以发现对于延性的提升幅度远大于对抗弯承载能力的提升。但需要说明的是本次试验中 Q2 梁的位移延性系数 μ 小于区域约束作用最弱的 Q1 梁，主要原因是 Q2 梁的约束箍筋过早拉断，没能有效发挥出约束作用，导致梁过早的破坏，因此其破坏时的位移 Δ_u 偏小，使得 μ 小于 Q1 梁。

从数值模拟来看，对比普通梁 L1，区域约束梁 Q1、Q2 及 Q3 的延性均得到明显改善，这点与试验相同。另外，模拟梁还表现出了试验中没能表现出来的特点，即 Q1、Q2 及 Q3 梁的位移延性系数依次增大，这说明在 BFRP 筋区域约束混凝土梁中，约束作用越强延性改善越明显。

综合试验和数值模拟可以得出，BFRP 筋区域约束混凝土梁比 BFRP 筋普通混凝土梁具有更好的延性，且随着约束作用的增强延性改善也更明显。

4. BFRP 筋区域约束混凝土梁刚度分析

约束箍筋对于 BFRP 筋区域约束混凝土梁刚度的影响主要体现在后期，前期因为约束箍筋尚未发挥作用，其刚度与 BFRP 筋普通混凝土梁的刚度大致相同，且计算前期刚度时可以利用相关规范中计算 BFRP 筋普通梁刚度的公式进行粗略计算。随着约束箍筋开始发挥作用，区域约束梁较普通梁刚度下降慢，且约束作用越强，刚度下降越慢，后期刚度越大，变形能力也越强。

需要说明的是，由于本部分试验梁数量较少，且变量仅为 BFRP 约束箍筋的间距和直径，对于新型结构构件 BFRP 筋区域约束混凝土梁刚度的研究还远远不足，难以在现有条件下提出合适的刚度计算公式，所以还需要通过进一步研究获得更多的试验数据，从不同角度研究区域约束对刚度的影响，才能得出符合实际规律的准确公式。

5.6 BFRP 筋区域约束混凝土梁抗剪性能试验

5.6.1 试验方案设计及构件制作

1. 构件设计

为研究在不同的约束强度、剪跨比的条件下，区域约束混凝土梁的抵抗剪切变形的能力，并考虑实验室条件，依据国家标准《混凝土结构设计规范》（GB 50010—2010）（2015 年版）、《纤维增强复合材料工程应用技术标准》（GB 50608—2020）进行梁整体设计。梁长 1.8m，支座间距 1.5m，截面尺寸为

150mm×300mm。约束区高度 x_{cc}=125mm，宽度 b_1=125mm。受拉筋采用 4 根直径为 25mm 的 BFRP 筋，受压筋采用 4 根直径为 10mm 的 BFRP 筋。4 根梁的抗剪箍筋（大箍筋）均采用直径 10mm 间距 100mm 的 BFRP 筋，沿梁全长布置，吊钩处加密。约束箍筋的布置细节如表 5.10 和图 5.60 所示。

表 5.10 BFRP 筋配筋表

编号	受压纵筋	受拉纵筋	矩形箍筋	螺旋箍筋	剪跨比
L1				无	1
Q1				8@100	1
Q2	4ϕ10	2ϕ25	10@100	8@50	1
Q3				10@50	1
Q4				10@50	1.3

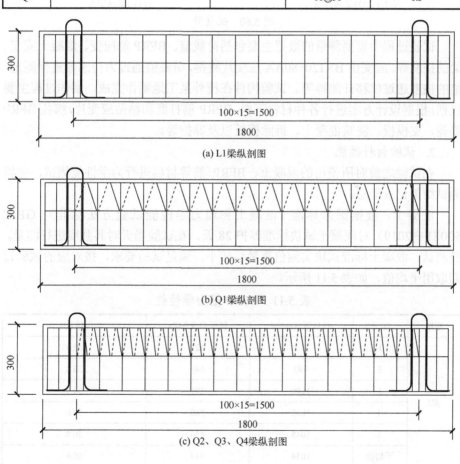

(a) L1梁纵剖图

(b) Q1梁纵剖图

(c) Q2、Q3、Q4梁纵剖图

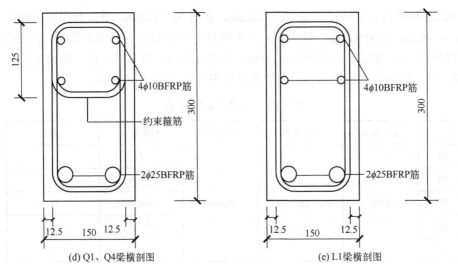

图 5.60 配筋图

试验过程中需要测量的数据主要包括荷载值、BFRP 筋应变、混凝土应变、梁的挠度等。应变由 BX120-80AA 应变片测得,荷载值通过力传感器进行测定,梁的挠度通过位移计测得等。试验构件在校外某工地制作完成,制作过程主要包括:根据设计方案进行各种材料下料,BFRP 筋打磨和粘贴应变片,绑扎 BFRP 筋笼、支模板、浇筑混凝土、拆除模板以及养护等。

2. 试验材料性能

在试验之前对所使用的混凝土、BFRP 筋等材料进行力学性能测试,并将测试结果记录汇总。

混凝土:根据国家标准《混凝土物理力学性能试验方法标准》(GB/T 50081—2019) 对混凝土试块标准养护 28 天,在试验当天对其强度进行测量,经测试,混凝土标准试块实测值离散性较小,满足试验要求,按对应的试验日期取用平均值,如表 5.11 所示。

表 5.11 BFRP 筋力学性能

规格	编号	抗拉强度/MPa	抗压强度/MPa	弹性模量/GPa
φ25	1	910	427	52.5
	2	990	440	50.0
	3	1140	391	50.5
	4	1085	380	50.0
	5	1045	434	50.0
	平均值	1034	414	50.6

续表

规格	编号	抗拉强度/MPa	抗压强度/MPa	弹性模量/GPa
$\phi 10$	1	1015	289	53.0
	2	980	281	51.5
	3	970	245	51.0
	4	975	357	51.0
	5	920	337	51.0
	平均值	972	302	51.5
$\phi 8$	1	1130	245	52.0
	2	1160	187	52.5
	3	1160	178	53.0
	4	1040	201	52.5
	5	1010	273	54.5
	平均值	1100	217	52.9

BFRP 筋：根据国家标准《结构工程用纤维增强复合材料筋》（GB/T 26743—2011）对不同直径纤维筋进行分组，并对其测试力学性能，如表 5.12 所示。

表5.12 混凝土力学性能

材料	梁号	编号	立方体抗压强度/MPa	平均强度/MPa
混凝土	L1	1	22.58	23.47
		2	24.76	
		3	23.08	
	Q1	1	24.04	24.69
		2	24.55	
		3	25.49	
	Q2	1	23.80	24.24
		2	23.26	
		3	25.65	
	Q3	1	24.06	24.93
		2	23.30	
		3	27.42	
	Q4	1	23.07	23.47
		2	24.59	
		3	22.74	

5.6.2 试验过程及试验现象

1. 加载方案

本次试验为静载试验,采用四点弯曲加载方式。试验梁及分配梁两组支座均采用一边固定铰支座一边滚动铰支座,支座滚轴上下均配有钢垫板,与混凝土试验梁接触的钢垫板均用砂浆进行找平,以保证受力均匀。加载装置和加载方案如图 5.61 和图 5.62 所示。

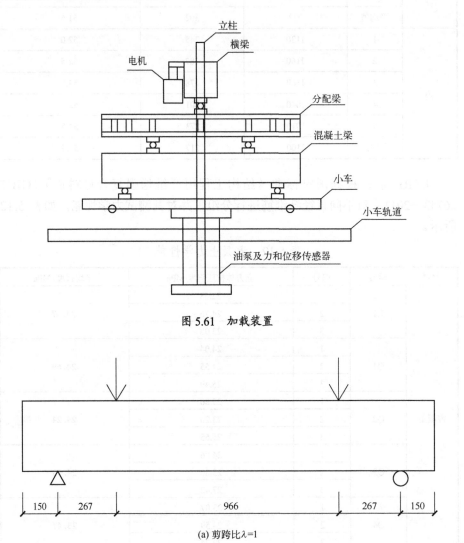

图 5.61 加载装置

(a) 剪跨比 λ=1

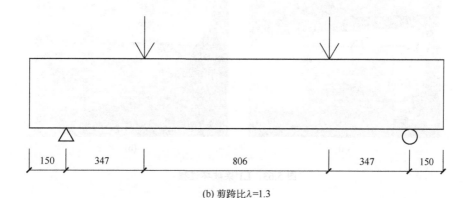

(b) 剪跨比λ=1.3

图 5.62 加载方案

2. 试验现象

1) BFRP 筋普通混凝土梁 L1

预加载结束后正式加载时，加载速度为 0.4mm/min，采用以力作为目标控制的位移加载方式。第一级荷载 19.8kN 到第二级荷载 39.9kN，观察混凝土梁并未出现裂缝，此时梁为弹性状态，第三级荷载加到 60.4kN 时，在纯弯段出现多条竖向裂缝，平均高度在 130mm 左右，第四级荷载加到 80.2kN 时，在纯弯段原有裂缝继续发展，同时又出现新的竖向裂缝，在弯剪段梁腹高度中间位置出现一条细小的斜裂缝，梁底也出现一条弯剪裂缝。第五级荷载加到 99.7kN，纯弯段裂缝基本已经出齐，竖向裂缝已经发展到最高高度 200mm，弯剪段原有斜裂缝向加载点和支座连线方向发展，同时在附近出现新的细小斜裂缝。荷载为 99.7～140.2kN 时，纯弯段中的竖向裂缝继续向高度和宽度方向发展，弯剪段斜裂缝腹中宽度增加最大。当荷载为 140.2～200.0kN 时，竖向裂缝继续发展，弯剪段中的裂缝向上发展已快接近梁顶，向下发展已连通支座，并且腹中斜裂缝附近细小裂缝增多。荷载为 200.0～259.8kN 时，纯弯段竖向裂缝仍继续发展，弯剪段斜裂缝逐渐发展成三条主斜裂缝，并伴随着混凝土保护层的鼓起。最后一级荷载加载到梁破坏，弯剪段三条主斜裂缝宽度已发展得很宽，而且腹中鼓起的混凝土保护层脱落，抗剪大箍筋的搭接段露出，剪压区的混凝土压碎，随着荷载的不断下降，混凝土梁出现"啪"的一声，试验过后发现斜裂缝处抗剪箍筋上部拐角处断裂，试验结束。L1 梁破坏过程如图 5.63 所示。

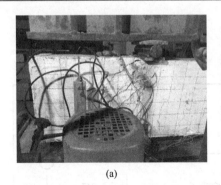 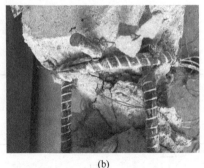

图 5.63 L1 梁破坏过程

2）BFRP 筋区域约束混凝土梁 Q1

预加载结束后正式加载时，加载速度为 0.5mm/min，采用以力作为目标控制的位移加载方式。第一级荷载和第二级荷载分别加载到 19.9kN、40.6kN，观察混凝土梁并未出现裂缝，此时梁为弹性状态，第三级荷载加载到 49.5kN 时，纯弯段开裂，出现一条裂缝，第四级荷载加载到 84.6kN 时，在纯弯段出现多条竖向裂缝，平均高度在 160mm 左右，最大裂缝宽度为 0.02mm，其中支座下方出现的竖向裂缝高度较高，最高裂缝高度达 180mm，第五级荷载加载到 119.9kN 时，混凝土梁两端出现腹剪斜裂缝，裂缝高度平均为 200mm，在梁端同时也出现由弯剪裂缝发展斜裂缝的情况，在纯弯段原有裂缝继续发展，少量新裂缝产生，最大裂缝宽度为 0.15mm，第六级荷载加载到 145.3kN 时，纯弯段裂缝基本出齐，原有竖向裂缝继续发展，弯剪段斜裂缝基本无增多，呈现向加载点和支座两向发展的趋势，第七级荷载加载到 170.5kN 时，原有斜裂缝基本不向上发展，裂缝宽度最宽达 0.6mm，纯弯段竖向裂缝变宽，第八级荷载加载到 194.4kN 时，无新的斜裂缝产生斜裂缝向上发展缓慢，弯剪段上部斜裂缝最大宽度为 0.1mm，腹部最大裂缝宽度为 0.7mm，第九级荷载加载到 221.3kN 时，裂缝发展情况同第八级加载，腹部最大裂缝宽度为 0.9mm，裂缝高度可达 240mm，同时支座下方的弯剪斜裂缝向上发展，其宽度为 0.55mm，第十级荷载加载到 243.0kN 时，弯剪段临界斜裂缝向上发展依旧缓慢，向下往支座处延伸，并且在支座处出现一条到达梁顶的新裂缝，第十一级荷载加载到梁破坏为止，弯剪段斜裂缝贯通，在 264.1kN 时裂缝最大宽度达 4mm，腹部混凝土表皮泛起，支座处少量混凝土脱落，随着裂缝宽度变大，随着荷载下降，挠度继续增加，抗剪大箍筋搭接段外伸，当力下降到 190kN 附近时，斜裂缝处约束箍筋断裂，停止加载，试验结束。Q1 梁破坏过程如图 5.64 所示。

图 5.64 Q1 梁破坏过程

3）BFRP 筋区域约束混凝土梁 Q2

首先进行预加载，分两级进行加载，第一级加载到 5.1kN，第二级加载到 10.1kN，观察荷载位移曲线斜率不变，梁为弹性状态，仪器显示正常，梁体未开裂，砂浆压实，预加载目的已达到，然后分两级卸载至 0。

接下来正式加载，加载速度为 0.5mm/min，采用以力作为目标控制的位移加载方式。第一级荷载加载到 20.1kN，观察混凝土梁并未出现裂缝，此时梁为弹性状态，第二级荷载加载到 40.3kN 时，在纯弯段靠近两端支座处出现四条细小裂缝，平均宽度 0.01mm，最大高度为 85mm，第三级荷载加载到 60.0kN 时，跨中出现竖向裂缝，宽度为 0.01mm，平均高度为 65mm，原有裂缝继续发展，最大高度为 170mm，同时支座附近也出现多条新裂缝，平均宽度为 0.02mm。第四级荷载加载到 80.4kN，裂缝继续发展，靠近支座的裂缝增多，最大高度达 190mm，支座下方出现向纯弯段发展的竖向裂缝。第五级荷载加载到 100.1kN 时，弯剪段各出现一条弯剪斜裂缝，最大宽度为 0.35mm，跨中出现多条新裂缝，平均宽度为 0.02mm，平均高度是 80mm，第六级荷载加载到 130.0kN 时，纯弯段基本无新裂缝产生，原先的裂缝继续发展，梁一端斜裂缝向上发展，腹部裂缝宽度为 0.45mm，同时产生新的腹部斜裂缝，另一端产生由弯剪裂缝发展的斜裂缝。第七级荷载加载到 160.1kN 时，弯剪斜裂缝继续发展，但向上发展缓慢，腹部最大裂缝宽度达 0.5mm，第八级荷载加载到 190.1kN 时，两端斜裂缝发展成临界斜裂缝，但向加载点的发展依旧缓慢，腹部裂缝宽度为 0.7mm，第九级荷载加载到 220.9kN 时，弯剪段临界斜裂缝发展缓慢，最大裂缝宽度为 1mm，第十级荷载加载到 249.2kN 时，在梁破坏一端临界斜裂缝的上部出现一条新的由支座向上发展的斜裂缝，宽度为 2mm，原有斜裂缝继续发展，最大宽度达 3mm，同时在另一端临界斜裂缝附近出现多条细小裂缝。第十一级荷载加载到梁破坏，弯剪段临界斜裂缝宽度逐渐变大，上部混凝土出现压碎现象，腹部混凝土的破坏最严重，抗剪大箍筋的搭接段外伸。当荷载下降到 188.1kN 时，又重新上升，当上升到 225.9kN 时，听见"啪"的一声，斜裂缝处约束箍筋下部断裂，荷载下降，停止加载，试验结束。Q2 梁破坏过程如图 5.65 所示。

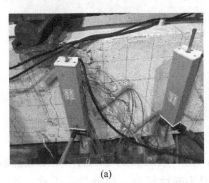

图 5.65　Q2 梁破坏过程

4）BFRP 筋区域约束混凝土梁 Q3

首先进行预加载，分两级进行加载，第一级加载到 5.1kN 时，第二级加载到 10.1kN 时，观察荷载位移曲线斜率不变，梁为弹性状态，仪器显示正常，梁体未开裂，砂浆压实，预加载目的已达到，然后分两级卸载至 0。

接下来正式加载，加载速度为 0.5mm/min，采用以力作为目标控制的位移加载方式。第一级荷载加载到 20.1kN 时，观察混凝土梁并未出现裂缝，此时梁为弹性状态，第二级加载到 39.9kN 时，在一端支座下方出现一条细小的竖向裂缝，用裂缝观测纸测得其宽度为 0.01mm，高度 60mm，但此时纯弯段并未出现裂缝，因此下一级荷载加载到 50.0kN，此时在纯弯段出现 3 条竖向裂缝，平均高度为 50mm，宽度为 0.01mm。第四级加载到 80.2kN 时，跨中纯弯段出现多条竖向裂缝，原有裂缝继续发展，最高竖向裂缝达 170mm，平均宽度为 0.02mm，在一端支座处出现一条弯剪斜裂缝，高度为 50mm，宽度为 0.08mm。第五级荷载加载到 110.0kN 时，混凝土梁纯弯段裂缝基本出齐，裂缝往宽度方向发展，平均宽度约为 0.08mm。两端各出现弯剪斜裂缝，高度为 210mm，宽度为 0.04mm。当荷载加载到 140.0～170.4kN 时，纯弯段裂缝继续往宽度和高度方向发展，没有新的斜裂缝产生，原有斜裂缝向上发展缓慢，最大宽度为 0.45mm。第八级荷载加载到 200.2kN 时，斜裂缝向上发展但发展缓慢，最大裂缝宽度 0.75mm。第九级荷载加载到 230.3kN 时，混凝土梁一端出现一条新的弯剪斜裂缝，其宽度约为 0.15mm，原有斜裂缝继续发展,最大宽度约为 0.9mm。第十级荷载加载到 259.9kN 时,梁一端出现多条细小斜裂缝,另一端出现两条腹剪斜裂缝,原有斜裂缝继续发展,最大宽度为 1mm。第十一级荷载加载到 289.7kN 时,弯剪段斜裂缝继续发展,最大裂缝宽度为 1mm,混凝土保护层表皮泛起,第十二级荷载一直加载到梁破坏,力有小幅度上升,随着裂缝宽度越来越大,加载点处出现的斜裂缝往下发展,力开始下降,混凝土侧面保护层开始脱落,加载点处混凝土出现压碎现象,抗剪大箍筋的搭接段外伸,当荷载下降到 224.8kN 时,见无回升现象,停止加载,试验结束。但值得注意的是,虽然混凝土保护层裂缝上下贯通,但是约束区的混凝土却完好。Q3 梁破坏过程如图 5.66 所示。

(a)   (b)

图 5.66　Q3 梁破坏过程

5) BFRP 筋区域约束混凝土梁 Q4

首先进行预加载,分两级进行加载,第一级加载到 5.2kN 时,第二级加载到 10.1kN 时,观察荷载位移曲线斜率不变,梁为弹性状态,仪器显示正常,梁体未开裂,砂浆压实,预加载目的已达到,然后分两级卸载至 0。

接下来正式加载,加载速度为 0.4mm/min,采用以力作为目标控制的位移加载方式。第一级荷载加载到 20.6kN 时,观察混凝土梁并未出现裂缝,此时梁为弹性状态,第二级荷载加载到 40.2kN 时,在纯弯段出现 4 条竖向裂缝,裂缝最高高度为 91mm,平均宽度为 0.01mm。第三级荷载加载到 70.0kN 时,纯弯段出现多条新的竖向裂缝,平均高度为 150mm,原有裂缝继续发展,并且在梁一端弯剪段的下方出现一条细小的腹剪斜裂缝,宽度为 0.01mm。第四级荷载加载到 100.0kN 时,纯弯段竖向裂缝基本出齐,原有裂缝继续发展,裂缝最大高度为 160mm,平均宽度为 0.02mm,在混凝土梁的两端各出现腹剪斜裂缝,其中一条已通梁底,最大宽度为

0.3mm。第五级荷载加到 129.2kN 时，纯弯段裂缝最大高度为 204mm，宽度为 0.05mm，梁弯剪段的斜裂缝向加载点和支座处发展，同时出现新的细小腹剪斜裂缝。荷载 129.2～209.7kN 时，梁两端的斜裂缝继续发展，腹中裂缝宽度变大，斜裂缝已贯通支座处，但斜裂缝向加载点处发展缓慢。纯弯段裂缝继续发展，裂缝最大高度达 182mm，宽度为 0.03mm。第九级荷载加载到 240.5kN 时，弯剪段的主斜裂缝已比较明显，加载点处的混凝土开始压碎。第十级荷载一直加到混凝土梁破坏，在梁荷载达到 262.3kN 时，弯剪段斜裂缝通到加载点处，力缓慢下降，混凝土保护层脱落，抗剪大箍筋搭接段外伸，挠度继续变大，见无回升现象，停止加载，试验终止。与 Q3 梁同样的情况，剪压段约束区的混凝土保持完好。Q4 梁破坏过程如图 5.67 所示。

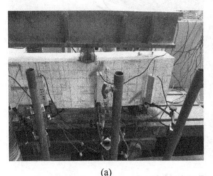 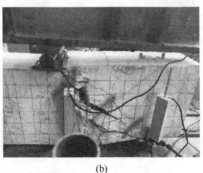

(a)　　　　　　　　　　　　　(b)

图 5.67　Q4 梁破坏过程

5.6.3　试验结果分析

1. 荷载-位移曲线

从图 5.68 中曲线可以看出，在混凝土开裂（荷载小于 50kN）之前，无论是试验梁还是对比梁曲线保持一致，约束梁的刚度有所降低，分析原因是约束箍筋的存在使得混凝土梁的整体性下降。当剪跨比为 1 时，Q1 梁、Q2 梁、Q3 梁相比于 L1 梁，其在达到极限承载力时的挠度大，并且随着约束强度的增加，极限承载力对应的挠度变大，Q3 梁的极限承载力变大。这说明因为有约束箍筋的存在，限制了斜裂缝的发展，延缓了混凝土梁的破坏，使其达到极限承载力时的挠度变大。当剪跨比不同时，Q4 梁比 Q3 梁极限承载力对应的挠度更大，这说明剪跨比是影响约束梁挠度的一个重要因素。

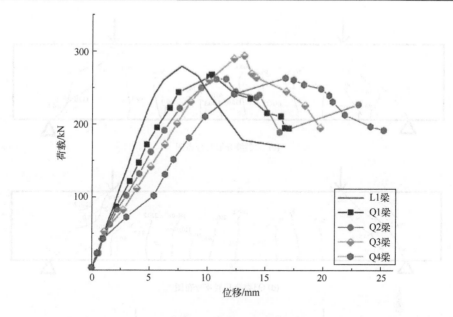

图 5.68 荷载-位移曲线

2. 裂缝开展及分布

试验过程中裂缝开展如图 5.69 所示。

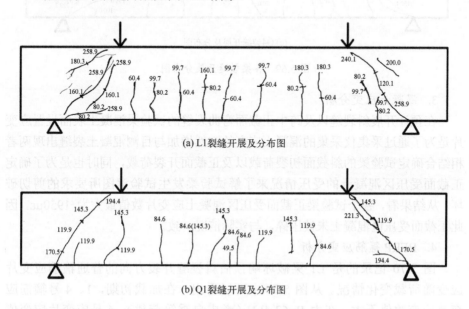

(a) L1裂缝开展及分布图

(b) Q1裂缝开展及分布图

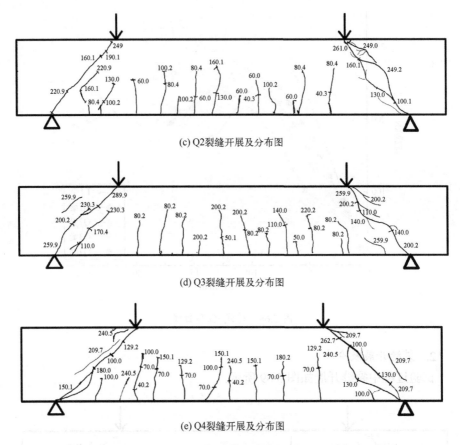

图 5.69　各梁裂缝开展分布图

3. 混凝土应变分析

在预计开展斜裂缝以及跨中正截面弯曲裂缝的试验梁混凝土表面设置应变片是为了通过采集仪采集的混凝土应变的突然增加与目测混凝土裂缝出现两者相结合确定试验梁的斜截面初裂荷载以及正截面开裂荷载，同时也是为了确定正截面受压区混凝土的受压情况来了解试验梁发生试验意图所要求的剪切破坏。从结果看，各个试验梁正截面受压区混凝土应变片数值最大为-1950με，因此正截面受压区混凝土未被压碎，与实际情况一致。

4. BFRP箍筋应变分析

图 5.70 记录的是 L1 梁破坏端预估斜裂缝开裂方向的普通箍筋应变片应变随荷载变化情况。从图 5.70 中可以看出，在加载初期，1、4 号箍筋应变片应变数值不大，在力 P=63.4kN（考虑自重等荷载），4 号应变片应变值发生突变，这是因为此前混凝土承受剪力，当混凝土斜截面开裂后，剪力

开始由箍筋承担，造成箍筋应变突变的情况，随着荷载的增加，出现新的斜裂缝，1号应变片出现应变值突变状况，突变之后，1号、4号应变片应变增长速率变大，承受了梁的剪力，应变基本随着荷载的增加线性增长。在达到极限承载力时，4号应变片的应变值为1814με，1号应变片的应变值为2156με，当力开始下降时，应变片应变值继续增加，说明箍筋所承受的力仍在增加，也导致了L1梁破坏时荷载-位移曲线没有立即下降。当力下降到179.8kN时，4号应变片应变达到最大值2519με，力下降到240.3kN，1号应变片应变值达到3510με。（注：破坏端指梁受剪破坏严重的一端，后面不做重复解释）

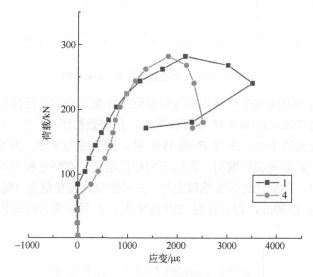

图5.70 L1梁普通箍筋荷载-应变曲线

图5.71记录的是Q1梁破坏端预估斜裂缝开裂方向的普通箍筋应变片应变值随荷载变化情况。由于破坏端的3号、5号应变片损坏，采用1号应变片的应变值来反映与剪力的关系。从图5.71中可以看出，在加载初期，6号应变片的应变值不大，当力P=52.3kN时，6号应变片的箍筋荷载-位移曲线出现拐点，原因是斜截面开裂，箍筋与裂缝相交。随着荷载的加大，应变值呈线性增长，在混凝土梁达到极限承载力时应变值为2017με，当力下降到237.4kN时，应变值达到最大2970με。由于1号应变片处在梁另一端，并且可能斜裂缝位置出现较晚，致使其应变在荷载中后期出现突变，之后应变值随着荷载增加线性增长，在梁达到极限承载力时应变值达到最大为308με。

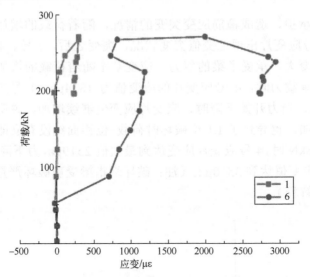

图 5.71 Q1 梁普通箍筋荷载-应变曲线

图 5.72 记录的是 Q2 梁破坏端预估斜裂缝开裂方向的普通箍筋应变片应变值随荷载变化情况。从图 5.72 中可以看出，在加载初期，3 号、4 号箍筋有受压趋势，但应变值不大，在力 P=63.5kN 时，箍筋应力突变，因为剪跨段出现弯剪斜裂缝，随着荷载的增加，箍筋应力线性增长，在临近极限承载力时应力增长速率加快，当梁达到极限承载力时，3 号应变片应变值为 3500με，4 号应变片应变值为 1300με，力下降到 229.1kN 时，4 号应变片应变值达到最大为 2533με。

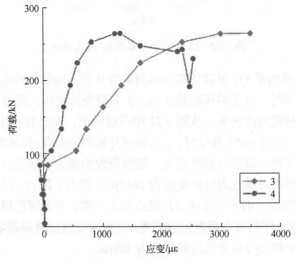

图 5.72 Q2 梁普通箍筋荷载-应变曲线

图 5.73 记录的是 Q3 梁破坏端预估斜裂缝开裂方向的普通箍筋应变片应变值随荷载变化情况。从图 5.73 中可以看出,1 号和 2 号应变片的应力变化基本一致,在荷载开始阶段,普通箍筋基本不受力,在力 P=83.4kN 时,在梁破坏端未出现斜裂缝,箍筋应力开始变大,斜裂缝出现与箍筋相交。随着荷载的继续增加,箍筋应力线性增长,在临近极限承载力时应力增长速率加快,1 号应变片在梁达到极限承载力时应变值为 2300με,2 号应变片应变值为 2500με,两者不同的是,2 号应变片在失效前应变值为 17641με,而且在力相差不大的情况下应变值差距很大,说明箍筋应力发生突变。

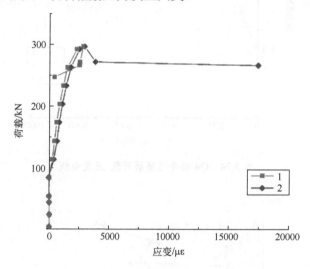

图 5.73 Q3 梁普通箍筋荷载-应变曲线

图 5.74 记录的是 Q4 梁破坏端预估斜裂缝开裂方向的普通箍筋应变片应变值随荷载变化情况。从图 5.74 中可以看出,在荷载开始阶段,5 号和 7 号箍筋应力基本无变化,9 号箍筋有受压趋势,但应力不大,当力 P=73.0kN 时,箍筋应力突变,梁破坏端斜截面出现裂缝,随着荷载的增加,箍筋应力线性增长,在临近极限承载力时应力增长速率加快,当梁达到极限承载力时,5 号应变片应变值为 3255με,7 号应变片应变值为 2958με,9 号应变片应变值为 9911με,力下降到 233.0kN 时,7 号应变片应变值最大 4120με,不同的是,在力下降的过程中,9 号应变片应变值下降,箍筋呈现受压趋势,可能此应变片靠近加载点受压所致。

5. BFRP 螺旋约束箍筋应变分析

图 5.75 记录的是 Q1 梁破坏端预估斜裂缝开裂方向的约束箍筋应变片应变值随荷载变化情况。12 号和 14 号为侧面约束箍筋应变片,13 号为下部约

束箍筋应变片，15 号为上部箍筋应变片。从图 5.75 中曲线看出，在荷载中后期箍筋的应力开始增长，延缓了斜裂缝的向加载点处开展，增强了梁的变形能力。

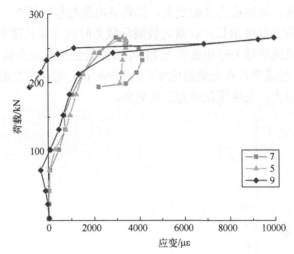

图 5.74　Q4 梁普通箍筋荷载-应变曲线

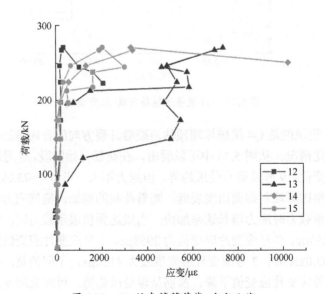

图 5.75　Q1 约束箍筋荷载-应变曲线

图 5.76 记录的是 Q2 梁破坏端预估斜裂缝开裂方向的约束箍筋应变片应变值随荷载变化情况。13 号和 15 号为侧面约束箍筋应变片，14 号为下部约束箍

筋应变片，16 号为上部箍筋应变片。从 4 条曲线的变化情况可以看出，随着荷载的下降，其应变变化非常大，增强了梁抵抗变形的能力。

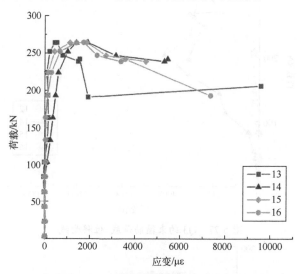

图 5.76 Q2 约束箍筋荷载-位移曲线

图 5.77 记录的是 Q3 梁破坏端预估斜裂缝开裂方向的约束箍筋应变片应变值随荷载变化情况。12 号和 15 号为侧面约束箍筋应变片，14 号为下部约束箍筋应变片，16 号为上部箍筋应变片。其中由于 13 号应变片在混凝土浇筑过程中损坏，选取梁另一端对应位置的 12 号应变片作为补充。从图 5.77 中可以看出，在 $P=100\text{kN}$ 之前，12 号、15 号、16 号应变片应变基本不变，14 号应变片应变荷载前期变化不大，在斜裂缝开裂后迅速增加，当力 $P=203.2\text{kN}$ 时达到最大 $4142\mu\varepsilon$，之后，14 号箍筋应力回弹。12 号和 15 号应变片应变在荷载到达极限承载力之前，曲线基本一致，当到达极限承载力时，其应变值分别为 $1371\mu\varepsilon$、$1029\mu\varepsilon$，16 号应变片应变值随荷载增长呈线性增长，在梁达到极值时，应变值为 $1615\mu\varepsilon$，随着力的下降，15 号和 16 号应变片应变值基本不变化，12 号应变片应变增长速率变大，在 $P=196.9\text{kN}$ 时达到最大值 $10122\mu\varepsilon$。

图 5.78 记录的是 Q4 梁破坏端预估斜裂缝开裂方向的约束箍筋应变片应变随荷载变化情况。18 号和 22 号为侧面约束箍筋应变片，21 号为下部约束箍筋应变片，23 号为上部箍筋应变片。其中由于 20 号应变片损坏，选取相邻位置的侧面约束箍筋 18 号应变片作为补充。从箍筋的应变变化规律可以看出，约束箍筋限制了约束区混凝土的膨胀，增强了 Q4 梁达到极限承载力前后的变形能力。

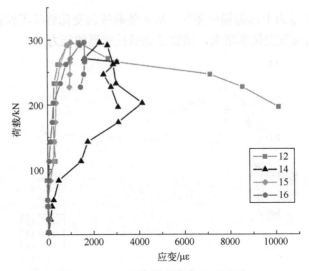

图 5.77　Q3 约束箍筋荷载-位移曲线

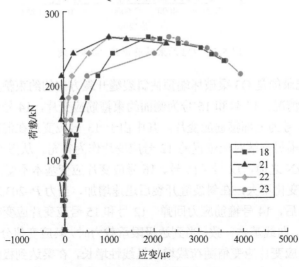

图 5.78　Q4 约束箍筋荷载-位移曲线

6. BFRP 受压筋应变分析

图 5.79 记录的是 L1 梁破坏端预估斜裂缝开裂方向的受压筋和腰筋应变片应变值随荷载变化情况。Z12 号为腰筋应变片，Z9 号为受压筋应变片。从图 5.79 中可以看出，Z12 号应变片应变在力 P=63.4kN 时开始增长，即混凝土正截面开裂以后，L1 梁中和轴上移，腰筋受拉，其应变随着荷载的增长缓慢增长，在到达极限承载力时，应变值为 1582με，随着荷载下降，其应变值先缓慢下降，之后急剧上升，最后应变值为 3697με。Z9 号应变片应变值在荷载前中期变化不

大，当荷载开始下降时，其应变值开始增大，最大值为-2273με。

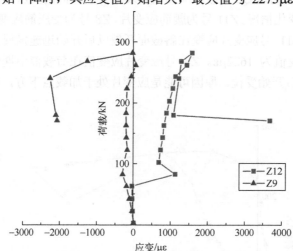

图 5.79 L1 梁受压筋荷载-应变曲线

图 5.80 记录的是 Q1 梁破坏端预估斜裂缝开裂方向的受压筋和腰筋应变片应变值随荷载变化情况。Z13 号为腰筋应变片，受压筋应变片损坏，故数据未采集到。从图 5.80 中可以看出，Z13 号应变片应变值变化规律与 L1 梁一致，在混凝土正截面开裂（$P=52.5$kN）以后，应变值随着荷载增长呈线性增长，在极限承载力时，其应变值达到 1406με 时，当荷载下降时，应变值先是回弹之后迅速增长，最终在应变片失效前其应变值为 3246με。

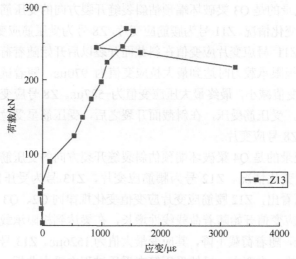

图 5.80 Q1 梁受压筋荷载-应变曲线

图 5.81 记录的是 Q2 梁破坏端预估斜裂缝开裂方向的受压筋和腰筋应变片应变值随荷载变化情况。Z11 号为腰筋应变片，Z8 号为受压筋应变片。从图 5.81 中可以看出，Z11 号应变片应变在斜截面开裂以后开始迅速发展，在梁极限承载力时，其应变值为 1622με。Z8 号应变片应变值在荷载前中期变化不大，在力 P=223.9kN 后开始受拉，原因可能是应变片处于加载点下方，在受力过程中压筋产生屈曲。

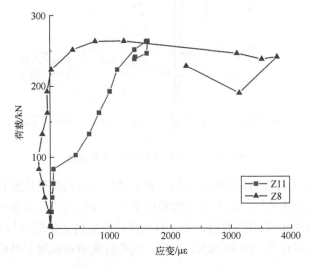

图 5.81　Q2 梁受压筋荷载-应变曲线

图 5.82 记录的是 Q3 梁破坏端预估斜裂缝开裂方向的受压筋和腰筋应变片应变值随荷载变化情况。Z11 号为腰筋应变片，Z8 号为受压筋应变片。从图 5.82 中可以看出，Z11 号应变片应变值在斜截面开裂以后开始随着荷载增加呈线性增长，在临近极限承载力时达到最大拉应变值为 970με，随着试验进程，腰筋开始受压，应变值减小，最终最大压应变值为-587με。Z8 号应变片应变在荷载前期逐渐减小，受压筋受压，在斜截面开裂之后，受压筋呈受拉趋势，分析原因同 Q2 梁的 Z8 号应变片。

图 5.83 记录的是 Q4 梁破坏端预估斜裂缝开裂方向的受压筋和腰筋应变片应变值随荷载变化情况。Z12 号为腰筋应变片，Z13 号为受压筋应变片。从图 5.83 中可以看出，Z12 腰筋应变片应变值变化规律同 Q2、Q3 梁一致，当斜裂缝开裂时，应变值开始随着荷载线性增长，在梁达到极限承载力时，应变值发展为 1254με，随着荷载下降，其应变最大值为 1526με。Z13 号应变片随着荷载增加，应变值一直变小，虽然受压筋在受压过程中受力曲折，但是整体上还是受压趋势，当梁达到极限承载力时，其应变值为-1511με，随着荷载下降，受

压筋应变值变大，其最大发展为-8870με。

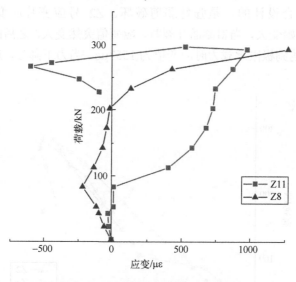

图 5.82 Q3 梁受压筋荷载-应变曲线

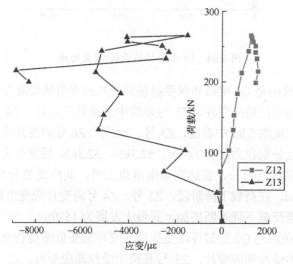

图 5.83 Q4 梁受压筋荷载-应变曲线

7. BFRP 受拉筋应变分析

图 5.84 记录的是 L1 梁破坏端受拉筋应变片应变值随荷载变化情况。Z2 号是加载点下方的受拉筋应变片，Z3 号是跨中受拉筋应变片。从图 5.84 中看出，Z3 号应变片应变值在力 $P=22.8kN$ 时开始变大，随着荷载呈线性增长，在梁达

到极限承载力时达到最大值为 1473με，并且随着荷载下降，应变值减小，说明梁的破坏是符合设计的，是强弯弱剪破坏。Z2 号应变片应变值同样在力 P=22.8kN 时开始变大，当斜截面开裂时，应变值突然变大，之后随着荷载增长稳定变大，在达到极限承载力时应变值为 1557με，当力下降时，应变值也随之降低。

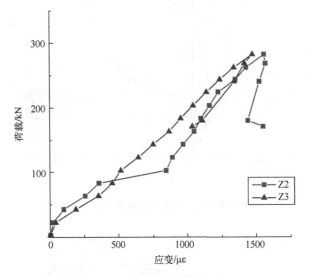

图 5.84　L1 梁受拉筋荷载-应变曲线

图 5.85 记录的是 Q1 梁破坏端受拉筋应变片应变值随荷载变化情况。Z6 号是加载点下方的受拉筋应变片，Z3 号是跨中受拉筋应变片，Z4 号是支座上方受拉筋应变片。从图 5.85 中看出，Z3 号、Z4 号、Z6 号应变片应变值在加载前期缓慢增长，且分别在力 P=87.6kN、52.3kN、52.3kN 后发生突变，随着荷载的不断增加，呈线性增长，在达到极限承载力时，其应变值分别为 1227με、1225με、1213με，在荷载下降阶段，Z3 号、Z4 号应变片应变值降低，Z6 号应变片应变值随着荷载下降不断增加，其最大发展为 1579με。

图 5.86 记录的是 Q2 梁破坏端受拉筋应变片应变值随荷载变化情况。Z2 号是加载点下方的受拉筋应变片，Z3 号是跨中受拉筋应变片，Z1 号是支座上方受拉筋应变片。从图 5.86 中可以看出，Z2 号、Z3 号应变片应变值在力 P=23.1kN 时开始线性增长，在梁到达极限承载力时，应变值分别为 2100με、1800με，之后 Z3 应变片应变值降低，Z2 应变片应变值随着荷载下降继续发展，在应变片失效前最大为 2464με。Z1 应变片应变在力 P=63kN 时，因为斜截面开裂有着小幅增长，在梁到达极限承载力时，其应变值发展为 1593με，随着荷载的降低，

应变值继续发展，受拉筋应力变大，其最大值为 3654με。

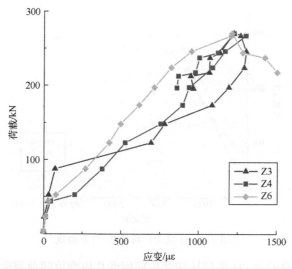

图 5.85 Q1 梁受拉筋荷载-应变曲线

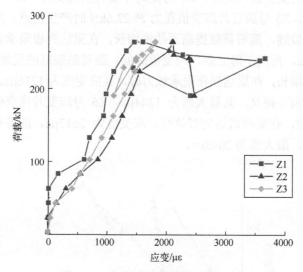

图 5.86 Q2 梁受拉筋荷载-应变曲线

图 5.87 记录的是 Q3 梁破坏端受拉筋应变片应变值随荷载变化情况。Z6 号是加载点下方的受拉筋应变片，Z3 号是跨中受拉筋应变片，Z4 号是支座上方受拉筋应变片。Z3 号、Z4 号、Z6 号应变片随着荷载增加呈线性增长，在梁达到极限承载力时，Z3 号、Z6 号应变片应变值分别为 1541με、2335με，Z4 号应变片在失效前应变值为 4536με，随着荷载的下降，Z3 号应变片应变值回弹，

Z6 号应变片应变值基本无提高。

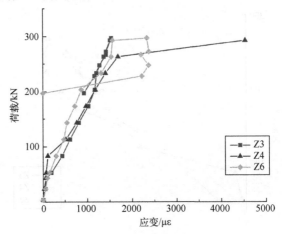

图 5.87　Q3 梁受拉筋荷载-应变曲线

图 5.88 记录的是 Q4 梁破坏端受拉筋应变片应变值随荷载变化情况。Z6 号是加载点下方的受拉筋应变片，Z3 号是跨中受拉筋应变片，Z7 号是支座上方受拉筋应变片。Z3 号应变片应变值在力 P=23.6kN 时产生拐点，原因时混凝土梁产生了弯曲裂缝，随着荷载提高而线性增长，在梁达到极限承载力时，其应变值为 2402$\mu\varepsilon$，荷载下降之后，应变值降低。随着斜裂缝的发展，Z7 号应变片应变值开始增长，在梁达到极限承载力时，其应变值为 1216$\mu\varepsilon$，当荷载下降时，其应变值稍有提高，其最大值为 1344$\mu\varepsilon$。Z6 号应变片应变值变化规律与 Z3 号基本一致，在梁荷载达到极值时，应变值为 2617$\mu\varepsilon$，随着荷载下降，应变值提高不大，最大值为 2698$\mu\varepsilon$。

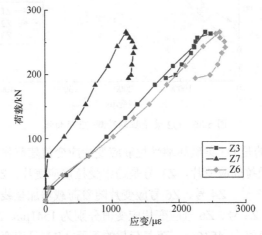

图 5.88　Q4 梁受拉筋荷载-应变曲线

图 5.89～图 5.92 记录的是试验各梁普通箍筋同一位置的应变值随荷载变化。普通箍筋起的作用是在斜截面开裂以后代替混凝土抵抗剪力，相同剪跨比下，在峰值荷载时，Q3 梁应变水平比其余各梁大，说明其抗剪箍筋对剪力的贡献相对大一些，在不同剪跨比下，Q3、Q4 梁普通箍筋应变在峰值荷载时相差无几。试验梁的普通箍筋应力水平为 1300～2958$\mu\varepsilon$。

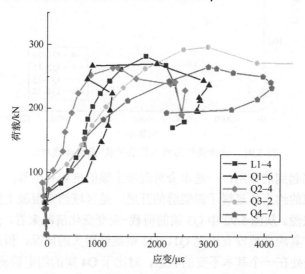

图 5.89　试验梁普通箍筋荷载-应变曲线对比

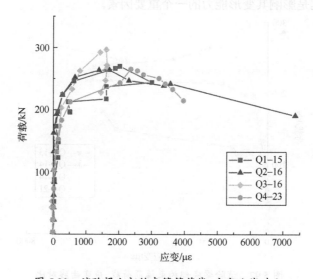

图 5.90　试验梁上部约束箍筋荷载-应变曲线对比

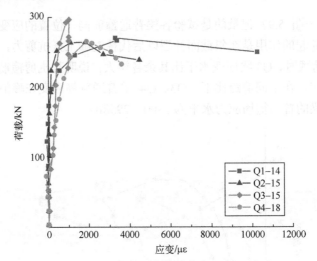

图 5.91 试验梁侧面约束箍筋荷载-应变曲线对比

约束箍筋起到的作用：一是本身对混凝土梁的抗剪有贡献；二是其与包围的混凝土组成的约束体延缓了斜裂缝的开展，是区域约束混凝土梁延性好、变形大的主要来源。从图 5.92 中 Q3 梁的荷载-应变变化情况来看，在梁达到极限承载力之后，其应变值没有出现 Q1、Q2 梁继续增大的情况，但是应变值也没有下降，而是处在一个基本不变的状态，对比于 Q4 梁的约束箍筋荷载-应变结果，可以得出，剪跨比是影响约束箍筋是否进一步发挥作用的一个因素。换句话说，剪跨比是影响其变形能力的一个重要因素。

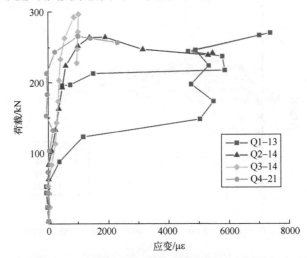

图 5.92 试验梁底部约束箍筋荷载-应变曲线对比

受拉筋的销栓力会对混凝土梁的受剪承载力有一定的贡献，由于 L1 梁相应位置应变片试验前损坏,故数据未采集到。从图 5.93 中可以看出,受拉筋应变值与荷载增长基本相同,在斜截面开裂之后,应变值开始增长,在各梁到达极值时,各梁的应变值基本相同,因此,受拉筋的销栓作用对各梁是一致的。

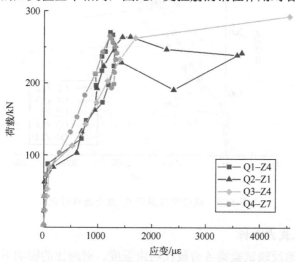

图 5.93　试验梁支座处受拉筋荷载-应变曲线对比

受压筋的作用:一是与箍筋形成钢筋骨架,二是协助混凝土受压,腰筋作用是与约束箍筋形成约束体。腰筋在受力过程中表现为受拉趋势,其对抗剪有一定的贡献,从图 5.94 和图 5.95 中可以看出,在梁达到极限承载力时,各梁的应变值基本相同,因此腰筋对各梁抗剪贡献是基本一致的。

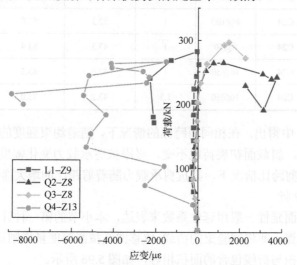

图 5.94　试验梁受压筋荷载-应变曲线对比

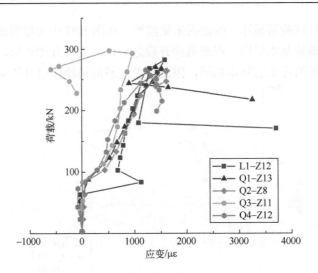

图 5.95 试验梁腰筋荷载-应变曲线对比

8. 抗剪承载力分析

为了直观地反映试验梁各荷载在约束强度、剪跨比的影响下的变化情况,将数据整理到表 5.13 中。

表 5.13 荷载汇总

编号	混凝土强度	约束螺旋箍筋	剪跨比	正截面开裂荷载/kN	斜截面初裂荷载/kN	极限承载力/kN
L1	C24	无	1	63.4	83.2	281.7
Q1	C24	8@100	1	52.3	87.6	270.1
Q2	C24	8@50	1	43.3	83.4	264.4
Q3	C24	10@50	1	42.9	83.5	296.4
Q4	C24	10@50	1.3	43.2	73.0	265.3

从表 5.13 中得出,在相同剪跨比的情况下,随着约束强度的增加,正截面开裂荷载降低,斜截面初裂荷载不变,极限抗剪承载力变化幅度不大,在 6% 以内。在不同剪跨比情况下,其抗剪承载力随着剪跨比的增大而减小。

9. 延性分析

构件的截面延性一般用延性系数来表达,本小节的第一种计算方法是用等效能量法来计算,即将试验梁的荷载-位移曲线按照等能量原则进行折线处理,曲线包含的面积与折线包含的面积相等,如图 5.96 所示。

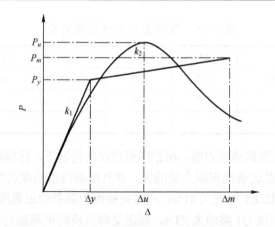

图 5.96 等效剪切延性系数定义图

在简化的折线图中，k_1 为试验梁荷载-位移曲线的线弹性段的切线刚度，定义 $k_2 = 0.05k_1$，$P_y = 0.75P_u$，将荷载位移曲线的最大位移取为 1.5 倍的峰值荷载位移，Δy 为简化屈服位移，Δm 为简化极限位移，定义 E 为荷载位移曲线所包围的面积，取为

$$E = \frac{1}{2}(\Delta y \cdot P_m) + \frac{1}{2}(P_y + P_m)(\Delta m - \Delta y)$$

有几何关系得等效剪切延性系数为

$$\kappa = \frac{\Delta m}{\Delta y} \tag{5-4}$$

根据试验结果对试验梁的剪切延性进行整理，具体结果如表 5.14 所示。

表 5.14 等效剪切延性系数

编号	屈服位移 Δy/mm	极限位移 Δm/mm	屈服荷载 P_y/kN	峰值荷载 P_u/kN	耗能面积 E/(kN·mm)	等效剪切延性系数 κ'
L1	4.60	12.56	209.01	278.68	2215	2.73
Q1	4.65	16.31	200.34	267.12	2947	3.50
Q2	4.91	17.78	195.75	261.40	3165	3.62
Q3	4.88	18.83	220.05	293.40	3827	3.86
Q4	4.94	23.90	196.73	262.30	4574	4.84

注：未考虑自重荷载。

为了能更直观地比较在不同剪跨比、与约束强度因素条件下等效剪切系数的变化，将表 5.14 数据进一步整理，如表 5.15 所示。

表 5.15 等效剪切延性系数对比

编号	L1	Q1	Q2	Q3	Q4
等效剪切延性系数 κ	2.73	3.50	3.62	3.86	4.84
与 L1 比值/%	100	128	133	141	
与 Q3 比值/%					125

表 5.15 中的数据结果表明，在相同剪跨比的情况下，区域约束混凝土梁的等效剪切延性系数比普通混凝土梁的大，并且随着约束强度的增大而增大，Q3 梁剪切延性系数比 L1 梁增大 41%，同时耗能面积随着约束强度的增加而增加，Q3 梁的耗能面积比 Q1 梁增大 73%，原因是剪压段约束箍筋的存在，使得混凝土的强度增大，阻碍了斜裂缝的进一步发展，延缓了梁最终的破坏。在同样约束强度情况下，随着剪跨比的增大，试验梁的剪切延性系数变大，Q4 梁的剪切延性系数比 Q3 梁的大 25%，Q4 梁的耗能面积比 Q3 梁大 20%。

本部分的第二种计算方法是荷载位移曲线的下降段对应最大荷载 85% 时的位移 δ_u 与峰值荷载对应的位移 δ_y 之比，用公式表达为

$$\kappa = \delta_u / \delta_y \tag{5-5}$$

根据试验结果对混凝土梁的剪切延性进行整理，具体结果如表 5.16 所示。

表 5.16 位移延性系数

编号	λ	δ_y/mm	与 L1 δ_y 比值/%	δ_u/mm	与 L1 δ_u 比值/%	κ	与 L1 κ 比值/%
L1	1	7.71	100	10.17	100	1.32	100
Q1	1	10.28	133	14.13	139	1.38	105
Q2	1	11.51	149	14.98	147	1.30	98
Q3	1	13.08	170	16.12	159	1.23	93
编号	λ	δ_y/mm	与 Q3 δ_y 比值/%	δ_u/mm	与 Q3 δ_u 比值/%	κ	与 Q3 κ 比值/%
Q3	1	13.08	100	16.12	100	1.23	100
Q4	1.3	16.60	127	20.97	184	1.26	102

从表 5.16 中可以看出，在相同剪跨比的情况下，区域约束梁的截面延性系数相比于普通空白梁相差不大，但是随着约束强度的增强而增大，并且区域约束梁的峰值荷载所对应位移随着约束强度而变大，Q3 梁的 δ_y 比 L1 梁的增大 70%，梁破坏时的位移也随着约束强度的增大而变大，Q3 梁的 δ_u 比 L1 梁的增

大 59%，这说明了因为有约束箍筋的存在，限制了斜裂缝的发展，延长了峰值位移和破坏位移。在不同剪跨比的情况下，Q4 梁比 Q3 梁的截面延性系数相差不大。

5.6.4 应用前景分析

深海土木工程工程实践表明，深海结构的维护过程十分复杂，其中深海结构腐蚀问题尤为突出。鉴于深海结构处于复杂的海洋腐蚀环境，针对深海土木工程结构的腐蚀问题展开相关研究具有重要意义。

混凝土结构有希望成为深海中部悬置构筑物的建筑材料。

混凝土结构全截面受压成本较高，希望能带裂缝工作。

由此带来的防腐问题成为结构的关键考虑。

FRP 筋混凝土结构有希望作为深海中部悬置构筑物的结构材料。

5.6 部分具体实施了增强区域约束玄武岩纤维（BFRP）筋混凝土受弯构件的试验，通过对受压区混凝土施加额外约束，限制其横向变形，探索其对于承载能力的提高和延性的改善的贡献。

试验结果显示，FRP 筋区域约束混凝土技术可以使用脆性受拉筋建造延性混凝土构件，为实现脆性材料建造延性构件、延性结构提供了可能性。

FRP 筋区域约束混凝土结构有望成为深海中部悬置构筑物有效的结构形式。

（1）配置区域约束箍筋的 BFRP 筋混凝土梁的承载力和延性均得到提高。

（2）区域约束梁的剪切延性明显比对比梁要好，约束越强，延性越好。

（3）约束箍筋采用矩形螺旋形式是有效的。

（4）在脆性配筋的情况下，实现了构件良好的延性。

参 考 文 献

[1] 曹攀，周婷婷，白秀琴，等. 深海环境中的材料腐蚀与防护研究进展[J]. 中国腐蚀与防护学报，2015，35(1)：12-20.

[2] 徐强，俞海勇. 大型海工混凝土结构耐久性研究与实践[M]. 北京：中国建筑工业出版社，2008.

[3] 洪定海. 盐污染钢筋混凝土结构耐久性现状与确保百年寿命的关键对策[M]//陈肇元. 土建结构工程的安全性与耐久性. 北京：中国建筑工业出版社，2008：84-95.

[4] 南京水利科学研究院，连云港港务局. 连云港桩基一、二码头上部钢筋混凝土结构破坏情况调查和破坏原因分析报告[R]. 1986.

[5] 上海交通大学,交通部三航局. 华东海港高桩码头钢筋腐蚀损坏情况调查与结构耐久性分析[R]. 1988.

[6] 交通部一航局. 北方地区重力式海工混凝土建筑物耐用年限的调查研究[R]. 1988.

[7] 童保全,王硕威. 浙东沿海水工钢筋混凝土构筑物锈蚀破坏调查[J]. 水运工程,1985(11):19-25.

[8] 潘德强,洪定海,等. 华南海港钢筋混凝土码头锈蚀破坏调查报告[R]. 四航科研所和南京水利科学研究所等,1981.

[9] 中交四航工程研究院有限公司. 海港工程混凝土结构耐久性寿命预测与健康诊断研究报告[R]. 2009.

[10] 王胜年. 我国海港工程混凝土耐久性技术发展及现状[J]. 水运工程,2010(10):1-7,118.

[11] 洪定海. 混凝土中钢筋的腐蚀与保护[M]. 北京:中国铁道出版社,1998.

[12] ANGST U, ELSENER B. Critical chloride content in reinforced concrete—A review[J]. Cement and Concrete Research,2009,39(12):1122-1138.

[13] 姚诗伟. 氯离子扩散理论[J]. 港工技术与管理,2003(5):1-4,18.

[14] 孙丛涛. 基于氯离子侵蚀的混凝土耐久性与寿命预测研究[D]. 西安:西安建筑科技大学,2010.

[15] 邝生鲁,等. 应用电化学[M]. 武汉:华中理工大学出版社,1994.

[16] RASHEEDUZZAFAR, AL-SAADOUN S S AL-GAHTANI A S, et al. Effect of tricalcium alumina content of cement on corrosion of reinforcing steel in concrete[J]. Cement and Concrete Research,1990,20(5):723-738.

[17] BLUNK G, GUNKEL P, SMOLCZYK H G. On the distribution of chloride between the hardening cement pastes and its pore solution[C]//Proceedings of the 8th international congress on the chemistry of cement, Rio de Janeiro, Brazil, 1986, 4: 85-90.

[18] GLASS G K, BUENFELD N R. The influence of chloride binding on the chloride induced corrosion risk in reinforced concrete [J]. Corrosion Science,2000,42(2):329-344.

[19] CASTELLOTE M, ANDRADE C, ALONSO C. Chloride-binding isotherms in concrete submitted tonon-steady-state migration experiments[J]. Cement and Concrete Research,1999,29(11):1799-1806.

[20] BEAUDOIN J J, RAMACHANDRAN V S, FELDMAN R F. Interaction of chloride and C-S-H[J]. Cement and Concrete Research,1990,20(6):875-883.

[21] LIU Y R, LI S Y, LI H, et al. Controllable defect engineering to enhance the corrosion resistance of Cr/GLC multilayered coating for deep-sea applications[J]. Corrosion Science,2022,199:110175.

[22] 何筱姗，吕平，何鑫，等. 关于深海环境下金属结构腐蚀的研究新进展[J]. 环境工程，2014，32（增刊）：1020-1023.

[23] 许立坤，李文军，陈光章. 深海腐蚀试验技术[J]. 海洋科学，2005，29(7)：1-3.

[24] 舒马赫. 海水腐蚀手册[M]. 李大超，杨荫，译. 北京：国防工业出版社，1985：262-267.

[25] VENKATESAN R, VENKATASAMY M A, BHASKARAN T A, et al. Corrosion of ferrous alloys in deep sea environments[J]. British Corrosion Journal，2002，37(4)：257-266.

[26] 张火明，杨建民，肖龙飞. 深海海洋平台混合模型实验技术研究进展[J]. 中国海洋平台，2004，19(5)：1-6，19.

[27] WANG J Z, CUI W C. Simplified hygromechanical coupling model and numerical simulation analysis of fibre reinforced composite deep-sea and underwater structures[J]. Composite Structures，2021，281(3)：115006.

[28] 杨子旋. X70钢在模拟深海环境中腐蚀及应力腐蚀行为研究[D]. 北京：北京科技大学，2017.

第 6 章 典型深海土木工程结构

世界上的海洋强国都高度重视海洋实力的发展，海洋强国战略也是我国建设海洋强国的重大方针政策，党的十九大报告中明确指出要"坚持陆海统筹，加快建设海洋强国"。海洋工程实践表明，增强海洋科技实力是建设海洋强国的重要方面。发展深海结构工程是增强海洋科技实力的重要内容。

6.1 深海球形压力壳

深水载人耐压壳可以为人提供生存空间，然而在深海环境下工作到整个海洋深度时，由于受到极高的外部压力，这些壳体容易在弹塑性范围内发生屈曲[1-2]。因此，需要针对深海球形压力壳的弹塑性屈曲开展相关研究。

本部分根据 ENV1993-1-6（2007）标准，研究几何理想和几何缺陷球形压力壳体的屈曲。对几何理想壳体进行了线弹性屈曲分析，同时进行了几何非线性和材料非线性分析。针对几何缺陷壳体，进行了包含本征模态缺陷的几何和材料非线性分析[3]。

6.1.1 几何和材料

考虑半径为 r=1000mm，均布壁厚 t 为 25～80mm，均布外压 p_0 的球形耐压壳体，如图 6.1 所示。以 Ti-6Al-4V（TC4）为材料制备耐压壳体，材料性能杨氏模量 E=110GPa，屈服强度 σ_y=830MPa，抗拉强度 σ_t=869.7MPa，泊松比 υ=0.3。

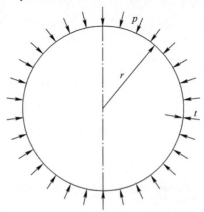

图 6.1 球形压力壳体的几何形状

6.1.2 几何理想壳体的屈曲

采用有限元软件 ABAQUS 6.13 对几何完美球形压力壳体进行数值分析。基于改进的 Riks 方法,采用厚度增量为 5mm 的材料进行线弹性屈曲分析,采用厚度增量相同的材料进行几何非线性和材料非线性分析。采用全集成的 S4 壳单元,避免"沙漏"效应。在线弹性屈曲分析的情况下,采用网格收敛分析确定单元数,并指出不同的壳厚可能导致不同的临界单元数。然而,为了保持一致性和简化问题,根据壳的网格收敛分析,在每个模型中采用不同壁厚壳间的最大单元数。这种使用是由于壳体的屈曲在临界单元数之外可能略有变化。因此,每个数值模型具有相同的 6534 壳单元和 8750 节点。对每个球形压力壳体的整个表面施加均匀的外部压力 p_0=1MPa。这样,线弹性屈曲分析得到的特征值直接对应于线性屈曲载荷,而几何和材料非线性分析得到的弧长值则对应于非线性屈曲载荷。为了避免刚体运动,根据 CCS2013,每个模型的三个空间点固定为:$U_y=U_z=0$,$U_x=U_y=0$,$U_y=U_z=0$。这些约束不会导致模型的过度约束,因为压力是均匀施加的。

几何理想球形耐压壳的线性屈曲性能受其厚度的影响较大。例如,线性屈曲载荷 p_{lin} 随壁厚的增加而显著增加(表 6.1),这与 Zoelly[4] 对于薄壁球壳[式(6-1)]和 Wang[5] 对于中厚壁球壳[式(6-2)]的研究结果一致。

$$p_t = \frac{2E}{\sqrt{3(1-v^2)}}\left(\frac{t}{r}\right)^2 \tag{6-1}$$

$$p_{m-t} = \frac{2Et}{r(1-v^2)}\left[\sqrt{\frac{(1-v^2)}{3}}\frac{t}{r} - \frac{vt^2}{2r^2}\right] \tag{6-2}$$

$$p_{fy1} = \frac{2t\sigma_y}{r} \tag{6-3}$$

式中:p_t 为由薄壁方程得到屈曲载荷;p_{m-t} 为由中厚壁方程得到的屈曲载荷;p_{lin} 为由线弹性屈曲分析得到的屈曲载荷;p_{e-p} 由几何和材料非线性分析得到的屈曲载荷;p_{fy} 为通过几何和材料非线性分析得到的第一屈服压力;p_{fy1} 为通过式(6-3)分析得到屈服压力。

如图 6.2 所示数值模拟结果表明,波峰的数量随着壁厚的增加而减少。例如,25mm 球形耐压壳的波峰数 n 为 11,80mm 球形耐压壳的波峰数 n 为 6。

几何理想球形耐压壳体的非线性屈曲性能与线性球形耐压壳体的非线性屈曲性能完全不同。由表 6.1 可以看出,非线性屈曲荷载 p_{e-p} 与线弹性屈曲分析得到的相应值相比显著降低,且这种差异随着壁厚的增加而增加。材料塑性对深海耐压壳体的屈曲起着非常重要的作用。球形耐压壳屈曲荷载对塑性越敏感，壁厚越厚。此外，各球形耐压壳体的第一屈服压力均小于其非线性屈曲荷载，所有的球形耐压壳体在弹塑性范围内都可能发生屈曲。

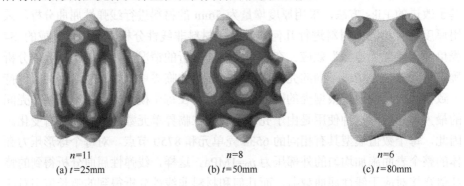

(a) t=25mm, n=11 (b) t=50mm, n=8 (c) t=80mm, n=6

图 6.2　不同壁厚的深海球形耐压壳体线性屈曲模式

表 6.1　由数值分析和解析分析得到几何完美球形耐压壳体的屈曲载荷及其首次屈服分析

t/r	p_l/MP	p_{m-t}/MP	p_{in}/MP	p_{e-p}/MP	p_{fy}/MP	p_{fy1}/MP
0.025	83.219	82.652	83.468	42.147	41.479	41.500
0.030	119.835	118.856	119.660	50.559	49.790	49.800
0.035	163.109	161.554	162.610	59.011	58.083	58.100
0.040	213.040	210.719	211.640	67.462	66.400	66.400
0.045	269.629	266.324	266.880	75.890	74.707	74.700
0.050	332.875	328.342	328.280	84.343	83.000	83.000
0.055	402.779	396.746	398.730	92.778	91.299	91.300
0.060	479.340	471.507	470.020	101.257	99.604	99.600
0.065	562.559	552.600	549.780	109.653	107.904	107.900
0.070	652.435	639.997	638.340	118.062	116.198	116.200
0.075	748.969	733.670	733.780	130.539	124.512	124.500
0.080	852.160	833.593	827.780	140.695	132.800	132.800

此外，25mm 球形压力壳的平衡路径如图 6.3 所示。路径提供了施加的压力和最大挠度 u，通过壁厚归一化。可以发现，施加的压力首先随挠度的增加而单调增加；这一过程一直持续到临界点或屈曲点，超过临界点后，路径趋于平坦。这一趋势与中厚几何完美圆锥壳在外压作用下的平衡路径一致。

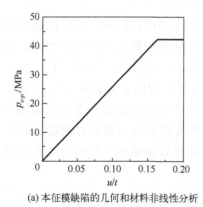 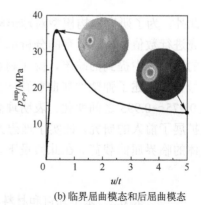

(a) 本征模缺陷的几何和材料非线性分析　　(b) 临界屈曲模态和后屈曲模态

图 6.3　由几何和材料非线性分析得到的 25mm 球形压力壳的平衡路径

6.1.3　几何缺陷壳体的屈曲

采用有限元软件 ABAQUS 6.13，对几何缺陷球形压力壳进行数值分析。在每次分析中，都通过等效几何缺陷将缺陷引入到完美模型中。等效几何缺陷具有与 6.1.2 节相同的线性屈曲模态，可能导致保守结果。缺陷尺寸分别定义为 2mm、4mm、6mm、8mm 和 10mm，这个缺陷假设符合已有文献[6]。网格、荷载、边界条件和材料规范与几何非线性和材料非线性分析相同。针对不稳定问题，采用改进的 Riks 方法求解。计算参数设置为：在比例荷载-位移空间中，沿静力平衡路径的初始增量弧长设为 0.1；与此步骤相关的总弧长比例因子为 200；最小弧长增量为 5E-5；最大弧长增量为 0.5；负载比例系数最大值为 500。得到的结果如图 6.3 和表 6.2 所示。

在相同壁厚的情况下，随着缺陷尺寸的增加，球压壳体的临界屈曲荷载 $p_{e\text{-}p}^{imp}$ 值急剧减小。例如，对比表 6.1 和表 6.2，25mm 球形压力壳的临界屈曲载荷（35.465MPa）约为 2mm 缺陷尺寸下几何非线性和材料非线性分析的 84%，10mm 缺陷尺寸下的临界屈曲载荷约为 49%。这种减少表明球形耐压壳体是一种缺陷敏感结构，微小的形状偏差会显著改变其屈曲载荷。由表 6.1 和表 6.2 可知，缺陷对球形耐压壳屈曲载荷的敏感性随壁厚的增加而降低。在相同缺陷尺寸下，临界屈曲载荷 $p_{e\text{-}p}^{imp}$ 随壁厚的增加呈线性增加，如表 6.1 所示，结果与已有文献一致[6]。

对典型的球形压力壳体结构而言，缺陷球形压力壳体的平衡路径都是不稳定的。此外，球形耐压壳体的第一次屈服载荷小于其临界屈曲载荷，表明所有缺陷球形耐压壳体均在弹塑性范围内发生屈曲。

此外，为了研究本构模型对球形耐压壳屈曲的影响，对同样缺陷的球形耐压壳进行数值分析。所有的分析都与几何和材料非线性分析相同，包括在本节的第一段中提到的缺陷，除了材料属性被建模为完美弹塑性。表 6.2 中的括号详细描述了弹塑性屈曲载荷 $p_{e\text{-}p}^{\text{imp}}$ 与理想塑性屈曲载荷 $p_{e\text{-}p}^{\text{imp}}$ 的比值，该比值在 0.975~0.995 之间变化，表明理想塑性可能导致相对保守的结果。这一发现扩展了前人的研究，证实了理想弹塑性假设可以用来预测均匀外压下旋转壳体的临界屈曲载荷。在此假设下，研究屈服强度对球形耐压壳体屈曲的影响。

表 6.2 基于几何和材料非线性分析的含本征模缺陷球形耐压壳体的屈曲载荷[MPa]

t/r	δ/mm				
	2	4	6	8	10
0.025	35.465	30.265	26.268	23.180	20.777
	(1.000, 0.990)	(0.853, 0.988)	(0.741, 0.988)	(0.654, 0.988)	(0.586, 0.987)
0.030	45.149	39.714	35.191	31.500	28.486
	(1.273, 0.988)	(1.120, 0.985)	(0.992, 0.983)	(0.888, 0.984)	(0.803, 0.984)
0.035	55.698	52.183	48.402	44.857	41.658
	(1.571, 0.994)	(1.471, 0.986)	(1.365, 0.982)	(1.265, 0.981)	(1.175, 0.981)
0.040	64.578	61.308	57.795	54.250	50.933
	(1.821, 0.994)	(1.729, 0.979)	(1.630, 0.985)	(1.530, 0.983)	(1.436, 0.982)
0.045	73.765	71.282	68.642	65.846	62.985
	(2.080, 0.995)	(2.010, 0.991)	(1.935, 0.987)	(1.857, 0.985)	(1.776, 0.982)
0.050	82.246	79.553	76.689	73.654	70.524
	(2.319, 0.994)	(2.243, 0.991)	(2.162, 0.987)	(2.077, 0.985)	(1.989, 0.983)
0.055	90.567	87.458	84.150	80.683	77.007
	(2.554, 0.992)	(2.466, 0.989)	(2.373, 0.987)	(2.275, 0.984)	(2.171, 0.982)
0.060	99.925	97.378	94.662	91.833	88.920
	(2.818, 0.991)	(2.746, 0.989)	(2.669, 0.988)	(2.589, 0.986)	(2.507, 0.984)
0.065	108.865	106.243	103.468	100.579	97.620
	(3.070, 0.988)	(2.996, 0.988)	(2.917, 0.987)	(2.836, 0.986)	(2.753, 0.984)
0.070	118.037	115.623	113.046	110.358	107.599
	(3.328, 0.983)	(3.260, 0.986)	(3.188, 0.985)	(3.112, 0.985)	(3.034, 0.984)
0.075	128.165	125.374	123.041	120.781	118.482
	(3.614, 0.975)	(3.535, 0.982)	(3.469, 0.983)	(3.406, 0.983)	(3.341, 0.983)
0.080	136.857	135.021	132.653	130.433	128.263
	(3.859, 0.977)	(3.807, 0.977)	(3.740, 0.980)	(3.678, 0.982)	(3.617, 0.982)

注：括号表示无量纲屈曲载荷，即各屈曲载荷与 t/r=0.025 和 δ=2mm 时的屈曲载荷之比，以及完美弹塑性屈曲载荷与弹塑性屈曲载荷之比。

6.2 深海工程浮式网架结构单元

将浮式网架结构应用于深海工程可为人类开发深海提供所需要的空间。选取正放四角锥网架为结构单元，利用 Morison 方程计算波浪力、海流力，通过函数关系找出作用于结构自身荷载的最大值，平均施加到水面以下球节点上，并施加重力、浮力、上部荷载，模拟结构在海洋环境荷载作用下的力学响应，用百年一遇的海况进行校核，得出该网架结构单元相对承载力较高、安全可靠的结论。由于承载力出现较大的富余，为进一步优化结构，可通过网架结构布局上的改进来实现，包括整体上采用抽空四角锥网架等杆件较为简单的网架体系，局部抽除某些内力较小的杆件，或者将抽掉的杆件替换成与钢结构有较好融合且适应海洋环境的其他材料，使浮式网架结构更经济安全地应用于实际工程[7]。

网架结构具有受力合理、重量轻、刚度大等优点，而且能满足建筑平面、空间和造型的要求，工业用建筑很多都采用了大跨度空间结构[8]。网架分类方法较多，最常用的是按照组成方式分为以下 4 类：交叉桁架体系网架、三角锥体系网架、四角锥体系网架、六角锥体系网架。由于四角锥体系网架在强度、刚度等方面都优越于其他结构形式，本节采用正放四角锥网架为浮式网架的主体结构。

6.2.1 模型结构

1. 结构尺寸

正放四角锥网架为结构单元，空心球节点通过焊接将杆件连成整体。模型尺寸的选取根据文献[9-10]的要求，兼顾考虑工程实际，将水平撑杆和腹杆截面尺寸选为一致：外径为 2m，壁厚为 0.02m。水平撑杆长度为 14.35m，腹杆长度为 23.06m。球节点半径为 3m，壁厚为 0.025m。

考虑深海波浪和停靠船舶等影响，取单层网架高度 25m。相邻水平球节点间距 20m，结构高出海平面 8m。整个结构是由水平撑杆、腹杆和球节点连接而成。利用软件建模时，在 Part 模块中建立 3 个独立的部件，通过组合形成 3 层四角锥体单元，再通过旋转阵列等命令绘出整个网架结构如图 6.4 所示。在进行计算时，从整体中抽出如图 6.5 所示的单元进行数值模拟计算。

2. 材料属性

海洋工程中，钢材选取应满足抗腐蚀、抗疲劳的特性，根据《船舶及海洋工程用结构钢》（GB 712—2011）[11]选用 AH32 钢材，密度为 7850kg·m^{-3}，弹性模量为 210GPa，泊松比 0.3，上屈服强度为 315MPa。

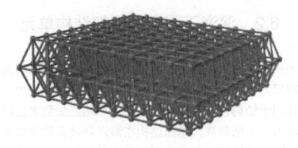

图 6.4　整体网架图

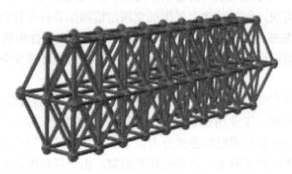

图 6.5　网架单元体

6.2.2　荷载状况

网架所处深海环境非常复杂，常常是强风巨浪和湍流。海洋中，风通过对波浪的影响间接作用于海上结构物。而网架结构为透空式，露出海平面高度较小，受风面积较小，故不考虑风荷载的影响。总体上，考虑荷载包括波浪力、海流力、浮力、上部承重荷载和自重。

1. 波浪荷载

网架设计时，人们关心结构受荷载后的长期响应，静力分析就已经足够满足精度要求[12]，且该结构的自振频率（表 6.3）与当地波浪频率相差较大，本节不考虑波浪的动力效应。根据线性波的流速分布可知，在海底以上数米后流速迅速增大到接近表面流速，根据下文海况可知，结构水下部分水流流速可用表面流速代替。利用 Morison 方程计算出作用在结构上波浪荷载总和的最大值，并以集中力形式平均加载到水面以下球节点上。选取南海某海况实例[13]：波高 H=6.5m，波浪周期 T=8s，海面流速 u=1.1m·s^{-1}，水深 d=1000m 进行计算，选取南海百年一遇[14]的环境条件：波高 H=15m，周期 T=15.1s，流速 u=2.0m·s^{-1} 进行校核。

表 6.3 结构前十阶自振频率表

阶数	一	二	三	四	五	六	七	八	九	十
频率/Hz	4.034	4.263	4.958	5.991	6.289	7.196	8.227	8.285	9.139	9.451

根据海浪特性,随机波理论能更好地反映海浪特性,但在研究和实际工程应用中,经常用线性波理论(Airy 波)来模拟,用于各种水深时,其计算结果仍满足工程要求[15-16]。该网架结构是由若干圆柱连接而成的空间体系,圆柱外径 D 和波长 L 的比值 $D/L \leqslant 0.06$,满足 Morison 方程的要求的 $D/L \leqslant 0.2$,属于细长构件,取圆柱轴线为竖向坐标 z,向上为正。水平轴 x 设在海底,计算波浪力时,用线性波理论中的速度势函数带入 Morison 方程,沿着垂直于波浪方向进行积分求解。

该网架体系是三维空间结构,为了更加准确地计算波浪力,将杆件沿着垂直于来波方向投影,并将求得的波浪力累加,即为结构承受的总波浪力。图 6.6 所示为不同时刻作用在结构上波浪力总和的大小。波浪力垂直于杆件分布,对底端截面会产生弯矩,由于该结构边界条件的设置,弯矩将被边界吸收,所以不考虑弯矩的影响。

将以上数据带入公式,显然可得到作用于结构的波浪力,如图 6.6 所示,在一个周期内,作用在结构的波浪力总和为 $1.31 \times 10^7 \mathrm{N}$,提取该值平均施加到水面以下球节点上。

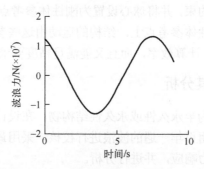

图 6.6 作用于结构总波浪力随时间变化图

海流作为一种综合性流,是海洋中各种类型水体(如潮流、环流和风成流)的矢量合成。与波浪相比,水质点的运动速度缓慢,无加速度,计算海流力时,其对结构物的作用仅有拖曳力。圆形构件单位长度上的海流荷载计算公式为

$$f_D = \frac{1}{2} C_D \rho A U_C^2 \tag{6-4}$$

式中：f_D 为圆形构件单位长度上的海流荷载，C_D 的取值与计算波浪力时相同。

出于安全考虑，取海面流速带入 U_C 进行计算，将计算的数值平均加载在水平以下球节点上，其方向与波浪力一致。

2. 浮力、上部荷载及自重

浮力是由构件上、下表面液体压力差产生的。浮力数值上等于结构排开液体的总重量。可根据淹没深度计算得到，平均施加到球节点上，方向垂直球心向上。

上部荷载的取值充分考虑了钢结构自身特性和《港口工程荷载规范》（JTS 144—1—2010）[17]对集装箱堆场荷载的要求，数值上 $F_v=(F_B-G)\times 95\%$（其中，F_B 为结构的总浮力，G 为结构自重），平均作用于结构最上层球节点上，方向竖直向下。富余5%承载力作为锚链在垂直方向上的拉力值及安全储备。

自重则利用软件自身功能，输入重力加速度 $g=9.8m/s^2$，方向垂直向下。

6.2.3　约束及边界条件

实际海况中，系泊方式需要多方面考虑，本节浮式结构用锚链系泊于海底，系泊位置在底排球节点上。即使系泊，结构仍具有一定的移动空间，通过施加弹簧支座进行模拟，设置时允许微小平动和转动。除了最中间排球节点外，其余均施加水平方向上的弹性支座，以此模拟周围杆件对此结构的作用。弹性系数 k 的取值通过杆件刚度和尺寸计算得到。

球节点施加刚体约束，并将球心设置为刚性体参考点 RP，作用在结构上的所有荷载都施加在刚性体参考点上。结构的运动由这些参考点单一节点的运动来控制[7]，不仅提高了计算效率，而且又能满足精度要求。

6.2.4　结果及其分析

浮式网架结构可为半永久性或永久性结构物，在设计中，以南海某海域海况为例进行计算，并用百年一遇的波浪进行校核，采用最不利荷载组合以得出极端海况下结构的应力响应，并进行分析。

1. 应力结果

图 6.7 所示为结构在南海某工程实例中的应力云图。由图可知：

（1）Mises 应力最大值为 13.86MPa，位于与网架下层最外侧球节点相接的腹杆上。由理论可知，水下结构除了承受上部传来的荷载外，还要承受水平方向的力（如波浪力、海流力和静水压力），靠近外侧直接承受波浪的作用更加明显，所以最大值出现在此位置。再用百年一遇的波浪进行校核，如图 6.8 所示，最大 Mises 应力值为 44.27MPa，AH32 钢材的上屈服强度为 315MPa，考虑安全因子取 1.5，结构也是非常安全的。

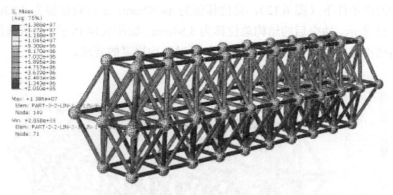

图 6.7　应力云图（单位：Pa）

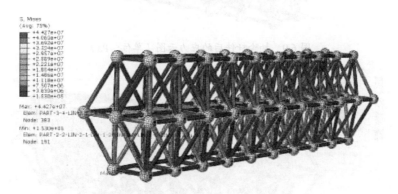

图 6.8　百年一遇的波浪条件下的应力云图（单位：Pa）

（2）从应力分布上看，腹杆受力比水平杆大，处于水位变动区，与球节点连接处的腹杆应力较大。水平杆主要是为整个结构提供浮力，最上排和最下排均处于水面变动区外，受水平荷载较小，两者内力相差不大，而腹杆则承受垂直长度方向的波浪力和海流力，力的作用效果明显。

（3）正放四角锥虽然受力均匀，但杆件较多。根据图 6.7 可知，结构在应力上出现很大的富余度，可以考虑整体布局上采用棋盘形或正放抽空四角锥网架结构，局部应力较小的区域抽掉某些杆件，使节点汇交杆件减小，构造简单，性能优良[18]。将 3 层网架的水平杆每隔一个单元抽取一个水平杆，如图 6.9 所示，得到应力最大值为 14.27MPa，结构仍是安全的。

2. 位移结果

（1）由图 6.10 可知，总位移数值最大为 3.83mm，位于结构最上层球节点上。由于网架结构在水平面（x、y 平面）上绵延数千米，人们也关心垂直方向结构对力的响应,如图 6.11 所示,结构垂直震荡 z 轴的位移为 2.09mm。百年一遇的波浪条件下(图 6.12),总位移值为 14.82mm,z 方向位移为 4.53mm,如图 6.13 所示,抽空后的结构总位移为 3.84mm,如图 6.14 所示,显然满足《空间网格结构技术规程》(JGJ 7—2010)[10]对结构挠度的要求。

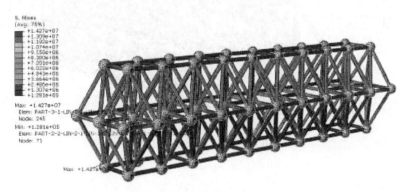

图 6.9　抽除杆件后的应力云图(单位:Pa)

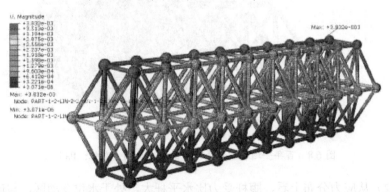

图 6.10　结构总位移云图(单位:m)

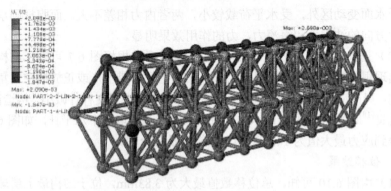

图 6.11　结构垂直位移云图(单位:m)

第6章 典型深海土木工程结构

图6.12 百年一遇的波浪条件下的结构总位移云图（单位：m）

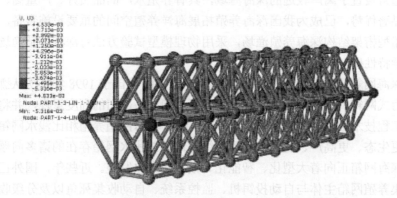

图6.13 百年一遇的波浪条件下的结构垂直位移云图（单位：m）

图6.14 抽除杆件后的总位移云图（单位：m）

（2）从总体位移分布看，上部结构的位移大于下部结构，处于水位变动区以下的部分位移更小。上部结构承受垂向堆载和水平荷载，而下部则因杆的浮力作用，使堆货荷载传递到水面线以下衰减，出现了结构总位移由上到下逐渐减小。

（3）由总位移图比较可知，影响位移的因素与波浪条件有关，结构的优化对位移的影响较小。网架作为高次超静定空间结构，当部分杆件不参与工作时，结构的内力会重新调整，对位移的反应不敏感，该网架结构刚度较大，海况的改变，会使结构整体的位移出现较大幅度的改变。

6.3 船型桁架结构深海养殖渔场研究现状

当前，我国沿海重工业、滨海旅游业发展迅速，部分沿海水域污染严重，近海水产养殖空间进一步压缩，海洋养殖向离岸深水发展已成业界共识。深海网箱通常设置于离岸较远的深海海域，具有养殖水产品品质好、产量高、效益大的显著优势，已成为我国深海养殖拓展海洋养殖空间的重要设施装备。本节针对船型桁架结构深海养殖渔场，采用物理模型试验方法对深海养殖渔场进行动力学特性研究[19]。

深海网箱最先在西方发达国家开始投入使用，我国于 1998 年首次从挪威引进重力式网箱，深海网箱养殖开始引起了我国有关部门的高度重视，并将深海网箱工程技术相关研究列入"海洋 863 计划"。深海网箱养殖相比浅水网箱养殖而言更生态、更高产、更高效，可以很好地解决浅水网箱存在的诸多问题。目前，深海网箱正向着大型化、智能化、效益最大化发展。近些年，国外已推出一种集养殖网箱主体与自动投饵机、监控系统、自动收集死鱼以及分级收鱼等配套养殖设备为一体的智能化养殖设施系统，即"深海养殖渔场"。然而，超高的建造成本以及高达数万甚至数十万立方米的养殖水体空间，使深海养殖渔场必须具备足够的安全性和可靠性来抵御自然灾害风险，从而最大限度地保障养殖收益。深海养殖渔场布置在离岸较远的深海海域，开放海域复杂海况的海洋环境条件必然对渔场平台的抗风浪性能要求更高。

高海况下渔场平台的稳定性是平台设计者、养殖者等所关注的焦点，稳定性评估其重要依据来源于平台的运动响应数据。本节以投放在我国珠海万山海域的船型桁架结构深海养殖渔场为研究对象，重点围绕渔场平台的动力学特性开展试验研究，以期为深海养殖渔场的科学设计及安全评估提供理论依据和数据参考。

随着利用网箱进行养殖的推广发展，由于网箱设计及安全使用的需要，对于网箱的水动力特性研究也逐渐展开。国外对于深海网箱的研究距今已有约 50 年，技术也较为领先，其中运用最广的为重力式网箱，主要由浮架系统、网衣系统、锚碇系统和配重系统构成。

1. 浮架系统

Newman[20]、Molin[21]等学者研究了波浪作用下浮体的受力特性和运动特性。Fredriksson等[22]基于有限元方法对HDPE网箱浮架的结构性能进行了研究，并使用壳体单元和局部破坏准则来预测浮架结构的临界荷载。网箱的浮架系统通常可以简化为漂浮的水平圆柱体。Ursell[23]最早进行了频域内漂浮圆柱体的理论分析，并给出了该问题的势流表达式。LI Y C等[24]通过将浮架看做直杆，研究求解不同波浪条件下小尺度柔性结构物波浪力的具体方法以及计算中的水动力系数。滕斌等[25]对四点锚碇条件下简化后的单管圆形浮架的动力特性进行了初步研究。郑艳娜等[26]通过数值分析和模型实验，对圆形重力式网箱的浮架结构进行了研究，发现在所研究的波浪条件下浮架运动位移与波高关系密切，在锚碇系统约束下垂向位移较大，且数值分析与模型试验结果吻合。黄小华等[27]基于集中质量法，对波浪作用下圆形网箱浮架系统的动力特性进行了研究。郝双户[28]将浮架简化为圆环，建立了波浪作用下圆环的平面外的动力学方程，并对其运动、变形进行了数值分析。

2. 网衣系统

Aarsnes等[29]通过网箱拖曳试验，分析了网箱受到的水流作用力与网衣密实度、水流冲角之间的关系并提出相关表达式，研究了网衣的变形特性以及网衣引起的网箱内的流速衰减情况。Bessoneau和Marichal[30]假设网衣为刚性杆件，建立网衣的力学方程，并通过迭代法研究了水流作用下网衣的受力及变形情况。Patursson等[31]通过多孔介质模型模拟网衣周围流场，研究网衣周围以及通过网衣的水流的流动特性。Tsukrov等[32]采用连续有限元方法模拟网衣的动态响应，并将数值计算结果与他人分析结果进行了比较。Fredheim等[33]基于有限元方法建立三维流场的数值模型，并将数值计算结果与模型试验结果相结合得到了网目目脚和结节的水阻力系数。桂福坤等[34]提出了模型试验中新的网衣相似准则。李玉成和桂福坤[35]通过物理模型试验，研究菱形有结节网衣和六边形网衣水阻力系数的变化特性。詹杰民等[36]通过理论分析和模型试验，研究雷诺数、网衣密实度、网衣形状以及水流流向对网衣阻力的影响。

3. 锚碇系统

Slaattelid[37]通过模型试验，研究了多种工况下一类重力式网箱的锚绳受力以及浮架的应力特性。Fredriksson等[38-40]通过物理模型试验研究了波浪和水流作用下蝶形网箱和重力式网箱的动力特性，试验结果表明与重力式网箱相比，碟形网箱的抗风浪能力及抗流性能相对较好。Lee等[41]采用"质量-弹簧"方法模拟重力式网箱系统，研究了水流和波浪作用下水面网格锚碇网箱的动力特性。陈昌平等[42-44]利用数值模拟及模型实验研究单个水下网格式锚定网箱以及两个水下网格式锚定网箱的动力特性。分析比较了两种网箱系统的动力特性。孙满昌和汤威[45]对方形网箱单体型锚泊系统进行力学分析和程序运算，得到了锚绳张力和不同流向下的阻力系数之和两项安全性能指标。宋协法等[46]基于莫里森公式并采用 Goodman-Lance 方法求解网箱的锚绳受力，并进一步设计网箱的锚泊系统。

4. 整体网箱系统

挪威的 Linfoot 和 Hall[47]对深水重力式网箱研究较早，通过大量的物理模型试验，采用频域分析技术分析了网箱的动力特性。Colbourne 和 Allen[48]通过现场实验测量了重力式网箱的动力特性，并将结果与物理模型试验比较。韩国学者 Kim 等[49]运用数值计算，研究了鲍鱼网箱漂浮和下潜至水底两种漂浮状态下的动力特性。国内对于深海网箱的研究起步较晚，与其他国家相比尚有一定的差距，但我国的研究进展飞快，取得了很多成果。研究涉及网箱的各组成部分，包括浮架、网衣、锚碇系统等。吴常文等[50]通过现场测试，验证了圆形重力式深海网箱的抗风浪流性能。黄六一等[51-52]以 HDPE 双浮管圆形升降式网箱为研究对象，通过模型实验研究该网箱下潜过程中的最大倾角和网箱系统的参数之间的关系。赵云鹏等[53-56]基于集中质量法建立了重力式网箱的数值模型，并通过数值计算与模型实验对重力式网箱在波浪和水流作用下的动力特性进行了研究，两种实验数据结果对比良好。桂福坤[57]通过模型试验的方法研究了网箱浮架系统和网衣系统的水动力特性、单体重力式网箱的动力特性、配重型式以及配重大小对网箱动力特性的影响。董国海等[58-60]基于集中质量法和刚体运动学原理建立重力式网箱数学模型，研究重力式网箱锚链在波流同向和逆向作用下的受力、网箱剩余体积以及浮架运动，结果表明波流同向作用下对网箱的破坏较为严重。李玉成等[61]通过物理模型试验和数值模拟等手段，研究配重型式和配重大小对网箱的受力以及变形特性的影响。

目前，关于深海养殖渔场的研究很少。而深海渔场是未来深海网箱养殖业发展的主要趋势，所以为了深海渔场的广泛应用，对于其水动力特性的研究必不可少。

6.4 深海网箱结构

目前，较先进的网箱是由 GM 公司基本设计，中国武船重工总包建造。该深海网箱为圆形、直径 110m、高约 60m 的管柱结构，为集先进养殖技术、现代化环保养殖理念和世界先进海工设计于一身的现代化全自动海上养殖装备，配备了目前较为先进的三文鱼智能养殖系统、自动化保障系统和高端深海运营管理系统及对应子系统。其中，智能养殖系统包括鱼苗投放系统、鱼苗进食系统、营养均衡系统、生物光调控系统、鱼群实时监控系统、自动捕鱼系统，以及高分子渔网保护系统、送氧系统和除虱系统等；自动化保障系统包括渔网自清洁系统、死鱼收集系统、死鱼物质分解和水文监测系统等；高端运营管理系统包括自适应升降系统、深海定位系统、通信导航系统、动力系统、中央控制系统、物资补给系统、消防救生系统、火灾报警系统和生活娱乐系统等。该深海网箱融入生物学、工学、电学、计算机、智能化等技术，安装各类传感器 2 万余个，水下水上监控设备 100 余个，生物光源 100 余个，将复杂的养殖过程控制变得异常简单和准确。不过，这些智能化系统，首先必须有一个安全可靠的船体结构为基础，而如何进行深海网箱装备的结构设计、开发，需要针对船级社要求进行详细研究[62]。

6.4.1　深海网箱结构设计案例

本部分所述某型深海网箱直径 60m、型深 32m、体积约 9000m^3、最大波高 7.5m、有义波高 4m，采用 6 点系泊定位，下浮体 6 个浮筒提供压载，工作吃水 30m。

深海网箱设备在工作海域所承受的载荷与一般的海洋结构物类似，有永久载荷、可变载荷、环境载荷、意外载荷和变形载荷等[63]，通常在进行总强度分析计算评估时仅考虑永久载荷和环境载荷[64]。对于深海网箱来说，永久载荷主要包括钢结构自身重力以及附属设备和压载舱等的自重，环境载荷主要包括波浪、流、风等。对于网箱来说，波浪载荷在环境载荷中影响较显著，除此以外，海流对于渔网的影响也较大。此类材质特殊的渔网在波浪载荷与流的作用下会发生明显变形。因此在进行总强度分析计算时，如何创建模型来模拟渔网，明确阻尼对渔网模型的影响程度有多少，从而更好地将波浪在渔网上引起的莫里森力传递至网箱结构，是其中一个较重要问题。

在本项目结构总强度研究阶段，拟采用两种方法创建渔网的莫里森模型，即创建水平与垂直的两种渔网莫里森模型。水平建立的莫里森杆件模型与垂直建立的莫里森杆件模型相比，虽两者都承受水平方向的莫里森力，但水平杆模拟渔网还存在来自垂直方向的莫里森力（垂向阻尼引起），因此还需比较垂向阻尼对两种建模方案总体强度结果的影响程度。

6.4.2　细长杆件受力及渔网模型模拟

相对于整个深海网箱装备来说，渔网结构属于细长交叉的柔性结构。由DNV·GL 规范可知，承受波浪载荷的柔性杆件单元（如渔网）作为偏保守计算等效处理[64]，其受力情况如图 6.15 所示。

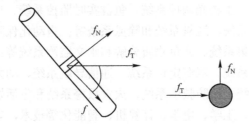

图 6.15　柔性结构上法向力、切向力与轴向力定义

6.4.3　柔性结构上的剖面载荷

在一般流体流动时施加于柔性结构的水动力荷载，可以叠加结构的每一层剖面上的载荷来进行评估。总体来说，结构每一层上的法向作用力可以分解为法向力 f_N、切向力 f_T 以及垂直于 f_N 和 f_T 的轴向力（图 6.15）；另外，对非圆形截面结构来说还存在扭矩 m_T。

6.4.4　莫里森载荷公式

对于细长体构件，由于其截面尺寸足够小，垂直于构件表面上有梯度变换的质点速度和加速度可以忽略。波浪力可以采用莫里森载荷公式来计算，波浪载荷是惯性力和拖曳力之和。惯性力与加速度成正比，拖曳力与速度的平方成正比。如果拖曳力采用相对速度公式来表示，额外的水动力阻尼就要排除。一般莫里森公式在如下情况中适用：$\lambda > 5D$（其中 λ 为波长，D 为截面直径或者其他截面投影）。当结构的长度比横向尺寸大很多时，端部作用可以忽略，并且总的载荷可以用长度上每一个截面荷载的叠加来替代。

对于组合的波浪与流载荷工况，波浪与海流共同产生的质点速度需要增加为向量。如果可以，总质点的速度加速度计算需要基于更多的波浪/流交叉的精确理论。

6.4.5　渔网模型模拟

渔网对于深海网箱是非常重要的组成部分，渔网材质的不同决定了渔网的强度及使用寿命。在网箱设计中，渔网主要考虑以下几个方面：单层或双层渔网、对网内养鱼的出逃的风险评估、安全网的外周长、网更换的次数限制等。在实际分析计算中，渔网被模拟成莫里森梁模型，主要根据不同区域对应渔网截面积等效方法来模拟。根据实际渔网直径以及每一个部分范围内垂直于水平渔网的数量和总面积，创建垂直、水平两种莫里森梁模型，梁模型截面与对应方向上的渔网截面积等效。实际项目中的渔网由于材质特殊，国内尚无法生产，目前主要由挪威设计生产。本项目采用的渔网网线直径为3mm，间距为40mm，以保证鱼不能逃出。

6.5 深海中部悬置构筑物

6.5.1 构筑物材料和形状

1. 构筑物材料选取

高的静水压是深海环境的特点之一，静水压随着海深的增加而增加，因而对于深海装备而言，其材料抗压性能是最重要的指标，即材料应具有较高的弹性模量和屈服强度。目前，钛合金、高强度合金钢、陶瓷基复合材料等是深海装备所使用的主要结构材料[65]，混凝土结构也在海洋工程中得到了越来越广泛的应用。其中，高强度合金钢是最重要、最关键的深海装备结构材料。以潜艇耐压壳体材料为例，潜艇耐压壳体所用钢材的屈服强度等级由第二次世界大战前的450MPa级替换为第二次世界大战后的600MPa级，其下潜深度得到提升；现代的潜艇耐压壳体用钢材的屈服强度等级多为1000MPa级，因而其下潜深度进一步增加。

钛合金材料具有耐高温、低密度、高比强度、耐腐蚀、无磁和抗冲击振动等特点，陶瓷及其复合材料具有大弹性模量、耐腐蚀、高强度、耐高温等特点，均是目前具有研发前景的深海装备材料[66]。但钛合金价格昂贵，陶瓷材料往往具有较大的脆性，在很大程度上限制了其应用。

本部分研究的构筑物设计工作水深为200m，与千米级深海静水压力相差较大，其静水压力约为2MPa。因此，从构筑物造价和材料强度利用率的角度出发，构筑物材料采用钢材和混凝土，不宜使用钛合金及陶瓷等高强度、高成本的材料。

本部分研究中钢材为AH40型船用钢板，弹性模量为2×10^5MPa，密度为7850kg/m³，泊松比为0.3，抗拉与抗压屈服强度均为$\sigma_s=3.9\times10^2$MPa，抗拉极限强度为$\sigma_b=6.6\times10^2$MPa。混凝土为C60混凝土，弹性模量为3.60×10^4MPa，密度为2300kg/m³，抗拉屈服强度为$\sigma_s=2.85$MPa，抗压屈服强度为$\sigma_s=38.5$MPa。

2. 选取构筑物形状和尺寸

目前，针对潜艇使用的水滴形状已有较为成熟的研究成果，因此本部分对构筑物选型时暂不考虑水滴形。从流体受力和功能的角度出发，构筑物的形状分别选为球形、圆柱-半球形和碟形,图 6.16 所示为混凝土构筑物形状。考虑结构尺寸的影响,体积选定为 200m³ 和 1000m³ 两个量级的尺寸,三类模型尺寸如表 6.4 所示。通过对比不同形状、不同尺寸的构筑物分析结果,从而得出较为合理的结构形态和尺寸。

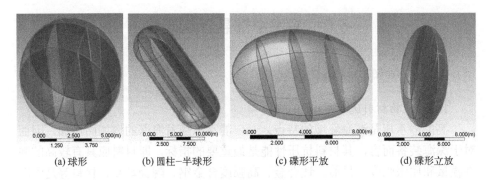

(a) 球形   (b) 圆柱-半球形   (c) 碟形平放   (d) 碟形立放

图 6.16 悬置海洋中部构筑物形状(混凝土)

表 6.4 三类模型尺寸

形状	半径/m	体积/m³	半径/m	体积/m³
球形	$R=3.63$	200	$R=6.35$	1072
圆柱半球形	$R=2.3$,$L=13.8$	200	$R=4$,$L=24$	1072
碟形	$a=5$,$b=2$,$c=5$	200	$a=8$,$b=4$,$c=8$	1072

注:表中 L 为圆柱半球形构筑物长度,a、b、c 分别为碟形构筑物 X、Y、Z 三个方向的半轴长度。

6.5.2 单向流固耦合

流固耦合是流体力学与固体力学交叉而成的一门力学分支,研究固体在流场作用下的各种行为及固体变形或运动对流场的影响[67]。单向流固耦合是指流场对固体作用之后,固体变形对流场影响较小,可以忽略不计。由于本次模拟的主要目的在于通过流体对固体的作用,同时施加 200m 水深的静水压力,研究构筑物在水流和静水压力共同作用下的构筑物变形问题,故采用单向流固耦合的方式。

1. 有限元模型及网格划分

1) 混凝土构筑物

根据上述模型和尺寸,混凝土构筑物由三维造型软件 Solid Works 建立 200m³ 和 1000m³ 两种量级下的球形、圆柱-半球形、碟形平放和立放四种不同形状的结构模型，构筑物内部的支撑厚度为 0.3m，每 3m 设置一道。然后导入 ANSYS Workbench 平台中的 Design Modeler 模块，在 Design Modeler 中利用 Enclosure 命令建立长方体外流场计算域，并在结构物下端预留固定支撑点。如图 6.17 所示，流场左侧为入口、右侧为出口，除出口距构筑物表面距离为 100m 外，其余各边界距构筑物表面皆为 20m。其中，碟形构筑物分两种姿态放置，一种是平放，另一种是立放。

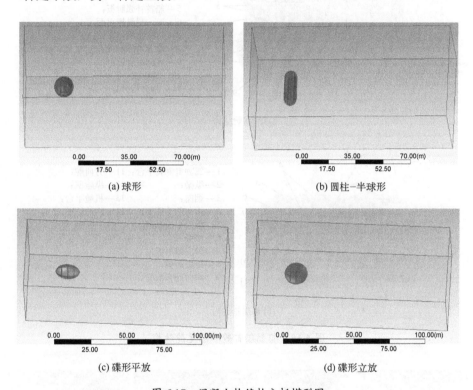

图 6.17 混凝土构筑物分析模型图

2）钢材构筑物

钢材构筑物壁厚无法如混凝土一般设置较厚，因此，参考船体模型，如图 6.18 所示，将钢材构筑物设置为双层壳，壳间设置径向和环向肋板支撑。

与混凝土构筑物不同，依据确定的形状和尺寸要求在 ANSYS Workbench 平台中的 Design Modeler 模块直接建立钢材构筑物模型，如图 6.19 所示。其中，球形构筑物受力较好，因此，在其内部没有设置径向或环向支撑，只有壳间肋板支撑。圆柱-半球形构筑物和碟形构筑物均设置了 8 道径向支撑，同时碟形构筑物在内部每隔2m增设一道环形支撑。其余参数如表6.5和表6.6所示。构筑物模型建成后，同混凝土构筑物一样建立流体域，尺寸相同。

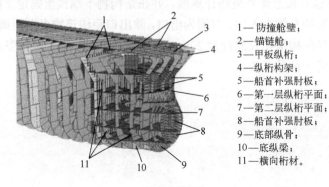

1—防撞舱壁；
2—锚链舱；
3—甲板纵桁；
4—纵桁构架；
5—船首补强肘板；
6—第一层纵桁平面；
7—第二层纵桁平面；
8—船首补强肘板；
9—底部纵骨；
10—底纵梁；
11—横向桁材。

(a) 船首舱结构

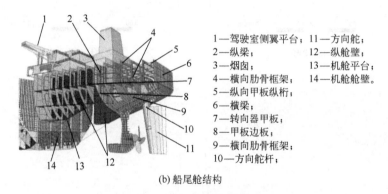

1—驾驶室侧翼平台； 11—方向舵；
2—纵梁； 12—纵舱壁；
3—烟囱； 13—机舱平台；
4—横向肋骨框架； 14—机舱舱壁。
5—纵向甲板纵桁；
6—横梁；
7—转向器甲板；
8—甲板边板；
9—横向肋骨框架；
10—方向舵杆；

(b) 船尾舱结构

图 6.18 船舶船首舱和船尾舱结构

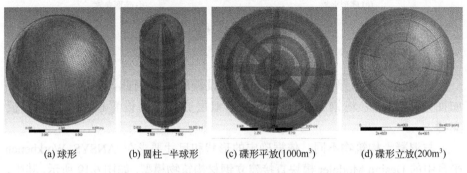

(a) 球形　　　(b) 圆柱-半球形　　(c) 碟形平放(1000m³)　　(d) 碟形立放(200m³)

图 6.19 悬置海洋中部构筑物形状（钢材）

表 6.5　200m³ 钢材构筑物模型参数

参数	球形	圆柱-半球形	碟形
内外壳厚度/cm	1	1	2
壳间距/cm	5	5	5
壳间径向肋板/道	59	—	—
壳间环向肋板/道	59	99	95
环向肋板厚度/cm	1	1	0.5
径向肋板厚度/cm	0.1	—	—
径向支撑厚度/cm	—	1	0.1
环向支撑厚度/cm	—	—	0.1

表 6.6　1000m³ 钢材构筑物模型参数

参数	球形	圆柱-半球形	碟形
内外壳厚度/cm	1.5	1	1
壳间距/cm	5	5	5
壳间径向肋板/道	98	32	56
壳间环向肋板/道	98	140	134
环向肋板厚度/cm	1	0.2	0.8
径向肋板厚度/cm	1	0.2	0.8
径向支撑厚度/cm	—	1	1.5
环向支撑厚度/cm	—	—	2

2. 钢材构筑物模拟结果分析

本节对 4 种构筑物形态在 200m³ 和 1000m³ 两种体积下进行了模拟，并对混凝土材料和钢材的构筑物应力和变形结果进行了对比，具体结果如下。

1) 200m³ 应力结果分析

4 种构筑物形态体积为 200m³ 时，其结构应力分布如图 6.20 所示，所有图中水流方向为从左到右。因构筑物内外壳应力水平与壳间肋板和内部支撑存在差距，因此，每种形状的应力图从左至右依次为图例、外壳应力云图、肋板和内部支撑应力云图。

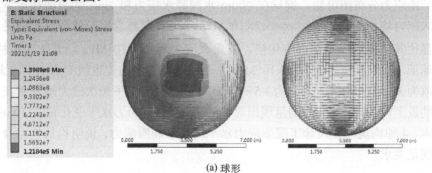

(a) 球形

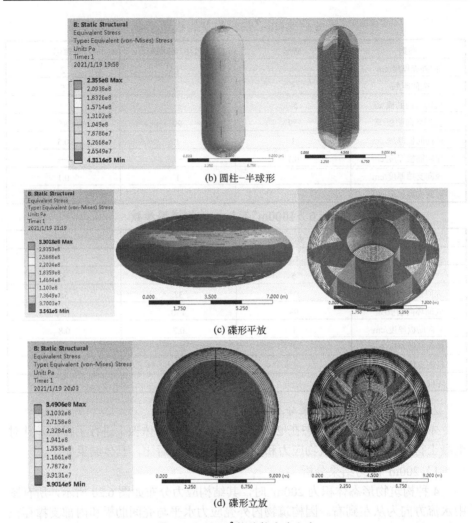

图 6.20 200m³ 构筑物应力分布

由应力分布图可知,钢材在 200m 水深静水压力和 2m/s 的流速作用下其最大应力均小于屈服强度 σ_s=3.9×10² MPa。可以明显看出,球形在水中受力明显比其他各种姿态更具有优势,其最大应力为 1.4×10² MPa,其次为圆柱-半球形,其最大应力为 2.36×10² MPa,碟形两种姿态的构筑物应力水平较大,平放为 3.3×10² MPa,立放为 3.5×10² MPa。4 种姿态下最大应力均发生在壳间肋板上,且构筑物应力均呈现出对称的特征,外壳应力水平变化都在 30MPa 以内。4 种构筑物在设计工况下应力水平均小于屈服应力,说明构筑物本身强度满足要求。

第6章 典型深海土木工程结构

2）1000m³ 构筑物应力结果分析

1000m³ 构筑物应力结果如图 6.21 所示，在设计工况下，球形构筑物应力水平最高为 3.82×10^2 MPa，仍小于材料屈服强度 $\sigma_s=3.9\times10^2$ MPa，满足构筑物强度要求。

球形构筑物应力特征与 200m³ 时相近，最大应力在支撑点附近，外壳的应力由顶端直径最小的位置向最大直径的方向逐渐增大，到最大直径处应力又有所降低，呈对称分布。壳间肋板应力在最大直径处最小，呈现明显的十字分区，在十字之间的肋板应力水平有所增加，但幅度较小。说明海流对球形构筑物的应力分布有明显的影响。

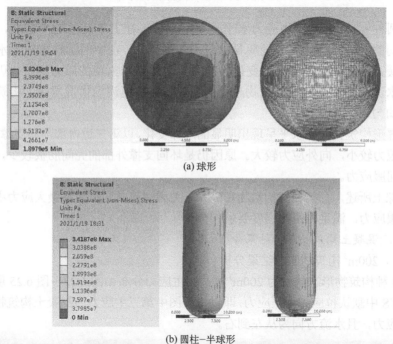

(a) 球形

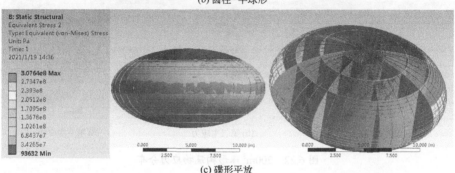

(b) 圆柱-半球形

(c) 碟形平放

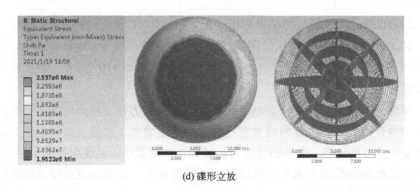

(d) 碟形立放

图 6.21　1072m³ 构筑物应力分布

圆柱-半球形构筑物应力水平呈对称趋势，在上下两端的半球端，外壳和壳间肋板的应力存在多处明显的应力集中现象，在中间圆柱端应力水平比较平缓，不存在明显的应力变化的地方。两端半球出现的应力集中，仍是由于沿水流方向不同截面构筑物直径的变化，导致尾流场情况复杂，构筑物受力不均匀。

碟形构筑物应力水平呈现出明显的阶梯变化，以第三道内部环向支撑为界，向内应力较小，向外应力较大。原因仍是环向支撑外部的壳间肋板较少，但仍小于屈服应力。

综上所述，4 类钢材构筑物在静水压力和海流共同作用下最大应力小于材料屈服应力，满足构筑物强度要求。

3. 混凝土构筑物模拟结果分析

1）200m³ 构筑物应力结果分析

4 种构筑物形态体积为 200m³ 时，其主应力分布如图 6.22～图 6.25 所示，ANSYS 中默认拉应力为正应力，即以下各图中第三主应力为混凝土构筑物的最大压应力，且水流方向为从左到右。

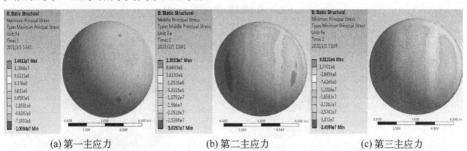

(a) 第一主应力　　　(b) 第二主应力　　　(c) 第三主应力

图 6.22　200m³ 球形构筑物应力分布

由图 6.22 可以看出，球形混凝土构筑物在 200m 水深静水压力和 2m/s 的流速作用下最大压应力为 34.9MPa，小于材料抗压屈服强度，最大拉应力为 14.6MPa，大于抗拉屈服强度。可以明显看出拉应力出现的位置为支撑与外壳交界的位置，最大拉应力出现在支撑点附近，这是由于支撑的存在使得构筑物外壳的受力由拱结构改为梁结构，因此造成外侧受拉的现象，故需要在构筑物内部配置钢筋，采用钢筋混凝土结构。由于拉应力较小，在使用时采用构造配筋即可抵抗拉应力，满足强度要求。

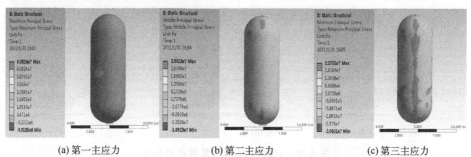

(a) 第一主应力　　　　　(b) 第二主应力　　　　　(c) 第三主应力

图 6.23　200m³ 圆柱-半球形构筑物应力分布

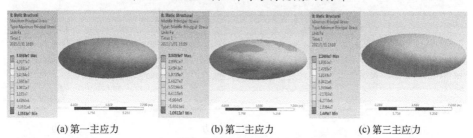

(a) 第一主应力　　　　　(b) 第二主应力　　　　　(c) 第三主应力

图 6.24　200m³ 碟形平放构筑物应力分布

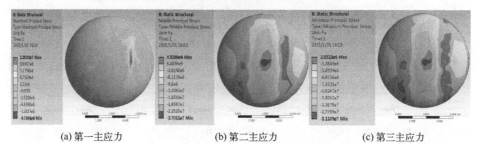

(a) 第一主应力　　　　　(b) 第二主应力　　　　　(c) 第三主应力

图 6.25　200m³ 碟形立放构筑物应力分布

同球形相似，圆柱-半球形和碟形最大压应力均小于材料抗压屈服强度，均存在拉应力，但拉应力较小，最大值仅为 56.9MPa，采用钢筋混凝土结构可以抵抗较小的拉应力。因此，钢筋混凝土结构可以满足以上 4 种形状构筑物的强度要求。

2）1000m³ 构筑物应力结果分析

1000m³ 构筑物主应力分布如图 6.26～图 6.29 所示，在设计工况下，碟形平放时压应力水平最高为 36.5MPa，仍小于材料抗压屈服强度。球形构筑物和碟形构筑物表面的应力在有支撑和无支撑处有明显的差别，支撑与外壳交界处为拉应力，无支撑处为压应力，相比之下，圆柱-半球形的应力水平比较均匀，没有因为内部支撑的存在产生过大的差别。4 种构筑物中最大拉应力为 46.1MPa，远小于钢筋的抗拉强度，即采用钢筋混凝土结构可以满足构筑物的强度要求。

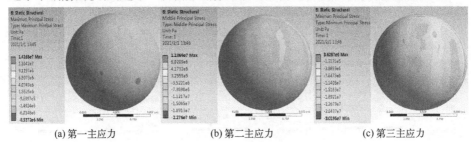

(a) 第一主应力　　(b) 第二主应力　　(c) 第三主应力

图 6.26　1000m³ 球形构筑物应力分布

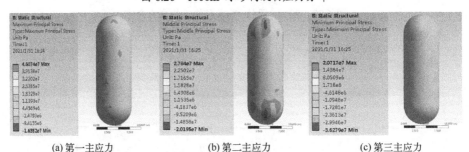

(a) 第一主应力　　(b) 第二主应力　　(c) 第三主应力

图 6.27　1000m³ 圆柱-半球形构筑物应力分布

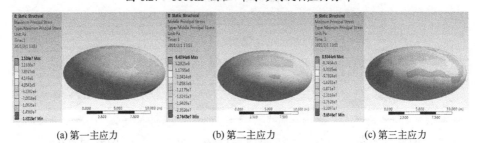

(a) 第一主应力　　(b) 第二主应力　　(c) 第三主应力

图 6.28　1000m³ 碟形平放构筑物应力分布

本部分先对构筑物受到的主要环境因素进行了阐述，然后根据主要影响因素和工程经验及功能初步确定了 3 种构筑物形状和两种材料。根据材料和形状的不同，制定了不同的构筑物结构形式。最后通过单项流固耦合的方式，同时考虑静水压力和海流对构筑物的作用,模拟构筑物受力,分析了200m³和1000m³两个量级不同材料构筑物的强度。结果表明钢材和钢筋混凝土材料可以满足设计条件下的强度要求,无须采用钛合金、陶瓷等高成本的材料。

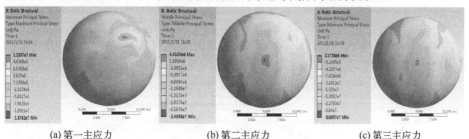

(a) 第一主应力　　　　(b) 第二主应力　　　　(c) 第三主应力

图 6.29　1000m³ 碟形立放构筑物应力分布

6.5.3　双向流固耦合

6.5.3.1　加速度结果分析

1. 钢材构筑物模拟结果分析

1) 200m³ 构筑物加速度结果分析

4 种形状的 200m³ 构筑物加速度结果如图 6.30 所示,可以明显看出,圆柱-半球形构筑物的加速度变化幅度较大,最大值接近 0.01g,而其余 3 种形状的位移加速度在初遇流体时较大,之后的初速度趋于稳定均小于 0.005m/s²,小于 0.001g。表 6.7 所示为船舶加速度对人体舒适度的影响。

表 6.7　船舶加速度对人体舒适度的影响[46-47]

不舒适度	难以感觉	可感觉	不适	非常不适	难以忍受
加速度	<0.005g	0.005~0.015g	0.015~0.05g	0.05~0.15g	>0.15g

注:g 为重力加速度。

为进一步比较不同构筑物的加速度,如图 6.31 所示为除圆柱-半球形以外,其余 3 种构筑物的加速度对比。由前 200s 的加速度可以看出球形构筑物的加速度最快趋向于稳定,在 40s 时加速度已接近零,小于另外两种构筑物的加速度,随着海流作用时间的延长,加速度没有发生明显变化,始终接近零。碟形构筑物的加速度始终处于波动状态,没有达到稳定,碟形平放的加速度峰值大于立放,在初遇流体时平放的加速度峰值超过 0.03m/s²,在后续的时间里加速度峰值也有超过 0.002m/s²,但多数时刻在 0.002m/s² 以下。碟形立放的加速度在初遇流体的时刻达到 0.02m/s²,之后加速度迅速下降,在 60s 时降到 0.005m/s² 以下,200s 之后加速度始终小于 0.002m/s²。

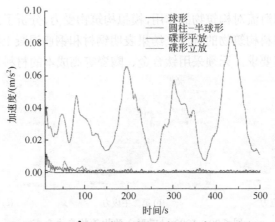

图 6.30 200m³ 的 4 类钢材构筑物加速度（见彩插）

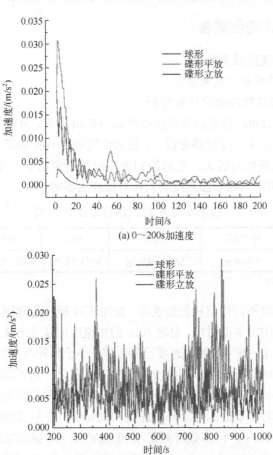

图 6.31 200m³ 的 3 类钢材构筑物加速度（见彩插）

第6章 典型深海土木工程结构

综上所述，从加速度的对比结果可以看出，200m³ 的钢材构筑物，除圆柱半球形构筑物外，其余 3 种加速度值在达到稳态后均小于 0.005g，人体难以感觉，比较适合作为构筑物的形状。

2) 1000m³ 构筑物加速度结果分析

图 6.32 所示为 1000m³ 的 4 类钢材构筑物 0~600s 加速度数据，可以看出在初遇流体时碟形构筑物位移较大，接近 0.18m/s²，超过 0.01g。但本节模拟初始流速为 2m/s，在实际工作中流速会有从零到 2m/s 的渐变过程，因此，对于本节模拟结果重点分析构筑物达到稳态后的变化。

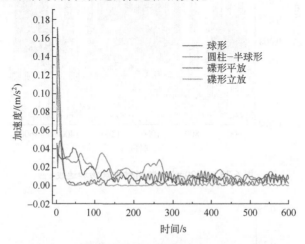

图 6.32　1000m³ 的 4 类钢材构筑物加速度（见彩插）

由图 6.32 可以看出，球形构筑物加速度曲线变化趋势与圆柱-半球形类似，但加速度值小于圆柱-半球形，与碟形平放数值相近，碟形平放加速度有明显的周期变化特征，但幅度较小，加速度值也小于圆柱-半球形加速度。

为得到碟形立放的具体加速度，并与平放加速度比较，将两种姿态的构筑物模拟时间延长，图 6.33 所示为碟形构筑物 500~1600s 加速度数据。可以看出，碟形平放的加速度大于碟形立放的加速度，但都小于 0.005g，碟形立放加速度最大值更是小于 0.001g。

综上所述，1000m³ 钢材构筑物 4 类形状中，圆柱-半球形构筑物加速度值最大，相比之下，球形和碟形构筑物更适合作为构筑物的形状。

2. 混凝土构筑物模拟结果分析

1) 200m³ 构筑物加速度结果分析

图 6.34 所示为 200m³ 的 4 类混凝土构筑物加速度，构筑物在受到流体作用后，初始加速度较大，随后球形和碟形构筑物加速度迅速减小，在 50s 时已相

对平稳,加速度接近零。圆柱-半球形构筑物加速度值始终大于其他三类构筑物,且加速度变化幅度较大,易对构筑物内部结构、零件、设备等产生影响,不应作为构筑物的形状。

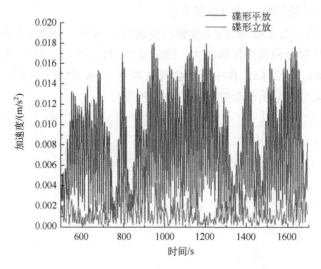

图 6.33　1000m³ 碟形钢材构筑物加速度

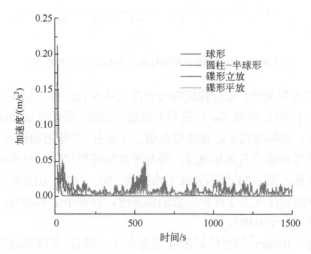

图 6.34　200m³ 的 4 类混凝土构筑物加速度（见彩插）

为更加明显地看出球形和碟形构筑物的加速度区别,将其加速度数据分为 0~200s 和 200~2000s 两组,如图 6.35 所示。由 0~200s 的加速度数据可以看出,在 40s 时碟形构筑物的加速度已基本稳定,波动范围较 40s 之前有大幅度减小，0~40s 存在明显的下降趋势。球形构筑物的加速度在 150s 时降到与碟形构筑物相似的水平，在之前的时间里加速度逐步递减，但递减速度明显小于碟形，从遭遇流体到达到相对稳定用时过长。

由 200~2000s 的加速度数据可以看出，在达到相对稳定后，球形和碟形加速度均小于 $0.01g$。其中，碟形平放的加速度最小，最大值为 $10\sim3\mathrm{m/s^2}$，且只有个别时刻达到了该值，大部分时刻加速度在 $5\times10^{-4}\mathrm{m/s^2}$ 左右，小于 $0.0001g$，属于人体无感的加速度。碟形立放加速度变化幅度较大，最小值接近零，最大值接近 $4.5\times10^{-3}\mathrm{m/s^2}$，但仍然小于 $0.001g$。球形加速度波动范围介于碟形两种姿态之间，最大值不超过 $2\times10^{-3}\mathrm{m/s^2}$。

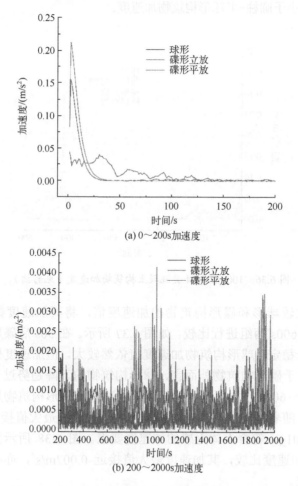

(a) 0~200s 加速度

(b) 200~2000s 加速度

图 6.35 $200\mathrm{m^3}$ 的 3 类混凝土构筑物加速度（见彩插）

综上所述，200m³ 的混凝土构筑物，球形和碟形均满足人体难以感觉的加速度要求，圆柱-半球形不适合作为构筑物的形状。

2）1000m³ 构筑物加速度结果分析

1000m³ 的 4 类混凝土构筑物 0～500s 加速度如图 6.36 所示，由图 6.36 中可以看出，依然是圆柱-半球形构筑物加速度明显大于球形和碟形构筑物，最大值接近 0.4m/s²，已属于人体有感的加速度值，因此，圆柱-半球形构筑物不适合作为构筑物的形状。在球形和碟形构筑物中，0～200s 范围内球形构筑物加速度值明显大于碟形构筑物，在 200～500s 范围内，球形和碟形构筑物加速度数值相当，远小于圆柱-半球形构筑物加速度。

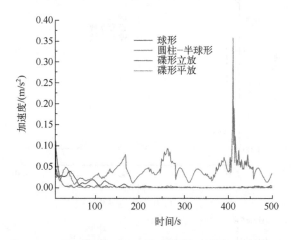

图 6.36　1000m³ 的 4 类混凝土构筑物加速度（见彩插）

为精确比较球形和碟形构筑物的加速度值，将其加速度数据分为 0～200s 和 200～600s 两组进行比较，如图 6.37 所示。在 50s 后碟形构筑物加速度值波动趋于稳定，球形构筑物加速度值依然较大，但加速度值一直是下降的趋势，相比于碟形构筑物外而言，球形构筑物的下降趋势过于缓慢，周期过长。由 200～600s 的加速度数据可以看出球形和碟形构筑物加速度都在小范围内波动，随着时间的延长球形构筑物波动增大，最大值接近 0.008m/s²，但仍小于 0.001g，符合人体无感的加速度要求。图 6.38 所示为碟形构筑物 600～2000s 加速度比较，其加速度最大值接近 0.007m/s²，亦符合人体无感的加速度要求。

第6章 典型深海土木工程结构

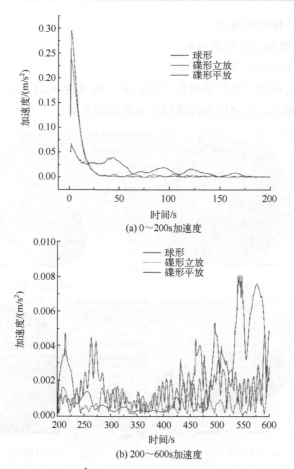

图6.37 1000m³ 的3类混凝土构筑物加速度（见彩插）

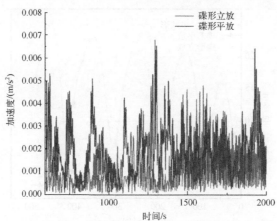

图6.38 1000m³ 碟形混凝土构筑物 600~2000s 加速度（见彩插）

317

6.5.3.2 位移结果分析

1. 钢材构筑物模拟结果分析

1) 200m³ 构筑物位移结果分析

构筑物的位移图以及位移时程曲线如图 6.39 和图 6.41 所示。图 6.39 中水流方向为从左到右,位移值为构筑物所走路径的长度。

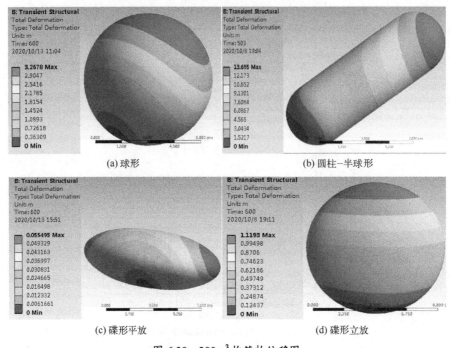

(a) 球形　　　　　　　　　　(b) 圆柱-半球形

(c) 碟形平放　　　　　　　　(d) 碟形立放

图 6.39　200m³ 构筑物位移图

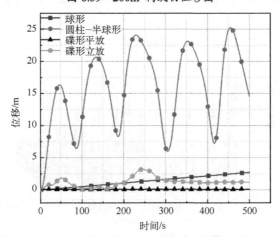

图 6.40　200m³ 构筑物最大位移时程曲线

第6章 典型深海土木工程结构

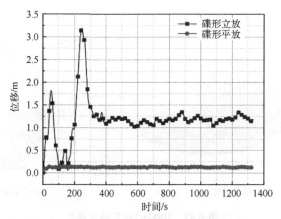

图 6.41　200m³ 碟形构筑物最大位移时程曲线

由图 6.39 可以看出，4 类构筑物在水流作用下都发生了不同方式的运动。球形和圆柱-半球形沿流速方向发生了偏移，碟形立放和平放围绕着支撑点发生了来回摆动。

由图 6.40 和图 6.41 可以看出，圆柱-半球形构筑物位移最剧烈，沿水流方向产生的最大顶端位移超过 20m，不适合作为构筑物的形状。球形以 $5.4×10^{-3}$m/s 的速度发生偏移，随着时间的延长位移在增大。碟形平放位移最小，最大位移值不足 0.2m，且位移曲线最为平稳。碟形立放时过程中也有明显的波峰，但到达稳态后变化范围都在 0.5m 以内，相对球形和圆柱-半球形受漩涡脱落影响较小。

因此，从位移角度出发，当构筑物体积为 200m³ 时，虽然碟形平放也会在小范围内产生位移波动，但其波动范围最小，位移最为平稳，因此，最适合作为构筑物的形状。

2）1000m³ 构筑物位移结果分析

如图 6.42～图 6.44 所示，当体积为 1000m³ 时，球形和圆柱-半球形的构筑物在流速作用下围绕着支撑点发生大幅度的位移，最大位移出现在顶部。而碟形构筑物，无论平放还是立放，运动较缓，围绕着支撑点发生一个来回的摆动。

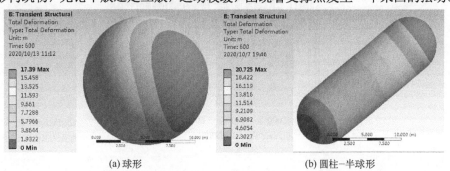

(a) 球形　　　　　　　　　　　　(b) 圆柱-半球形

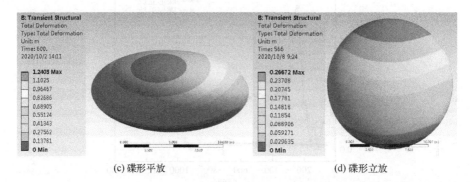

(c) 碟形平放　　　　　　　　(d) 碟形立放

图 6.42　1000m³ 构筑物位移图

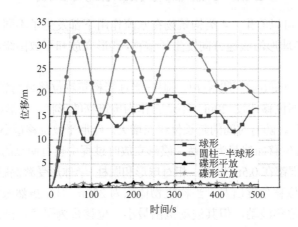

图 6.43　1000m³ 构筑物最大位移时程曲线

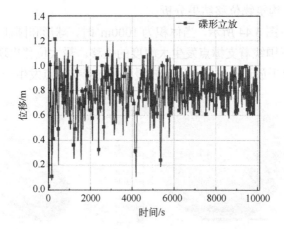

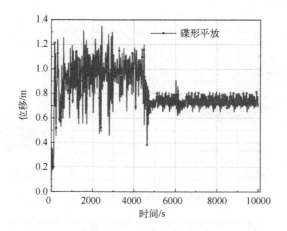

图 6.44　1000m³ 碟形构筑物最大位移时程曲线

综上所述，碟形构筑物更容易满足构筑物在流体环境中对位移的要求，且当体积较小时，碟形构筑物平放和立放各有优势，可根据具体使用功能选择合适的姿态。当体积达到 1000m³ 时，在流速作用下两种姿态的位移基本相同，则立放姿态摆动幅度相对较小，故体积较大时碟形构筑物更适合竖直摆放。

2. 混凝土构筑物模拟结果分析

1）200m³ 构筑物位移结果分析

混凝土构筑物的位移图以及位移时程曲线如图 6.45～图 6.47 所示。图 6.45 中水流方向为从左到右，位移值为构筑物所走路径的长度。

由图 6.45 可以看出，4 种姿态混凝土构筑物的位移方式与钢材构筑物的位移方式基本相同，球形和圆柱-半球形都是沿水流方向发生了偏移，碟形依然是围绕着支撑点摆动。4 种构筑物位移状态中明显圆柱-半球形构筑物倾斜角度较大，碟形位移幅度较小，但相比于钢材，4 种姿态的构筑物位移幅度都有所减小。

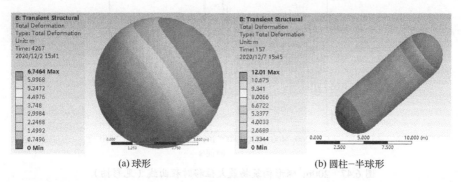

(a) 球形　　　　　　　　　　　(b) 圆柱-半球形

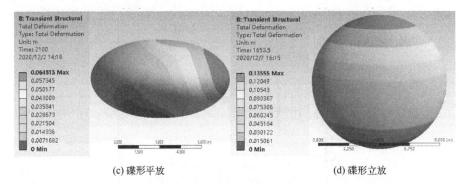

(c) 碟形平放　　　　　　　　(d) 碟形立放

图 6.45　200m³ 构筑物位移图

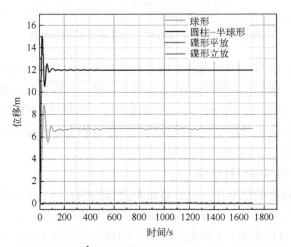

图 6.46　200m³ 构筑物最大位移时程曲线（见彩插）

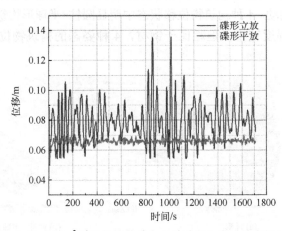

图 6.47　200m³ 碟形构筑物最大位移时程曲线（见彩插）

第6章 典型深海土木工程结构

由图 6.46 和图 6.47 可以看出，4 种构筑物都较快地达到了稳态，而且达到稳态后的状态都比较平稳，都是小范围的波动。但混凝土材料的构筑物当体积为 200m³ 时在设计工况下，仍然是碟形平放更适合受力，位移更小，更稳定。

2）1000m³ 构筑物位移结果分析

图 6.48～图 6.50 所示为 1000m³ 混凝土构筑物最大位移及其时程曲线，同钢材 1000m³ 构筑物位移特点类似，球形和圆柱-半球形的构筑物在流速作用下围绕着支撑点发生大幅度的位移，最大位移出现在顶部。而碟形构筑物，无论平放还是立放，运动较缓，围绕着支撑点发生一个来回的摆动。

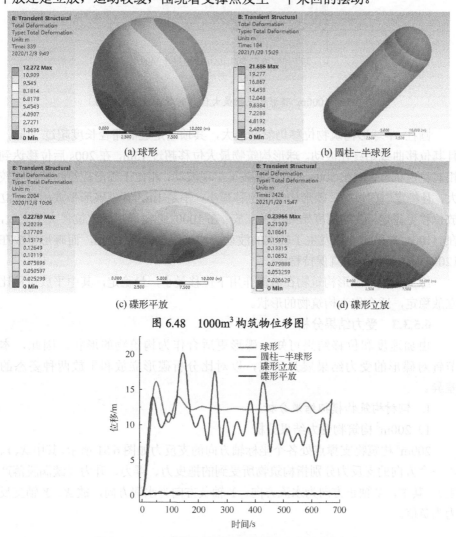

图 6.48　1000m³ 构筑物位移图

图 6.49　1000m³ 构筑物最大位移时程曲线（见彩插）

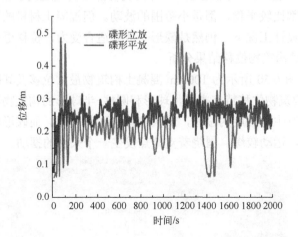

图 6.50　1000m³ 碟形构筑物最大位移时程曲线（见彩插）

圆柱-半球形构筑物位移仍然是最大，其顶端走过的路径长度超过 20m，且其位移曲线始终在波动。球形构筑物最大位移超过 15m，在 200s 后位移达到相对稳定状态，但在 500s 时位移曲线又出现波动，相比于碟形构筑物其位移较大，且稳定时间过短。碟形构筑物位移最小，不足 1m，其中碟形平放相对于立放位移更稳定，波动幅度始终小于立放。在 1000s 之前碟形平放位移大于立放，在 1100s 时碟形立放发生了较大的波动，波动幅度接近 0.5m，而碟形平放在 1200s 后位移曲线一直保持稳定。

综上所述，碟形构筑物在海流作用下位移最小，最稳定，其中平放位移比立放稳定，适合作为构筑物的形状。

6.5.3.3　受力结果分析

由加速度和位移结果可知，碟形更适合作为构筑物的形状。因此，本节针对碟形的受力结果展开研究，以对比分析碟形立放和平放两种姿态的差异。

1. 钢材构筑物模拟结果分析

1）200m³ 构筑物受力结果分析

200m³ 构筑物支撑点处各个坐标轴方向的支反力如图 6.51 所示，其中 X、Y、Z 三个方向的支反力分别指构筑物所受到的拖曳力、浮力、升力（漩涡脱落产生）。其中，X 轴正方向为水流方向，Y 轴负方向为水深方向，故 X、Y 轴支反力为负值。

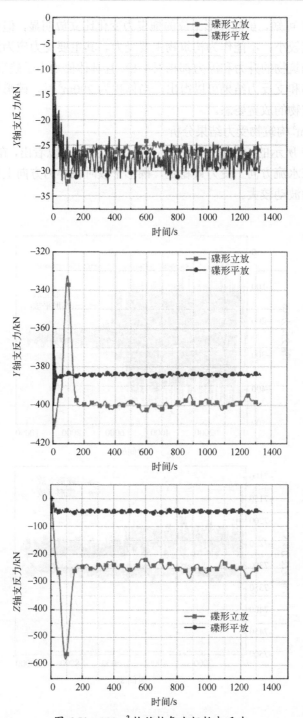

图 6.51 200m³ 构筑物各坐标轴支反力

由图 6.51 可知，虽然碟形平放的拖曳力变化比立放明显，但相对浮力和升力来说，其值较小，不能作为构筑物主要受力。其主要受力应为浮力和升力，而碟形平放构筑物的升力和浮力都相对平稳，且具体值均小于碟形立放时的值。因此，由位移和支反力结果可以得出，当体积为 200m³ 时，碟形平放比立放更适合作为构筑物的放置姿态。

2）1000m³ 构筑物受力结果分析

由图 6.52 所示的 1000m³ 构筑物各坐标轴支反力可以看出，在达到稳态后，碟形立放时在水流方向上受力最稳定，碟形平放时在浮力方向上受力最稳定，其他方向受力波动较大。

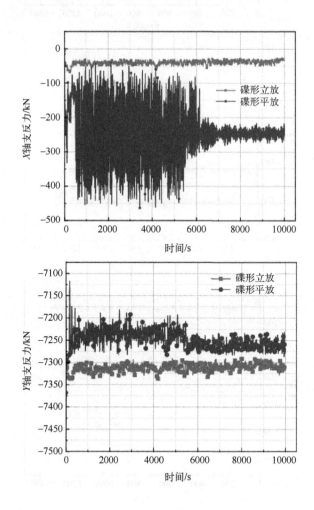

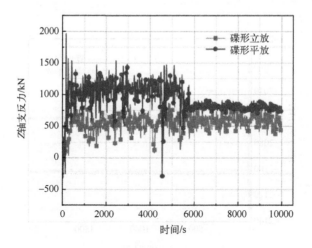

图 6.52　1000m³ 构筑物各坐标轴支反力

结合位移结果，可以得出结论，当体积在 1000m³ 的水平时，碟形立放大范围波动时间过长，碟形立放相对稳定，更适合作为构筑物的放置姿态。

2. 混凝土构筑物模拟结果分析

1）200m³ 构筑物受力结果分析

图 6.53 所示为 200m³ 混凝土碟形构筑物各坐标轴支反力结果，由图 6.53 中可以看出，碟形平放构筑物各个方向受力都比较稳定，碟形立放构筑物在 Z 轴方向上有超过 20kN 的支反力波动。

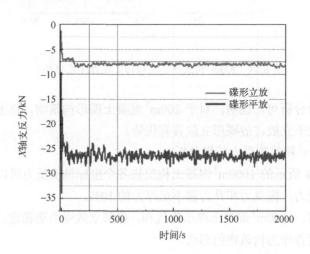

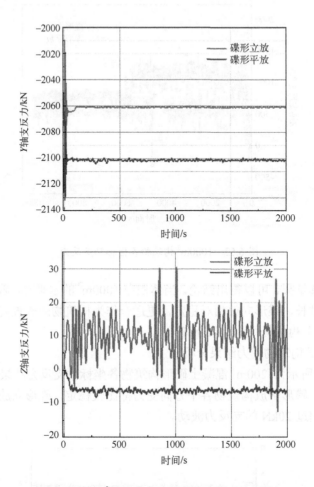

图 6.53　200m³ 构筑物各坐标轴支反力（见彩插）

通过受力分析可以说明，对于 200m³ 混凝土碟形构筑物，在主要受力浮力方向上平放大于立放，故碟形立放具有优势。

2）1000m³ 构筑物受力结果分析

由图 6.54 所示的 1000m³ 混凝土构筑物各个坐标轴支反力可以看出，浮力仍然是主要受力，拖曳力和升力都不足浮力的 10%。

综上所述，1000m³ 混凝土碟形构筑物，碟形立放受力更稳定，各个方向受力值更小，适合作为构筑物的形状。

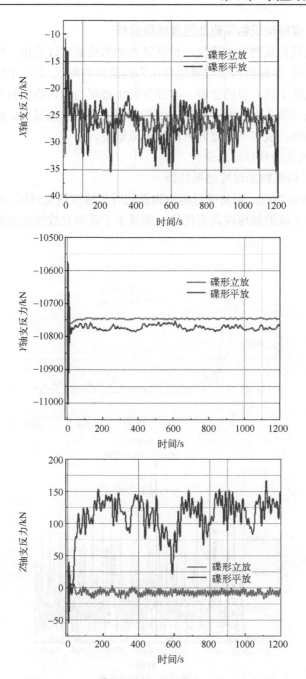

图 6.54 1000m³ 构筑物各坐标轴支反力（见彩插）

6.5.3.4 碟形构筑物满载加速度结果分析

由以上空载构筑物的加速度、位移等水动力结果可以看出，碟形构筑物相对于球形和圆柱-半球形构筑物更适合作为构筑物的形状，故本节针对碟形构筑物的满载工况做了进一步的分析。本部分初步指定当构筑物的自重达到其总浮力的 80% 时为满载工况，即预留出 20% 的净浮力作为安全储备。满载工况计算过程与空载相同，故本节直接分析数值模拟结果。

1. 钢材构筑物模拟结果分析

1）200m³ 构筑物加速度结果分析

图 6.55 所示 200m³ 钢材碟形构筑物满载时加速度结果对比，可见当构筑物满载时，碟形平放的加速度具有优势，明显小于碟形立放的加速度。

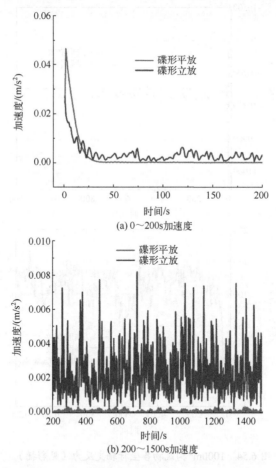

(a) 0～200s 加速度

(b) 200～1500s 加速度

图 6.55 200m³ 碟形钢材构筑物加速度（见彩插）

当碟形构筑物满载时，其加速度值均小于 0.001g，两种姿态均能满足一般的功能需求，其中碟形平放的加速度值明显小于碟形立放的加速度值，即碟形平放的构筑物姿态适应性更强。

2）1000m³ 构筑物加速度结果分析

1000m³ 碟形钢材构筑物满载时的加速度如图 6.56 所示，当构筑物体积为 1000m³ 的水平时，碟形平放的加速度值已超过碟形立放加速度值，其加速度稳定的优势已没有 200m³ 时那么明显。

由 0～200s 的加速度数据可以看出，在 40s 时碟形立放的加速度值已降低到一个相对稳定的水平上，在 120s 左右加速度值有小范围的波动，但其波动幅值也远小于 0.005m/s²。碟形平放的加速度值在 30s 左右开始周期性的波动，其波动幅值在 100～160s 明显增大，最大值超过 0.01m/s²，在 160s 后加速度波动范围又明显减小，但仍大于碟形立放的加速度值。

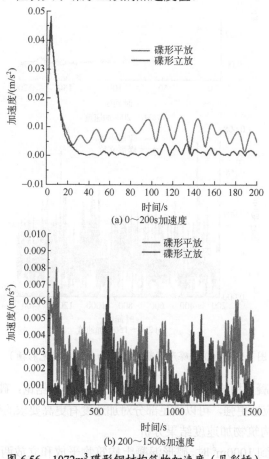

(a) 0～200s加速度

(b) 200～1500s加速度

图 6.56　1072m³ 碟形钢材构筑物加速度（见彩插）

由 200～1500s 的加速度数据可以看出,碟形平放和立放的加速度值都在波动,且最大值相近,都接近于 0.008m/s²,仍小于 0.001g,可以满足一般的功能需求。

2. 混凝土构筑物模拟结果分析

1) 200m³ 构筑物加速度结果分析

200m³ 碟形混凝土构筑物满载时加速度数据如图 6.57 所示,与 200m³ 碟形钢材构筑物满载时类似,碟形平放的加速度明显小于碟形立放的加速度,且波动幅度也小于碟形立放的加速度。

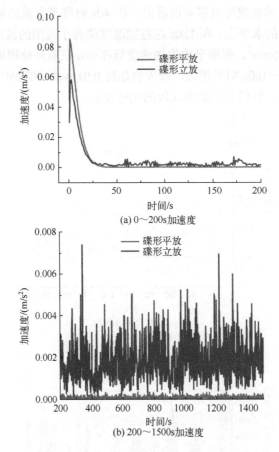

图 6.57　200m³ 碟形混凝土构筑物加速度(见彩插)

从 200m³ 混凝土构筑物满载的加速度数据可以得出结论:碟形平放较立放加速度值更小,适应性更强,可以满足部分对加速度有更高要求的仪器或功能需求。

2) 1000m³ 构筑物加速度结果分析

当体积增大到 1000m³ 时,碟形混凝土构筑物平放和立放两种姿态的加速度差别不如 200m³ 时那么明显，但碟形平放的加速度同样是相对稳定，加速度幅值也小于碟形立放的加速度值，如图 6.58 所示。

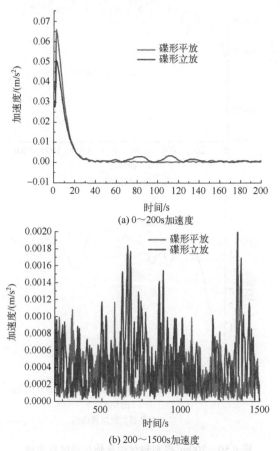

图 6.58　1072m³ 碟形混凝土构筑物加速度（见彩插）

综上可以得出结论，1000m³ 混凝土构筑物满载时加速度均小于 $0.001g$，且满载比空载的适应性更强，故在构筑物内部可适当增加自重，有助于构筑物的稳定。

6.5.3.5　碟形构筑物满载位移结果分析

碟形构筑物满载时运动方式与空载时相同，故本部分不在展示满载时碟形构筑物的位移图，通过位移时程曲线对碟形构筑物进行比较分析。

1. 钢材构筑物模拟结果分析

1）200m³ 构筑物位移结果分析

200m³ 碟形钢材构筑物平方时位移远小于立放时的位移，图 6.59 所示为两种姿态的碟形构筑物位移时程曲线。

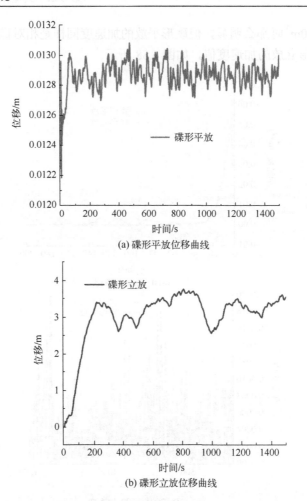

图 6.59　200m³ 碟形钢材构筑物位移时程曲线

由位移时程曲线可以看出,当 200m³ 碟形钢材构筑物满载时,碟形平放的位移不足碟形立放位移的 1%。相比空载时,碟形平放位移更小,但碟形立放位移有所增大。因此,在来流期间,当构筑物需要与外界协同工作时,碟形平放更适合作为构筑物的放置姿态。

2）1000m³ 构筑物位移结果分析

当钢材碟形构筑物体积为 1000m³ 时,立放的位移明显小于平放,但两者差距不如 200m³ 时明显,如图 6.60 所示。

由图 6.60 可以看出,碟形平放的位移有明显的周期变化的趋势,最大波动幅度为 0.2~0.9m,500s 后波动幅度稳定在 0.3~0.6m 范围内,其波动幅值相对于构筑物本身 10m 的尺度为小量,即碟形构筑物平方时,位移不足 1m 小构筑物本身尺度的 1/10,可以认为在满载时仍满足部分功能要求。

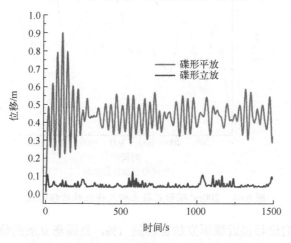

图 6.60 1000m³ 碟形钢材构筑物位移时程曲线

碟形立放时其位移也存在周期性波动,但幅值远小于碟形平放的波动幅值,最大值不超过 0.1m,说明碟形立放构筑物的位置在来流期间基本不发生变化,可以继续保持工作状态。相比于碟形平放,碟形立放满载工况在来流期间产生的位移更小,更适合作为构筑的形状。

2. 混凝土构筑物模拟结果分析

1) 200m³ 构筑物位移结果分析

同 200m³ 钢材碟形构筑物满载工况类似,当材料为混凝土时,200m³ 碟形构筑物满载时平放的位移远小于碟形立放的位移,如图 6.61 所示。

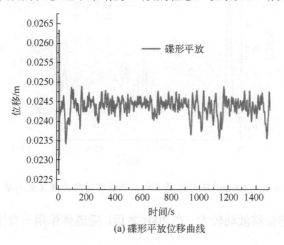

(a) 碟形平放位移曲线

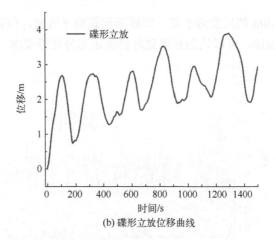

(b) 碟形立放位移曲线

图 6.61　200m³ 碟形混凝土构筑物位移时程曲线

碟形平放的位移接近碟形立放位移的 1%，且碟形立放的位移随着时间的延长在周期性的增大。与空载时情况类似，碟形平放时位移曲线相对平稳，且位移值小于碟形立放的位移值。故碟形平放比立放可以满足范围更广的功能需求，适应性更强。

2）1000m³ 构筑物位移结果分析

图 6.62 所示为 1000m³ 碟形混凝土构筑物位移时程曲线，碟形平放的位移曲线相对立放更平稳一些，且 150s 左右碟形平放的位移曲线已经达到平稳状态，在之后的时间里，位移曲线没有产生较大的波动，位移值始终小于 0.1m。

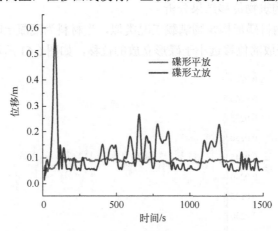

图 6.62　1000m³ 碟形混凝土构筑物位移时程曲线（见彩插）

碟形立放的位移波动较大，在 200s 之后，受流体作用一直围绕着支撑点波动,波动幅值接近0.3m,不如碟形平放稳定,但位移值在同一量级。因此,当构筑物满载时,碟形平放和立放两种姿态位移值相近,但碟形平放的构筑物位移更稳定,可靠性更高。

6.5.4 缆绳布置方式数值模拟分析

前文通过分析计算及借助 AQWA 和 FLUENT 软件得到了结构所受的水动力荷载,结构物主要受流载荷作用。在本部分中,200m 水深处的流速为 2m/s,通过结构所受到流载荷对系泊方案进行设计,先进行系泊材料的选用,然后基于 AQWA 软件研究 $200m^3$ 和 $1000m^3$ 碟形的布置方案,包括单根系泊和三根系泊(分为三根单点系泊和三根三点系泊),分析对比单根系泊和三根系泊各自的特点以及两者的区别,为后续系泊方案的选择提供参考,在海洋工程中主要使用重力锚和拖曳锚[67],鉴于篇幅原因本章关于锚的选用设计未做详细计算。

6.5.4.1 系泊材料研究

1. 锚链

锚链按照链环的不同分为有挡锚链和无挡锚链,相同规格下,有挡锚链的强度更高且变形量更小,锚链是由多组连环组成,连环之间可活动的空间较大,突然受外荷载作用时,锚链位能增加起到缓冲作用。锚链按照强度不同又可分为 AM1、AM2、AM3 三个等级,三者强度是依次增加,在锚链等级选择中,要考虑到系泊性能的影响,选用合适等级的锚链,合适的锚链尺寸和重量会使系泊性能良好[68]。

2. 合成纤维

合成纤维绳主要有尼龙、涤纶、聚丙烯。合成纤维绳的主要优点是重量轻且耐磨性能非常好,受到周期性荷载作用时,尼龙、涤纶耐久性都较好,聚丙烯的耐久性稍微差一些。在强度方面,相同直径的合成纤维强度要比钢丝绳小。

3. 钢丝绳

钢丝绳一般由若干根钢丝以及中间的芯线组合而成。根据芯线的类型,钢缆又可分为纤维芯钢缆与钢芯钢缆两类;股数则以 6 股、8 股和 24 股为主,通常股数越多,钢丝绳也越硬,其破断强度越好,但是制造成本以及重量也越大,在系泊系统施工过程中越不好操作。钢丝绳绝大多数是由碳钢制造而成,在海洋工程中使用时,常采用高强度钢制造。为提高钢丝绳的抗腐蚀能力,通常选用镀锌钢丝绳,在海洋平台上也会用到不锈钢及其他合金钢制成的钢丝绳来提高钢丝绳抗海水腐蚀能力[69]。

相比之下,锚链由多组连环组成,连环之间可活动的空间较大,是一种非常好的缓冲器,在悬链线状态时可储存一部分位能,在构筑物突然受到外部载荷时，锚链位能增加起到缓冲作用，而钢丝绳和合成纤维绳位能储存能力较弱，对构筑物缓冲能力较差，查阅资料表明，在承受动载荷作用时，钢丝绳在拉断情况下伸长率仅为1.5%～3%，而锚链拉断情况下伸长率为8%～14%。在达到相同强度要求的条件下，锚链的自重更大，但是相对于结构的净浮力而言，锚链自重所占的比例非常小，以单根系泊空载为例，锚链自重仅为结构的净浮力的5%左右，所以在系泊材料的选择上系泊的自重是次要因素。钢丝绳的抗磨损能力较差，易发生钢丝绳扭曲断裂，在海水腐蚀影响下容易发生疲劳性断裂，一旦钢丝绳断裂，钢丝绳就要全部更换，不能像锚链那样通过卸扣进行修复[70]。

6.5.4.2 单根系泊方案研究

在本节中借助 AQWA 软件来对系泊系统的布置方案进行初步设计，主要研究 $200m^3$ 和 $1000m^3$ 碟形采用单根系泊方案在空载、满载以及介于两者之间荷载工况下，算出在 2m/s 流速下，构筑物的 X 轴方向（水流方向）、Z 轴方向（水深方向）的位移、系泊张力和 RY 构筑物的倾斜角度的变化情况，最后针对上述结果做单点系泊布置方案的分析[71]。单根系泊建模如图6.63所示。

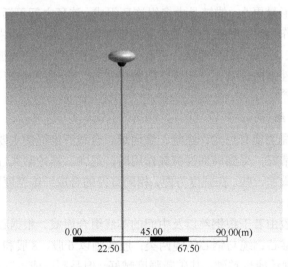

图 6.63　单根系泊建模

1. $200m^3$ 钢构筑物单根系泊方案研究

在 $200m^3$ 钢构筑物单根系泊方案中，表6.8所示为其荷载工况，表6.9所示为锚链布置坐标，同时根据最不利工况即荷载工况——构筑物空载，选取合适的锚链规格，表6.10所示为锚链规格参数[72]。

第6章 典型深海土木工程结构

表6.8 200m³钢构筑物荷载工况

编号	荷载工况	重量/t
一	空载	60
二	空载	80
三	空载	90
四	空载	100
五	空载	120
六	空载	140
七	满载	160

表6.9 锚链布置坐标

锚链编号	连接点坐标	固定点坐标	锚链长度/m
1	(0, 0, -202)	(0, 0, -500)	298

表6.10 锚链规格参数

锚链直径/mm	单位长度重量/(kg/m)	轴向刚度/N	破断强度/N
60	78	3.06×10^8	1.94×10^6

1) 初始状态

流速为0m/s,构筑物空载,构筑物处于水下200m,水深500m,锚链长298m,水域面积800m×800m时,结构模型在AQWA软件中分析结果如图6.63所示,图6.64所示为在单根系泊作用下,构筑物体在水流方向位移为0。图6.65所示为在单根系泊作用下,构筑物空载时在水深方向上的位移图;由图6.65可以看出,构筑物体在水深方向上由于构筑物所受的浮力远大于结构物和锚链的自重,所以构筑物往上部移动,最后在-199m~-198.28m之间波动,波动幅值为0.72m。

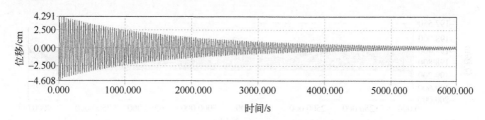

图6.64 空载X轴方向位移

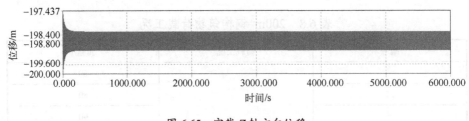

图 6.65 空载 Z 轴方向位移

2）构筑物空载

当流速 2m/s，构筑物处于水下 200m，水深 500m，锚链长 298m，水域面积 800m×800m 时，结构模型在 AQWA 软件中分析结果如下：

图 6.66 所示为在单根系泊作用下，构筑物空载时在水流方向上的位移图；由图 6.66 可以看出，构筑物体在水流作用下由于受到流力的作用离原点越漂越远，最后在 4.9～6m 之间波动，波动幅值为 1.1m。图 6.67 所示为在单根系泊作用下，构筑物空载时在水深方向上的位移图；由图 6.67 可以看出，构筑物体在水深方向上在-199.1～-198.4m 之间波动，波动幅值为 0.7m。图 6.68 所示为在单根系泊作用下，构筑物空载时绕 Y 轴的转角图；由图 6.68 可以看出，构筑物体一直绕 Y 轴来回转动，转动角度是 1°～-1°。图 6.69 所示为在单根系泊作用下，构筑物空载时系泊张力图；由图 6.69 可以看出锚链最小张力 $1.2×10^6$N，最大张力 $1.85×10^6$N，小于破断负荷 $1.94×10^6$N，故锚链处于安全状态，没有破坏。

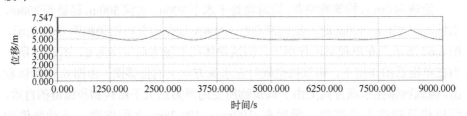

图 6.66 X 轴方向位移

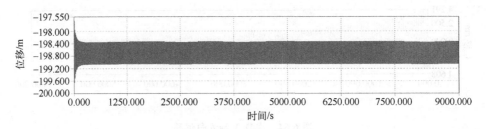

图 6.67 Z 轴方向位移

第6章 典型深海土木工程结构

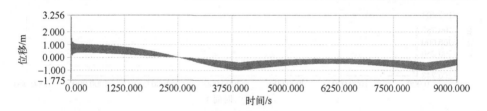

图 6.68 绕 Y 轴转角

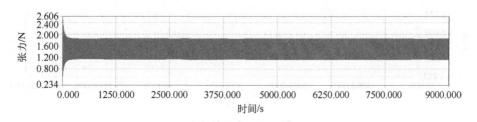

图 6.69 锚链张力

3）构筑物满载

当流速 2m/s，构筑物处于水下 200m，水深 500m，锚链长 298m，水域面积 800m×800m 时，结构模型在 AQWA 软件中分析结果如下：

图 6.70 所示为在单根系泊作用下，构筑物满载时在水流方向上的位移图；由图 6.70 可以看出，构筑物体在水流作用下由于受到流力的作用离原点越漂越远，最后在 17.2~21.2m 之间波动，波动幅值为 4m。图 6.71 所示为在单根系泊作用下，构筑物满载时在水深方向上的位移图；由图 6.71 可以看出，构筑物体在水深方向上在-200.4~-200.2m 之间波动，波动幅值为 0.2m。图 6.72 所示为在单根系泊作用下，构筑物满载时绕 Y 轴的转角图；由图 6.72 可以看出，构筑物体一直绕 Y 轴来回转动，转动角度是 $-2°$~$2.5°$。图 6.73 所示为在单根系泊作用下，构筑物满载时系泊张力图；由图 6.73 可以看出，锚链最大张力 $5.065×10^5$N，小于破断负荷 $1.94×10^6$N，故锚链处于安全状态，没有破坏。

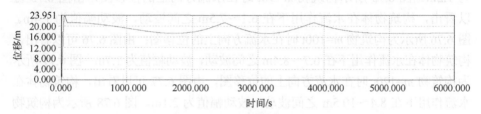

图 6.70 X 轴方向位移

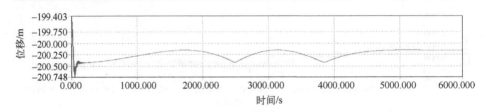

图 6.71 Z 轴方向位移

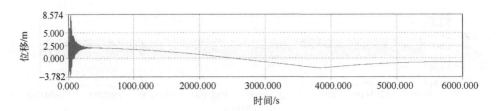

图 6.72 绕 Y 轴转角

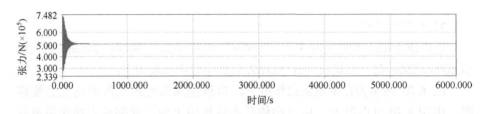

图 6.73 锚链张力

4）构筑物介于空载和满载之间

当流速 2m/s，构筑物处于水下 200m，水深 500m，锚链长 298m，水域面积 800m×800m 时，结构模型在 AQWA 软件中，依次计算构筑物 m=80t、90t、100t、120t、140t 时，构筑物在水流方向上的位移，计算结果如下：

图 6.74 所示为在单根系泊作用下，构筑物 m=80t 时在水流方向上的位移图；由图 6.74 可以看出，构筑物体在水流作用下在 5.6~6.8m 之间波动，波动幅值为 1.2m。图 6.75 所示构筑物 m=90t 时在水流方向上的位移图，由图 6.75 可以看出，构筑物体在水流作用下在 6.1~7.5m 之间波动，波动幅值为 1.4m。图 6.76 所示为构筑物 m=100t 时在水流方向上的位移图；由图 6.76 可以看出，构筑物体在水流作用下在 6.7~8.4m 之间波动，波动幅值为 1.7m。图 6.77 所示为构筑物 m=120t 时在水流方向上的位移图，由图 6.77 可以看出，构筑物体在水流作用下在 8.4~10.5m 之间波动，波动幅值为 2.1m。图 6.78 所示为构筑物 m=140t 时在水流方向上的位移图，由图 6.78 可以看出，构筑物体在水流作用下在 11.3~13.9m 之间波动，波动幅值为 2.6m。

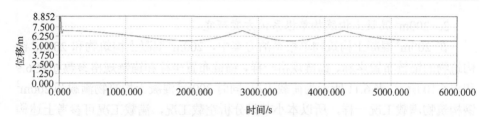

图 6.74　m=80t X 轴方向位移

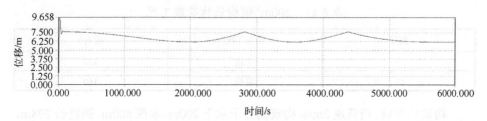

图 6.75　m=90t X 轴方向位移

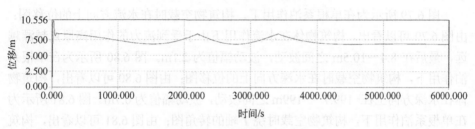

图 6.76　m=100t X 轴方向位移

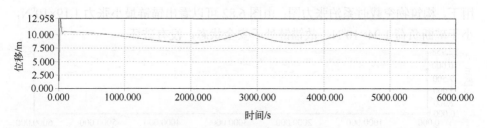

图 6.77　m=120t X 轴方向位移

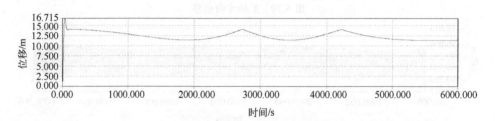

图 6.78　m=140t X 轴方向位移

2. 200m³ 混凝土构筑物单根系泊方案研究

在 200m³ 混凝土构筑物单根系泊方案中,200m³ 混凝土构筑物和 200m³ 钢构筑物的锚链布置坐标、锚链规格一样,锚链布置坐标和锚链规格参数如表 6.9 和表 6.10 所示,表 6.11 所示为荷载工况,同时 200m³ 混凝土构筑物满载和 200m³ 钢构筑物满载工况一样,所以本小节只分析空载工况,满载工况可参考上述构筑物满载分析结果。

表 6.11 200m³ 钢构筑物荷载工况

编号	荷载工况	质量/t
一	空载	120
二	满载	160

构筑物空载:当流速 2m/s,构筑物处于水下 200m,水深 500m,锚链长 298m,水域面积 800m×800m 时,结构模型在 AQWA 软件中分析结果如下:

图 6.79 所示为在单根系泊作用下,构筑物空载时在水流方向上的位移图;由图 6.79 可以看出,构筑物体在水流作用下由于受到流力的作用离原点越漂越远,最后在 8.4~10.5m 之间波动,波动幅值为 2.1m。图 6.80 所示为在单根系泊作用下,构筑物空载时在水深方向上的位移图;由图 6.80 可以看出,构筑物体在水深方向上在 -199.7~-199m 之间波动,波动幅值为 0.7m。图 6.81 所示为在单根系泊作用下,构筑物空载时绕 Y 轴的转角图;由图 6.81 可以看出,构筑物体一直绕 Y 轴来回转动,转动角度是 1°~-1°。图 6.82 所示为在单根系泊作用下,构筑物空载时系泊张力图;由图 6.82 可以看出锚链最小张力 1.19×10^6N,小于破断负荷 1.94×10^6N,故锚链处于安全状态,没有破坏。

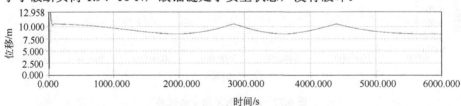

图 6.79 X 轴方向位移

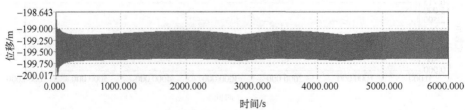

图 6.80 Z 轴方向位移

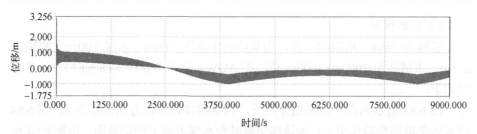

图 6.81　绕 Y 轴转角

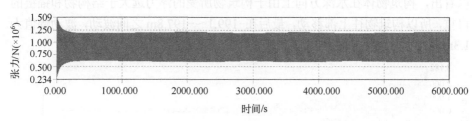

图 6.82　锚链张力

3. 1000m³ 钢构筑物单根系泊方案研究

在 1000m³ 钢构筑物单根系泊方案中，表 6.12 所示为其荷载工况，表 6.13 所示为锚链布置坐标，同时根据最不利工况即荷载工况——构筑物空载，选取合适的锚链规格，表 6.14 所示为锚链规格参数。

表 6.12　1000m³ 荷载工况

编号	荷载工况	重量/t
一		320
二		370
三	空载	450
四		550
五		590
六	满载	970

表 6.13　锚链布置坐标

锚链编号	连接点坐标	固定点坐标	锚链长度/m
1	(0, 0, −204)	(0, 0, −500)	296

表 6.14　锚链规格参数

锚链直径/mm	单位长度重量/(kg/m)	轴向刚度/N	破断强度/N
127	365	1.38×10^9	1.071×10^7

345

1）初始状态

流速为 0m/s，构筑物空载，构筑物处于水下 200m，水深 500m，锚链长 298m，水域面积 1000m×1000m 时，在 AQWA 软件中建模（图 6.63），计算结果如下：

图 6.83 所示为在单根系泊作用下，构筑物体在水流方向位移为 0。图 6.84 所示为在单根系泊作用下，构筑物空载时在水深方向上的位移图；由图 6.84 可以看出，构筑物体在水深方向上由于构筑物所受的浮力远大于结构物和锚链的自重，所以构筑物往上部移动，最后在-199.1～-197.8m 之间波动，波动幅值为 1.3m。

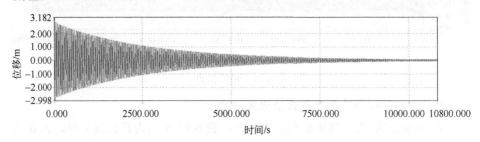

图 6.83 空载 X 轴方向位移

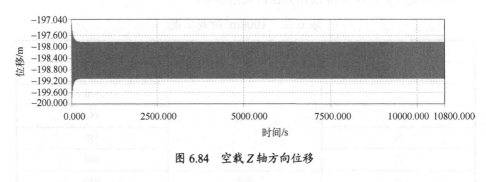

图 6.84 空载 Z 轴方向位移

2）构筑物空载

当流速 2m/s，构筑物处于水下 200m，水深 500m，锚链长 298m，水域面积 800m×800m 时，结构模型在 AQWA 软件中分析结果如下：

图 6.85 所示为在单根系泊作用下，构筑物空载时在水流方向上的位移图；由图 6.85 可以看出，构筑物体在水流作用下由于受到流力的作用离原点越漂越远，最后在 2.64～2.72m 之间波动，波动幅值为 0.08m。图 6.86 所示为在单根系泊作用下，构筑物空载时在水深方向上的位移图；由图 6.86 可以看出，构筑物体在水深方向上由于构筑物所受的浮力远大于结构物和锚链的自重，所以构

筑物往上部移动，最后在-199.1～-197.8m之间波动，波动幅值为1.3m。图6.87所示为在单根系泊作用下，构筑物空载时绕 Y 轴的转角图；由图6.87可以看出，构筑物体一直绕 Y 轴来回转动，转动角度是 0.22°～0.45°。图6.88所示为在单根系泊作用下，构筑物空载时系泊张力图；由图6.88可以看出锚链最小张力 $4.6×10^6$N，最大张力 $1.04×10^7$N，小于破断负荷 $1.071×10^7$N，故锚链处于安全状态，没有破坏。

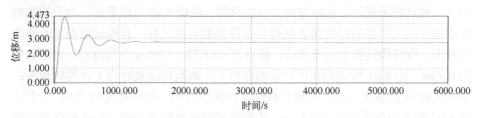

图 6.85 X 轴方向位移

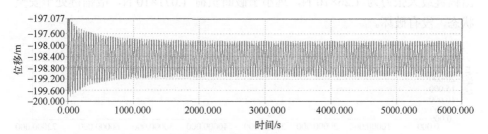

图 6.86 Z 轴方向位移

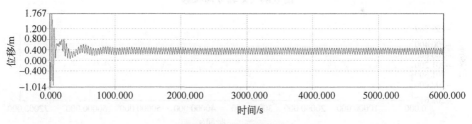

图 6.87 绕 Y 轴转角

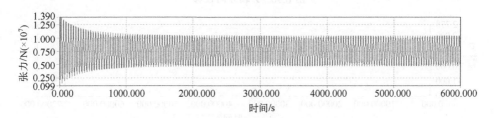

图 6.88 锚链张力

3）构筑物满载

当流速 2m/s，构筑物处于水下 200m，水深 500m，锚链长 298m，水域面积 800m×800m 时，结构模型在 AQWA 软件中分析结果如下：

图 6.89 所示为在单根系泊作用下，构筑物满载时在水流方向上的位移图；由图 6.89 可以看出，构筑物体在水流作用下由于受到流力的作用离原点越来越远，最后在 24～30m 之间波动，波动幅值为 6m。图 6.90 所示为在单根系泊作用下，构筑物满载时在水深方向上的位移图；由图 6.90 可以看出，由于构筑物在水深方向上所受的浮力接近结构物和锚链的自重之和，且构筑物沿水流方向位移大，所以构筑物会向下移动，最后在-201.73～-201m 之间波动，波动幅值为 0.73m。图 6.91 所示为在单根系泊作用下，构筑物满载时绕 Y 轴的转角图；由图 6.91 可以看出，构筑物体一直绕 Y 轴来回转动，转动角度是-2.01°～2°。图 6.92 所示为在单根系泊作用下，构筑物满载时系泊张力图；由图 6.92 可以看出锚链最大张力为 $1.26×10^6$N，远小于破断负荷 $1.071×10^7$N，故锚链处于安全状态，没有破坏。

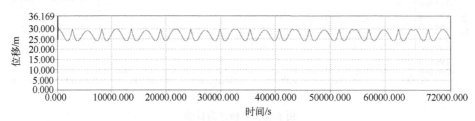

图 6.89 X 轴方向位移

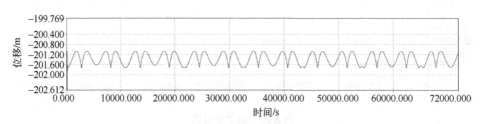

图 6.90 Z 轴方向位移

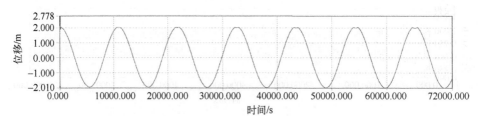

图 6.91 绕 Y 轴转角

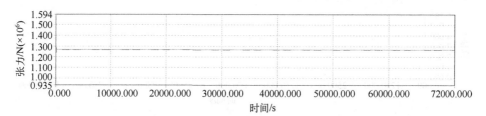

图 6.92　锚链张力

4）构筑物介于空载和满载之间

当流速 2m/s，构筑物处于水下 200m，水深 500m，锚链长 298m，水域面积 800m×800m 时，结构模型在 AQWA 软件中依次计算构筑物 m=370t、450t、550t、590t 时，构筑物在水流方向上的位移，计算结果如下：

图 6.93 所示为在单根系泊作用下，构筑物 m=370t 时在水流方向上的位移图；由图 6.93 可以看出，构筑物体在水流作用下在 2.8～2.94m 之间波动，波动幅值为 0.14m。图 6.94 所示为构筑物 m=450t 时在水流方向上的位移图，由图 6.94 可以看出，构筑物体在水流作用下在 3～3.26m 之间波动，波动幅值为 0.26m。图 6.95 所示为构筑物 m=550t 时在水流方向上的位移图，由图 6.95 可以看出，构筑物体在水流作用下在 3.5～4m 之间波动，波动幅值为 0.5m。图 6.96 所示为构筑物 m=590t 时在水流方向上的位移图，由图 6.96 可以看出，构筑物体在水流作用下在 3.6～4.2m 之间波动，波动幅值为 0.6m。

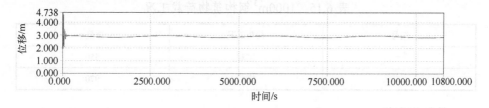

图 6.93　m=370t 时 X 轴方向位移

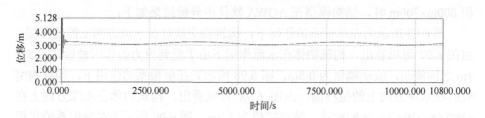

图 6.94　m=450t 时 X 轴方向位移

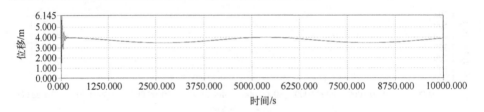

图 6.95　$m=550$t X 轴方向位移

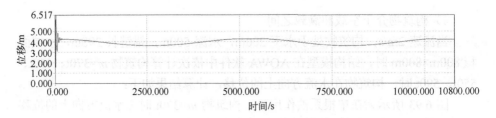

图 6.96　$m=590$t X 轴方向位移

4. 1000m³ 混凝土构筑物单根系泊方案研究

在 1000m³ 混凝土构筑物单根系泊方案中，1000m³ 混凝土构筑物和 1000m³ 钢构筑物的锚链布置坐标、锚链规格一样，锚链布置坐标和锚链规格参数如表 6.13 和表 6.14 所示，表 6.15 所示为荷载工况，同时 1000m³ 混凝土构筑物满载和 1000m³ 钢构筑物满载工况一样，所以本小节不做重复分析。

表 6.15　1000m³ 钢构筑物荷载工况

编号	荷载工况	重量/t
一	空载	550
二	满载	970

构筑物空载：

当流速 2m/s，构筑物处于水下 200m，水深 500m，锚链长 298m，水域面积 800m×800m 时，结构模型在 AQWA 软件中分析结果如下：

图 6.97 所示为在单根系泊作用下，构筑物空载时在水流方向上的位移图；由图 6.97 可以看出，构筑物体在水流作用下由于受到流力的作用最后在 3.5～4m 之间波动，波动幅值为 0.5m。图 6.98 所示为在单根系泊作用下，构筑物空载时在水深方向上的位移图；由图 6.98 可以看出，构筑物体在水深方向上在 -199.6～-198.4m 之间波动，波动幅值为 1.2m。图 6.99 所示为在单根系泊作用下，构筑物空载时绕 Y 轴的转角图；由图 6.99 可以看出，构筑物体一直绕 Y 轴转动，转动角度是 0.2°～0.7°。图 6.100 所示为在单根系泊作用下，构筑物空

载时系泊张力图；由图 6.100 可以看出，锚链最大张力 8.42×10^6 N，小于破断负荷 1.071×10^7 N，故锚链处于安全状态，没有破坏。

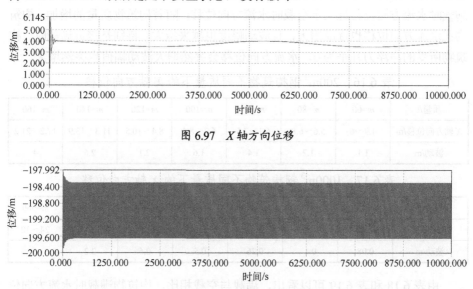

图 6.97 X 轴方向位移

图 6.98 Z 轴方向位移

图 6.99 绕 Y 轴转角

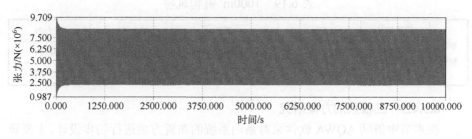

图 6.100 锚链张力

5. 单根系泊方案研究分析

由表 6.16 和表 6.17 可以看出，200m³ 钢构筑物和 1000m³ 钢构筑物的单根系泊规律一致：满载与空载相比，空载时构筑物所受的浮力远大于结构物和锚链的自重，而满载时构筑物所受的浮力接近结构物和锚链的自重之和，故构筑物满载时水流方向位移远大于空载时水流方向位移；随着构筑物质量的增加，构筑物在水流方向位移也逐渐增大，且波动幅度也越来越大，特别是接近满载时，构筑物所受的净浮力几乎为0，水流方向位移会突然增大波动幅值也突然增大。

表6.16 200m³钢构筑物不同质量下的X轴方向位移

质量/t	m=60	m=80	m=90	m=100	m=120	m=140	m=160
X轴方向位移/m	4.9~6	5.6~6.8	6.1~7.5	6.7~8.4	8.4~10.5	11.3~13.9	17.2~21.2
波动/m	1.1	1.2	1.4	1.6	2.1	2.6	4

表6.17 1000m³钢构筑物不同质量下的X轴方向位移

质量/t	m=320	m=370	m=450	m=550	m=590	m=850	m=960
X位移/m	2.64~2.72	2.8~2.9	3~3.26	3.5~4	3.6~4.2	8.5~10.7	24~30
波动/m	0.08	0.1	0.26	0.5	0.6	2.2	6

由表6.18和表6.19可以看出，满载与空载相比，构筑物满载时水流方向位移远大于空载时水流方向位移，且满载时水流方向位移波动幅度较大，在水深方向上，满载时构筑物处于-201m左右，空载时处于-198m左右，满载比空载转动角度（RY）要大，构筑物空载时所受的系泊张力远大于满载时所受的系泊张力。

表6.18 200m³钢构筑物

单根锚链	荷载工况	X/m	Z/m	RY/(°)	最大张力/N
	空载	5.45±0.55	-198.75±0.35	±1	1.85×10⁶
	满载	19.2±2	-201.3±0.1	0.5±2	5.065×10⁵

表6.19 1000m³钢构筑物

单根锚链	荷载工况	X/m	Z/m	RY/(°)	张力/N
	空载	2.68±0.04	-198.4±0.65	0.34±0.11	1.04×10⁷
	满载	27.0±2.95	-201.36±0.36	±2	1.26×10⁶

6.5.4.3 三根系泊方案研究

在本节中借助AQWA软件来对系泊系统的布置方案进行初步设计，主要研究200m³和1000m³碟形采用三根系泊（三根系泊分为单点系泊和三点系泊两种系泊工况，表6.20），在空载和满载两种荷载工况下，算出构筑物的X轴方向（水流方向）、Z轴方向（水深方向）的位移、系泊张力和RY构筑物的倾斜角度的变化情况,最后针对上述结果做系泊布置方案的分析。

表 6.20 系泊工况

编号	系泊工况
一	单点系泊
二	三点系泊

1. 200m³ 钢构筑物三根系泊方案研究

在三根系泊方案中荷载工况分为空载和满载,系泊工况分为单点系泊和三点系泊两种工况,来流工况一如图 6.101 所示,来流工况二如图 6.102 所示,同时根据最不利荷载工况即荷载工况——构筑物空载,选取合适的锚链规格,表 6.21 所示为锚链规格参数。

表 6.21 锚链规格参数

锚链直径/mm	单位长度重量/(kg/m)	轴向刚度/N	破断强度/N
38	31	1.2×10^8	8.12×10^5

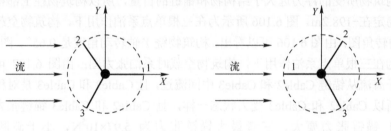

图 6.101 来流工况一　　　图 6.102 来流工况二

1) 来流工况一

采用三根锚链,每根锚链夹角为 120°,海流从两根锚链中间流过,来流工况一如图 6.101 所示。

(1) 单点系泊工况。三根锚链全部连在结构上的一点,表 6.22 所示为单点锚链布置坐标,单点系泊方案建模如图 6.103 所示。

表 6.22 单点锚链布置坐标

锚链编号	连接点坐标	固定点坐标	锚链长度/m
1	(0, 0, −202)	(200, 0, −500)	359
2	(0, 0, −202)	(−100, 173.2, −500)	359
3	(0, 0, −202)	(−100, −173.2, −500)	359

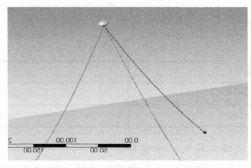

图 6.103 单点系泊方案建模

① 构筑物空载。当流速 2m/s，构筑物处于水下 200m，水深 500m，锚链长 359m，水域面积 800m×800m 时，结构模型在 AQWA 软件中分析结果如下：

图 6.104 所示为在三根单点系泊作用下，构筑物空载时在水流方向上的位移图；由图 6.104 可以看出，构筑物体在水流作用下由于受到流力的作用最初出现波动，最后稳定在 0.22m。图 6.105 所示为在三根单点系泊作用下，构筑物空载时在水深方向上的位移图；由图 6.105 可以看出，构筑物体在水深方向上由于构筑物所受的浮力远大于结构物和锚链的自重，所以构筑物往上部移动，最后稳定在-198.2m。图 6.106 所示为在三根单点系泊作用下，构筑物空载时绕 Y 轴的转角图；由图 6.106 可以看出，构筑物绕 Y 轴转动角度是 0.65°。图 6.107 所示为在三根单点系泊作用下，构筑物空载时系泊张力图；由图 6.107 可以看出由于海流从锚链 Cable2 和 Cable3 中间流过，且 Cable2 和 Cable3 是对称布置的，所以 Cable2 和 Cable3 受力状态一样，且 Cable2 和 Cable3 锚链张力都比 Cable1 锚链张力要大，三者最大锚链张力为 5.97×10^5N，小于破断负荷 8.12×10^5N，故锚链处于安全状态，没有破坏。

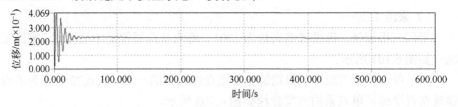

图 6.104 X 轴方向位移

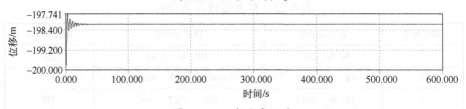

图 6.105 Z 轴方向位移

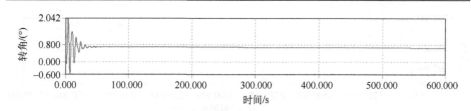

图 6.106 绕 Y 轴转角

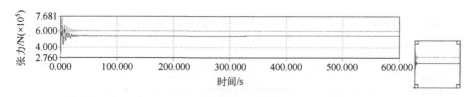

图 6.107 锚链张力

② 构筑物满载。当流速 2m/s,构筑物处于水下 200m,水深 500m,锚链长 359m,水域面积 800m×800m 时,结构模型在 AQWA 软件中分析结果如下:

图 6.108 所示为在三根单点系泊作用下,构筑物满载时在水流方向上的位移图;由图 6.108 可以看出,构筑物体在水流作用下由于受到流力的作用离原点越来越远,最后在 2.2~2.9m 之间波动,波动幅值为 0.7m。图 6.109 所示为在三根单点系泊作用下,构筑物满载时在水深方向上的位移图;由图 6.109 可以看出,由于构筑物在水深方向上所受的浮力接近结构物和锚链的自重之和,且构筑物沿水流方向位移大,所以构筑物会向下移动,最后在-203.2~-203m 之间波动,波动幅值为 0.2m。图 6.110 所示为在三根单点系泊作用下,构筑物满载时绕 Y 轴的转角图;由图 6.110 可以看出,构筑物一直绕 Y 轴来回转动,转动角度是-2°~2°。图 6.111 所示为在三根单点系泊作用下,构筑物满载时系泊张力图;由图 6.111 可以看出由于海流从锚链 Cable2 和 Cable3 中间流过,且 Cable2 和 Cable3 是对称布置的,所以 Cable2 和 Cable3 受力状态一样,且 Cable2 和 Cable3 锚链张力都比 Cable1 锚链张力要大,三者最大锚链张力为 $2.03×10^5$N,远小于破断负荷 $8.12×10^5$N,故锚链处于安全状态,没有破坏。

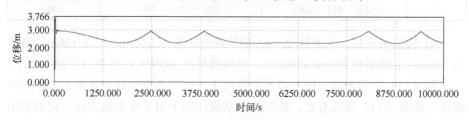

图 6.108 满载时 X 轴方向位移

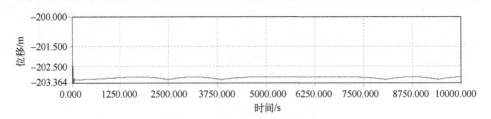

图 6.109 满载时 Z 轴方向位移

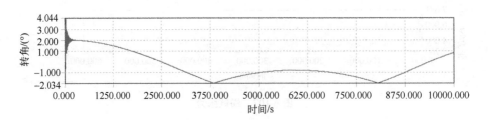

图 6.110 满载时绕 Y 轴转角

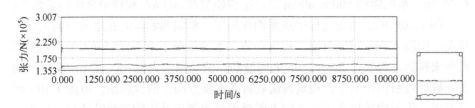

图 6.111 满载时锚链张力

（2）三点系泊工况。三根锚链连在结构上的三点，表 6.23 所示为三点锚链布置坐标，三点系泊方案建模如图 6.112 所示。

表 6.23 三点锚链布置坐标

编号	连接点坐标	固定点坐标	锚链长度/m
1	（5，0，-200）	（200，0，-500）	358
2	（-2.5，4.33，-200）	（-100，173.2，-500）	358
3	（-2.5，-4.33，-200）	（-100，-173.2，-500）	358

① 构筑物空载。当流速 2m/s，构筑物处于水下 200m，水深 500m，锚链长 358m，水域面积 800m×800m 时，结构模型在 AQWA 软件中分析结果如下：

图 6.113 所示为在三根三点系泊作用下，构筑物空载时在水流方向上的位移图；由图 6.113 可以看出，构筑物在水流作用下由于受到流力的作用最初出现波动，最后稳定在 1.13m；构筑物在水深方向上由于构筑物所受的浮力远大

于结构物和锚链的自重,所以构筑物往上部移动,最后稳定在-198.1m;构筑物空载时绕 Y 轴转动角度是-6.9°。图 6.114 所示为在三根三点系泊作用下,构筑物空载时系泊张力图;由图 6.114 可以看出,由于海流从锚链 Cable2 和 Cable3 中间流过,且 Cable2 和 Cable3 是对称布置的,所以 Cable2 和 Cable3 受力状态一样,且 Cable2 和 Cable3 锚链张力都比 Cable1 锚链张力要大,三者最大锚链张力为 $5.9×10^5$N,小于破断负荷 $8.12×10^5$N,故锚链处于安全状态,没有破坏。

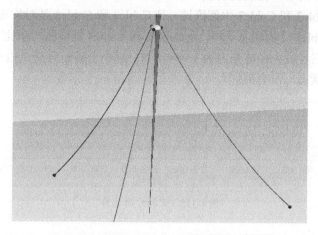

图 6.112　三点系泊方案建模

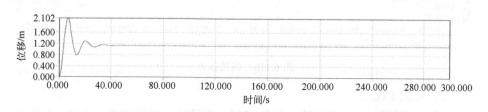

图 6.113　X 轴方向位移

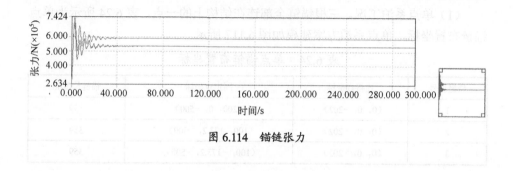

图 6.114　锚链张力

② 构筑物满载。当流速 2m/s，构筑物处于水下 200m，水深 500m，锚链长 357m，水域面积 800m×800m 时，结构模型在 AQWA 软件中分析结果如下：

图 6.115 所示为在三根三点系泊作用下，构筑物满载时在水流方向上的位移图；由图 6.115 可以看出，构筑物在水流作用下由于受到流力的作用最初出现波动，最后稳定在 11.3m；构筑物满载时在水深方向上，会向下移动，最后稳定在-205m；构筑物满载时绕 Y 轴转动角度是 36.37°。图 6.116 所示为在三根三点系泊作用下，构筑物满载时系泊张力图；由图 6.116 可以看出，由于海流从锚链 Cable2 和 Cable3 中间流过，且 Cable2 和 Cable3 是对称布置的，所以 Cable2 和 Cable3 受力状态一样，且 Cable2 和 Cable3 锚链张力都比 Cable1 锚链张力要大，三者最大锚链张力为 $1.98×10^5$N，远小于破断负荷 $8.12×10^5$N，故锚链处于安全状态，没有破坏。

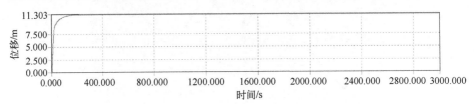

图 6.115　X 轴方向位移

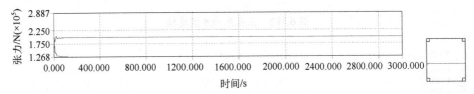

图 6.116　锚链张力

2）来流工况二

采用三根锚链，每根锚链夹角为 120°，海流从一根锚链方向流过，来流工况二如图 6.102 所示。

（1）单点系泊工况。三根锚链全部连在结构上的一点，表 6.24 所示为单点锚链布置坐标，单点系泊方案建模如图 6.117 所示。

表 6.24　单点锚链布置坐标

锚链编号	连接点坐标	固定点坐标	锚链长度/m
1	(0, 0, -202)	(-200, 0, -500)	359
2	(0, 0, -202)	(100, 173.2, -500)	359
3	(0, 0, -202)	(100, -173.2, -500)	359

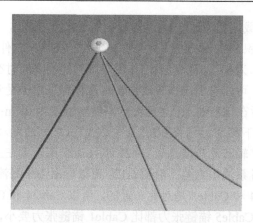

图 6.117　单点系泊方案建模

① 构筑物空载。当流速 2m/s，构筑物处于水下 200m，水深 500m，锚链长 357m，水域面积 800m×800m 时，结构模型在 AQWA 软件中分析结果如下：

图 6.118 所示为在三根单点系泊作用下，构筑物空载时在水流方向上的位移图；由图 6.118 可以看出，构筑物在水流作用下由于受到流力的作用最初出现波动，最后稳定在 0.22m；构筑物空载时在水深方向上，最后稳定在-198.2m；构筑物空载时绕 Y 轴的转动角度为 0.65°。图 6.119 所示为在三根单点系泊作用下，构筑物空载时系泊张力图；由图 6.119 可以看出，由于海流从锚链 Cable1 方向流来，且 Cable2 和 Cable3 是对称布置的，所以 Cable2 和 Cable3 受力状态一样，且 Cable2 和 Cable3 锚链张力都比 Cable1 锚链张力要小，三者最大锚链张力为 $6.16×10^5$N，小于破断负荷 $8.12×10^5$N，故锚链处于安全状态，没有破坏。

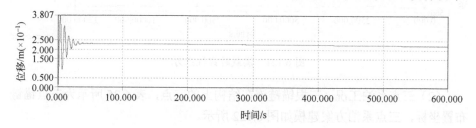

图 6.118　空载时 X 轴方向位移

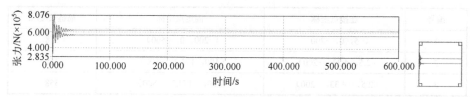

图 6.119　空载时锚链张力

② 构筑物满载。当流速 2m/s，构筑物处于水下 200m，水深 500m，锚链长 359m，水域面积 800m×800m 时，结构模型在 AQWA 软件中分析结果如下：

图 6.120 所示为在三根单点系泊作用下，构筑物满载时在水流方向上的位移图；由图 6.120 可以看出，构筑物体在水流作用下由于受到流力的作用离原点越来越远，最后在 1.7～2.1m 之间波动，波动幅值为 0.4m；构筑物满载时在水深方向上，会向下移动，最后在-202.9～-203.1m 之间波动，波动幅值为 0.2m；构筑物满载时绕 Y 轴转动角度是-2°～2°。图 6.121 所示为在三根单点系泊作用下，构筑物满载时系泊张力图；由图 6.121 可以看出由于海流从锚链 Cable1 方向流来，且 Cable4 和 Cable5 是对称布置的，所以 Cable4 和 Cable5 受力状态一样，且 Cable4 和 Cable5 锚链张力都比 Cable1 锚链张力要小，三者最大锚链张力为 $1.66×10^5$N，远小于破断负荷 $8.12×10^5$N，故锚链处于安全状态，没有破坏。

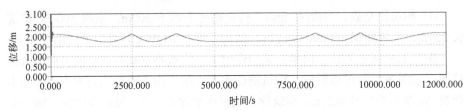

图 6.120　满载时 X 轴方向位移

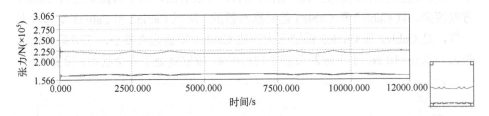

图 6.121　满载时锚链张力

（2）三点系泊工况。三根锚链连在结构上的三点，表 6.25 所示为三点锚链布置坐标，三点系泊方案建模如图 6.122 所示。

表 6.25　三点锚链布置坐标

编号	连接点坐标	固定点坐标	锚链长度/m
1	(-5，0，-200)	(-200，0，-500)	358
2	(2.5，4.33，-200)	(100，173.2，-500)	358
3	(2.5，-4.33，-200)	(100，-173.2，-500)	358

第6章 典型深海土木工程结构

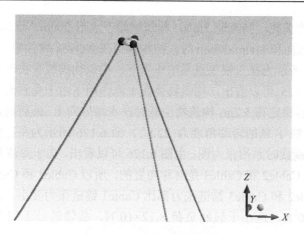

图 6.122 三点系泊方案建模

① 构筑物空载。当流速 2m/s，构筑物处于水下 200m，水深 500m，锚链长 358m，水域面积 800m×800m 时，结构模型在 AQWA 软件中分析结果如下：

图 6.123 所示为在三根三点系泊作用下，构筑物空载时在水流方向上的位移图；由图 6.123 可以看出，构筑物在水流作用下由于受到流力的作用最初出现波动，最后稳定在 1.03m；构筑物空载时在水深方向上，最后稳定在-198.1m；构筑物空载时绕 Y 轴的转动角度为-6.4°。图 6.124 所示为在三根三点系泊作用下，构筑物空载时系泊张力图；由图 6.124 可以看出，由于海流从锚链 Cable1 方向流来，且 Cable2 和 Cable3 是对称布置的，所以 Cable2 和 Cable3 受力状态一样，且 Cable2 和 Cable3 锚链张力都比 Cable1 锚链张力要小，三者最大锚链张力为 $6.1×10^5$N，小于破断负荷 $8.12×10^5$N，故锚链处于安全状态，没有破坏。

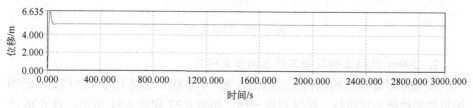

图 6.123 X 轴方向位移

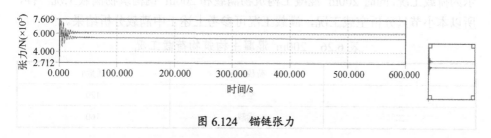

图 6.124 锚链张力

② 构筑物满载。当流速 2m/s，构筑物处于水下 200m，水深 500m，锚链长 358m，水域面积 800m×800m 时，结构模型在 AQWA 软件中分析结果如下：

图 6.125 所示为在三根三点系泊作用下，构筑物满载时在水流方向上的位移图；由图 6.125 可以看出，构筑物体在水流作用下由于受到流力的作用最初出现波动，最后稳定在 5.2m；构筑物空载时在水深方向上，最后稳定在-203.3m；构筑物空载时绕 Y 轴的转动角度为-22.8°。图 6.126 所示为在三根三点系泊作用下，构筑物满载时系泊张力图；由图 6.126 可以看出，由于海流从锚链 Cable1 方向流来，且 Cable2 和 Cable3 是对称布置的，所以 Cable2 和 Cable2 受力状态一样，且 Cable2 和 Cable3 锚链张力都比 Cable1 锚链张力要小，三者最大锚链张力为 $2.2×10^5$N，远小于破断负荷 $8.12×10^5$N，故锚链处于安全状态，没有破坏。

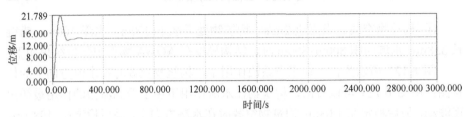

图 6.125　X 轴方向位移

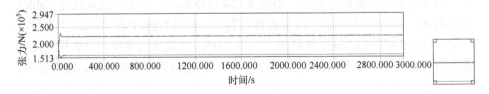

图 6.126　锚链张力

2. 200m³ 混凝土构筑物三根系泊方案研究

在 200m³ 混凝土构筑物三根系泊方案中，200m³ 混凝土构筑物和 200m³ 钢构筑物的锚链布置坐标、锚链规格一样，如表 6.22 和表 6.21 所示，表 6.26 所示为荷载工况，同时 200m³ 混凝土构筑物满载和 200m³ 钢构筑物满载工况一样，所以本小节只分析空载工况，满载工况可参考上述 1 中满载分析结果。

表 6.26　200m³ 混凝土构筑物荷载工况

编号	荷载工况	质量/t
一	空载	120
二	满载	160

1）来流工况一

采用三根锚链，每根锚链夹角为120°，海流从两根锚链中间流过，来流工况一如图 6.101。

(1) 空载-单点系泊工况。三根锚链全部连在结构上的一点，单点锚链布置坐标如表 6.22 所示，单点系泊方案建模如图 6.103 所示。

当流速 2m/s，构筑物处于水下 200m，水深 500m，锚链长 359m，水域面积 800m×800m 时，结构模型在 AQWA 软件中分析结果如下：

图 6.127 所示为在三根单点系泊作用下，构筑物空载时在水流方向上的位移图；由图 6.127 可以看出，构筑物在水流作用下由于受到流力的作用最初出现波动，最后稳定在 0.25m；构筑物空载时在水深方向上，最后稳定在-198.9m；构筑物空载时绕 Y 轴的转动角度是 0.86°。图 6.128 所示为在三根单点系泊作用下，构筑物空载时系泊张力图；由图 6.128 可以看出，Cable 2 和 Cable 3 锚链张力都比 Cable1 锚链张力要大，三者最大锚链张力为 $4.4×10^5$N，小于破断负荷 $8.12×10^5$N，故锚链处于安全状态，没有破坏。

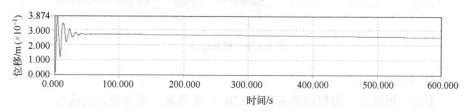

图 6.127　空载时 X 轴方向位移

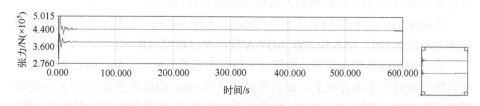

图 6.128　空载时锚链张力

(2) 空载-三点系泊工况。三根锚链连在结构上的三点，三点锚链布置坐标如表 6.23 所示。

当流速 2m/s，构筑物处于水下 200m，水深 500m，锚链长 358m，水域面积 800m×800m 时，结构模型在 AQWA 软件中分析结果如下：

图 6.129 所示为在三根三点系泊作用下，构筑物空载时在水流方向上的位移图；由图 6.129 可以看出，构筑物在水流作用下由于受到流力的作用最初出现波动，最后稳定在 1.57m；构筑物空载时在水深方向上，最后稳定在-198.9m；

构筑物空载时绕 Y 轴的转动角度为-10°。图 6.130 所示为在三根三点系泊作用下，构筑物空载时系泊张力图；由图 6.130 可以看出，Cable2 和 Cable3 锚链张力都比 Cable1 锚链张力要大，三者最大锚链张力为 4.39×10^5N，小于破断负荷 8.12×10^5N，故锚链处于安全状态，没有破坏。

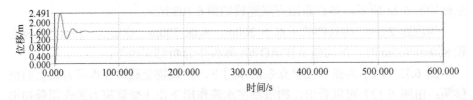

图 6.129　X 轴方向位移

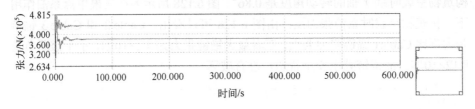

图 6.130　锚链张力

2）来流工况二

采用三根锚链，每根锚链夹角为 120°，海流从一根锚链方向流过。

（1）空载-单点系泊工况。三根锚链全部连在结构上的一点，单点锚链布置坐标如图 6.24 所示，单点系泊方案建模如图 6.117 所示。

当流速 2m/s，构筑物处于水下 200m，水深 500m，锚链长 359m，水域面积 800m×800m 时，结构模型在 AQWA 软件中分析结果如下：

在三根单点系泊作用下，构筑物空载时在水流方向上，最后稳定在 0.26m；构筑物空载时在水深方向上，最后稳定在-198.9m；构筑物空载时绕 Y 轴的转动角度为 0.92°。图 6.131 为在三根单点系泊作用下，构筑物空载时系泊张力图，Cable2 和 Cable3 锚链张力都比 Cable1 锚链张力要小，三者最大锚链张力为 4.6×10^5N，小于破断负荷 8.12×10^5N，故锚链处于安全状态，没有破坏。

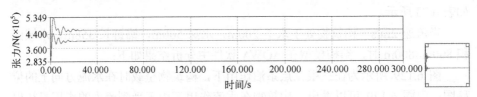

图 6.131　空载时锚链张力

(2)空载-三点系泊工况。三根锚链连在结构上的三点,三点锚链布置坐标如表 6.25 所示。

当流速 2m/s,构筑物处于水下 200m,水深 500m,锚链长 358m,水域面积 800m×800m 时,结构模型在 AQWA 软件中分析结果如下:

在三根三点系泊作用下,构筑物空载时在水流方向上,最后稳定在 1.38m;构筑物空载时在水深方向上,最后稳定在-198.9m;构筑物空载时绕 Y 轴的转动角度为-9°。图 6.132 为在三根三点系泊作用下,构筑物空载时系泊张力图,Cable2 和 Cable3 锚链张力都比 Cable1 锚链张力要小,三者最大锚链张力为 $4.5×10^5$N,小于破断负荷 $8.12×10^5$N,故锚链处于安全状态,没有破坏。

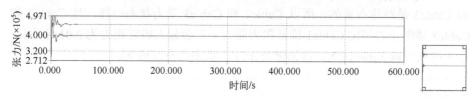

图 6.132　锚链张力

3. 1000m³ 钢构筑物三根系泊方案研究

在三根系泊方案中荷载工况分为空载和满载,系泊工况分为单点系泊和三点系泊两种工况,来流工况一、二如图 6.101 和图 6.102 所示,同时根据最不利荷载工况即荷载工况——构筑物空载,选取合适的锚链规格,表 6.27 所示为锚链规格参数。

表 6.27　锚链规格参数

锚链直径/mm	单位长度重量/(kg/m)	轴向刚度/N	破断强度/N
73	116	$4.53×10^8$	$3.99×10^6$

1)来流工况一

采用三根锚链,每根锚链夹角为 120°,海流从两根锚链中间流过,来流工况一如图 6.101。

(1)单点系泊工况。三根锚链全部连在结构上的一点,表 6.28 所示为单点锚链布置坐标。

表 6.28　单点锚链布置坐标

编号	连接点坐标	固定点坐标	锚链长度/m
1	(0, 0, -204)	(200, 0, -500)	358
2	(0, 0, -204)	(-100, 173.2, -500)	358
3	(0, 0, -204)	(-100, -173.2, -500)	358

① 构筑物空载。当流速 2m/s，构筑物处于水下 200m，水深 500m，锚链长 358m，水域面积 800m×800m 时，结构模型在 AQWA 软件中分析结果如下：

图 6.133 所示为在三根单点系泊作用下，构筑物空载时在水流方向上的位移图；由图 6.133 可以看出，构筑物在水流作用下由于受到流力的作用最初出现波动，最后稳定在 0.14m；构筑物空载时在水深方向上，最后稳定在-197.8m；构筑物空载时绕 Y 轴的转动角度为 0.34°。图 6.134 所示为在三根单点系泊作用下，构筑物空载时系泊张力图；由图 6.134 可以看出 Cable1 张力在 2875402～2876120N 变化，Cable2 张力在 3007536～30010000N 变化，Cable3 张力在 3007536～3010000N 变化，由于海流从锚链 Cable2 和 Cable3 中间流过，且 Cable2 和 Cable3 是对称布置的，所以 Cable2 和 Cable3 受力状态一样，且 Cable2 和 Cable3 锚链张力都比 Cable1 锚链张力要大，三者最大锚链张力为 $3.01×10^6$N，小于破断负荷 $3.99×10^6$N，故锚链处于安全状态，没有破坏。

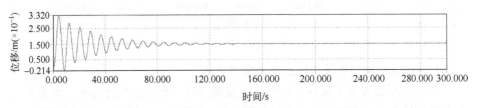

图 6.133　X 轴方向位移

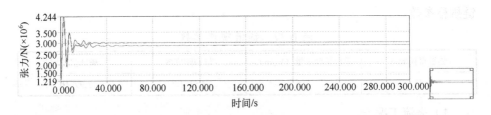

图 6.134　锚链张力

② 构筑物满载。当流速 2m/s，构筑物处于水下 200m，水深 500m，锚链长 358m，水域面积 800m×800m 时，结构模型在 AQWA 软件中分析结果如下：

图 6.135 所示为在三根单点系泊作用下，构筑物满载时在水流方向上的位移图；由图 6.135 可以看出，构筑物在水流作用下由于受到流力的作用离原点越来越远，最后在 9.6～12.2m 之间波动，波动幅值为 2.6m；构筑物空载时在水深方向上，在-218.9～-218.3m 之间波动，波动幅值为 0.6m；构筑物空载时，绕 Y 轴来回转动，转动角度为-1.95°～2°。图 6.136 所示为在三根单点系泊作用下，构筑物满载时系泊张力图，由图 6.136 可以看出，Cable2 和 Cable3 锚链

张力都比 Cable1 锚链张力要大，三者最大锚链张力为 $4.67×10^5$N，远小于破断负荷 $3.99×10^6$N，故锚链处于安全状态，没有破坏。

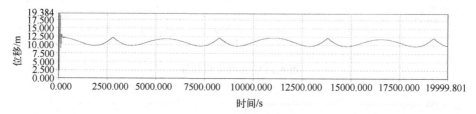

图 6.135　X 轴方向位移

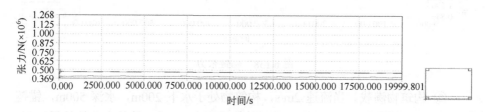

图 6.136　锚链张力

（2）三点系泊工况。

三根锚链连在结构上的三点，表 6.29 所示为三点锚链布置坐标。

表 6.29　三点锚链布置坐标

编号	连接点坐标	固定点坐标	锚链长度/m
1	(8, 0, -200)	(200, 0, -500)	357
2	(-4, 6.39, -200)	(-100, 173.2, -500)	357
3	(-4, -6.39, -200)	(-100, -173.2, -500)	357

① 构筑物空载。当流速 2m/s，构筑物处于水下 200m，水深 500m，锚链长 357m，水域面积 800m×800m 时，结构模型在 AQWA 软件中分析结果如下：

图 6.137 所示为在三根三点系泊作用下，构筑物空载时在水流方向上的位移图；由图 6.137 可以看出，构筑物在水流作用下由于受到流力的作用最初出现波动，最后稳定在 0.7m；构筑物空载时在水深方向上，最后稳定在-196.6m；构筑物空载时绕 Y 轴的转动角度为 2.7°。图 6.138 所示为在三根三点系泊作用下，构筑物空载时系泊张力图；由图 6.138 可以看出，Cable2 和 Cable3 锚链张力都比 Cable1 锚链张力要大，三者最大锚链张力为 $2.97×10^6$N，小于破断负荷 $3.99×10^6$N，故锚链处于安全状态，没有破坏。

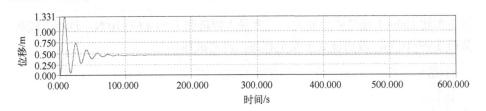

图 6.137　X 轴方向位移

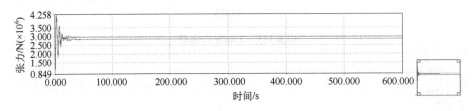

图 6.138　锚链张力

② 构筑物满载。当流速 2m/s，构筑物处于水下 200m，水深 500m，锚链长 357m，水域面积 800m×800m 时，结构模型在 AQWA 软件中分析结果如下：

图 6.139 所示为在三根三点系泊作用下，构筑物满载时在水流方向上的位移图；由图 6.139 可以看出，构筑物在水流作用下由于受到流力的作用最初出现波动，最后稳定在 17.8m；构筑物空载时在水深方向上，最后稳定在-219.5m；构筑物空载时绕 Y 轴的转动角度为-19.7°。图 6.140 所示为在三根三点系泊作用下，构筑物满载时系泊张力图；由图 6.140 可以看出，Cable2 和 Cable3 锚链张力都比 Cable1 锚链张力要大，三者最大锚链张力为 $4.55×10^5$N，远小于破断负荷 $3.99×10^6$N，故锚链处于安全状态，没有破坏。

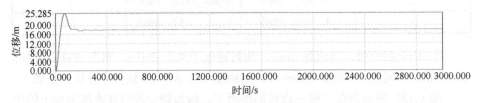

图 6.139　X 轴方向位移

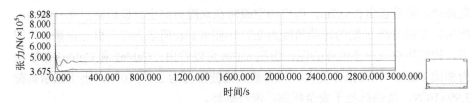

图 6.140　锚链张力

2)来流工况二

布置方案二采用三根锚链,每根锚链夹角为120°,海流从一根锚链方向流过,来流工况二如图6.102。

(1)单点系泊工况。三根锚链全部连在结构上的一点,表6.30所示为单点锚链布置坐标。

表6.30 单点锚链布置坐标

锚链编号	连接点坐标	固定点坐标	锚链长度/m
1	(0, 0, -204)	(-200, 0, -500)	357
2	(0, 0, -204)	(100, 173.2, -500)	357
3	(0, 0, -204)	(100, -173.2, -500)	357

① 构筑物空载。当流速2m/s,构筑物处于水下200m,水深500m,锚链长357m,水域面积800m×800m时,结构模型在AQWA软件中分析结果如下:

图6.141所示为在三根单点系泊作用下,构筑物空载时在水流方向上的位移图;由图6.141可以看出,构筑物体在水流作用下由于受到流力的作用最初出现波动,最后稳定在0.185m;构筑物空载时在水深方向上,最后稳定在-197.7m;构筑物空载时绕Y轴的转动角度为0.34°。图6.142所示为在三根单点系泊作用下,构筑物空载时系泊张力图;由图6.142可以看出,Cable2和Cable3锚链张力都比Cable1锚链张力要小,三者最大锚链张力为$3.54×10^6$N,小于破断负荷$3.99×10^6$N,故锚链处于安全状态,没有破坏。

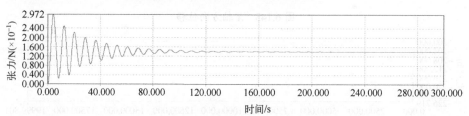

图6.141 X轴方向位移

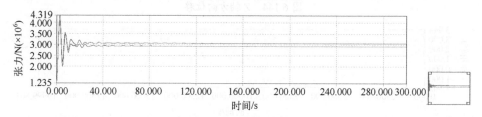

图6.142 锚链张力

② 构筑物满载。当流速 2m/s，构筑物处于水下 200m，水深 500m，锚链长 357m，水域面积 800m×800m 时，结构模型在 AQWA 软件中分析结果如下：

图 6.143 所示为在三根单点系泊作用下，构筑物满载时在水流方向上的位移图；由图 6.143 可以看出，构筑物在水流作用下由于受到流力的作用离原点越来越远，最后在 8.03～9.83m 之间波动，波动幅值为 1.8m。图 6.144 所示为在三根单点系泊作用下，构筑物满载时在水深方向上的位移图；由图 6.144 可以看出，构筑物会向下移动，最后在-218.6～-218.2m 之间波动，波动幅值为 0.47m。图 6.145 所示为在三根单点系泊作用下，构筑物满载时绕 Y 轴的转角图；由图可以看出，构筑物体一直绕 Y 轴来回转动，转动角度为-1.94°～2°。图 6.146 所示为在三根单点系泊作用下，构筑物满载时系泊张力图；由图 6.146 可以看出 Cable1 张力在 487355～495500N 变化，Cable2 张力在 415912～420000N 变化，Cable3 张力在 415912～420000N 变化，由于海流从锚链 Cable1 方向流来，且 Cable2 和 Cable3 是对称布置的，所以 Cable2 和 Cable3 受力状态一样，且 Cable2 和 Cable3 锚链张力都比 Cable1 锚链张力要小，三者最大锚链张力为 $4.2×10^5$N，远小于破断负荷 $3.99×10^6$N，故锚链处于安全状态，没有破坏。

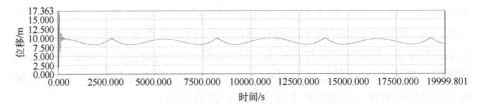

图 6.143 X 轴方向位移

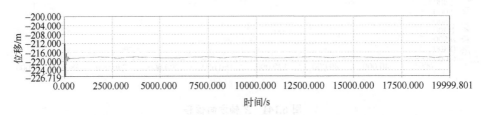

图 6.144 Z 轴方向位移

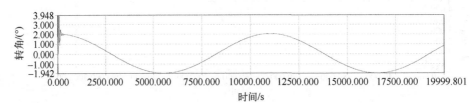

图 6.145 绕 Y 轴转角

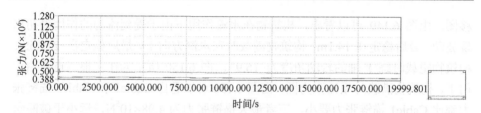

图 6.146 锚链张力

（2）三点系泊工况。三根锚链连在结构上的三点，表 6.31 所示为三点锚链布置坐标。

表 6.31 三点锚链布置坐标

编号	连接点坐标	固定点坐标	锚链长度/m
1	(-8, 0, -200)	(-200, 0, -500)	358
2	(4, 6.39, -200)	(100, 173.2, -500)	358
3	(4, -6.39, -200)	(100, -173.2, -500)	358

① 构筑物空载。当流速 2m/s，构筑物处于水下 200m，水深 500m，锚链长 358m，水域面积 800m×800m 时，结构模型在 AQWA 软件中分析结果如下：

图 6.147 所示为在三根三点系泊作用下，构筑物空载时在水流方向上的位移图；由图 6.147 可以看出，构筑物在水流作用下由于受到流力的作用最初出现波动，最后稳定在 0.68m；构筑物空载时在水深方向上，最后稳定在-196.6m；构筑物空载时绕 Y 轴的转动角度为 2.63°。图 6.148 所示为在三根三点系泊作用下，构筑物空载时系泊张力图；由图 6.148 可以看出 Cable2 和 Cable3 锚链张力都比 Cable1 锚链张力要小，三者最大锚链张力为 $3×10^6$N，小于破断负荷 $3.99×10^6$N，故锚链处于安全状态，没有破坏。

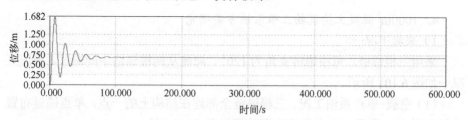

图 6.147 X 轴方向位移

② 构筑物满载。当流速 2m/s，构筑物处于水下 200m，水深 500m，锚链长 358m，水域面积 800m×800m 时，结构模型在 AQWA 软件中分析结果如下：

图 6.149 所示为在三根三点系泊作用下，构筑物满载时在水流方向上的位

移图；由图 6.149 可以看出，构筑物在水流作用下由于受到流力的作用最初出现波动，最后稳定在 14.1m；构筑物满载时在水深方向上，最后稳定在-218.6m；构筑物空载时绕 Y 轴的转动角度为-16.9°。图 6.150 所示为在三根三点系泊作用下，构筑物满载时系泊张力图；由图 6.150 可以看出 Cable2 和 Cable3 锚链张力都比 Cable1 锚链张力要小，三者最大锚链张力为 $4.98×10^5$N，远小于破断负荷 $3.99×10^6$N，故锚链处于安全状态，没有破坏。

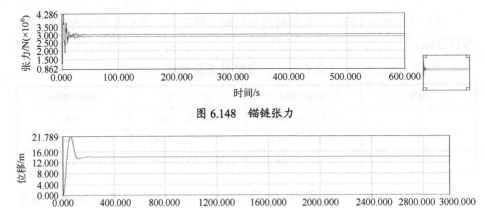

图 6.148 锚链张力

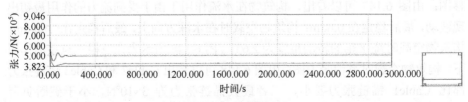

图 6.149 X 轴方向位移

图 6.150 锚链张力

4. 1000m³ 混凝土构筑物三根系泊方案研究

1) 来流工况一

采用三根锚链，每根锚链夹角为 120°，海流从两根锚链中间流过，来流工况一如图 6.101 所示。

(1) 空载-单点系泊工况。三根锚链全部连在结构上的一点，单点锚链布置坐标如表 6.28 所示，单点系泊方案建模如图 6.101 所示。

当流速 2m/s，构筑物处于水下 200m，水深 500m，锚链长 358m，水域面积 800m×800m 时，结构模型在 AQWA 软件中分析结果如下：

图 6.151 所示为在三根单点系泊作用下，构筑物空载时在水流方向上的位移图；由图 6.151 可以看出，构筑物体在水流作用下由于受到流力的作用最初

出现波动，最后稳定在 0.15m；构筑物空载时在水深方向上，最后稳定在 -197.2m；构筑物空载时绕 Y 轴的转动角度为 0.43°。图 6.152 所示为在三根单点系泊作用下，构筑物空载时系泊张力图；由图 6.152 可以看出，Cable2 和 Cable3 锚链张力都比 Cable1 锚链张力要大，三者最大锚链张力为 2.3×10^6N，小于破断负荷 3.99×10^6N，故锚链处于安全状态，没有破坏。

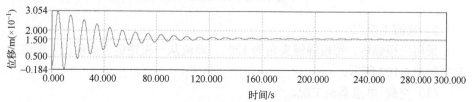

图 6.151 X 轴方向位移

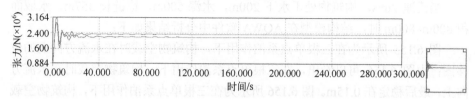

图 6.152 锚链张力

（2）空载-三点系泊工况。三根锚链连在结构上的三点，三点锚链布置坐标如表 6.29 所示。

当流速 2m/s，构筑物处于水下 200m，水深 500m，锚链长 358m，水域面积 800m×800m 时，结构模型在 AQWA 软件中分析结果如下：

图 6.153 所示为在三根三点系泊作用下，构筑物空载时在水流方向上的位移图；由图 6.153 可以看出，构筑物在水流作用下由于受到流力的作用最初出现波动，最后稳定在 0.9m；构筑物空载时在水深方向上，最后稳定在-197.3m；构筑物空载时绕 Y 轴的转动角度为-3.6°。图 6.154 所示为在三根三点系泊作用下，构筑物空载时系泊张力图；由图 6.154 可以看出，Cable2 和 Cable3 锚链张力都比 Cable1 锚链张力要大，三者最大锚链张力为 2.28×10^6N，小于破断负荷 3.99×10^6N，故锚链处于安全状态，没有破坏。

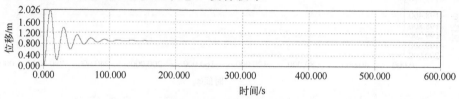

图 6.153 X 轴方向位移

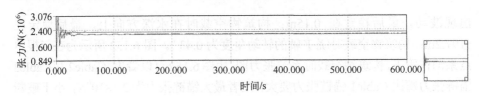

图 6.154 锚链张力

2) 来流工况二

采用三根锚链,每根锚链夹角为 120°,海流从一根锚链方向流过,来流工况二如图 6.102 所示。

(1) 空载-单点系泊工况。

三根锚链全部连在结构上的一点,单点锚链布置坐标如表 6.30 所示。

当流速 2m/s,构筑物处于水下 200m,水深 500m,锚链长 357m,水域面积 800m×800m 时,结构模型在 AQWA 软件中分析结果如下:

图 6.155 所示为在三根单点系泊作用下,构筑物空载时在水流方向上的位移图;由图 6.155 可以看出,在三根单点系泊作用下,构筑物空载时在水流方向上,最后稳定在 0.15m。图 6.156 所示为在三根单点系泊作用下,构筑物空载时水深方向上的位移图;由图 6.156 可以看出,构筑物空载时在水深方向上,最后稳定在-198.5m。构筑物空载时绕 Y 轴的转动角度为-0.43°。图 6.157 所示为在三根单点系泊作用下,构筑物空载时系泊张力图,Cable2 和 Cable3 锚链张力都比 Cable1 锚链张力要小,三者最大锚链张力为 $2.36×10^6$N,小于破断负荷 $3.99×10^6$N,故锚链处于安全状态,没有破坏。

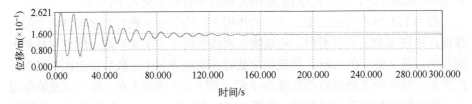

图 6.155 X 轴方向位移

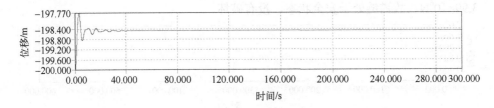

图 6.156 Z 轴方向位移

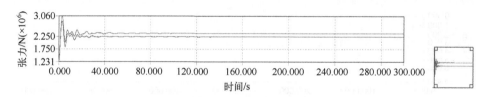

图 6.157 锚链张力

（2）空载-三点系泊工况。

三根锚链连在结构上的三点，三点锚链布置坐标如表 6.31 所示。

当流速 2m/s，构筑物处于水下 200m，水深 500m，锚链长 358m，水域面积 800m×800m 时，结构模型在 AQWA 软件中分析结果如下：

图 6.158 所示为在三根三点系泊作用下，构筑物空载时在水流方向上的位移图；由图 6.158 可以看出，在三根三点系泊作用下，构筑物空载时在水流方向上，最后稳定在 0.86m；图 6.159 为在三根三点系泊作用下，构筑物空载时在水深方向上的位移图；由图 6.159 可以看出，构筑物空载时在水深方向上，最后稳定在-197.3m。

图 6.160 所示为在三根三点系泊作用下，构筑物空载时绕 Y 轴的转角图；由图 6.160 可以看出，构筑物空载时绕 Y 轴的转动角度为-3.5°。图 6.161 所示为在三根三点系泊作用下，构筑物空载时系泊张力图；由图 6.161 可以看出，由于海流从锚链 Cable1 方向流来，且 Cable2 和 Cable3 是对称布置的，所以 Cable2 和 Cable3 受力状态一样，且 Cable2 和 Cable3 锚链张力都比 Cable1 锚链张力要小，三者最大锚链张力为 $2.32×10^6$N，小于破断负荷 $3.99×10^6$N，故锚链处于安全状态，没有破坏。

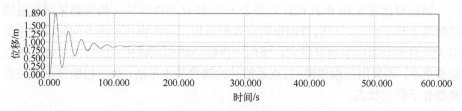

图 6.158 X 轴方向位移

图 6.159 Z 轴方向位移

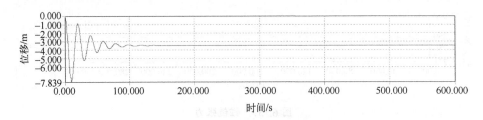

图 6.160　绕 Y 轴转角

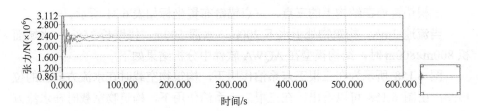

图 6.161　锚链张力

5. 系泊方案研究分析

由表 6.32 和表 6.33 可以看出，200m³ 钢构筑物和 1000m³ 钢构筑物的三根系泊规律一致：①构筑物采用三根锚链-单点系泊和三根锚链-三点系泊区别很大，无论是空载还是满载，构筑物采用三点系泊的 X 方向位移、Z 方向位移以及绕 Y 轴转角比单点系泊更大；②空载时，构筑物无论采用单点系泊还是三点系泊基本都能稳定；③满载时，构筑物采用单点系泊会一直晃动不稳定，水流方向位移波动幅值大，且绕 Y 轴一直来回摆动，构筑物采用三点系泊时能处于稳定状态。

通过对比表 6.30 和表 6.31 以及表 6.32 和表 6.33 可知，构筑物采用单根锚链时基本都不稳定，且随着构筑物质量的增加，构筑物在水流方向位移也逐渐增大，且波动幅度也越来越大，采用三根锚链时构筑物在水流方向位移比单根锚链更小，当采用三根锚链-三点系泊时构筑物基本不动，故三根锚链更能使构筑物处于稳定状态。

表 6.32　200m³ 钢构筑物

	来流工况	系泊工况	荷载工况	X/m	Z/m	RY/(°)	最大张力/N
三根锚链	工况一	单点	空载	0.22	−198.2	0.65	5.97×10⁵
			满载	2.55±0.35	−203.1±0.1	±2.00	2.03×10⁵
		三点	空载	1.13	−198.1	−6.90	5.90×10⁵
			满载	11.30	−205.0	−36.37	1.98×10⁵

续表

来流工况	系泊工况	荷载工况	X/m	Z/m	RY/(°)	最大张力/N
三根锚链	工况二	单点	0.22	-198.2	0.65	6.16×10⁵
			1.9±0.2	-203±0.1	±2.00	1.66×10⁵
		三点	1.03	-196.6	-6.40	6.10×10⁵
			5.20	-203.3	-22.80	2.20×10⁵

注：单点行上为空载，下为满载；三点行同。

表 6.33 1000m³ 钢构筑物

来流工况	系泊工况	荷载工况	X/m	Z/m	RY/(°)	最大张力/N
三根锚链	工况一	单点 空载	0.14	-197.8	0.34	3.01×10⁶
		单点 满载	10.9±1.3	-218.6±0.3	±2.00	4.67×10⁵
		三点 空载	0.70	-196.6	-2.70	2.97×10⁶
		三点 满载	17.80	-219.5	-19.70	4.55×10⁵
	工况二	单点 空载	0.18	-197.7	0.34	3.54×10⁶
		单点 满载	8.68±0.65	-218.4±0.2	±2.00	4.20×10⁵
		三点 空载	0.68	-196.6	-2.63	3.00×10⁶
		三点 满载	14.10	-218.65	-16.90	4.98×10⁵

6.6 水动力模型试验

前期通过数值模拟软件 FLUENT 和 AQWA 对深海中部悬置构筑物进行了相关的研究，并取得了一定的成果。一方面，需要通过试验与前期的数值模拟结果做验证，来确定前期工作的正确性。另一方面，通过试验来直观地比较流速、体积、重量、形状等因素对试验模型在各个方向上运动响应的影响。确定一种针对水下中部悬置构筑物研究的实验方案，为今后的试验奠定基础。在实际的海洋环境中进行试验是最佳的验证方式，但鉴于项目研究处于前期探索阶段，暂时考虑在水槽中进行相关的试验。

6.6.1 试验设计

水动力试验基本原理如图 6.162 所示。通过在水底放置一个滑轮，来改变力的方向，这样就能在水面上通过拉力传感器来测量绳子的拉力，解决了拉力传感器不能入水工作的问题。在小球的正前方与上方各设置一台摄像机，后期再经过图像处理,可以获取小球的运动响应。

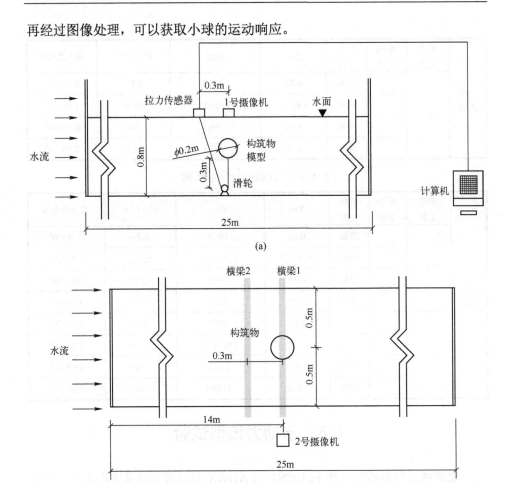

图 6.162 水动力试验基本原理示意图

根据前期考虑的实验因素和水平,如果每一个因素和水平都进行一次试验,工作量太大,现采用正交设计法对试验进行试验工况设计,其中还有一组试验是塑料模型和 3D 打印模型做对比,其目的是比较两种制作材料的得出来的结果差别大不大,所有试验工况如表 6.34 所示。

表 6.34 所有试验工况

试验	原型材料（工况）	形状	尺寸/m	体积/m³	重量/kg	流速/(m/s)
Y100K	对比	圆球	$R=0.1$	0.0042	0.8712	0.3/0.5/0.7
Y93K	混凝土（空载）	圆球	$R=0.093$	0.0034	0.69	0.3/0.5/0.7

续表

试验	原型材料（工况）	形状	尺寸/m	体积/m³	重量/kg	流速/(m/s)
Y93M	钢材（满载）	圆球	$R=0.093$	0.0034	2.7526	0.3/0.5/0.7
Z95K	钢材（空载）	圆柱半球形	$l=0.095$; $a=0.046$	0.001	0.2165	0.3/0.5/0.7
Y100K（S）	对比	圆球	$R=0.1$	0.0042	0.8773	0.3/0.5/0.7
Y62M	钢材（满载）	圆球	$R=0.062$	0.001	0.8198	0.3/0.5/0.7
T100K	钢材（空载）	椭球	$a=0.1$; $b=0.1$; $c=0.08$	0.0034	0.7411	0.3/0.5/0.7
Y62K	钢材（空载）	圆球	$R=0.062$	0.001	0.2036	0.3/0.5/0.7
T71M	混凝土（满载）	椭球	$a=0.071$; $b=0.071$; $c=0.047$	0.001	0.2018	0.3/0.5/0.7
Z152M	混凝土（满载）	圆柱半球	$l=0.152$; $a=0.067$	0.0034	2.7581	0.3/0.5/0.7
T100K（XF）	钢材（空载）	椭球（浮体）	$a=0.1$; $b=0.1$; $c=0.08$ $+R=0.03$	0.001	0.7424+0.0291	0.3/0.5/0.7
Y93M（DF）	钢材（满载）	圆球（浮体）	$R=0.093$ $+R=0.062$	0.0034	2.7517+0.2046	0.3/0.5/0.7

注：首字母：Y—圆球，T—椭球，Z—圆柱半球形；中间的数字值模型的尺寸信息；后一个字母代表质量信息，M—满载，K—空载；最后括号中的信息表示：S—由塑料制作，XF—添加体积与质量小的浮球，DF—添加体积与质量较大的浮球。比如Y93M指的是3D打印圆球模型，半径为0.093m，满载工况。

采用3D打印技术来进行模型的制作，其打印出来模型的防水性、密封性、抗压性都能满足试验要求，可以通过改变耗材的颜色来改变模型的颜色。采用Solid Works软件进行建模。之后再导入3D打印机进行打印（图6.163）。

在模型打印的过程中，穿插对已经打印好的模型进行抛光打磨和配重。打磨的目的是尽可能地降低模型表面的糙率，更加接近塑料的糙率。分别采用60目、80目、200目、600目、1000目、2000目、3000目的砂纸对试验模型进行打磨。

模型打磨完之后需要进行配重处理，配重是为了模拟出工作站满载和空载的工况。采用的配重块分别有5g、50g、100g和200g，如图6.164所示。配重块均匀地粘贴在模型的内部，采用AB胶或者热熔胶进行粘结，配重完之后用电子天平称测重量，尽可能使重量达到设计要求。

图 6.163　3D 打印机　　　　　　　图 6.164　配重后模型

准备工作完成后，试验现场图片如图 6.163 所示。

图 6.165　试验现场图片

6.6.2　图像处理方法

测量模型在各个方向的运动响应是该试验的一项重要目标，为了能够准确获取该结果，进行了相关调研。目前，常用的方法，第一种方法是在模型上添加上动态采集器，通过测量采集器的运动响应来测得模型的运动响应，而采集仪的重量相比模型重量较大，会影响模型的运动，并且采集仪的安装也是一个较难解决的问题。第二种方法是在水槽的周围建立基站，利用激光射在试验模型上再反射回基站，基站采集数据从而获取试验模型的运动响应。但是水存在折射现象，并且一整套设备的价格高昂。

比较以上方案，从可行性与实施费用两方面考虑，最后确定采用图像处理

第 6 章 典型深海土木工程结构

的方法来获取试验模型的运动响应。视频是由一帧一帧的图片组成,处理视频也就是处理照片,如果能够获取每一张照片中模型的位置信息,就能够得出模型的各个方向的位移时程曲线图。

6.6.3 流速对模型水动力特性影响

1. 流速对 X 轴方向运动响应的影响

由图 6.166~图 6.169 可以看出,对于不同材质、形状、载荷下的模型,随着流速的增加,平均位移都会逐渐增大。模型 Y100K(S)在 X 轴方向平均位移由流速为 0.3m/s 时的 10mm,在 0.7m/s 流速下增加到 45mm。

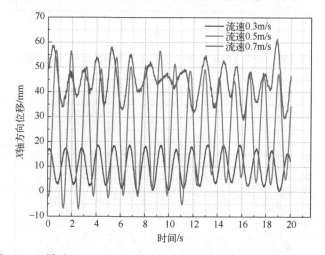

图 6.166 模型 Y100K(S)不同流速下 X 轴方向的位移(见彩插)

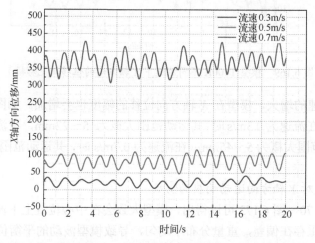

图 6.167 模型 Z95K 不同流速下 X 轴方向的位移(见彩插)

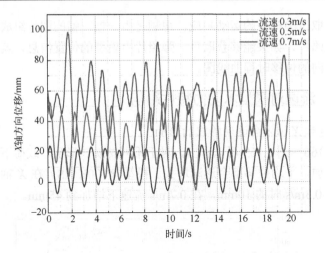

图 6.168　模型 Y62K 不同流速下 X 轴方向的位移（见彩插）

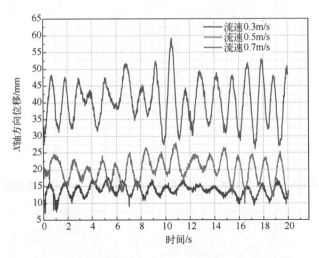

图 6.169　模型 T100K 不同流速下 X 轴方向的位移（见彩插）

随着流速的增大，模型在 X 轴方向位移的幅度也会增加。如图 6.168 中的模型 Y62K，在流速为 0.3m/s 时，其运动范围大概为-5～22mm，在流速为 0.5m/s 时，其运动范围大概为 5～45mm，在流速为 0.7m/s 时，其运动范围大概为 30～90mm。

2. 流速对 Y 轴方向运动响应的影响

由图 6.170～图 6.173 可以得出，模型大致会在中心位置上下波动，对于某些模型，配重存在偏差，重量分布不均匀，导致模型波动的平衡位置并不在中心位置。

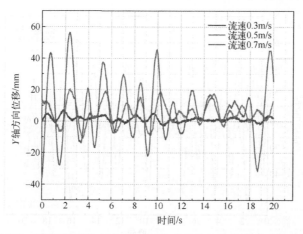

图 6.170　模型 Y100K（S）不同流速下 Y 轴方向的位移（见彩插）

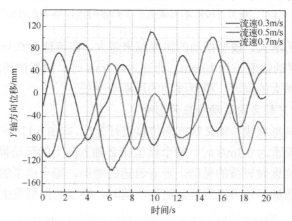

图 6.171　模型在 Z152M 不同流速下 Y 轴方向的位移（见彩插）

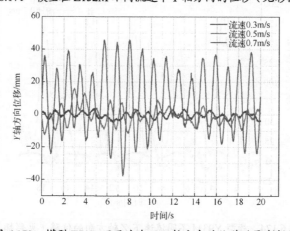

图 6.172　模型 T71K 不同流速下 Y 轴方向的位移（见彩插）

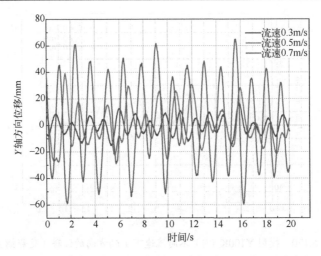

图 6.173 模型 Y62K 不同流速下 Y 轴方向的位移（见彩插）

随着流速的增大，模型摆动的幅度越来越大，在流速为 0.3m/s 时，模型在 Y 轴方向上的摆动幅度不到 10mm，流速为 0.7m/s 时，模型摆动的幅度为 40～100mm。流速增大的同时，模型波动的周期会变长。

3. 流速对 Z 轴方向运动响应的影响

对三种不同形状模型的 Z 轴方向位移进行分析，如图 6.174～图 6.176 所示，可以看出，在流速为 0.3m/s 时，每个模型在 Z 轴方向上的运动幅度都很小，在静止时所在的位置做轻微的晃动。随着流速的增加，每个模型的平均位移和振动幅度都大大增加。还可以发现，流速不同时，模型的振型发生了改变。

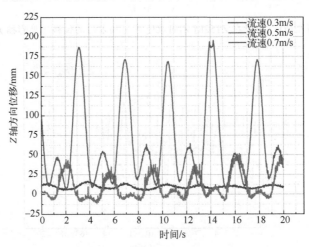

图 6.174 模型 Y93M 不同流速下 Z 轴方向的位移（见彩插）

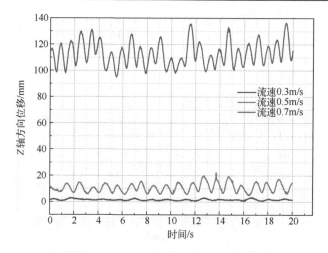

图 6.175 模型 Z95K 不同流速下 Z 轴方向的位移（见彩插）

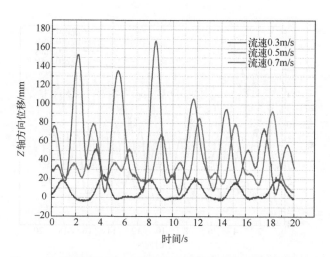

图 6.176 模型 T100K 不同流速下 Z 轴方向的位移（见彩插）

4. 流速对绕 Y 轴转角的影响

圆球形和椭球形不方便观测其在 Y 轴方向的转角，拿圆柱-半球形做对比研究。在静止状态时，两个圆柱-半球形模型都大致能保持垂直，说明前期的配重较为均匀。添加上流速，两个模型在水流作用下都绕着 Y 轴产生了转动。由位移时程曲线图可以看出，随着流速的增加，模型绕 Y 轴转动的平衡位置逐渐增大，图 6.177 中的模型，平衡位置由 7°，增大到约 25°；图 6.178 中的模型，平衡位置由 1°，增大到 14°。

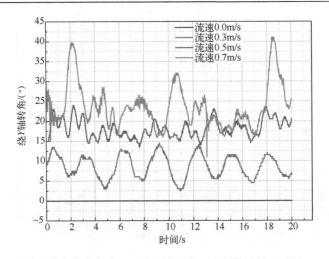

图 6.177　模型 Z152M 不同流速下绕 Y 轴的转角（见彩插）

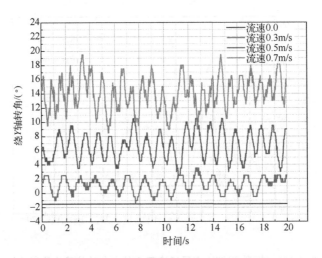

图 6.178　模型 Z95K 不同流速下绕 Y 轴的转角（见彩插）

流速的增加，模型绕 Y 轴转动的幅度也会增加，图 6.177 所示的模型，当流速为 0.3m/s 时，模型在 3°～13°的范围内波动，流速为 0.7m/s 时，模型波动的范围变为 15°～40°。图 10 中的模型由 1°～2°变为 9°～19°。与之前模型沿 Y 轴运动规律不同的是，流速增加，模型运动得更为剧烈和杂乱。

5. 流速对拉力的影响

图 6.179～图 6.181 所示为三种形状的模型在不同流速作用下的拉力变化。在流速为 0.3m/s 时，绳子所受到的拉力和静止状态下基本相同，低流速的水流对拉力的影响很小。在流速为 0.5m/s 和 0.7m/s 时，绳子的平均拉力都有一定的

增加，速度越大平均拉力越大，并且拉力的变换范围也越来越大，图 6.179 中模型的拉力变化范围从流速为 0.5m/s 的 5～5.5N，变为 0.7m/s 流速下的 3.9～8.4N，其他模型也存在同样的现象。随着流速的增加，模型所受到绳子的拉力变化更加剧烈，规律性也更加明显。图 6.179 中的圆球形模型，在流速为 0.5m/s 时，拉力变化规律性并不是很明显，当流速增加到 0.7m/s 时，拉力出现了周期性的波动，图 6.181 中的圆柱-半球形模型也存在一样的现象。图 6.180 中的椭球在流速为 0.5m/s 时，拉力变化也有规律性，当流速变为 0.7m/s 时，拉力变化更加剧烈了。

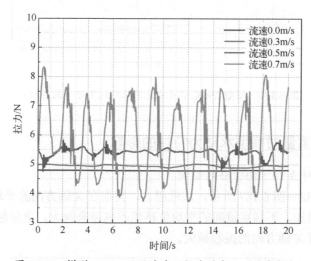

图 6.179　模型 Y93M 不同流速下拉力的变化（见彩插）

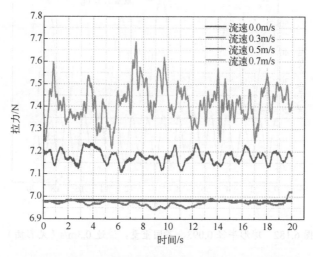

图 6.180　模型 T71K 不同流速下拉力的变化（见彩插）

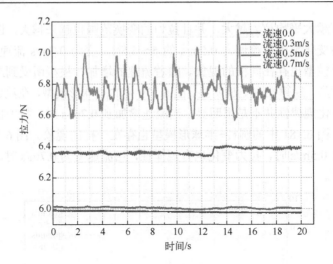

图 6.181　模型 Z95K 不同流速下拉力的变化（见彩插）

6.6.4　重量对模型水动力特性的影响

1. 重量对 X 轴方向位移的影响

如图 6.182～图 6.187 所示，重量越大，模型在 X 轴方向的平均位置越大，随着流速的增加，不同重量间的平均位移相差也越来越大。重量越大，周期变长，模型沿着 X 轴方向的振幅越大。

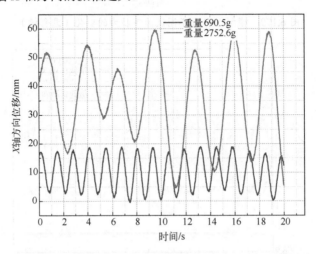

图 6.182　球形半径 0.093，不同重量，流速 0.3m/s（见彩插）

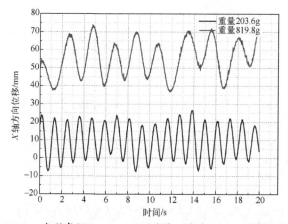

图 6.183 球形半径 0.062，不同重量，流速 0.3m/s（见彩插）

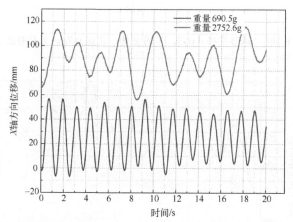

图 6.184 球形半径 0.093，不同重量，流速 0.5m/s（见彩插）

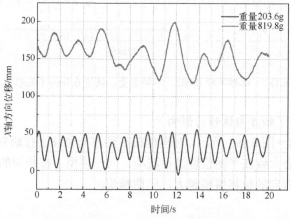

图 6.185 球形半径 0.062，不同重量，流速 0.5m/s（见彩插）

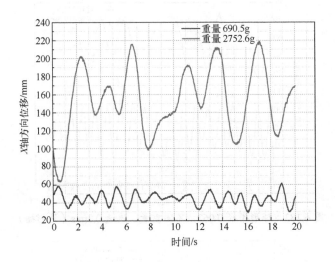

图 6.186　球形半径 0.093，不同重量，流速 0.7m/s（见彩插）

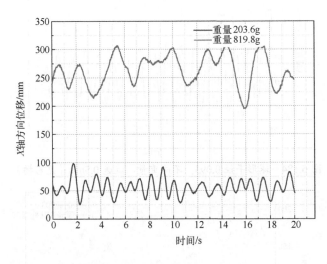

图 6.187　球形半径 0.062，不同重量，流速 0.7m/s（见彩插）

2. 重量对 Y 轴方向位移的影响

如图 6.188～图 6.193 所示，对模型在 Y 轴方向位移进行研究，无论重量的大小，模型都会大致在平衡位置进行波动。同一模型，在相同的流速下，重量越大，在 Y 轴方向的位移振幅越大，周期越长。

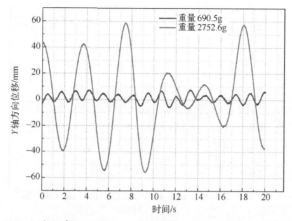

图 6.188 球形半径 0.093m，不同重量，流速 0.3m/s（见彩插）

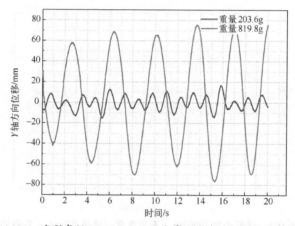

图 6.189 球形半径 0.062m，不同重量，流速 0.3m/s（见彩插）

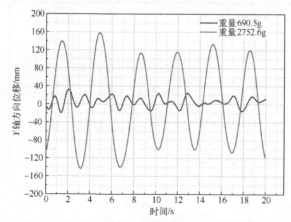

图 6.190 球形半径 0.093m，不同重量，流速 0.5m/s（见彩插）

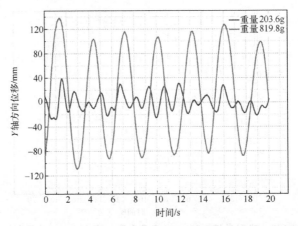

图 6.191　球形半径 0.062m，不同重量，流速 0.5m/s（见彩插）

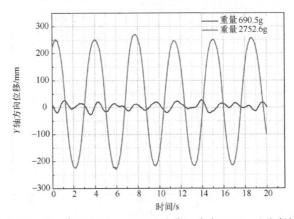

图 6.192　球形半径 0.093m，不同重量，流速 0.7m/s（见彩插）

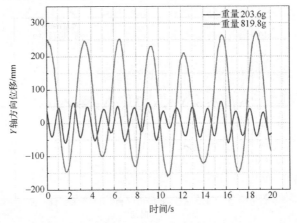

图 6.193　球形半径 0.062m，不同重量，流速 0.7m/s（见彩插）

3. 重量对 Z 轴方向位移的影响

对模型在 Z 轴方向的位移进行研究，由图 6.194～图 6.199 可知，在流速为 0.3m/s 和 0.5m/s 时，重量小的模型，在 Z 轴方向不会发生太大的位移，因为此时的水流力相比于模型受到的净浮力是小量，净浮力使模型处于一个相对稳定的状态。而对于重量大的模型，净浮力较小，水流力对模型会造成较大的影响，因此在三种流速下在 Z 轴方向上都会有较大的位移，模型 Y93M 在流速 0.7m/s 时，其在 Z 轴方向上达到的位移接近 190mm，相比于重量小的模型，重量大的模型在 Z 轴方向上的位移更加有规律性。

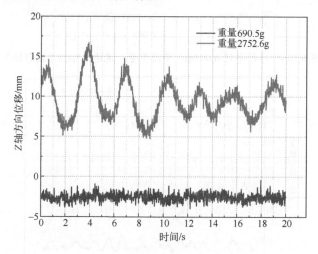

图 6.194　球形半径 0.093m，不同重量，流速 0.3m/s（见彩插）

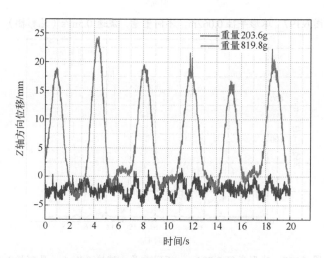

图 6.195　球形半径 0.062m，不同重量，流速 0.3m/s（见彩插）

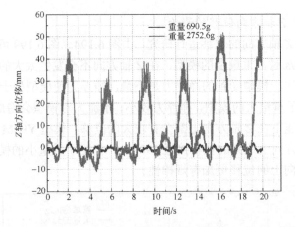

图 6.196　球形半径 0.093m，不同重量，流速 0.5m/s（见彩插）

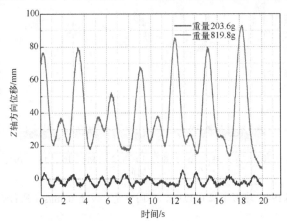

图 6.197　球形半径 0.062m，不同重量，流速 0.5m/s（见彩插）

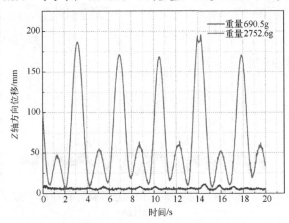

图 6.198　球形半径 0.093m，不同重量，流速 0.7m/s（见彩插）

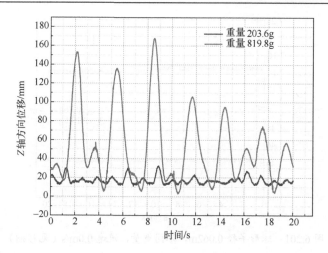

图 6.199　球形半径 0.062m，不同重量，流速 0.7m/s（见彩插）

4. 重量对拉力的影响

对于重量不同的模型，在所有的流速下，总是重量小的拉力要大于重量大的，因为浮力是相同的，重量越大，净浮力就会越小，需要绳子承担的拉力也会越小。

如图 6.200～图 6.207 所示，在不同的水流流速作用下，重量大的模型其拉力的变化幅度会更大。例如，在流速为 0.7m/s 时，图 6.206 中重量为 2752.6g 的模型其拉力变化范围为 3.8～8.2N。

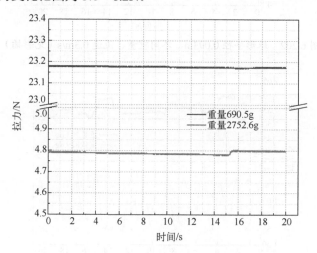

图 6.200　球形半径 0.093m，不同重量，流速 0.0m/s（见彩插）

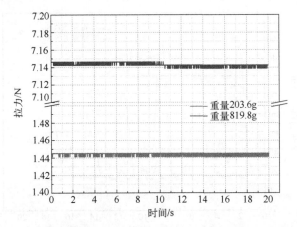

图 6.201　球形半径 0.062m，不同重量，流速 0.0m/s（见彩插）

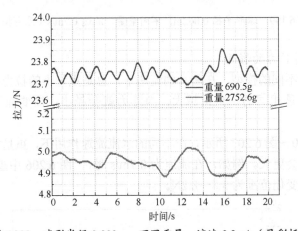

图 6.202　球形半径 0.093m，不同重量，流速 0.3m/s（见彩插）

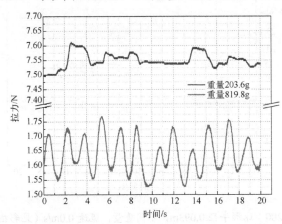

图 6.203　球形半径 0.062m，不同重量，流速 0.3m/s（见彩插）

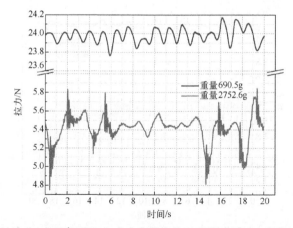

图 6.204　球形半径 0.093m，不同重量，流速 0.5m/s（见彩插）

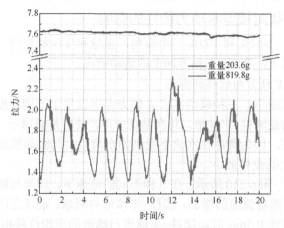

图 6.205　球形半径 0.062m，不同重量，流速 0.5m/s（见彩插）

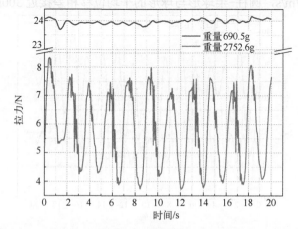

图 6.206　球形半径 0.093m，不同重量，流速 0.7m/s（见彩插）

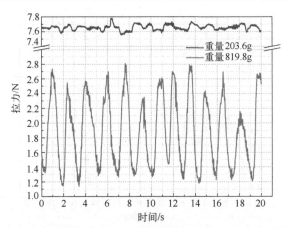

图 6.207　球形半径 0.062m，不同重量，流速 0.7m/s（见彩插）

6.6.5　形状对模型水动力特性的影响

针对 Z95K、Y62K 和 T71K 三个模型，重量和体积都相同，形状不同，比较三个不同流速下，在 X、Y 轴方向上的运动响应。

1. 形状对 X 轴方向位移的影响

在不同的流速下，三种模型都在 X 轴方向上发生了不同程度的位移响应，平均位移最大的是圆柱-半球形，其次是圆球形，最后是椭球形，这与之前数值模拟的结论一致，因为椭球在水流下受到的水流阻力与漩涡脱落影响最小，所以在 X 轴方向上的位移最小。

如图 6.208～图 6.210 所示，在三种不同的流速下，球形与椭球形的平均位移都较为接近。随着流速的增加，圆柱-半球形与圆球、椭球之间的平均位移差逐渐增大，在流速 0.5m/s 时，圆柱-半球形与球形的平均位移相差大概 50mm，而流速达到 0.7m/s，圆柱-半球形与球形的平均位移相差接近 300mm。

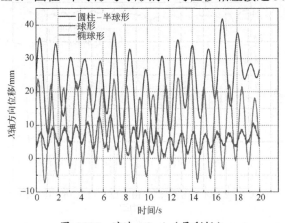

图 6.208　流速 0.3m/s（见彩插）

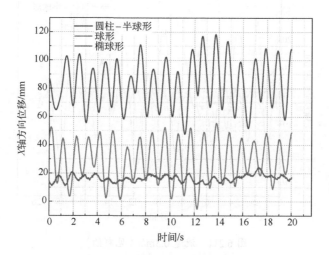

图 6.209　流速 0.5m/s（见彩插）

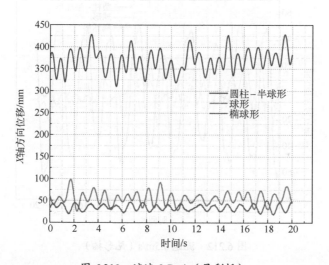

图 6.210　流速 0.7m/s（见彩插）

在不同流速下，三种形状模型的振动周期较为接近，说明模型形状对其在 X 轴方向运动周期的影响较小，而重量对模型在 X 轴方向运动周期的影响较大。

2. 形状对 Y 轴方向位移的影响

如图 6.211 和图 6.212 所示，在流速为 0.3m/s 和 0.5m/s 时，圆柱半球形在 Y 轴方向上产生的位移要远大于球形和椭球形，此时流速较小，所产生的升力较小，浮力占主要作用。

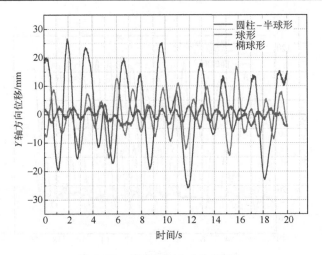

图 6.211　流速 0.3m/s（见彩插）

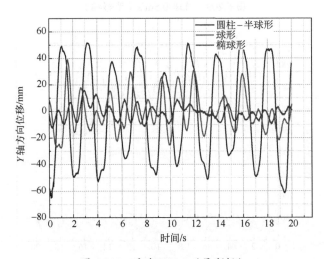

图 6.212　流速 0.5m/s（见彩插）

如图 6.213 所示，当流速上升到 0.7m/s 时，升力所产生作用的占比增大，所以此时三种形状的模型在 Y 轴方向上的位移比较接近。

3. 形状对 Z 轴方向位移的影响

圆柱-半球形在 Z 轴方向上的位移依然是最大的，其次是圆球，椭球在 Z 轴方向上的位移最小，和之前的原因一样，圆柱-半球形受到的水流力最大，椭球受到的水流力最小。随着流速的增大，它们之间的差距也越来越大。由图 6.214～图 6.216 可以看出，圆柱-半球形在 Z 轴方向上的运动频率最大，而圆球和椭球接近，振动频率太大，不利于构筑物的使用。

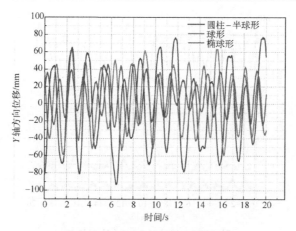

图 6.213　流速 0.7m/s（见彩插）

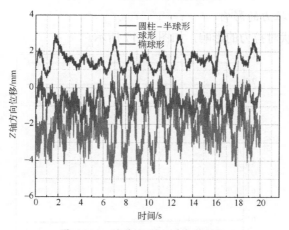

图 6.214　流速 0.3m/s（见彩插）

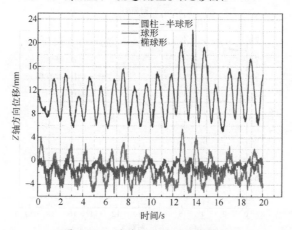

图 6.215　流速 0.5m/s（见彩插）

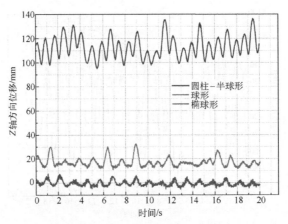

图 6.216　流速 0.7m/s（见彩插）

4. 形状对拉力的影响

构筑物形状对拉力的影响，如图 6.217 所示。

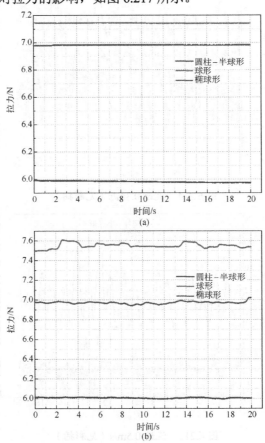

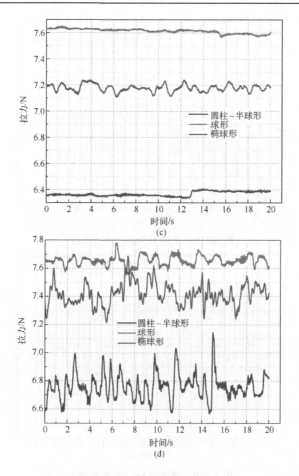

图 6.217 形状对拉力的影响（见彩插）

6.6.6 体积对模型水动力特性的影响

针对模型 Y62K 和 Y93K，形状相同，都是空载情况，研究体积对试验模型在各个方向上位移的影响。

1. 体积对 X 轴方向位移的影响

如图 6.218~图 6.219 所示，在流速为 0.3m/s 和 0.5m/s 时，两个体积在 X 轴方向的位移幅度较为接近，在流速为 0.3m/s 时，体积小的模型其位移反而还更大。如图 6.220 所示，当流速为 0.7m/s 时，体积大的模型在 X 轴方向上的位移远大于体积小的模型。

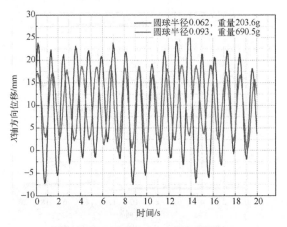

图 6.218　流速 0.3m/s（见彩插）

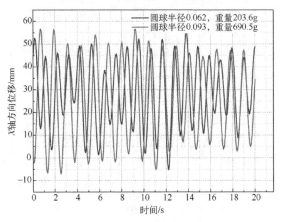

图 6.219　流速 0.5m/s（见彩插）

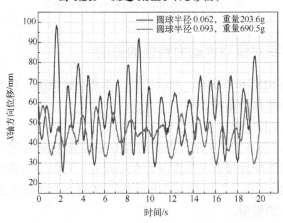

图 6.220　流速 0.7m/s（见彩插）

2. 体积对 Y 轴方向位移的影响

模型 Y62K 和 Y93K 都大致在平衡位置上下波动,如图 6.221~图 6.223 所示,在三个不同的流速下,小体积模型的位移幅度要大于体积大的模型。

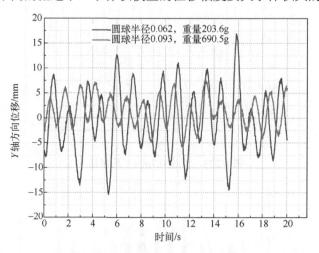

图 6.221　流速 0.3m/s（见彩插）

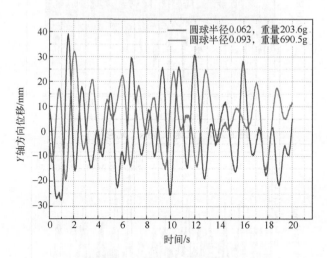

图 6.222　流速 0.5m/s（见彩插）

3. 体积对 Z 轴方向位移的影响

在 Z 轴方向上,体积小的模型平均位移和位移幅度都要比体积大的模型更大,如图 6.224~图 6.226 所示。

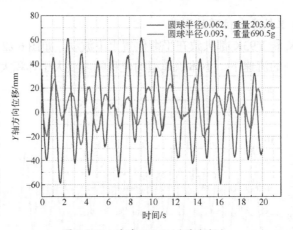

图 6.223　流速 0.7m/s（见彩插）

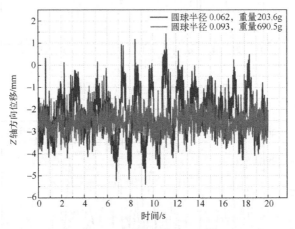

图 6.224　流速 0.3m/s（见彩插）

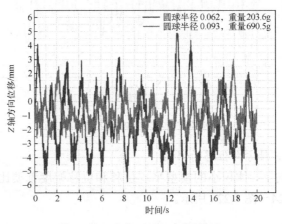

图 6.225　流速 0.5m/s（见彩插）

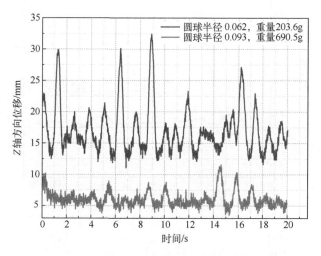

图 6.226 流速 0.7m/s（见彩插）

4. 体积对拉力的影响

绳子的拉力与模型的净浮力相关，模型 Y93K 受到的拉力要远大于模型 Y62K。如图 6.227 所示，体积大的模型，在水流作用下，拉力的波动更富有周期性。

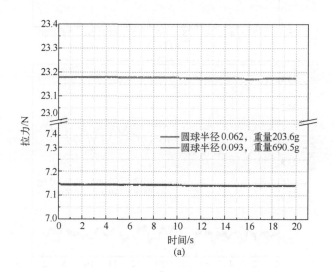

(a)

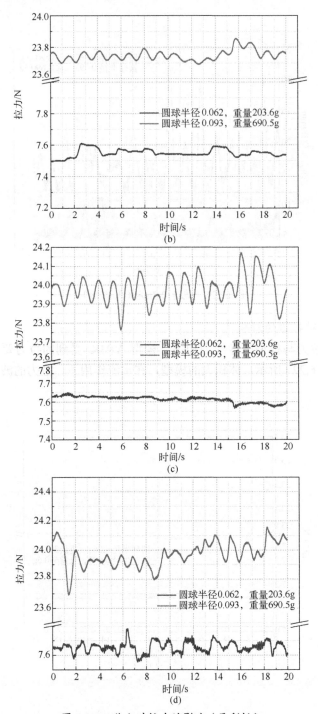

图 6.227 体积对拉力的影响（见彩插）

参 考 文 献

[1] ZHANG J,WANG M L,WANG W B,et al. Investigation on egg-shaped pressure hulls[J]. Marine Structures,2017,52: 50-66.

[2] BLACHUT J. Experimental perspective on the buckling of pressure vessel components[J]. Appl. Mech. Rev.,2014,66(1): 011003.

[3] ZHANG J, ZHANG M, CUI W C, et al. Elastic-plastic buckling of deep sea spherical pressure hulls[J]. Marine Structures,2018,57: 38-51.

[4] ZOELLY R. Über ein Knickungsproblem an der Kugelschale[D]. Zürich ETH Zürich,1915.

[5] WANG C M,WANG C Y. Exact solutions for buckling of structural members[W]. Boca Raton: CRC Press,2004.

[6] PAN B B,CUI W C,SHEN Y S,et al. Further study on the ultimate strength analysis of spherical pressure hulls[J]. Marine Structures,2010,23(4): 444-461.

[7] 张培培,刘文白,施雨. 深海工程浮式网架结构单元的静力分析[J]. 建筑钢结构进展, 2016,18(4): 16-21.

[8] 薛素铎,邱林波,冯淼. 空间结构抗火性能研究进展[J]. 建筑钢结构进展,2009,11(3): 29-36.

[9] 曹金凤,石亦平. ABAQUS 有限元分析常见问题解答[M]. 北京:机械工业出版社,2009.

[10] 中华人民共和国住房和城乡建设部. 空间网格结构技术规程:JGJ 7—2010[S]. 北京:中国建筑工业出版社,2010.

[11] 国家市场监督管理总局. 船舶及海洋工程用结构钢:GB712—2022[S]. 北京:中国标准出版社,2022.

[12] 庄茁,张帆,岑松,等. ABAQUS 非线性有限元分析与实例[M]. 北京:科学出版社,2005.

[13] 李中,杨进,曹式敬,等. 深海水域钻井隔水管力学特性分析[J]. 石油钻采工艺,2007(1): 19-21,118.

[14] 赵文华. 浮式液化天然气装备(FLNG)水动力性能的数值分析及实验研究[D]. 上海:上海交通大学,2014.

[15] 姜萌. 近海工程结构物:导管架平台[M]. 大连:大连理工大学出版社,2009.

[16] 张莉. 深海立管内孤立波作用的动力特性及动力响应研究[D]. 青岛:中国海洋大学, 2013.

[17] 中华人民共和国交通运输部. 港口工程荷载规范:JTS 144—1—2010[S]. 北京:人民交通出版社,2010.

[18] 王秀丽. 大跨度空间钢结构分析与概念设计[M]. 北京:机械工业出版社,2008.

[19] 王芳芳. 船型桁架结构深海养殖渔场动力特性试验研究[D]. 大连：大连理工大学，2019.
[20] NEWMAN J N. Marine Hydrodynamics[M]. Cambridge，MA：The MIT Press，1977.
[21] MOLIN B. Hydrodynamique des Strutures Offshore (French) [M]. Paris：Editions Technip，2002.
[22] FREDRIKSSON D W，DECEW J，TSUKROV I. Development of structural modeling techniques for evaluating HDPE plastic net pensusedin marine aquaculture[J]. Ocean Engineering，2007，34(16)：2124-2137.
[23] URSELL F. On the heaving motion of a circular cylinder on the surface of a fluid[J]. The Quarterly Journal of Mechanics and Applied Mathematics，1949，2(2)：218-231.
[24] LI Y C，GUI，F K，TENG B. Hydrodynamiac behavior of a straisht floating pipe under wave conditions[J]. Ocean Engineering，2007，34(3/4)：552-559.
[25] 滕斌，郝春玲，郑艳娜. 波流作用下深水网箱动力响应数值模拟的初析[C]// 第一届海洋生物高技术论坛论文集. 大连理工大学，2003：387-392.
[26] 郑艳娜，董国海，桂福坤，等. 圆形重力式网箱浮架结构在波浪作用下的运动响应[J]. 工程力学，2006（增刊1）：222-228.
[27] 黄小华，郭根喜，胡昱，等. 波浪作用下圆形网箱浮架系统的运动特性分析[J]. 水产学报，2009，33(5)：878-884.
[28] 郝双户. 深水重力式网箱浮架的流固耦合研究[D]. 大连：大连理工大学，2008.
[29] AARSNES J V，RUDI H，LϕLAND G. Current forces on cage，net deflection[C]// Engineering for Offshore Fish Farming. Proceedings of A Conference Organised by the Institution of Civil Engineers，Glasgow，UK，17-18 October，1990：137-152.
[30] BESSONNEAU J S，MARICHAL D. Study of the dynamics of submerged supple nets (applications to trawls) [J]. Ocean Engineering，1998，25(7)：563-583.
[31] PATURSSON O，SWIFT M R，TSUKROV I，et al. Development of a porous media model with application to flow through and around a net panel[J]. Ocean Engineering，2010，37(2/3)：314-324.
[32] TSUKROV I，EROSHKIN O，FREDRIKSSON D，et al. Finite element modeling of net panels using a consistent net element[J].Ocean Engineering，2003，30(2)：251-270.
[33] FREDHEIM D W，IRISH J D，SWIFT M R，et al. The heave response of a central spar fish cage[J]. Journal of Offshore Mechanics and Arctic Engineering，2003，125(4)：242-248.
[34] 桂福坤，李玉成，张怀慧. 网衣受力试验的模型相似条件[J]. 中国海洋平台，2002(5)：23-26.
[35] 李玉成，桂福坤. 平面有结节和无结节网目试验及水阻力系数的选择[J]. 中国海洋平台，2005(6)：11-17.

[36] 詹杰民，胡由展，赵陶，等. 渔网水动力试验研究及分析[J]. 海洋工程，2002(2)：49-53，59.

[37] SLAATTELID O H. Model tests with flexible, circular floats for fish farming[C]// Engineering for Offshore Fishfarming. Proceedings of a Conference Organized by the Institution of Civil Engineers, Glasgow, UK, 17-18 October, 1990：93-106.

[38] FREDRIKSSON D W, MULLER E, SWIFT M R, et al. Offshore grid mooring/net pen system：Design and physical model testing[C]. Offshore Mechanics and Arctic Engineering' 99. Proceeding of the 18th International Conference. New found land Canada, AMSE, 1999.

[39] FREDRIKSSON D W, MULLER E, SWIFT M R, et al. Physical model tests of a gravity-type fish cage with a single point, high tension mooring[C]// Offshore Mechanics and Arctic Engineering' 99. Proceeding of the 18th International Conference, New found land Canada, AMSE, 1999.

[40] FREDRIKSSON D W, MULLER E, BALDWIN K, et al. Open ocean aquaculture engineering：System design and physical modeling[J]. Mar. Tech. Soc. J., 2000, 34(1)：41-52.

[41] LEE C W, KIM Y B, LEE G H, et al. Dynamic simulation of a fish cage system subjected to currents and waves[J]. Ocean Engineering, 2008, 35(14/15)：1521-1532.

[42] 陈昌平，李玉成，赵云鹏，等. 波流共同作用下单体网格式锚碇网箱水动力特性研究[J]. 水动力研究与进展：A 辑, 2009, 24(4)：493-502.

[43] CHEN C P, ZHAO Y P, LI Y C, et al. Numerical analysis of hydrodynamic behaviors of two net cages with grid mooring system under wave action[J]. China Ocean Engineering, 2012, 26(1)：59-76.

[44] CHEN C P, LI Y C, ZHAO Y P, et al. Numerical analysis on the effects of submerged depth of the grid and direction of incident wave on gravity cage[J]. China Ocean Engineering, 2009, 23(2)：233-250.

[45] 孙满昌，汤威. 方形结构网箱单箱体型锚泊系统的优化研究[J]. 海洋渔业，2005(4)：328-332.

[46] 宋协法，万荣，黄文强. 深海抗风浪网箱锚泊系统的设计[J]. 青岛海洋大学学报（自然科学版），2003(6)：881-885.

[47] LINFOOT B T, HALL M S. Analysis of the motions of scale-model sea-cage systems[J]. IFAC Proceedings Volumes, 1987, 20(7)：31-46.

[48] COLBOURNE D B, ALLEN J H. Observations on motions and loads in aquaculture cages from full scale and model scale measurements[J]. Aquacltural Engineering, 2001, 24(2)：129-148.

[49] KIM T, LEE J, FREDRIKSSON D W, et al. Engineering analysis of a submersible abalone aquaculture cage system for deployment in exposed marine environments[J]. Aquacultural Engineering, 2014, 63：72-88.

[50] 吴常文，朱爱意，沈建林. HDPE 深水网箱抗风浪流性能的海区验证试验[J]. 海洋工程，2007，25(2)：84-90，97.

[51] 黄六一. HDPE 圆形双浮管网箱系统水动力学特性研究[D]. 青岛：中国海洋大学，2013.

[52] 黄六一，梁振林，万荣，等. HDPE 圆形升降式网箱下沉时最大倾角的研究[J]. 中国海洋大学学报（自然科学版），2006，36(6)：953-958.

[53] 赵云鹏，李玉成，董国海. 深水抗风浪网箱水动力学特性研究[J]. 渔业现代化，2011，38(2)：10-16.

[54] 赵云鹏. 深水重力式网箱水动力特性数值模拟研究[D]. 大连：大连理工大学，2007.

[55] ZHAO Y P, BI C W, DONG G H, et al. Numerical simulation of the flow around fishing plane nets using the porous media model[J]. Ocean Engineering, 2013, 62(3): 25-37.

[56] ZHAO Y P, XU T J, DONG G H, et al. Numerical simulation of a submerged gravity cage with the frame anchor system in irregular waves[J]. Journal of Hydrodynamics. Ser. B, 2010, 22(5): 433-437.

[57] 桂福坤. 深水重力式网箱水动力学特性研究[D]. 大连：大连理工大学，2006.

[58] 董国海，孟范兵，赵云鹏，等. 波流逆向和同向作用下重力式网箱水动力特性研究[J]. 渔业现代化，2014，41(2)：49-56.

[59] BI C W, ZHAO Y P, DONG G H. Numerical Study on the hydrodynamic characteristics of biofouled full-scale net cage[J]. China Ocean Engineering, 2015, 29(3): 401-414.

[60] 孟范兵. 波流作用下深水重力式网箱水动力特性研究[D]. 大连：大连理工大学，2014.

[61] 李玉成，毛雨婵，桂福坤. 不同配重方式和配重大小对重力式网箱受力的影响[J]. 中国海洋平台，2006(1)：6-15.

[62] 郭勤静，徐立新，刘建成，等. 深海网箱结构设计与分析方法[J]. 船舶，2019，30(2)：27-34.

[63] DNV·GL. DNV-RP-C103 column-stabilized units[S]. 2015.

[64] DNV·GL. DNV-RP-C205 environmental condition sand environmental loads[S]. 2017.

[65] 屈少鹏，尹衍升. 深海极端环境服役材料的研究现状与研发趋势[J]. 材料科学与工艺，2019，27(1)：1-8.

[66] 冯立超，乔斌，贺毅强，等. 深海装备材料之陶瓷基复合材料的研究进展[J]. 热加工工艺，2012，41(22)：132-136.

[67] 韩雪，蔡毅，段志浩，等. 潮流能叶轮叶片单向流固耦合有限元分析[J]. 机械工程师，2019(3)：23-25，29.

[68] 张大朋，白勇，张彩悦，等. 基于 AQWA 的自升式钻井平台水动力响应分析[J]. 石油工程建设，2019，45(4)：33-39.

[69] 陈启东, 曹灿, 顾泽堃, 等. 基于 AQWA 的锥底振荡浮子水动力特性研究[J]. 工业仪表与自动化装置, 2019(4): 3-6.

[70] 朱晓洋, 胡金鹏. 基于 AQWA 的南海半潜式海洋平台系泊系统破断分析[J]. 广东造船, 2019, 38(3): 24-29.

[71] 唐泽成. 点吸收式波浪能发电装置水动力性能研究与优化[D]. 杭州: 浙江大学, 2019.

[72] 纪仁玮, 张亮, 王树齐, 等. 振荡浮子式双浮体波浪能装置的频域和时域分析[J]. 上海船舶运输科学研究所学报, 2019, 42(3): 19-27.

第 7 章 深海土木工程施工技术展望

制约深海土木工程建设的主要因素是施工技术。由于深海环境面临的施工条件相当复杂，陆岸施工技术几乎难以直接应用于深海。深海土木工程施工技术的要求远远高于陆地和浅海，亟须开展深海土木工程施工技术的相关探索与研究。

7.1 复杂深海工程地质原位长期监测系统研发与应用

海底滑坡、浊流等深海底地质灾害严重威胁海洋工程安全，是国家深海开发亟待解决的风险问题。为避免深海海底地质灾害对海底工程造成危害，解决深海海底地质灾害监测预警的难题，孙志文等研发了一套复杂深海工程地质原位长期监测系统。该系统通过声学、电阻率、超孔隙水压力等方法监测深海海底沉积物的物理力学性质变化，实现了对深海海底地质灾害的监测和预警。该系统主要包括海床基搭载平台、监测系统、通信控制系统、供电系统等。其中，监测系统主要通过原位长期监测海底沉积物的电阻率、声学、超孔隙水压力等的变化来获取海底沉积物的物理力学性质变化；通信控制系统可以实现海底到海面，再到陆地的双向通信和数据传输；供电系统通过独特设计的海水电池工艺，可以满足该系统在海底长期工作一年的电量需求。此外，电阻率监测系统采用温纳法滚动测量，测得的水土界面位置平均电阻率为 $0.207\Omega \cdot m$；超孔隙水压力监测系统采用开放式结构的压差式光纤光栅孔压测量方法，监测到孔压观测的四个标志性阶段：①贯入过程引起的超孔隙水压力累计，峰值为 $34.942kPa$，历时 $0.182h$；②贯入完成后累积的超孔隙水压力衰减，衰减到 $9.973kPa$，历时为 $0.810h$；③环境应力引起的超孔隙水压力实时响应，超孔隙水压力的变化范围为 $8.327\sim 14.384kPa$；④残余孔隙水压力平均值为 $11.150kPa$。声学监测系统采用两个"一发三收"模式，测量的海水平均声速为 $1533m/s$，测量的海底沉积物自上而下的平均声速依次为 $1586m/s$、$1587m/s$、$1784m/s$、$1735m/s$、$1831m/s$。复杂深海工程地质原位长期监测系统的成功研制将显著提升目前海洋工程地质原位长期观测的技术能力，解决复杂深海工程地质评价及地质灾害监测预警的技术难题[1]。

7.2 深海空间站建设

深海空间站总体设计为水动力外形设计、耐压结构设计、成本计算、质量与寿命分析等多学科耦合问题[2]，其中材料选型、结构优化是推动深海空间站建设的关键科学问题。深海空间站承受的超高压环境，以及它与海床、海水、海流的相互作用和影响使得深海空间站的设计和建造在某种意义上比太空空间站的设计和建造更为复杂、更为困难[3]。

曾恒一院士[3-4]曾提出要开发新型能源的深海空间站，并提出设计构想。"十二五"期间，中船重工702所针对深海空间站课题进行立项，并研制出小型深海移动工作站模型。2014年日本提出"海底城市"概念，并计划2030年正式建成。法国针对水下核电站的设计与研究，为解决深海空间站动力供给问题奠定基础。吉雨冠和程荣涛[5]探索了深海空间站导航技术。赵敏[6]探索了多学科设计优化方法在深海空间站总体概念设计应用上的可行性和适用性。秦蕊等[7]等指出深海耐压壳的设计要着重考虑高压和低温环境影响，另外，耐压壳设计尺度大，耐压壳制造和结构密封方面均存在较大难度。上述研究表明，深海空间站是一个高度复杂的工程系统，相关技术研究尚处于探索阶段，但海洋工程实践表明世界上的海洋强国都高度重视此类深海构筑物或深海设备的研究，并超前应用于国家权益的维护。因此，为进一步增强我国海洋实力，亟须开展深海空间站技术的研究。

7.3 深海水下生产技术

1. 国内成果

我国1996年与阿莫科东方石油公司开发了流花11-1；1996年与挪威石油公司合作开发了陆丰22-1；1998年、2000年采用水下生产系统开发了惠州32-5、惠州26-1N；2006—2007年自主修复310m深水流花11-1油田被损设施；2009年我国海外深水区块AKOP进入生产阶段；2012年我国第一个采用水下设施气田崖城13-4将投产；2012年流花4-1深水回接油田投产；2014年我国第一个深水气田荔湾3-1顺利投产。荔湾3-1气田水下生产设施工作水深为1350~1500m。设计能力为8+1口井，同时有预留3口井槽（控制系统可扩展至19口井），气田产出流体通过2条22英寸（1英寸=2.54cm）、79km海底管道回接到浅水增压平台进行处理，采下复合电液控制系统，单独铺设1根6英寸、79km长的乙二醇管线，1根79km的控制脐带缆。同时，在海底管道终端管汇预留压缩机接口。深水水下生产系统及相应的深水海底管道构成整个水下回接系统，选用水下卧式采油树、复合电液压控制技术；来自浅水增压平台的脐带缆为水下生产系统提供电力、液压、控制；单井计量采用水下湿气流量计。荔湾 3-1 气田于 2014 年 4 月顺利投产，是我国第一个深水气田。

中国海洋石油总公司联合上海美钻开展了水下采油树维修技术和单元测试技术研究及国产化连接器研制，2012 年，自主研制的连接器成功应用到崖城 13-4 水下气田，2013 年，自主维修后第一个采油树完成海上安装，2015 年年底，已经成功完成 6 个水下采油树的维修作业和海上安装；2014 年，中国海洋工程股份有限公司，自主研制了流花 19-5、番禺 35-1、番禺 35-2 水下管汇，并成功实施，2014 年，荔湾 3-1 气田水下管汇在国内完成组装，并顺利投入使用。水下生产系统是深海油气田开发的核心装备之一，虽然我国在近 5 年内开展了一系列的水下产品的研发和工程实践，但与世界先进水平相比，仍有较大差距，产品集成度不高，产品的类型单一。同时，就目前应用的水下生产系统而言，存在输送距离较短（79km）、水深较浅（1480m）的特点。所以兼顾引进与创新，集国内外相关技术优势，联合攻关，使这项高技术尽快服务于我国海洋石油开发工程是当务之急。

2. 水下生产技术的发展领域

水下生产技术需要进一步发展的领域如下：

（1）水下井口、采油树等钻井设备设计、制造、测试与安装技术。水下井口、采油树等钻井设备设计、制造、测试技术；水下防喷器、隔水管等钻井设备研制；水下钻井作业与安装工具研制；水下钻井装备海上应用认证技术。

（2）水下控制系统关键设备及脐带缆产品技术。水下控制模块（Subsea Control Module，SCM）、水下分配单元（Subsea Distribution Unit，SDU）、水下路由模块（Subsea Routing Module，SRM）研制；水下脐带缆终端（Umbilical cable Termination Head，UTH）、水下脐带缆端件研制；远距离全电气控制系统技术；水下远距离光纤通信技术；水下多相计量技术。

（3）水下远距离供电技术包括远距离交直流输送技术、水下高压变压技术、水下变频技术、水下高压湿式电接头技术以及高压磁饱和、谐波等技术。

（4）水下多相增压和举升技术包括水下多相增压技术、水下湿气增压技术、水下分离技术，油气多相密封系统以及辅机配套技术、整装化和橇装化设计。

（5）深水空间站作业技术包括深海空间站水下作业技术、深海空间站海底设施故障诊断技术、深海空间站电力供应和控制技术。

3. 水下生产技术的关键技术

1）水下焊接技术

水下焊接技术是水下生产技术的关键技术之一。传统的海洋石油工程水下焊接技术主要分为湿法水下焊接技术、干法水下焊接技术与局部干法水下焊接技术三种。现阶段，海洋石油工程水下焊接新技术主要有高压 TIG 水下焊接新技术、高压 MIG 水下焊接新技术与摩擦叠焊技术等。其中，高压 TIG 水下焊接新技术的应用效果较好，将其应用到 500m 深的海洋石油开采装备焊接中，能够保证海洋石油开采设备得到更好的安装与修复。对于水下结构物维修而言，水下干式高压焊是比较成熟的高质量焊接工艺，未来重要的发展方向是采用无潜水员的全自动作业系统进行深水作业。海底管道铺设自动焊的主要发展趋势是采用 Tandem 双丝技术大幅度提高焊接效率。

近些年来，国家有关部门越来越重视海洋石油工程的开采成果，在一定程度上推动了水下焊接技术的快速发展。未来，我国海洋石油工程水下焊接技术的自动化水平更高，焊接水深更大。伴随科学技术的不断进步，海洋石油工程水下焊接技术会更加环保，海洋石油工程水下焊接水平越来越高，不断提升海洋石油资源的开采水平。

2）深水海底管道铺设技术

（1）拖曳式铺管法。拖曳式铺管法包括水面拖行、水面下拖行、近底拖行和海底拖行等方法。所有拖曳方法的管道组装都是一样的，可以在陆上组装场或在浅水避风水域中的铺管船上完成；在管道组装完成之后，就可以进行拖行铺设。水面拖行采用浮箱使管段漂浮在水面。水面下拖行利用漂浮装置使所铺设的管段位于波浪作用范围以下。近底拖行是近水面拖行技术的一种改进，也需要一条主拖船和一条牵制拖船。海底拖行是利用拖船的牵引力直接在海床拖行管段至指定位置。

（2）卷管式铺管法。这种铺管法是将管道在陆地预制场上接长，然后卷在专用滚筒上，送到海上进行铺设施工的方法。该方法的优点是 99.5%的焊接工作可以在陆地完成，海上铺设时间短，成本低，每段管道可连续铺设，作业风险小。每个专用的卷管滚筒都和特定的铺管船一起搭配使用，普通卷管的管径可以从 2~12 英寸不等，单层管的最大铺设管径可达 16 英寸，最大作业水深可达 1800m。

（3）J 型铺管法。J 型铺管法是目前最适于深海进行管道铺设的方法，该方法用于刚性的管道时效果最佳。该方法在铺设过程中借助于调节托管架的倾角和管道承受的张力来改善管道的受力状态，达到安全作业的目的。到目前为止，J 型铺设法主要有钻井船 J 型铺设法和带斜型滑道的 J 型铺管法两种形式。J 型铺管法主要应用于深海区域的管道铺设，目前已经得到了广泛应用。

（4）S 型铺管法。S 型铺管法是目前铺设海底管道最为常用的方法。由于其是在一个水平线上作业，不仅安全稳定而且效率高。这种铺管法一般需要安排一艘或者多艘起重抛锚拖轮来支持铺管作业。当 S 型铺管法的铺设深度达到 600m 以上，技术上就会遇到诸多挑战，即拱弯段要求更大的转角，垂弯段要求避免压力带来的失稳。新型 S 型铺管法大大缩短了托管架的长度，而且也降低了铺管船的水平推进力要求。新型 S 型铺管法的出现，为 S 型铺管法应用于深海开辟了开阔的前景。

目前，我国在深水铺管方法和设备上都与发达国家存在着很大的差距，需要业界进行深入研究。其中，深水铺管船 DPv7500 将缩小与国外的差距。因此，应充分学习消化已有的成功经验，开展相关领域的研究工作，提高海底管道铺设深度，提高铺设效率，减少成本等，对努力赶超国际先进水平有重要意义。所有这些工作都应当在充分掌握已有成功经验的基础上，同时结合中国海域自身的特点开展研究。

7.4　大洋采矿技术

海洋是世界上最大潜在矿产资源基地，国际深海区域储存着大量的矿产资源，其中多金属结核、富钴结壳、多金属硫化物等资源的商业开采前景良好，对深海中矿产资源的开采已经成为各国的重要战略目标，并将相关技术的研究开发作为重要的研究课题，从而进行技术储备。纵观几十年深海采矿系统的发展，以发达国家在这一领域的发展历程上来看，可大致分为四个阶段：第一阶段，以深海资源勘探为主，开始着手矿产开采技术方面的研究；第二阶段，继续深海资源勘探，开采技术研究和装备开发达到高潮；第三阶段，基本上完成资源勘探工作，技术和设备进一步完善；第四阶段，转入在开采矿物的同时保护海洋环境相关方面的研究。

对海洋资源的开发利用与我国实现可持续发展的目标息息相关，近年来，我国对深海采矿技术的基础研究、运动学和动力学特性分析以及室内模拟试验，对现有的各种采矿系统及其改进方案进行了技术经济分析，并结合国外最新的进展，最终确定我国大洋多金属结核采矿系统采用集矿机与扬矿管道组合的深海采矿系统，该系统国内外已有成熟的理论，并完成实船的验证性开采。

7.4.1　深海采矿系统的技术方案

深海采矿系统是指完成矿石在海底的收集并将其运输至海面的一系列的子系统的统称。20 世纪 50 年代末，英国、法国、德国、日本等国家开始进行相关开采技术的研究，重点进行了多金属结合开采技术的研究，相继提出了拖斗式、链斗法、穿梭艇式、水力（气力）管道提升式四种不同的深海采矿系统；

其中，水力（气力）管道提升式系统的应用前景最佳[1]。在"十一五"期间，我国开始深海矿产局部试采系统的研制工作，成功开发了水面提升与水下联动模拟试验系统，并在湖南道县开展了 230m 水深的提升试验。进行系统性的水下联动试验，检验了扬矿子系统的协调性、可操控性和遥测稳定性。以下是四种不同的深海采矿方案。

1. 拖斗式采矿系统

1960 年，美国 Mero 教授提出拖斗式采矿系统，包括深海采矿船、铲斗和拖绳，其工作原理是：在采矿船安装一个铲斗，同时在铲斗上系有音响，然后在采矿船上下放铲斗，当铲斗到达海底后音响会提示操作者，铲斗装满结核后，再将它回收到采矿船上。该系统虽然原理简单，操作简便，但是采集率低，海底环境复杂，不易操作，商业开采价值低，不久后便停止研究工作。但是鉴于该系统是最简单的开采海底多金属结核，原理简单，灵活性好，维修方便，搬迁时间短，2004 年韩国釜庆大学在该系统基础上继续研究，提出采用集矿机加拖网可用于小规模的海底锰结核开采。

2. 链斗法采矿系统

连续绳斗法采矿系统的组成部分有海面采矿船、缆索、牵引机和索斗，其采矿原理是：在一根缆索上吊挂一定数量链斗，每个链斗相距 25~50m，单只船的连续链斗由安装在采矿船船尾和船头缆索导引轮带动缆索运转，两只船的连续链斗由安装在两船缆索导引轮带动缆索运转，运转过程中将存在海底的结核铲到链斗里，送至采矿船上。1972 年，日本对连续链斗法进行采矿试验，方案是在一条 8km 长的回转链上每隔一定距离挂一个挖斗，从采矿船船首投放、船尾回收，虽然这些挖斗也采集了一些结核，但作业中链索缠在一起而使试验终止。

3. 穿梭艇式采矿系统

1979 年，由法国人首次研发，系统构成包括深海采矿船、采矿潜水器和提升潜水器，潜水器共有飞艇型和梭车型两种形式。潜水器下潜到海底进行采矿，装满矿石后再上浮至水面平台（采矿船）卸载矿物，实现了集矿和扬矿一体化，后因其动力、控制等成本昂贵而终止研发。

4. 水力（气力）管道提升式系统

美国、加拿大、英国、日本、德国等国相继组成的肯尼柯特集团、海洋采矿协会、海洋管理公司（Ocean Management Inc，OMI）和海洋矿业公司（Ocean Minerals Company，OMCO）研发并提出了一种新型的海洋采矿系统，该系统一般被称为管道提升式，通常认为由三个部分组成：在海底进行结核采集的海底采矿车、通过泵和管道以水力或气力方式将矿物从海底运送至海面的提升系统、为海底采矿车和提升系统提供动力和操作支持并对矿物进行初步脱水和分选处理的水面支持系统。此系统按扬矿管类型分类，可分为硬-软管扬矿系统和全软管扬矿系统，按提升方式分类，系统可分为水力提升系统和气力提升系统，气力提升在垂直的扬矿管中注入空气，在管道内形成三相流，注入空气后管外压强比管内压强大，提升结核所需要的能量就由管内外的压差来提供；水力提升是由清水泵或矿浆泵提供动力，使管中的海水产生向上运动，结核借助海水的向上运动一起沿管道上升，直到停泊在海面的采矿船上。水力提升系统不仅扬矿效率高、结核采集量大，而且系统结构可靠性高，目前最具有商业开采价值。

在 1978 年，OMI 采用该系统在太平洋进行了数次深海多金属结核采矿海试，成功地从 5200m 水深海底采集到数百吨多金属结核，最大产能超过 40t/h，验证了该系统原理及其深海采矿的技术可行性。同一时期美国洛克希德等跨国财团，其后 20 世纪 90 年代的日本以及近期的印度与韩国的深海多金属结核采矿试验系统等亦是采用管道提升式原理与方案进行过不同程度的海试并取得不同程度的成功。

7.4.2　深海采矿系统的组成

以管道提升式系统为例，该系统主要包括：水面平台、水下扬矿及输送管道和海底集矿设备。

1. 水面平台

深海采矿系统的水面支持系统由采矿船及搭载的各种设备组成，水面支持系统为海底采矿车、矿物输送管道提升系统提供动力和操作控制，同时采矿船需要对海底采集上来的矿石进行初步的脱水或分选处理后再送到运输船上运至陆地，采矿船上一般都开有大尺寸的月池。此外，在采矿作业时，深海采矿船的船面上会安装一个数十米高的塔架，船体之下更是会悬挂一个数千米长、数百吨重的扬矿管线系统，当海底集矿机完成区域采集进行位置移动时，海面上的采矿船也必须进行相应的移动，构成所谓"深海采矿系统整体联动"。采矿船还需装备动力定位系统，动力定位系统借助 GPS 定位系统，通过控制动力推进器，控制船体动力定位系统可控制船舶的纵荡、横荡和艏摇，而且通过万向架轴承系统补偿采矿船的纵摇和横摇运动也取得了很好的效果。

我国对采矿船设计研究较晚，"十二五"时期开始着手研究采矿船的建造，期间北车船舶、上海崇和实业联合推出滨海采选一体矿船"泰鑫1"号，于 2014 年年底完工，其工作水深为 80～100m。总体而言，国外发达国家已大体实现深海采矿技术能力储备，并有计划地进行商业开采，而我国进行了理论研究和实验研究，初步掌握了深海采矿、管道输送和水面支持的原理，尚未完全掌握深海采矿涉及的关键技术，所以加快脚步、加大力度进行深海采矿相关技术的研究意义重大。

升沉补偿系统作为水力提升式深海采矿系统中水面支持子系统的重要组成部分，是连接船体和深海采矿装备的重要装置，升沉补偿问题是深海采矿过程必须考虑与解决的重要问题。

采矿船在海上作业时处于漂浮状态，深海采矿系统工作深度约为5000m，在海洋环境中，采矿船受风、浪、流、潮的综合作用，会产生六个自由度的运动纵摇、横摇、艏摇、纵荡、横荡、升沉。船体的这些运动都会影响扬矿子系统和集矿子系统的工作。在采矿工作进行时，可以通过动力定位的方法只能消除船体的艏摇、纵荡和横荡，但如果没有特殊的补偿装置，采矿系统的纵摇、横摇和升沉运动将不可避免地存在。采矿船随波浪的周期性升沉及纵横摇运动，将引起水面支持平台悬挂着的扬矿子系统亦呈现周期性的升沉及纵横摇运动，在此过程中，扬矿子系统会受到不利影响，扬矿管将既有轴向的振动和变形，又有水平方向的偏移和弯曲变形，既受到轴向的拉应力，还要承受弯曲应力和扭矩，其运动和受力在扬矿管的不同位置也不一样，并且各种运动和应力之间还存在耦合，给整个系统带来极大的附加载荷，从而影响采矿作业的稳定性和可靠性。可通过补偿升沉运动的装置来减少船舶运动对扬矿系统的影响，使其影响达到扬矿系统允许的范围。20世纪70年代，OMCO在其深海采矿海试船GlomarExplorer上针对深海采矿作业需求而专门设计建造的升沉补偿系统，由于其技术的独特和性能的优越，至今还被视为深海采矿升沉补偿系统的样板。

根据集矿机布放至海底后与采矿母船及扬矿管线的相对位置，以及联动作业过程中的相对运动关系，可将整体系统的联动作业方式大体分为纵向折返式与横向折返式，以保证水面上的采矿船能拖曳着输送管道配合海底的采矿车完成大范围的矿石采集。

2. 水下扬矿系统

扬矿子系统是深海采矿系统中的重要组成部分，承担着将海底集矿机采集到的结核矿石输送到海面采矿船的任务，同时又是电缆、动力部件等的安装载体。水下输送系统包括：扬矿管道、提升泵、中继仓和软管，在管道提升式深海采矿系统中，采矿车在海底将矿石收集完成进行粉碎处理，通过数千米的管道泵送至水面采矿船上，由于矿物的粒级组成十分宽广，深海采矿管道输送是一个十分特殊的粗颗粒固液两相上升流问题[2]。

1）输送管道

根据输送管道的不同，可以分为软管采矿系统和硬管采矿系统。

软管是将集矿机采集的矿石输送到扬矿硬管下端中继矿仓不可缺少的环节，其原因是采矿系统底部需要一段柔性管道，以适应海底较大的地形起伏、集矿机绕障及一定范围内回采路径变化等，这些因素限制条件下软管的空间形态复杂多变，输送管道在工作中的外部荷载十分复杂，除承受自身的重力和海水的浮力外，还受到管内流体的作用力、海水的阻力、海水压力以及海浪和海流的作用力等。

软管长度约为300m，其安全输送速度随着浆体体积浓度、颗粒粒径增加而增加，但随着软管拱顶上升，倾斜角度增加反而降低。输送速度还与软管的初始空间形态有关，集矿车在不同位置时所形成的三种形态：①当集矿车远离提升系统时，软管的形状概化为倾斜直管；②当集矿机在与中继仓水平距离的中间位置时，软管的形状有一定的弯曲度；③当集矿机与提升主管非常接近时，软管曲率达到最大值。在实际采矿过程中，可根据集矿机位置合理设计软管输送速度，确保软管处于最佳输送状态。

扬矿硬管作为扬矿子系统的关键组成部分，长达数千米，其工作特性不仅受内部输送的流体矿浆的脉动、压力变化因素的影响，还受到外部海流、海浪等复杂荷载的作用。研究表明：在内部和外部流场与扬矿硬管耦合的情况下，扬矿硬管的固有频率随着硬管管长的增加而降低，随着硬管所受的顶端张力的增加而增加。设计时应综合考虑深海采矿作业深度、系统稳定性及安全性等因素，选取合适的扬矿硬管长度。可以通过改变扬矿硬管顶端张力的大小、方向，在一定范围内改变扬矿子系统的固有频率，避免硬管与海流的激振频率接近产生共振。

硬管的最大侧向位移和最大主应力随着内流速度增大而增大，随着内流密度的增大而增大，在进行矿物运输时，内部流体密度不要太大，其流速在2.5~3.5m/s的区间内变动，能有效地保证扬矿子系统高效平稳地工作。硬管的最大侧向位移和最大主应力随着外部海流速度增大而增大，过大的侧向位移易导致系统失稳，为保证扬矿硬管在作业过程中的稳定性，整个深海采矿系统应在外部海流速度小于0.80m/s时作业。

2) 水力提升系统

水力提升动力是由清水泵或矿浆泵提供的，因此可分为矿浆泵提升和清水泵提升两种系统。

矿浆泵提升系统主要组成部分包括采矿船、扬矿硬管、矿浆泵组、中间舱、集矿机和输送软管，通过给料机将结核送入扬矿管内，再由矿浆泵提供动力使得管外压强高于管内的，利用管内外压差将结核矿浆提升至采矿船上。OMI公司在太平洋的克拉里昂-克里帕顿断裂带采用矿浆泵水力提升系统试采多金属结核，最后成功地从 5200m 的海底采集到了千吨锰结核。矿浆泵提升系统扬矿效率高，可达到 50%以上，但是易出现泵磨损问题，同时结核也会破碎和分化。实验结果表明，结核磨损性和破碎性都不大，因此，矿浆泵水力管道提升系统是目前最有发展情景的扬矿系统。

清水泵提升系统主要组成部分包括采矿船、扬矿硬管、矿舱、给料机、清水泵、集矿机和输送软管，该开采系统与矿浆泵提升系统的不同点是将泵安装在海底作业平台，集矿机采集到的多金属结核经软管输送到矿舱，在矿舱底部连接给料机，高压给料机向泵排出口供给多金属结核，泵提供动力将多金属结核提升至海面。其优点是多金属结核不用经过泵，可以避免泵的磨损，但是要实现海底高压给料，给料装置比较复杂，可靠性差。

20 世纪 70 年代，德国 KSB 公司对输运粗颗粒提升泵的水力模型、流道、过流要求等进行了研究，采用具有离心泵和轴流泵双重特性的混流泵作为提升泵的泵型，在此基础上研制了三台 6 级潜水扬矿电泵，其泵流量为 500m^3/h，每级扬程 50m 水柱，泵电机外壳环形流道的过流断面为 75mm×75mm，通过最大多金属结核粒径为 25mm。

1986 年，日本荏原制作所在 2 级扬矿泵研究的基础上，进行了 8 级扬矿泵的研究，泵流量 450m^3/h，每级扬程 47.5m 水柱，但从泵型和泵结构分析，该泵存在停泵后海底矿物颗粒回流不顺畅的问题。至今德国、日本均将其输送电泵的研究成果列为其国家的核心技术秘密。

"十五"期间，我国长沙矿冶院等在国务院大洋专项支持下也研制了一台深海多金属结核扬矿 2 级混流泵，该泵长 4.6m、外径 0.93m，在 30m 的扬矿试验系统用模拟结核对该泵进行了清水和矿浆性能试验，获得了较好的结果。

在巴新专属经济区的深海多金属硫化物采矿（1600m 水深）项目中，鹦鹉螺矿业拟采用隔膜正排量泵作为水下矿物提升泵，该泵由 2 个泵模块组成，每个模块包括 5 个由采矿船矿物脱水的回水驱动的隔膜泵，与离心泵相比，正排量泵具有高的扬程和硬的工作特性，而采用隔离泵结构，通过隔膜将泵腔隔离成浆体和驱动液体两个工作室，隔离固体颗进入泵体，有利于减小对泵的磨损。在深海采矿项目中使用该方案的另一个好处是可将从海底抽到水面的海水再送回到海底排放，有利于降低海面水体的排放污染。尽管这种泵型尚未经过深海采矿或海试的实际检验，但曾在墨西哥湾用于提升 305m 水深的钻探切削物，且表现良好。2012 年鹦鹉螺矿业宣布其水下矿物提升泵已进行了工厂试验评估，且部分组件在 2500m 深的水中进行了测试。

3）中继仓

中继仓作为软管和硬管相连的一个设备，也相当于暂时的储存库，集矿机将收集的矿石脱泥、破碎之后通过软管输送到中继仓,在中继仓的给料机将矿浆等密度的供给硬管,保证输送的平稳性。

3. 海底采矿设备

集矿机是深海采矿系统中技术最复杂、难度最大、最关键的部分,要求在4800~5300m的大洋软海底正常可靠地进行高效率集矿作业,其主要技术难点在于[6]:①适于采集深海底表面赋存的结核矿石,满足环保要求。②能在剪切强度极低的软海底上行走,满足承载能力高、牵引力大、破坏海底最轻的行走车辆要求。③耐60MPa高压和海水腐蚀的材料、密封结构、运动副的配合。④集矿机从采矿船上向海底施放和回收的方法和装置。

为了完成整个矿区的开采,深海采矿车必须具备在海底行走的能力,采矿车在海底或近海底的行走从理论上可以有浮游式、拖曳式和自行式三种可能的方式。虽然目前使用最普遍、发展最成熟的水下机器人(ROV、AUV和HOV等)均是采用浮游运动,但深海采矿作业产生的较大反力决定了深海采矿车不宜采用这种方式。

早期深海采矿海试中曾多次采用拖曳式海底采矿车并被证明技术上可行,1978年国际财团海洋管理公司(OMI)在太平洋进行了多金属结核的试采活动。采矿系统的采矿能力大约为30/t·h,采矿深度是5000m,连续工作22h,总共采集了1000t多金属结核矿物,集矿机靠采矿船通过扬矿管拖拽行走,但也发现这种行走方式难以控制采矿车在海底的行走路径,而且采集率低,躲避障碍物困难。

1978年,OMCO研制了一种阿基米德螺旋式行走方式的采矿车并在其海试中使用,这是一种自行式行走方式,其优点是结构简单、海底通过性能好,但螺旋线凹槽易被沉积物敷住,导致行走打滑严重,转弯困难,而且与海底接触面积小,承载能力低,对海底扰动也比较大。

目前,在研的深海多金属结核海底采矿车基本上都是采用履带自行式行走方式,履带行走方式在陆地上已得到广泛应用,极强的负载能力和良好的恶劣地形通过性能使其成为诸多重载作业车辆的首选。我国的深海采矿技术方案"海底履带自行水力集矿机采集-水力管道矿浆泵提升-海面采矿船技术支持",我国已经完成了采矿系统的技术设计和样机的加工制造。2001年,我国在云南抚仙湖完成了对采矿系统的综合湖试,湖试水深130m,成功完成了湖底模拟多金属结核的采集和输送。2016年6月6日,"国家863计划"项目深海扬矿系统海试进行了扬矿清水试验、扬矿物料输送试验,试验水深300m,但用于海底作业车时履带行走机构却遇到新的问题。在这方面,德国、韩国以及我国中南大学、长沙矿山研究院等单位的研究团队开展过大量的理论分析与实验研究,但至今在理论和工程应用上都很难说已获得满意的研究结果。目前,我国的鲲龙海底集矿车有望在这个技术领域有所突破。

7.5　海工结构破损修复两种模式的竞争分析博弈模型及定价策略

近海距离是海洋结构在深海遭受破坏的主要特征之一。如果维修决策者选择船厂模式对受损的海工结构进行维修，在半潜式船为受损的海工结构提供运输到船厂的辅助服务的过程中，离岸距离会产生相应的运输费用。如果维修决策者选择保障维修船模式，在保障维修船驶向事故现场的过程中，离岸距离会导致相应的调度费用。因此，可以合理地得出结论，船厂模式和保障维修船模式之间的竞争是一个空间博弈（Martin and Román, 2003; Nagurney, 2010）。Hotelling 模型是著名的空间博弈模型之一。引入空间歧视成本来解决定价竞争问题（Biscaia and Mota, 2013）。在 Hotelling 模型中，使用由店铺价格和运输成本组成的送货价格来确定每个地点和客户的价格（Pinto and Parreira, 2015）。例如，Zhang 等（2017）将公路和铁路的运输成本添加到托运人的效用函数中。Yu 等（2017）将集装箱运输成本加入到客户泊位选择方程中。在这种情况下，研究者通常假设两个参与者的位置是固定的，并关注参与者的利润和价格结果（Biscaia and Mota, 2013）。对于离岸距离较远损坏的海上构筑物的 MR 工程，维修决策者必须支付的费用包括运输费用或派遣费用以及维修费用。运输费用和派遣费用根据离岸距离不同而不同。因此，将空间区分成本引入到维修决策者必须支付的费用中是适用于本节的研究的。因此，Zhao 等[8]使用一个空间博弈模型来描述船厂模式和保障维修船模式在船舶结构维修市场上的竞争。

在算法方面，可以通过两种方法得到博弈定价模型的最优解。第一种方法是通过使用标准的优化技术（如对价格的偏微分）来导出最优解的一个封闭形式。在这种情况下，服务需求者往往根据最高效用或最低费用来选择服务提供者，而服务提供者或游戏玩家的目标函数是连续可微的（Ishii et al., 2013; Dong et al., 2016; Lee and Yu, 2012; Yang and Zhang, 2012; Song et al., 2016a; Zhang et al., 2017）。第二种方法是设计迭代算法或启发式算法来获得最优解。在这种情况下，通常使用基于 logit 的离散选择模型来确定服务需求者选择每个服务提供者的概率。由于引入了基于对数的离散选择模型，使博弈参与者的目标函数更加复杂。利用对价格的偏微分，将目标函数直接转化为超越方程，很难从超越方程中得到最优定价策略。如果解是有限的，可以使用枚举法找到最优定价策略（Song et al., 2016b）。离散化方法还可以将连续变量转化为有限解，从而加快寻找最优定价策略（Zhang et al., 2018）。一些学者设计了迭代算法，利用对价格的偏微分来获得结合超越方程的最优定价策略。具体而言，博弈双方在对方给定定价策略的基础上，反复确定最优响应定价策略，并最终使纳什均衡策略成为最优定价策略（Wang et al.，2014；Eltoukhy et al.，2019）。此外，人们还可以设计启发式算法来获得最优定价策略（Hsu et al.，2010）。综上所述，要根据所建立定价博弈模型的特点，有针对性地设计算法，以有效地获得最优解。

因此，保障维修船模式可以为深海海洋结构的综合 MR 工作提供一种新的方法。技术上可行，时效上有优势。然而，保障维修船模式进入海工结构修理市场，与传统的船厂模式展开竞争，目前还没有研究。实际上，保障维修船模式能否在这个市场的竞争中获得优势，是其能否进入这个市场，为海洋结构物提供更强支撑的决定性因素。因此，可从博弈论的角度，借鉴现有的定价博弈模型，整合服务节点和运输模式，建立博弈理论模型，即先提出一个基于最低费用的竞争分析和定价策略的博弈论模型，并利用标准优化技术导出了计算最优定价策略、市场份额和最大利润的封闭形式。在此基础上，建立考虑维修决策者选择偏好的竞争分析和定价策略博弈模型，并设计一种有效的算法来计算维修决策者的最优定价策略、市场份额和最大利润。

参 考 文 献

[1] 孙志文，贾永刚，权永峥，等. 复杂深海工程地质原位长期监测系统研发与应用[J]. 地学前缘，2022，29(5)：216-228.

[2] 操安喜，崔维成. 基于多学科设计优化的深海空间站总体设计方法研究[J]. 舰船科学技术，2007，29(2)：32-40，61.

[3] 曾恒一. 开发深海资源的海底空间站技术[C]//祝贺郑哲敏先生八十华诞应用力学报告会——应用力学进展论文集. 北京：科学出版社，2004：83-90.

[4] 曾恒一，李清平，吴应湘. 开发深海资源的海底空间站技术[C]//2006 年度海洋工程学术会议论文集，2006：10-17.

[5] 吉雨冠，程荣涛. 深海空间站导航技术初探[J]. 船舶，2011，22(1)：48-50，53.

[6] 赵敏. 两级集成系统协同优化方法及其在深海空间站总体概念设计中的应用[D]. 上海：上海交通大学，2009.

[7] 秦蕊，李清平，姜哲，等. 深海空间站在海上油气田开发中的应用[J]. 石油机械，2016，44(1)：51-54.

[8] ZHAO R J, XIE X L, LI X Y, et al. Game-theoretical models of competition analysis and pricing strategy for two modes for repairing damage dmarine structures at sea[J]. Transportation Research Part E，2020，142：102052.

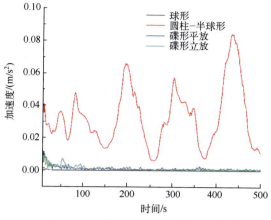

图 6.30 200m³ 的 4 类钢材构筑物加速度

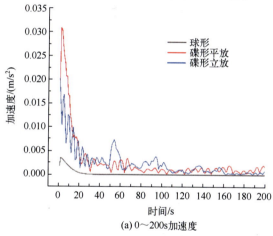

(a) 0～200s加速度

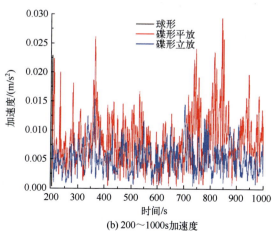

(b) 200～1000s加速度

图 6.31 200m³ 的 3 类钢材构筑物加速度

彩插1

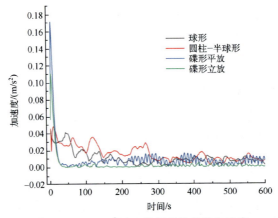

图 6.32　1000m³ 的 4 类钢材构筑物加速度

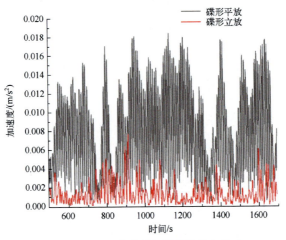

图 6.33　1000m³ 碟形钢材构筑物加速度

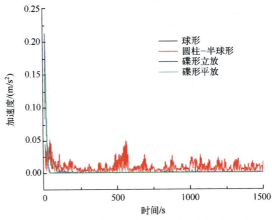

图 6.34　200m³ 的 4 类混凝土构筑物加速度

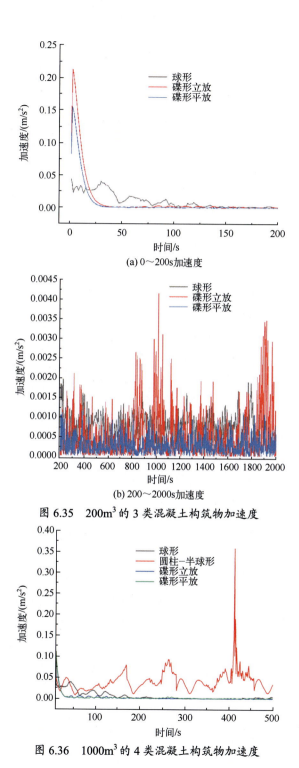

(a) 0～200s加速度

(b) 200～2000s加速度

图 6.35　200m³ 的 3 类混凝土构筑物加速度

图 6.36　1000m³ 的 4 类混凝土构筑物加速度

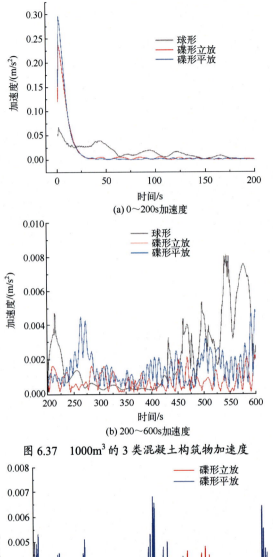

(a) 0～200s加速度

(b) 200～600s加速度

图 6.37 1000m^{3}的 3 类混凝土构筑物加速度

图 6.38 1000m^{3}碟形混凝土构筑物 600～2000s 加速度

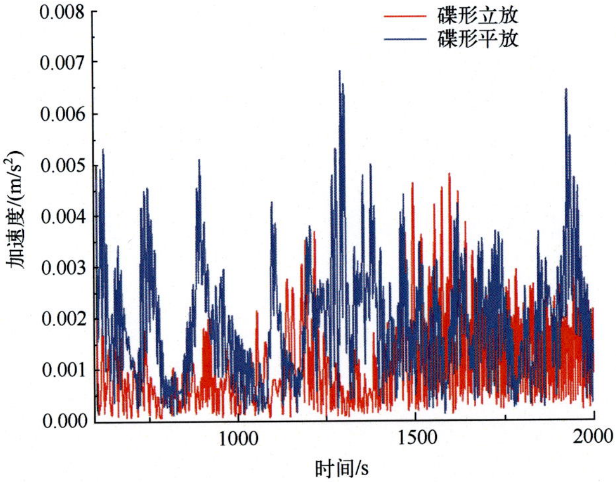

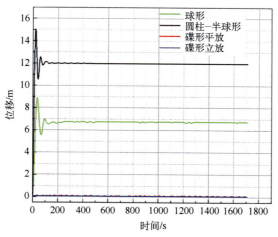

图 6.46　200m³ 构筑物最大位移时程曲线

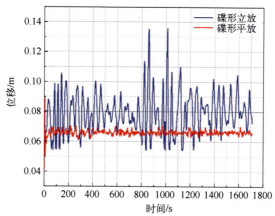

图 6.47　200m³ 碟形构筑物最大位移时程曲线

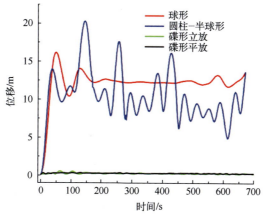

图 6.49　1000m³ 构筑物最大位移时程曲线

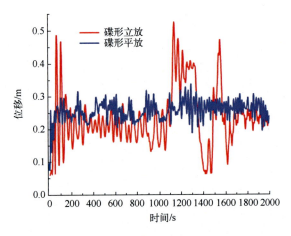

图 6.50 1000m³ 碟形构筑物最大位移时程曲线

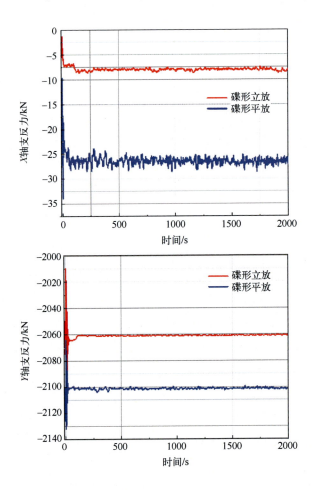

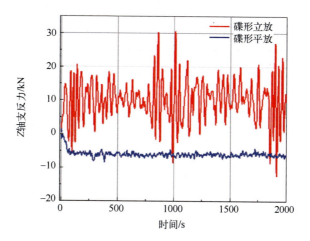

图 6.53 200m³ 构筑物各坐标轴支反力

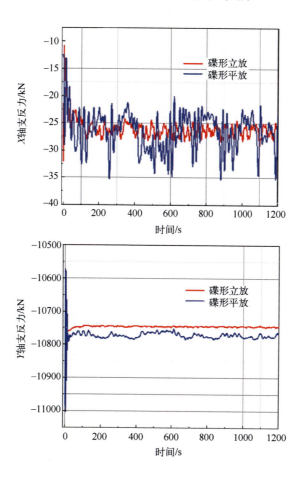

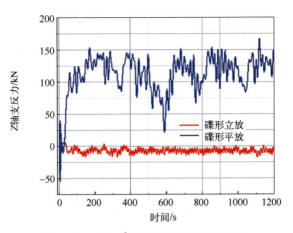

图 6.54 1000m³ 构筑物各坐标轴支反力

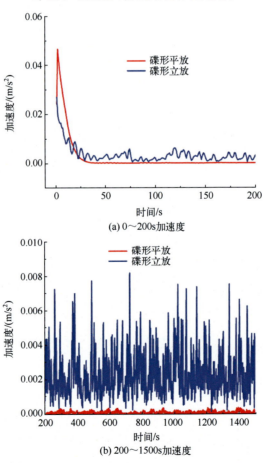

(a) 0～200s加速度

(b) 200～1500s加速度

图 6.55 200m³ 碟形钢材构筑物加速度

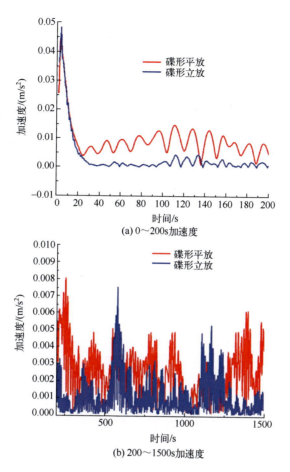

(a) 0～200s加速度

(b) 200～1500s加速度

图 6.56　1072m³ 碟形钢材构筑物加速度

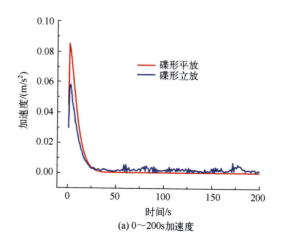

(a) 0～200s加速度

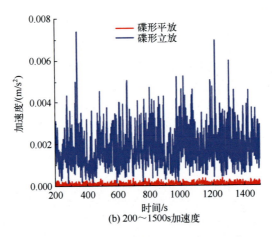

(b) 200～1500s加速度

图 6.57　200m³ 碟形混凝土构筑物加速度

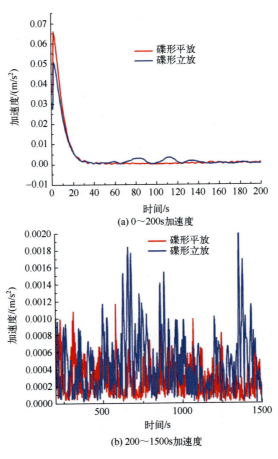

图 6.58　1072m³ 碟形混凝土构筑物加速度

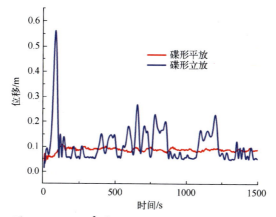

图 6.62　1000m³ 碟形混凝土构筑物位移时程曲线

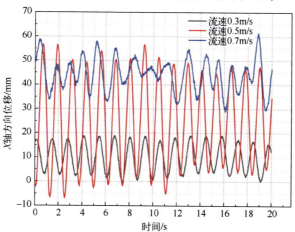

图 6.166　模型 Y100K（S）不同流速下 X 轴方向的位移

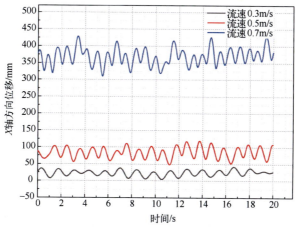

图 6.167　模型 Z95K 不同流速下 X 轴方向的位移

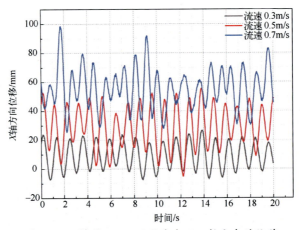

图 6.168　模型 Y62K 不同流速下 X 轴方向的位移

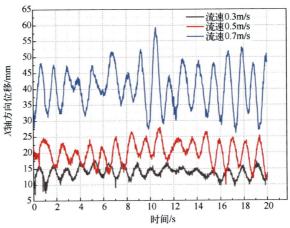

图 6.169　模型 T100K 不同流速下 X 轴方向的位移

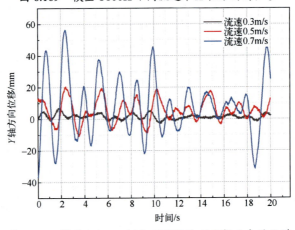

图 6.170　模型 Y100K（S）不同流速下 Y 轴方向的位移

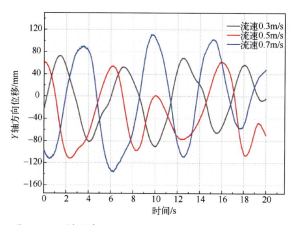

图 6.171　模型在 Z152M 不同流速下 Y 轴方向的位移

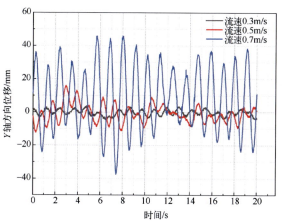

图 6.172　模型 T71K 不同流速下 Y 轴方向的位移

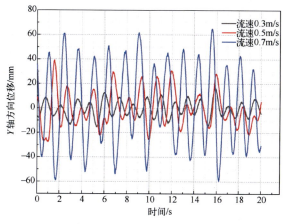

图 6.173　模型 Y62K 不同流速下 Y 轴方向的位移

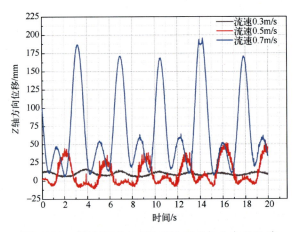

图 6.174 模型 Y93M 不同流速下 Z 轴方向的位移

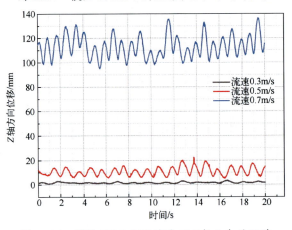

图 6.175 模型 Z95K 不同流速下 Z 轴方向的位移

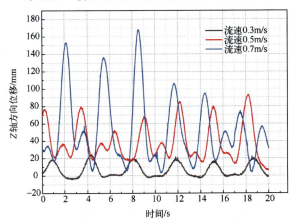

图 6.176 模型 T100K 不同流速下 Z 轴方向的位移

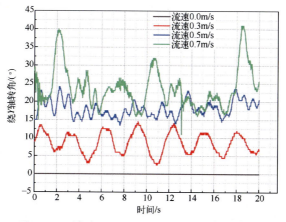

图 6.177 模型 Z152M 不同流速下绕 Y 轴的转角

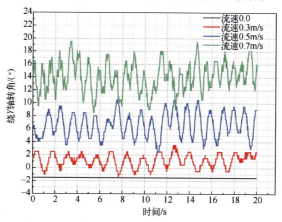

图 6.178 模型 Z95K 不同流速下绕 Y 轴的转角

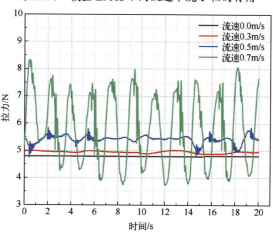

图 6.179 模型 Y93M 不同流速下拉力的变化

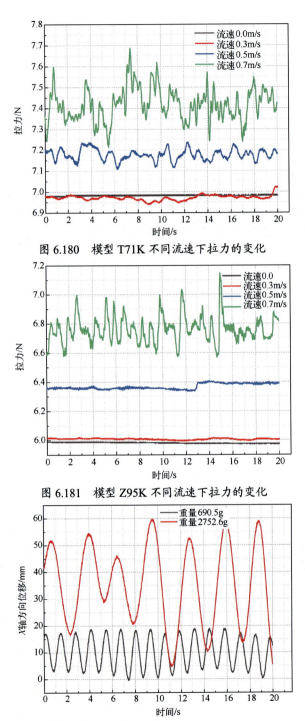

图 6.180 模型 T71K 不同流速下拉力的变化

图 6.181 模型 Z95K 不同流速下拉力的变化

图 6.182 球形半径 0.093，不同重量，流速 0.3m/s

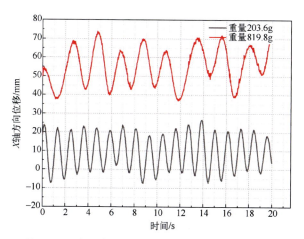

图 6.183　球形半径 0.062，不同重量，流速 0.3m/s

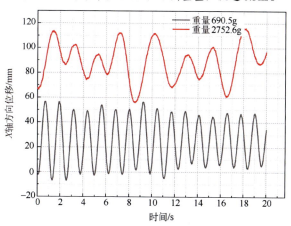

图 6.184　球形半径 0.093，不同重量，流速 0.5m/s

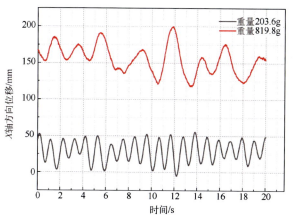

图 6.185　球形半径 0.062，不同重量，流速 0.5m/s

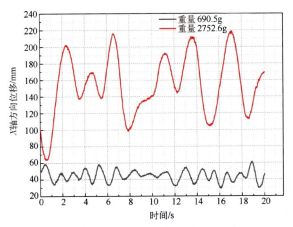

图 6.186　球形半径 0.093，不同重量，流速 0.7m/s

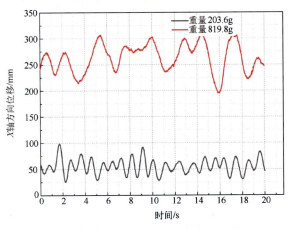

图 6.187　球形半径 0.062，不同重量，流速 0.7m/s

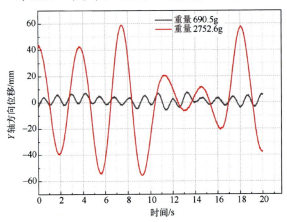

图 6.188　球形半径 0.093m，不同重量，流速 0.3m/s

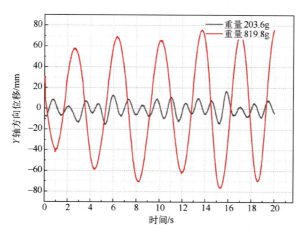

图 6.189　球形半径 0.062m，不同重量，流速 0.3m/s

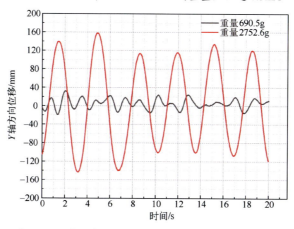

图 6.190　球形半径 0.093m，不同重量，流速 0.5m/s

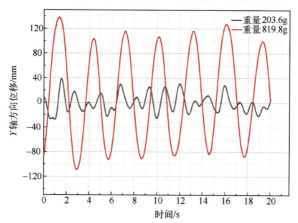

图 6.191　球形半径 0.062m，不同重量，流速 0.5m/s

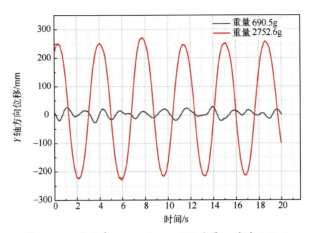

图 6.192　球形半径 0.093m，不同重量，流速 0.7m/s

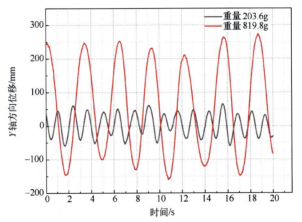

图 6.193　球形半径 0.062m，不同重量，流速 0.7m/s

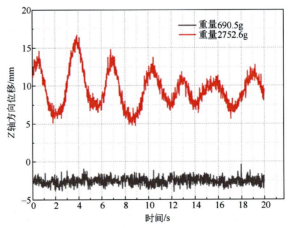

图 6.194　球形半径 0.093m，不同重量，流速 0.3m/s

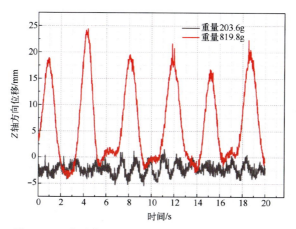

图 6.195　球形半径 0.062m，不同重量，流速 0.3m/s

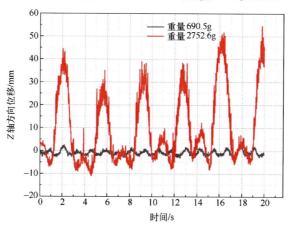

图 6.196　球形半径 0.093m，不同重量，流速 0.5m/s

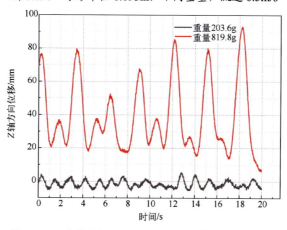

图 6.197　球形半径 0.062m，不同重量，流速 0.5m/s

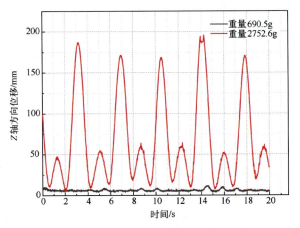

图 6.198 球形半径 0.093m，不同重量，流速 0.7m/s

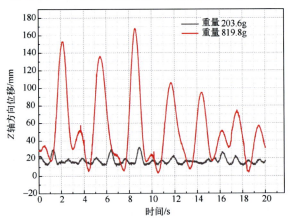

图 6.199 球形半径 0.062m，不同重量，流速 0.7m/s

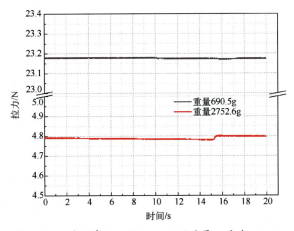

图 6.200 球形半径 0.093m，不同重量，流速 0.0m/s

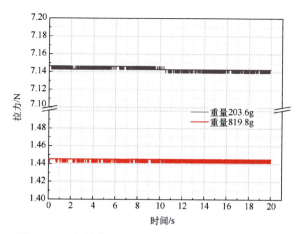

图 6.201　球形半径 0.062m，不同重量，流速 0.0m/s

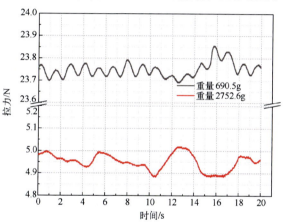

图 6.202　球形半径 0.093m，不同重量，流速 0.3m/s

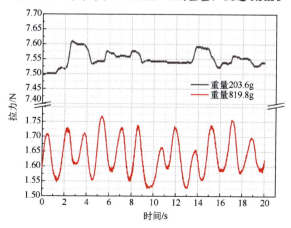

图 6.203　球形半径 0.062m，不同重量，流速 0.3m/s

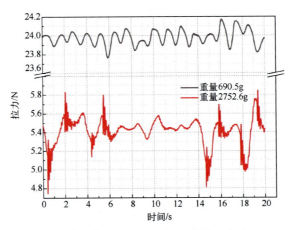

图 6.204 球形半径 0.093m，不同重量，流速 0.5m/s

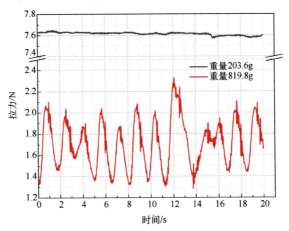

图 6.205 球形半径 0.062m，不同重量，流速 0.5m/s

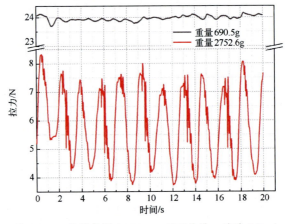

图 6.206 球形半径 0.093m，不同重量，流速 0.7m/s

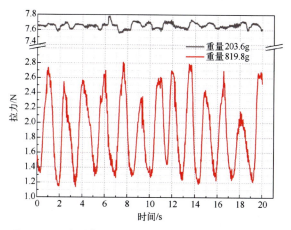

图 6.207　球形半径 0.062m，不同重量，流速 0.7m/s

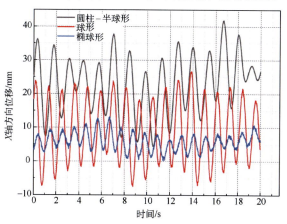

图 6.208　流速 0.3m/s

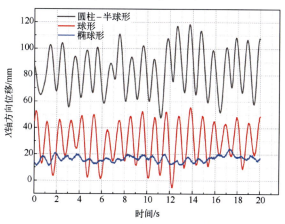

图 6.209　流速 0.5m/s

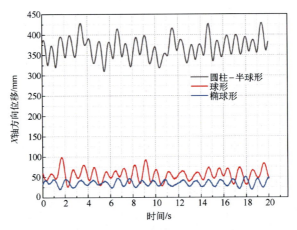

图 6.210　流速 0.7m/s

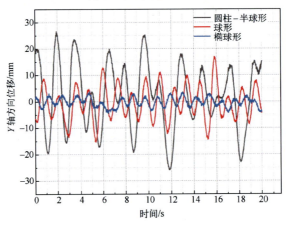

图 6.211　流速 0.3m/s

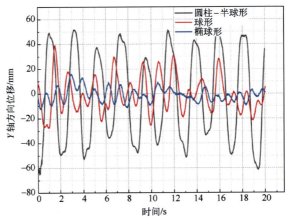

图 6.212　流速 0.5m/s

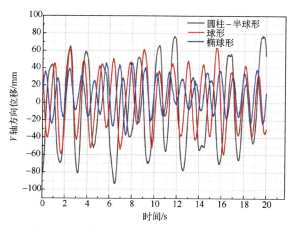

图 6.213　流速 0.7m/s

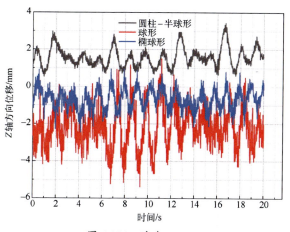

图 6.214　流速 0.3m/s

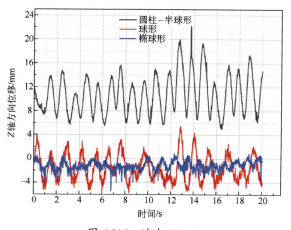

图 6.215　流速 0.5m/s

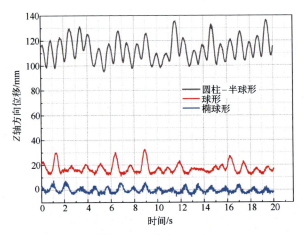

图 6.216　流速 0.7m/s

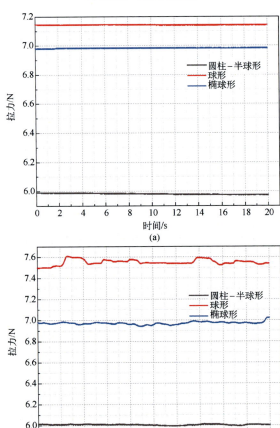

(a)

(b)

彩插 28

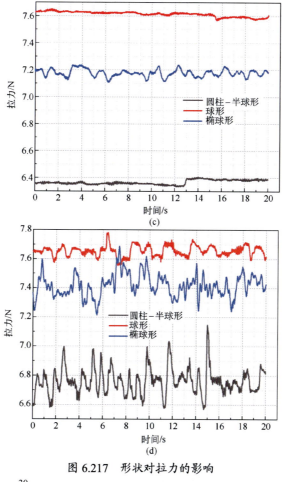

图 6.217 形状对拉力的影响

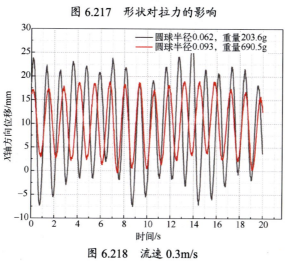

图 6.218 流速 0.3m/s

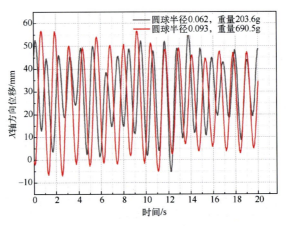

图 6.219　流速 0.5m/s

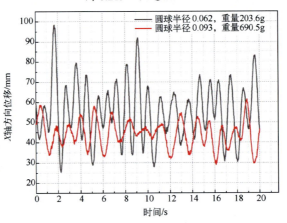

图 6.220　流速 0.7m/s

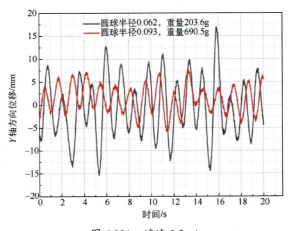

图 6.221　流速 0.3m/s

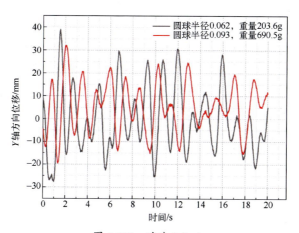

图 6.222　流速 0.5m/s

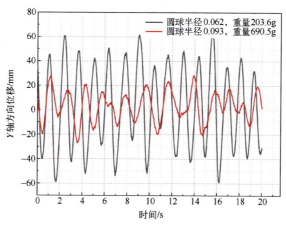

图 6.223　流速 0.7m/s

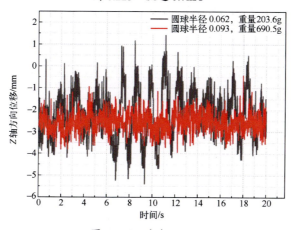

图 6.224　流速 0.3m/s

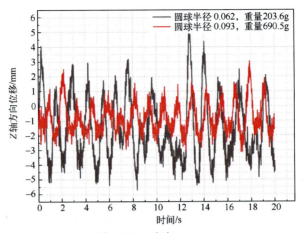

图 6.225　流速 0.5m/s

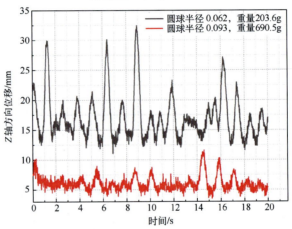

图 6.226　流速 0.7m/s

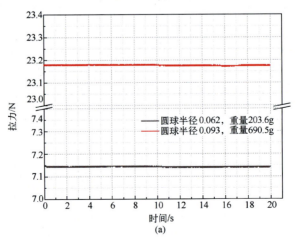

(a)

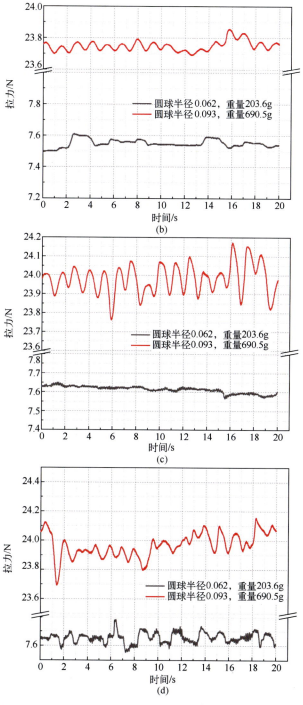

图 6.227 体积对拉力的影响